蒂图·安德雷斯库系列丛书（第一辑）

数学反思
(2008—2009)

Mathematical Reflections
the next two years (2008–2009)

[美] 蒂图·安德雷斯库(Titu Andreescu) 著

郑元禄 译

哈爾濱工業大學出版社
HARBIN INSTITUTE OF TECHNOLOGY PRESS

黑版贸审字 08—2017—067 号

图书在版编目(CIP)数据

数学反思.2008—2009/(美)蒂图·安德雷斯库(Titu Andreescu)著；郑元禄译.—哈尔滨：哈尔滨工业大学出版社,2019.1(2023.3重印)
书名原文：Mathematical Reflections the next two years(2008—2009)
ISBN 978-7-5603-7620-2

Ⅰ.①数… Ⅱ.①蒂…②郑… Ⅲ.①数学—竞赛题—题解 Ⅳ.①O1-44

中国版本图书馆 CIP 数据核字(2018)第 195788 号

ⓒ 2012 XYZ Press,LLC
All rights reserved. This work may not be copied in whole or in part without the written permission of the publisher (XYZ Press,LLC,3425 Neiman Rd., Plano,TX 75025, USA) except for brief excerpts in connection with reviews or scholarly analysis. www.awesomemath.org

策划编辑	刘培杰　张永芹
责任编辑	曹　杨
封面设计	孙茵艾
出版发行	哈尔滨工业大学出版社
社　　址	哈尔滨市南岗区复华四道街 10 号　邮编 150006
传　　真	0451-86414749
网　　址	http://hitpress.hit.edu.cn
印　　刷	哈尔滨午阳印刷有限公司
开　　本	787mm×1092mm　1/16　印张 22.75　字数 517 千字
版　　次	2019 年 1 月第 1 版　2023 年 3 月第 2 次印刷
书　　号	ISBN 978-7-5603-7620-2
定　　价	68.00 元

(如因印装质量问题影响阅读,我社负责调换)

纯粹数学按其方法来说是逻辑思维的诗篇.

——A. 爱因斯坦

序言

　　得到了忠实读者的赏识和他们具有建设性反馈意见的鼓舞,在此我们呈现《数学反思》一书:本书编撰了同名网上杂志 2008 和 2009 卷的修订本.该杂志每年出版六期,从 2006 年 1 月开始,它吸引了世界各国的读者和投稿人.为了实现使数学变得更优雅、更激动人心这一个共同的目标,该杂志成功地鼓舞了具有不同文化背景的人们对数学的热情.

　　本书的读者对象是高中学生、数学竞赛的参与者、大学生,以及任何对数学拥有热情的人.许多问题的提出和解答,以及文章都来自于热情洋溢的读者,他们渴望创造性、经验,以及提高对数学思想的领悟.在出版本书时,我们特别注意对许多问题的解答和文章的校正与改进,以使读者能够享受到更多的学习乐趣.

　　这里的文章主要集中于主流课堂以外的令人感兴趣的问题.学生们通过学习正规的数学课堂教育范围之外的材料才能开阔视野.对于指导老师来讲,这些文章为其提供了一个超越传统课程内容范畴的机会,激起其对问题讨论的动力,通过极为珍贵的发现时刻指导学生.所有这些富有特色的问题都是原创的.为了让读者更容易接受这些材料,本书由具有解题能力的专家精心编撰.初级部分呈现的是入门问题(尽管未必容易).高级部分和奥林匹克部分是为国内和国际数学竞赛准备的,例如美国数学竞赛(USAMO)或者国际数学奥林匹克(IMO)竞赛.大学部分为高等学校学生提供了解线性代数、微积分或图论等范围内非传统问题的独有的方法.

没有忠实的读者和网上杂志的合作,本书的出版是看不到希望的.我们衷心感谢所有的读者,并对他们继续给予有力的支持表示感激之情.我们真诚希望各位能沿着他们的足迹,接过他们的接力棒,使该杂志给热忱的数学爱好者提供更多的机会,以及在未来出版既有创新精神,又有趣的作品的这一使命得到实现.

我们也要对 Maxim Ignatiuc 先生为收集稿件提供的帮助表示感谢.对 Gabriel Dospinescu,Cosmin Pohoata 和 Iven Borsenco 先生审阅本书表示十分感谢.特别要感谢的是 Richard Stong 先生对手稿多处做了改进.如果你有兴趣阅读该杂志,请登录:http://awesomemath.org/mathematical-reflections/.读者也可以将撰写的文章、提出的问题或给出的解答发送到邮箱:reflections@ awesomemath.org.

出售本书的收入,我们将用于维持未来几年杂志的运营.让我们共同分享本书中的问题和文章吧!

Titu Andreescu 博士

目 录

1 问　　题 ·· (1)
　1.1　初级问题 ··· (1)
　1.2　高级问题 ··· (9)
　1.3　大学问题 ··· (17)
　1.4　奥林匹克问题 ····································· (26)

2 解　　答 ·· (35)
　2.1　初级问题解答 ····································· (35)
　2.2　高级问题解答 ····································· (73)
　2.3　大学问题解答 ····································· (123)
　2.4　奥林匹克问题解答 ································· (179)

3 论　　文 ·· (235)
　3.1　意想不到的有用不等式 ····························· (235)
　　3.1.1　引言 ··· (235)
　　3.1.2　应用 ··· (236)
　　3.1.3　结论 ··· (238)
　3.2　向量征服六边形问题 ······························· (239)
　3.3　K_k 与 $K_{k+1}\backslash\{e\}$ 比较 ············ (247)
　3.4　分圆多项式的初等性质 ····························· (250)
　　3.4.1　预备知识 ····································· (250)
　　3.4.2　分圆多项式 ··································· (251)
　　3.4.3　应用 ··· (255)

- 3.5 度量关系及其应用 ······ (256)
- 3.6 右凸函数,左凹函数与相等变量定理的两个应用 ······ (262)
- 3.7 不严格的 Jensen 不等式 ······ (266)
- 3.8 关于问题 U23 的一些评述 ······ (269)
  - 3.8.1 前言 ······ (269)
  - 3.8.2 定理的 3 种证明 ······ (269)
  - 3.8.3 应用 ······ (271)
- 3.9 其幂具有佳性质的数 ······ (276)
- 3.10 关于格五边形的定理 ······ (279)
- 3.11 关于代数恒等式 ······ (280)
- 3.12 四面体中的角不等式 ······ (286)
- 3.13 关于向量等式 ······ (290)
- 3.14 关于对称不等式的证明方法 ······ (296)
  - 3.14.1 引言 ······ (296)
  - 3.14.2 预备知识 ······ (296)
  - 3.14.3 用主要引理解题 ······ (297)
  - 3.14.4 独立研究的问题 ······ (299)
- 3.15 不等式 $R \geqslant 3r$ 的证明方法 ······ (299)
  - 3.15.1 引言 ······ (299)
  - 3.15.2 两个命题 ······ (300)
  - 3.15.3 定理 3 的证明 ······ (302)
  - 3.15.4 系与结果 ······ (302)
- 3.16 代数不等式的变化 ······ (304)
  - 3.16.1 主要定理 ······ (304)
  - 3.16.2 几何学的变化 ······ (305)
  - 3.16.3 不等式(A),(B),(C)中的代数学变化 ······ (309)
- 3.17 关于循环图中的 Turan 型定理 ······ (311)
  - 3.17.1 引言 ······ (311)
  - 3.17.2 $ex(n;C_{2m+1}), m \geqslant 1$ 的界 ······ (312)
  - 3.17.3 $ex(n;C_{2m})$ 的界 ······ (313)
  - 3.17.4 C_n 子图的期望数 ······ (314)
- 3.18 关于包含中线的几何不等式 ······ (316)
  - 3.18.1 第 1 个证明 ······ (316)
  - 3.18.2 第 2 个证明 ······ (317)
  - 3.18.3 不等式①的推广 ······ (319)

3.19 锐角三角形的独立参数化及其应用 ……………………………… (322)
3.20 形心与铺砌问题 …………………………………………………… (330)
　3.20.1 方法概述 …………………………………………………… (331)
　3.20.2 问题解答 …………………………………………………… (331)
　3.20.3 反思 ………………………………………………………… (333)
3.21 利用等价关系推广 Turan 定理 ………………………………… (334)
　3.21.1 引言 ………………………………………………………… (334)
　3.21.2 广义 Turan 定理 …………………………………………… (335)

1 问 题

1.1 初级问题

J73 令
$$a_n = \begin{cases} n^2 - n, & \text{若 4 整除 } n^2 - n \\ n - n^2, & \text{其他情形} \end{cases}$$

求 $a_1 + a_2 + \cdots + a_{2\,008}$ 的值.

(美国)T. Andreescu 提供

J74 三角形有高 h_a, h_b, h_c 与内径 r,证明
$$\frac{3}{5} \leqslant \frac{h_a - 2r}{h_a + 2r} + \frac{h_b - 2r}{h_b + 2r} + \frac{h_c - 2r}{h_c + 2r} < \frac{3}{2}$$

(德国)O. Faynshteyn 提供

J75 吉米有 1 盒火柴,其内装 n 根,它们不一定有相等的长度. 他能用这些火柴摆成一些圆内接 n 边形. 证明:这些 n 边形的面积相等.

(美国)I. Borsenco 提供

J76 令 $a, b, c \geqslant 1$ 是实数,且 $a + b + c = 2abc$. 证明
$$\sqrt[3]{(a+b+c)^2} \geqslant \sqrt[3]{ab-1} + \sqrt[3]{bc-1} + \sqrt[3]{ca-1}$$

(巴西)Bruno 提供

J77 证明:在每个三角形中,$\frac{1}{r}\left(\frac{b^2}{r_b} + \frac{c^2}{r_c}\right) - \frac{a^2}{r_b r_c} = 4\left(\frac{R}{r_a} + 1\right)$,其中 r_a, r_b, r_c 是旁切圆半径.

(罗马尼亚)D. Andrica,(美国)K. L. Nguyen 提供

J78 令 p 与 q 是奇素数. 证明:对任一奇整数 $d > 0$,有整数 r,使有理数
$$\sum_{n=1}^{p-1} \frac{[n \equiv r(\bmod q)]}{n^d}$$

的分子可被 p 整除,其中 $[Q]$ 是函数,使得当 Q 真实存在时 $[Q] = 1$,在相反情形下 $[Q] = 0$.

(意大利)R. Tauraso 提供

J79 对正整数 a, b, c,求出可以表示为 $a^3 + b^3 + c^3 - 3abc$ 的所有整数.

(美国)T. Andreescu 提供

J80 若一个三角形的三边长组成等差数列,它的三条中线长也组成等差数列,请指出这个三角形的特征.

(西班牙) D. Lasaosa 提供

J81 令 a, b, c 是正实数,且

$$\frac{1}{a^2+b^2+1}+\frac{1}{b^2+c^2+1}+\frac{1}{c^2+a^2+1} \geqslant 1$$

证明:$ab+bc+ca \leqslant 3$.

(美国) A. Anderson 提供

J82 令四边形 $ABCD$ 的对角线互相垂直.以 $\Omega_1, \Omega_2, \Omega_3, \Omega_4$ 分别表示 $\triangle ABC$,$\triangle BCD$,$\triangle CDA$,$\triangle DAB$ 的九点圆圆心.证明:四边形 $\Omega_1\Omega_2\Omega_3\Omega_4$ 的对角线相交于四边形 $ABCD$ 的形心.

(美国) I. Borsenco 提供

J83 求所有正整数 n,使得对于不大于 $\sqrt{n}$ 的所有正奇数 a,a 整除 n.

(罗马尼亚) D. Andrica 提供

J84 Al 和 Bo 玩游戏:有 22 张卡片,标号从 1 到 22. Al 从中选出 1 张放在桌上,然后 Bo 从剩下的卡片中选出 1 张,放在 Al 放的那张卡片的右边,使这两张卡片上两个数之和是完全平方数.然后 Al 放下剩下卡片中的 1 张,最后使两张卡片上的数之和是完全平方数,依次类推.当所有卡片被用完或桌上的卡片不再是完全平方数时,游戏结束.得胜者是拿到最后 1 张卡片的人. Al 有获胜的策略吗?

(美国) T. Andreescu 提供

J85 令 a 与 b 是正实数.证明

$$\sqrt[3]{\frac{(a+b)(a^2+b^2)}{4}} \geqslant \sqrt{\frac{a^2+ab+b^2}{3}}$$

(美国) A. Alt 提供

J86 如果一个三角形没有一个角大于 α 度,那么这个三角形叫作 α 角三角形.求最小的 α,使没有 α 角的每个三角形可以剖分为一些 α 角三角形.

(美国) T. Andreescu, G. Galperin 提供

J87 证明:对任一锐角 $\triangle ABC$,以下不等式成立

$$\frac{1}{-a^2+b^2+c^2}+\frac{1}{a^2-b^2+c^2}+\frac{1}{a^2+b^2-c^2} \geqslant \frac{1}{2Rr}$$

(罗马尼亚) M. Becheanu 提供

J88 求 n 的最大值,使得在平面上有点 $P_1, P_2, \cdots, P_n$ 上,并使三角形的顶点在 $P_1, P_2, \cdots, P_n$,每个三角形有一边小于 1,一边大于 1.

(美国) I. Borsenco 提供

J89 令 A,B 在圆心为 O 的 $\odot C$ 上,C 是劣弧 $\overset{\frown}{AB}$ 上的点,使 OA 是 $\angle BOC$ 的外角平分线.M 表示 BC 的中点,N 为 AM 与 OC 的交点.证明:$\angle BOC$ 的角平分线与以圆心为 O,半径为 ON 的圆的交点是与直线 OB,OC 相切的圆的圆心,且也与 $\odot C$ 相切.

(西班牙)F. J. G. Capitan 提供

J90 对正整数 n,令 $a_k = 2^{2^{k-n}} + k, k = 0,1,\cdots,n$. 证明
$$(a_1 - a_0)\cdots(a_n - a_{n-1}) = \frac{7}{a_1 + a_0}.$$

(美国)T. Andreescu 提供

J91 图 1.1 中各正方形标上数字 1 到 16,使每行与每列的数之和相等.已知 1,5,13 的位置.求被涂黑正方形中的数.

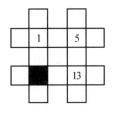

图 1.1

(美国)I. Borsenco 提供

J92 求所有素数 $q_1, q_2, \cdots, q_6$,使 $q_1^2 = q_2^2 + \cdots + q_6^2$.

(美国)T. Andreescu 提供

J93 令 a 与 b 是正实数.证明
$$\frac{a^6 + b^6}{a^4 + b^4} \geq \frac{a^4 + b^4}{a^3 + b^3} \cdot \frac{a^2 + b^2}{a + b}.$$

(美国)A. Alt 提供

J94 证明:方程 $x^3 + y^3 + z^3 + w^3 = 2\,008$ 有无限多个整数解.

(美国)T. Andreescu 提供

J95 令 I_a, I_b, I_c 是 $\triangle ABC$ 的外心,O_a, O_b, O_c 是 $\triangle I_a BC, \triangle I_b AC, \triangle I_c AB$ 的外接圆圆心.证明:$\triangle I_a I_b I_c$ 的面积是六边形 $O_a C O_b A O_c B$ 的面积的 2 倍.

(土耳其)M. Sahin, Ankara 提供

J96 令 n 是整数.求所有整数 m,使得对所有正实数 $a, b, a + b = 2$,有 $a^m + b^m \geq a^n + b^n$.

(保加利亚)O. Mushkarov 提供

J97 令 a, b, c, d 是使 $a + b + c + d = 0$ 的整数.证明:$30 \mid a^5 + b^5 + c^5 + d^5$.

(印度尼西亚)J. Gunardi 提供

J98 求所有素数 p,q,使 24 不可整除完全平方数 $q+1, p^2q+1$.

(美国)I. Borsenco 提供

J99 在 $\triangle ABC$ 中,令 ϕ_a, ϕ_b, ϕ_c 是从同一顶点作出的中线与高之间的角. 证明: $\tan\phi_a, \tan\phi_b, \tan\phi_c$ 之一是其他两数之和.

(德国)O. Faynshteyn 提供

J100 考虑平面上一个点集,使任意两点之间的距离是区间 $[a,b]$ 中一个实数. 证明:这些点的个数是有限的.

(美国)I. Borsenco 提供

J101 考虑具有外心 O 与垂心 H 的 $\triangle ABC$. 令 A_1 是 A 在 BC 上的投影,D 是 AO 与 BC 的交点,点 A_2 为 AD 的中点. 类似地定义 B_1, B_2, C_1, C_2. 证明:A_1A_2, B_1B_2, C_1C_2 共点.

(意大利)A. Munaro,(美国)I. Borsenco 提供

J102 求下式的值

$$\binom{2\,008}{3} - 2\binom{2\,008}{4} + 3\binom{2\,008}{5} - 4\binom{2\,008}{6} + \cdots - 2\,004\binom{2\,008}{2\,006} + 2\,005\binom{2\,008}{2\,007}$$

(美国)Z. Feng 提供

J103 $1,2,\cdots,9$ 随机地排列在圆上. 证明:有 3 个相邻数之和至少是 16.

(美国)I. Borsenco 提供

J104 令 a,b,c 是使 $abc=1$ 的正实数. 证明

$$\frac{a^2+b^2}{a^2+b^2+1} + \frac{b^2+c^2}{b^2+c^2+1} + \frac{c^2+a^2}{c^2+a^2+1} \geq$$

$$\frac{a+b}{a^2+b^2+1} + \frac{b+c}{b^2+c^2+1} + \frac{c+a}{c^2+a^2+1}$$

(中国)Han Jingjun 提供

J105 令 $A_1A_2\cdots A_n$ 是内接于 $\odot C(O,R)$ 的多边形,且外切于 $\odot w(I,r)$. 多边形 $A_1A_2\cdots A_n$ 与 $\odot w$ 的切点组成另一个多边形 $B_1B_2\cdots B_n$. 证明

$$\frac{P(A_1A_2\cdots A_n)}{P(B_1B_2\cdots B_n)} \leq \frac{R}{r}$$

其中 $P(S)$ 表示图形 S 的周长.

(美国)I. Borsenco 提供

J106 证明:在任何 4 个正实数中,有两个数,例如 a,b,使 $ab+1 \geq \frac{1}{\sqrt{3}}|a-b|$.

(美国)T. Andreescu 提供

J107 求所有正整数四元组 (a,b,c,d),使
$$(1+\frac{1}{a})(1+\frac{1}{b})(1+\frac{1}{c})(1+\frac{1}{d})=5$$

(加拿大)S. Asgarli 提供

J108 令 n 是正整数.证明:n 的互素正因子有序对 (a,b) 的个数等于 n^2 的因子数.

(孟加拉国)S. Riasat 提供

J109 令 a,b,c 是正实数.证明
$$\frac{(a+b)^2}{c}+\frac{c^2}{a}\geqslant 4b$$

(美国)T. Andreescu 提供

J110 令 $\tau(n)$ 与 $\phi(n)$ 分别为 n 的因子数与符合以下条件的正整数个数:这些正整数小于或等于 n,且与 n 互素.求所有的 n,使 $\tau(n)=6,3\phi(n)=7!$.

(美国)I. Borsenco 提供

J111 证明:没有这样的 n,使以下乘积是完全平方数
$$\prod_{k=1}^{n}(k^4+k^2+1)$$

(美国)T. Andreescu 提供

J112 令 a,b,c 是整数,且 $\gcd(a,b,c)=1,ab+bc+ca=0$.证明:$|a+b+c|$ 可以写成 x^2+xy+y^2,其中 x,y 是整数.

(孟加拉国)S. Riasat 提供

J113 称相继正整数数列为五数列,使其中每个正整数可以写成 5 个非零完全平方数之和.证明:有无限多个长度为 7 的五数列.

(美国)I. Borsenco 提供

J114 令 p 是素数.求方程 $a+b-c-d=p$ 的所有解,其中 a,b,c,d 是正整数,$ab=cd$.

(美国)I. Boreico 提供

J115 求所有整数 n,使下式是整数
$$\sqrt{\sqrt{n}+\sqrt{n+2\ 009}}$$

(美国)T. Andreescu,(罗马尼亚)D. Andrica 提供

J116 一只虫每天从立方体的一个顶点向另一个顶点爬行.求需要多少个 6 天能回到开始爬行的顶点上结束爬行?

(美国)I. Borsenco 提供

J117 令 a,b,c 是正实数.证明

$$\frac{a}{2a^2+b^2+3}+\frac{b}{2b^2+c^2+3}+\frac{c}{2c^2+a^2+3}\leqslant\frac{1}{2}$$

(中国)Ping An Zhen 提供

J118 证明:对每个整数 $n\geqslant 3$,有 n 个不同正整数,使其中每个数整除剩余的 $n-1$ 个数之和.

(伊朗)H. A. S. Ali 提供

J119 令 α,β,γ 是三角形的角. 证明

$$\cos^3\frac{\alpha}{2}\sin\frac{\beta-\gamma}{2}+\cos^3\frac{\beta}{2}\sin\frac{\gamma-\alpha}{2}+\cos^3\frac{\gamma}{2}\sin\frac{\alpha-\beta}{2}=0$$

(德国)O. Faynstein 提供

J120 令 a,b,c 是正实数. 证明

$$\frac{ab}{3a+4b+2c}+\frac{bc}{3b+4c+2a}+\frac{ca}{3c+4a+2b}\leqslant\frac{a+b+c}{9}$$

(罗马尼亚)B. A. Razvan 提供

J121 对偶整数 n,考虑正整数 N,它恰有 n^2 个大于 1 的因子. 证明: N 是整数的 4 次幂.

(美国)T. Andreescu 提供

J122 四边形 $ABCD$ 内切于一个圆. 令 A_1,B_1,C_1,D_1 是切点. 证明: $A_1C_1\perp B_1D_1$.

(美国)I. Borsenco 提供

J123 求方程 $x^y+y^x=z$ 的素数解.

(罗马尼亚)L. Petrescu 提供

J124 令 a 与 b 是使 $|b-a|$ 是奇素数的整数. 证明:对任何素数 $p,p(x)=(x-a)\cdot(x-b)-p$ 在 $\mathbf{Z}[X]$ 中是不可约的.

(美国)I. Borsenco 提供

J125 令 $\triangle ABC$ 是等腰三角形,$\angle A=100°$. 以 BL 表示 $\angle ABC$ 的角平分线. 证明: $AL+BL=BC$.

(罗马尼亚)A. R. Baleanu 提供

J126 令 a,b,c 是正实数. 证明

$$3(a^2b^2+b^2c^2+c^2a^2)(a^2+b^2+c^2)\geqslant$$
$$(a^2+ab+b^2)(b^2+bc+c^2)(c^2+ca+a^2)$$

(美国)I. Borsenco 提供

J127 令 $a_1,\cdots,a_n>0$,使 $\sum_{i=1}^n\frac{1}{a_i^2+1}=n-1$. 证明

$$\sum_{1\leqslant i<j\leqslant n}a_ia_j\leqslant\frac{n}{2}$$

(美国)T. Le 提供

J128 以下数列前 2 009 项中有多少项相等?

$a_n, n \in \mathbf{N}^* : 1,1,2,1,2,3,1,2,3,4,\cdots,1,2,3,\cdots,p-1,p,\cdots$

$b_n, n \in \mathbf{N}^* : 1,2,1,3,2,1,4,3,2,1,\cdots,p,p-1,p-2,\cdots,2,1,\cdots$

(罗马尼亚) M. Teler, M. Ionescu 提供

J129 已知非退化 $\triangle ABC$, BC, CA, AB 分别为 $\odot \Gamma_a$, $\odot \Gamma_b$, $\odot \Gamma_c$ 的直径. 求 $\triangle ABC$ 在什么情况下,这三圆共点.

(西班牙) D. Lasaosa 提供

J130 考虑 $\triangle ABC$. 令 D 是 A 在 BC 上的正投影, E 与 F 分别为 AB 与 AC 上的点, 使 $\angle ADE = \angle ADF$. 证明: 直线 AD, BF, CE 共点.

(西班牙) F. J. G. Capitan 提供

J131 令 P 是 $\triangle ABC$ 内的点, d_a, d_b, d_c 是点 P 到三角形各边的距离. 证明

$$d_a h_a^2 + d_b h_b^2 + d_c h_c^2 \geqslant (d_a + d_b + d_c)^3$$

其中 h_a, h_b, h_c 是三角形的高.

(希腊) M. Athanasios 提供

J132 点 O 是正六边形 $A_1 A_2 A_3 A_4 A_5 A_6$ 的中心. 如果有 n 种颜色可用来给区域 $A_i O A_{i+1}$ 涂色,但是有的颜色不一定需要利用,假定旋转是不明显的,则可以用多少种方法给区域 $A_i O A_{i+1}$ (对 mod 6 取 i) 涂上 1 种颜色.

(美国) I. Borsenco 提供

J133 对所有 $n > 2$, 大于 1 的实数数列 $a_n, n \geqslant 2$ 满足关系式

$$a_n = \sqrt{1 + \frac{(n+1)!}{2(a_2 - \frac{1}{a_2}) \cdots (a_{n-1} - \frac{1}{a_{n-1}})}}$$

证明:若 $k \geqslant 2, a_k = k$,则对所有 $n, a_n = n$.

(美国) T. Andreescu 提供

J134 有多少个小于 2 009 的正整数可被 $[\sqrt[3]{n}]$ 整除?

(罗马尼亚) D. Andrica 提供

J135 求所有的 n,使凸 n 边形对角线数是完全平方数.

(美国) T. Andreescu 提供

J136 令 a, b, c 是 $\triangle ABC$ 的三边, m_a, m_b, m_c 是中线, h_a, h_b, h_c 是高, l_a, l_b, l_c 是角平分线, 证明: $\triangle ABC$ 的外接圆直径等于 $\dfrac{l_a^2}{h_a} \sqrt{\dfrac{m_a^2 - h_a^2}{l_a^2 - h_a^2}}$.

(意大利) P. Ligouras 提供

J137 在 $\triangle ABC$ 中,令外接圆在点 A, B, C 上的切线分别交 BC, AC, AB 于点 A_1, B_1, C_1. 证明

$$\frac{1}{AA_1}+\frac{1}{BB_1}+\frac{1}{CC_1}=2\max\left(\frac{1}{AA_1},\frac{1}{BB_1},\frac{1}{CC_1}\right)$$

(美国)I. Borsenco 提供

J138 令 a,b,c 是正实数. 证明

$$\frac{a^3}{b^2+c^2}+\frac{b^3}{a^2+c^2}+\frac{c^3}{a^2+b^2}\geqslant\frac{a+b+c}{2}$$

(罗马尼亚)M. Becheanu 提供

J139 令 $a_0=a_1=1, n\geqslant 1$,有

$$a_{n+1}=\frac{a_n^2}{a_n+a_{n-1}}$$

求闭形式中的 a_n.

(美国)T. Andreescu 提供

J140 令 n 是正整数. 求所有实数 x,使

$$\lfloor x \rfloor + \lfloor 2x \rfloor + \cdots + \lfloor nx \rfloor = \frac{n(n+1)}{2}$$

(罗马尼亚)M. Piticari 提供

J141 令 a,b,c 是三角形的边长. 证明

$$0\leqslant \frac{a-b}{b+c}+\frac{b-c}{c+a}+\frac{c-a}{a+b}<1$$

(美国)T. Andreescu,(罗马尼亚)D. Andrica 提供

J142 对每个正整数 m,定义 $\begin{bmatrix}x\\m\end{bmatrix}=\frac{x(x-1)\cdots(x-m+1)}{m!}$. 令 $x_1,x_2,\cdots,x_n$ 是实数,且 $x_1+x_2+\cdots+x_n\geqslant n^2$. 证明

$$\frac{n-1}{2}\left(\sum_{i=1}^{n}\begin{bmatrix}x_i\\3\end{bmatrix}\right)\left(\sum_{i=1}^{n}x_i\right)\geqslant\frac{n-2}{3}\left[\sum_{i=1}^{n}\begin{bmatrix}x_i\\2\end{bmatrix}\right]^2$$

(美国)I. Borsenco 提供

J143 令 $x_1=-2, x_2=-1$, 对 $n\geqslant 2$, 有 $x_{n+1}=\sqrt[3]{n(x_n^2+1)+2x_{n-1}}$. 求 x_{2009}.

(美国)T. Andreescu 提供

J144 令 $\triangle ABC$ 的边 $a>b>c$, 点 O 与点 H 分别为 $\triangle ABC$ 的外心与垂心. 证明

$$\sin\angle AHO+\sin\angle BHO+\sin\angle CHO\leqslant\frac{(a-c)(a+c)^3}{4abc\cdot OH}$$

(美国)I. Borsenco 提供

1.2 高级问题

S73 多项式 $P(x) = x^3 + x^2 + ax + b$ 的零点是所有负实数. 证明: $4a - 9b \leqslant 1$.

(美国) T. Andreescu 提供

S74 令 a, b, c 是正实数,且 $a + b + c = 1$. 证明

$$(a^a + b^a + c^a)(a^b + b^b + c^b)(a^c + b^c + c^c) \geqslant (\sqrt[3]{a} + \sqrt[3]{b} + \sqrt[3]{c})^3$$

(西班牙) J. L. -D. Barrero 提供

S75 在 $\text{Rt}\triangle ABC$ 中,令 $\angle A = 90°$. 点 D 是 BC 上任意点, E 是点 D 在边 AB 上的反射点. 以 F 与 G 分别表示 AB 与直线 DE, CE 的交点. 令 H 是 G 在 BC 上的投影, I 是 HF 与 CE 的交点. 证明: 点 G 是 $\triangle AHI$ 的内心.

(越南) S. H. Ta 提供

S76 令 x, y, z 是复数,且

$$(y + z)(x - y)(x - z) =$$
$$(z + x)(y - z)(y - x) =$$
$$(x + y)(z - x)(z - y) = 1$$

求 $(y + z)(z + x)(x + y)$ 的所有可能值.

(美国) A. Anderson 提供

S77 在 $\triangle ABC$ 中,令 X 是 A 在 BC 上的投影. 圆心为 A, 半径为 AX 的圆交直线 AB 于点 P, R, 交直线 AC 于点 Q, S, 使 $P \in AB, Q \in AC$. 令 $U = AB \cap XS, V = AC \cap XR$. 证明: 直线 BC, PQ, UV 共点.

(西班牙) F. J. G. Capitan, J. B. R. Marguez 提供

S78 令 $ABCD$ 是内接于 $\odot C(O, R)$ 的四边形, 令四圆 $\odot O_{ab}, \odot O_{bc}, \odot O_{cd}, \odot O_{ad}$ 分别为 $\odot C(O)$ 以 AB, BC, CD, DA 为对称轴的对称圆. $\odot O_{ab}$ 与 $\odot O_{ad}$, $\odot O_{ab}$ 与 $\odot O_{bc}$, $\odot O_{bc}$ 与 $\odot O_{cd}$, $\odot O_{cd}$ 与 $\odot O_{ad}$ 分别相交于点 A', B', C', D'. 证明: A', B', C', D' 在半径为 R 的圆上.

(罗马尼亚) M. Miculita 提供

S79 令 $a_n = \sqrt[4]{2} + \sqrt[n]{4}$, $n = 2, 3, 4, \cdots$, 证明: $\dfrac{1}{a_5} + \dfrac{1}{a_6} + \dfrac{1}{a_{12}} + \dfrac{1}{a_{20}} = \sqrt[4]{8}$.

(美国) T. Andreescu 提供

S80 在 $\triangle ABC$ 中, 令 M_a, M_b, M_c 分别为边 BC, CA, AB 的中点. 令在 $\triangle AM_aM_b$ 中以 M_b, M_c 作出的垂足是 C_2, B_1; 在 $\triangle CM_aM_b$ 中以 M_a, M_b 作出的垂足是 B_2, A_1; 在 $\triangle BM_aM_c$ 中以 M_c, M_a 作出的垂足是 A_2, C_1. 证明: B_1C_2, C_1A_2, A_1B_2 的中垂线共点.

(澳大利亚) V. Nandakumar 提供

S81 考虑多项式 $P(x)=\sum_{k=0}^{n}\dfrac{1}{n+k+1}x^k, n\geqslant 1$. 证明:方程 $P(x^2)=P^2(x)$ 无实根.

(罗马尼亚)D. Andrica 提供

S82 令 a,b 是正实数,$a\geqslant 1$,并且令 s_1,s_2,s_3 是非负实数,它们有实数 x 使 $s_1\geqslant x^2$, $as_2+s_3\geqslant 1-bx$. 求 $s_1+s_2+s_3$ 用 a,b 表示的最小可能值是什么(在 x 的所有可能值上取最小值)?

(美国)Z. Sunic 提供

S83 求模 1 的所有复数 x,y,z,使它们满足
$$\frac{y^2+z^2}{x}+\frac{x^2+z^2}{y}+\frac{x^2+y^2}{z}=2(x+y+z)$$

(罗马尼亚)C. Pohoata 提供

S84 令 $\odot\omega$ 与 $\odot\Omega$ 分别为锐角 $\triangle ABC$ 的内切圆与外接圆. $\odot\omega_A$ 与 $\odot\Omega$ 内切于点 A,且与 $\odot\omega$ 外切,以 P_A,Q_A 分别表示 $\odot\omega_A,\odot\Omega_A$ 的圆心. 类似地定义点 P_B,Q_B,P_C,Q_C. 证明
$$\frac{P_AQ_A}{BC}+\frac{P_BQ_B}{CA}+\frac{P_CQ_C}{AB}\geqslant\frac{\sqrt{3}}{2}$$

(罗马尼亚)C. Lupu 提供

S85 求最小的 r,使得对边长为 a,b,c 的每个三角形,有
$$\frac{\max(a,b,c)}{\sqrt[3]{a^3+b^3+c^3+3abc}}<r$$

(美国)T. Andreescu 提供

S86 把一个等边三角形剖分为 n^2 个边长为 1 的等边三角形,会出现多少个正六边形?

(美国)I. Borsenco 提供

S87 对应于 $\triangle ABC$ 顶点 A 的内切圆 $\odot C(I,r)$ 与旁切圆 $\odot C(I_A,r_a)$ 分别与 AB 相切于点 D,E. 证明:当且仅当 $AB\perp BC$ 时,直线 IE 与 I_aD 相交于 BC 上.

(罗马尼亚)A. Ciupan 提供

S88 令 a,b,c,d 为非负实数. 证明
$$a^2+b^2+c^2+d^2+1+abcd\geqslant ab+bc+cd+da+ac+bd$$

(美国)A. Anderson 提供

S89 令 $\triangle ABC$ 是锐角三角形. 证明以下命题等价:

(1) 对任一点 $M\in(AB)$ 与任一点 $N\in(AC)$,可以作出边为 CM,BN,MN 的三角形.

(2) $AB=AC$.

(罗马尼亚)M. Becheanu 提供

S90 证明
$$\sum_{i=0}^{3n}\sum_{j=0}^{n}(-1)^j\binom{n}{j}\binom{n-1+3i-10j}{n-1}=\frac{10^n+2}{3}$$

(注:本题约定,当 $m<n$ 包括 $m<0$ 时, $\binom{m}{n}=0$.)

(孟加拉国)S. Riasat 提供

S91 求所有三元组 (n,k,p),其中 n,k 是正整数,p 是素数,满足
$$n^5+n^4+1=p^k$$

(美国)T. Andreescu 提供

S92 令 BE 与 CF 为 $\triangle ABC$ 的高,M 是 $\triangle ABC$ 外接圆上的点,点 P 为 MB 与 CF 的交点,点 Q 为 MC 与 BE 的交点.证明:EF 平分线段 PQ.

(越南)S. T. Hong 提供

S93 令 n 是大于 1 的整数,$x_1,x_2,\cdots,x_n$ 是非负实数,它们的和为 $\sqrt{2}$.求作为 n 的函数
$$\frac{x_1^2}{1+x_1^2}+\frac{x_2^2}{1+x_2^2}+\cdots+\frac{x_n^2}{1+x_n^2}$$
的最大值.

(美国)A. Anderson 提供

S94 四边形内接于一个定圆,并外切于另一个定圆.证明:它的对角线长的乘积是一常数.

(美国)I. Borsenco 提供

S95 一个社区有 16 个孩子.在一年中这个社区成员发生了 69 次摔跤.每次摔跤恰好包括 2 人,每对孩子至多互相摔跤一次.在年底,当地摔跤俱乐部要组织两队进行比赛,每队包括 3 人,当且仅当一队每个成员与另一队每个成员摔跤.证明:俱乐部总能组织这样的摔跤比赛.

(美国)I. Boreico,I. Borsenco 提供

S96 令 n 是大于 2 的整数.证明:对每个 $k=1,2,\cdots,n-1$,当且仅当 n 是素数时,
$$\binom{n-1}{k}\equiv(-1)^k\pmod{n}.$$

(罗马尼亚)D. Andrica,M. Piticari 提供

S97 令 $x_1,x_2,\cdots,x_n$ 是正实数.证明
$$\left(\frac{x_1+x_2+\cdots+x_n}{n}\right)^n\geq(\sqrt[n]{x_1x_2\cdots x_n})^{n-1}\sqrt{\frac{x_1^2+x_2^2+\cdots+x_n^2}{n}}$$

(美国)A. Alt 提供

S98 令 n 是正整数. 证明:$\prod_{d\mid n}\dfrac{\phi(d)}{d}\leqslant\left(\dfrac{\phi(n)}{n}\right)^{\frac{\tau(n)}{2}}$.

(美国)I. Borsenco 提供

S99 令 $\triangle ABC$ 是锐角三角形. 证明

$$\dfrac{1-\cos A}{1+\cos A}+\dfrac{1-\cos B}{1+\cos B}+\dfrac{1-\cos C}{1+\cos C}\leqslant$$

$$\left(\dfrac{1}{\cos A}-1\right)\left(\dfrac{1}{\cos B}-1\right)\left(\dfrac{1}{\cos C}-1\right)$$

(哥斯达黎加)D. C. Salas 提供

S100 令 $\triangle ABC$ 是锐角三角形,有高 BE, CF. 点 Q 与 R 分别在线段 CE 与 BF 上,使 $\dfrac{CQ}{QE}=\dfrac{FR}{RB}$. 当点 Q 与点 R 变动时,求 $\triangle AQR$ 外心的轨迹.

(美国)A. Anderson 提供

S101 令 a,b,c 是不同的实数. 证明

$$\left(\dfrac{a}{a-b}+1\right)^2+\left(\dfrac{b}{b-c}+1\right)^2+\left(\dfrac{c}{c-a}+1\right)^2\geqslant 5$$

(古巴)R. B. Cabrera 提供

S102 考虑外心为 O 与内心为 I 的 $\triangle ABC$. 令 E 与 F 分别为 $\triangle ABC$ 的内切圆与 AC, AB 的切点. 证明:当且仅当 $r_a^2=r_b r_c$ 时,EF, BC, OI 共点.

(美国)I. Borsenco 提供

S103 令 $x_1, x_2, \cdots, x_n$ 是正实数. 证明

$$x_1+x_2+\cdots+x_n+\dfrac{n}{\dfrac{1}{x_1}+\dfrac{1}{x_2}+\cdots+\dfrac{1}{x_n}}\geqslant$$

$$(n+1)\sqrt[n]{x_1 x_2 \cdots x_n}$$

(罗马尼亚)N. Cristina — Paula, N. Nicolae 提供

S104 如果有圆心在四个点上的四个圆,且每个圆与其他三个圆外切,则这四点组成的集合是佳集合. 令 $\triangle ABC$ 有垂心 H,内心 I 与旁切圆心 I_A, I_B, I_C. 证明:当且仅当 $\triangle ABC$ 是等边三角形时,$\{A,B,C,H\}$ 与 $\{I,I_a,I_b,I_c\}$ 是佳集合.

(西班牙)D. Lasaosa 提供

S105 令 P 是 $\triangle ABC$ 的内点,d_a, d_b, d_c 是点 P 到三角形三边的距离,且 $d_a \geqslant d_b \geqslant d_c$. 证明

$$\max(AP, BP, CP) \geqslant \sqrt{d_a^2+d_b^2+d_b d_c+d_c^2}$$

(美国)I. Borsenco 提供

S106 8 个小孩玩 2 个游戏. 起初它们同样喜欢这些游戏. 每天小孩随机地分配到两

组中,一组 3 个小孩,另一组 5 个小孩. 每组玩大多数小孩喜欢的游戏. 但是,每当小孩玩游戏时,都希望是自己最喜欢的游戏. 求所有小孩都喜欢同一游戏的期望天数.

(西班牙)D. Lasaosa,(美国)I. Borsenco 提供

S107 证明:极差 n(也包含 n)的整数集合个数等于正$(n+3)$边形的三角剖分数,其中每个三角形至少包含多边形的一边. (极差是集合中最大元素与最小元素之间的差)

(美国)Z. Sunic 提供

S108 在 $\triangle ABC$ 中,令 D,E,F 分别为从顶点 A,B,C 作出的高线足. P,Q 分别表示从点 D 向 AB,AC 作出的垂足. 令 $R = BE \cap DP, S = CF \cap DQ, M = BQ \cap CP, N = RQ \cap PS$. 证明:$M,N,H$ 共线,其中 H 是 $\triangle ABC$ 的垂心.

(日本)G. A. C. Reyes 提供

S109 解方程组

$$\sqrt{x} - \frac{1}{y} = \sqrt{y} - \frac{1}{z} = \sqrt{z} - \frac{1}{x} = \frac{7}{4}$$

(美国)T. Andreescu 提供

S110 令 X 是 $\triangle ABC$ 的边 BC 上的点. 过点 X 作 AB 的平行线交 CA 于点 V,过点 X 作 AC 的平行线交 AB 于点 W. 令 $D = BU \cap XW, E = CW \cap XV$. 证明:$DE \parallel BC$,$\frac{1}{DE} = \frac{1}{BX} + \frac{1}{CX}$.

(西班牙)F. J. G. Capitán 提供

S111 证明:有无限多个正整数 n 可以表示为 $a^4 + b^4 + c^4 + d^4 - 4abcd$,其中 a,b,c,d 是正整数,使 n 可被它的数字和整除.

(美国)T. Andreescu 提供

S112 令 a,b,c 是 $\triangle ABC$ 的边长,s 是 $\triangle ABC$ 的半周长. 证明

$$(s-c)^a (s-a)^b (s-b)^c \leqslant \left(\frac{a}{2}\right)^a \left(\frac{b}{2}\right)^b \left(\frac{c}{2}\right)^c$$

(印度尼西亚)J. Gunardi 提供

S113 证明:对符号"+"与"-"的不同选择,表达式

$$\pm 1 \pm 2 \pm 3 \pm \cdots \pm (4n+1)$$

给出小于或等于 $(2n+1)(4n+1)$ 的所有正奇数.

(罗马尼亚)D. Andrica 提供

S114 考虑具有角平分线 AA_1,BB_1,CC_1 的 $\triangle ABC$. 以 U 表示 AA_1 与 B_1C_1 的交点. 令 V 是 U 到 BC 上的投影. 令 W 是 $\angle BC_1V$ 的平分线与 $\angle CB_1V$ 的平分线的交点. 证明:点 A,V,W 共线.

(美国)I. Borsenco 提供

S115 证明:对每个正整数 n,2009^n 可以写成 6 个非零完全平方数之和.

(美国)T. Andreescu,(罗马尼亚)D. Audrica 提供

S116 点 P 与 Q 在线段 BC 上,P 在 B 与 Q 之间.设 BP,PQ,QC 按某顺序组成等比数列.证明:在平面上有点 A,当且仅当 PQ 小于 BP 与 CQ,AP 与 AQ 三等分 $\angle BAC$.

(哥斯达黎加)D. C. Salas 提供

S117 令 a,b,c 是正实数.证明

$$\frac{1}{a+b}+\frac{1}{b+c}+\frac{1}{c+a}+\frac{3abc}{2(ab+bc+ca)^2} \geqslant \frac{5}{a+b+c}$$

(加拿大)S. Asgarli 提供

S118 把一个等边三角形剖分为 n^2 个全等的等边三角形.令 V 是这些三角形所有顶点的集合,E 是这些三角形所有边的集合.求所有 n,它使我们可以把所有的边涂成黑色或白色,使得对所有顶点,出现黑色边的条数等于出现白色边的条数.

(乌克兰)O. Dobosevych 提供

S119 考虑 $\triangle ABC$ 内的点 P,令 AA_1,BB_1,CC_1 是通过 P 的 Ceva 线.BC 的中点 M 与 A_1 不同,点 T 是 AA_1 与 B_1C_1 的交点.证明:若 $\triangle BTC$ 的外接圆与直线 B_1C_1 相切,则 $\angle BTM = \angle A_1TC$.

(美国)I. Borsenco 提供

S120 令 P 是 $\triangle ABC$ 内的点,令 d_a,d_b,d_c 是点 P 到三角形三边的距离.证明

$$\frac{4 \cdot AP \cdot BP \cdot CP}{(d_a+d_b)(d_b+d_c)(d_c+d_a)} \geqslant$$

$$\frac{AP}{d_b+d_c}+\frac{BP}{d_a+d_c}+\frac{CP}{d_a+d_b}+1$$

(乌克兰)O. Dobosevych 提供

S121 求正整数的所有三元组 (x,y,z),使 $2(x^3+y^3+z^3)=3(x+y+z)^2$.

(美国)T. Andreescu 提供

S122 在 $\triangle ABC$ 中,l_a,l_b,l_c,m_a,m_b,m_c 分别为从点 A,B,C 作出的角平分线与中线.证明

$$\frac{l_a^2}{bc}+\frac{l_b^2}{ac}+\frac{l_c^2}{ab} \leqslant$$

$$\cos^2\frac{A}{2}+\cos^2\frac{B}{2}+\cos^2\frac{C}{2} \leqslant$$

$$\frac{9}{4} \leqslant \frac{m_a^2}{a^2}+\frac{m_b^2}{b^2}+\frac{m_c^2}{c^2}$$

(美国)R. B. Cabrera,Texas 提供

S123 证明:在边长为 a,b,c 的任意三角形中

$$\frac{b+c}{a}+\frac{c+a}{b}+\frac{a+b}{c}+$$
$$\frac{(b+c-a)(c+a-b)(a+b-c)}{abc} \geqslant 7$$

(罗马尼亚)C. Lupu 提供

S124 在 $\triangle ABC$ 中,令三边中点为 M_a, M_b, M_c,点 X, Y, Z 分别为 $\triangle M_a M_b M_c$ 的内切圆与 $M_b M_c, M_c M_a, M_a M_b$ 的切点.

(1) 证明:直线 AX, BY, CZ 共点.

(2) 若 AA_1, BB_1, CC_1 是通过点 P 的 Ceva 线(点 P 是(1)中的共点),则 $\triangle A_1 B_1 C_1$ 的周长不小于 $\triangle ABC$ 的半周长.

(古巴)R. B. Cabrera 提供

S125 求满足 $\left|\frac{p}{q}-\sqrt{2}\right|<\frac{1}{q^2}$ 的所有正整数对 (p,q).

(美国)I. Borsenco 提供

S126 令 a, b, c 是正实数. 证明
$$\sqrt{\frac{a^2(b^2+c^2)}{a^2+bc}}+\sqrt{\frac{b^2(c^2+a^2)}{b^2+ca}}+\sqrt{\frac{c^2(a^2+b^2)}{c^2+ab}} \leqslant a+b+c$$

(澳大利亚)P. H. Duc 提供

S127 令 x, y, z 是正实数,且 $x^2+y^2+z^2 \geqslant 3$. 证明
$$\frac{x^3}{\sqrt{y^2+z^2+7}}+\frac{y^3}{\sqrt{z^2+x^2+7}}+\frac{z^3}{\sqrt{x^2+y^2+7}} \geqslant 1$$

(乌兹别克斯坦)O. Ibrogimov 提供

S128 令 $A_1 A_2 \cdots A_n$ 是正 n 边形,内接于圆心为 O,半径为 R 的圆. 证明:对 n 边形平面上的每一点 M
$$\prod_{k=1}^{n} MA_k \leqslant (OM^2+R^2)^{\frac{n}{2}}$$

(罗马尼亚)D. Andrica 提供

S129 令 $a_1, a_2, \cdots, a_n \in [0,1]$,$\lambda$ 是实数,使 $a_1+a_2+\cdots+a_n = n+1-\lambda$. 对 $(a_i)_{i=1}^{n}$ 的任一置换 $(b_i)_{i=1}^{n}$,证明
$$a_1 b_1 + a_2 b_2 + \cdots + a_n b_n \geqslant n+1-\lambda^2$$

(孟加拉国)S. Riasat 提供

S130 证明:对所有正整数 n 与所有实数 x, y
$$\sum_{k=0}^{n}\binom{n}{k}\cos[(n-k)x+ky] = \left(2\cos\frac{x-y}{2}\right)^n \cos n\frac{x+y}{2}$$

(美国)T. Andreescu,(罗马尼亚)D. Andrica 提供

S131 令 P 是 $\triangle ABC$ 内的点,P_a,P_b,P_c 分别为 A,B,C 关于点 P 的对称点. 通过点 P_a 作 PB,PC 的平行线分别交 AB,AC 于点 A_b,A_c. 可用相同方法定义点 B_a,B_c,C_a,C_b. 证明:点 A_b,A_c,B_a,B_c,C_a,C_b 在一椭圆上.

(罗马尼亚)C. Barbu 提供

S132 令 G 是在 n 个顶点上的 4 分图. 证明:当 $k \geqslant 3$ 时,G 中 k 团图数小于或等于 $\dfrac{n^4 + 16n^3}{256}$.

(美国)I. Borsenco 提供

S133 把 144 片睡莲叶子排成一行,涂为红色、绿色、蓝色、红色、绿色、蓝色等. 证明:一只青蛙按从左到右的序列从第 1 片睡莲叶子起,跳过不同颜色的睡莲叶子,到达最后 1 片睡莲叶子的排列方法数是 3 的倍数.

(美国)B. Basham 提供

S134 求所有整数三元组 (x, y, z),使它们同时满足方程 $x + y = 5z$ 与 $xy = 5z^2 + 1$.

(美国)T. Andreescu 提供

S135 在正 n 边形的所有顶点上写上 0,每分钟,Bob 选出 1 个顶点,把 2 加到写在此顶点上的数,并从写在两个相邻顶点上的数减去 1. 证明:无论 Bob 玩多长时间,他得不到 1 写在 1 个顶点上,-1 写在另 1 个顶点上,0 写在其他各个顶点上的布局.

(美国)T. Chu 提供

S136 用起重机搬运杠铃,杠铃两边有 n 件重量相等的重物. 每一步从杠铃的一边取出一些重物. 但若两边重物之差大于 k 件,则杠铃被移走或下降. 求取出所有重物需要的最少步数是多少?

(美国)I. Boreico 提供

S137 在圆内接四边形 $ABCD$ 中,令 $\{U\} = AB \cap CD$,$\{V\} = BC \cap AD$. 一直线通过点 V 且垂直于 $\angle AUD$ 的平分线,交 UA,UD 于点 X,Y. 证明
$$AX \cdot DY = BX \cdot CY$$

(美国)I. Borsenco 提供

S138 令 a, b, c 是正实数,且 $\sqrt{a} + \sqrt{b} + \sqrt{c} = 3$. 证明
$$8(a^2 + b^2 + c^2) \geqslant 3(a+b)(b+c)(c+a)$$

(意大利)P. Perfetti 提供

S139 令 $a_0 = 1$,$a_{n+1} = a_0 \cdots a_n + 3$,$n \geqslant 0$. 证明:对所有 $n \geqslant 1$
$$a_n + \sqrt[3]{1 - a_n a_{n+1}} = 1$$

(美国)T. Andreescu 提供

S140 令 a, b, c 是整数. 证明

$$\sum_{\text{cyc}}(a-b)(a^2+b^2-c^2)c^2$$

可被$(a+b+c)^2$整除.

(罗马尼亚)D. Andrica 提供

S141 4个正方形在半径为$\sqrt{5}$的圆内,使没有2个正方形有一个公共点.证明:可以把这些正方形放在边长为4的正方形内,使没有2个正方形有一个公共点.

(亚美尼亚)N. Sedrakyan 提供

S142 考虑两个同心圆$\odot C_1(O,R)$与$\odot C_2(O,\frac{R}{2})$.证明:对$\odot C_1$上每一点A与$\odot C_2$内每一点Ω,在$\odot C_1$上有点B与C,使Ω是$\triangle ABC$九点圆圆心.

(美国)I. Borsenco 提供

S143 令m,n是正整数,$m<n$.求下式的值

$$\sum_{k=m+1}^{n}k(k^2-1^2)\cdots(k^2-m^2)$$

(美国)T. Andreescu 提供

S144 在四边形$ABCD$中,直线AB,BC,CD,DA分别是关于对边CD,DA,AB,BC的中点的反射线.证明:这4条直线组成的四边形$A'B'C'D'$与四边形$ABCD$位似,求位似比与位似中心.

(西班牙)F. J. G. Capitán,J. B. Romero 提供

1.3 大学问题

U73 证明:没有$n \geqslant 1$次多项式$P \in \mathbf{R}[X]$,使得对所有$x \in \mathbf{R}\backslash\mathbf{Q}, P(x) \in \mathbf{Q}$.

(美国)I. Borsenco 提供

U74 证明:没有可微函数$f:(0,1) \to \mathbf{R}$,使$\sup_{x \in E}|f'(x)|=M \in \mathbf{R}$,其中$E$是定义域的稠密子集,$|f|$在$(0,1)$上不可微.

(意大利)P. Perfetti 提供

U75 令P是$n \geqslant 2$次复多项式,$\boldsymbol{A}$与$\boldsymbol{B}$是2×2复矩阵,使$\boldsymbol{AB} \neq \boldsymbol{BA}, P(\boldsymbol{AB})=P(\boldsymbol{BA})$.证明:对某复数$c, P(\boldsymbol{AB})=c\boldsymbol{I}_2$.

(美国)T. Andreescu,(罗马尼亚)D. Andrica 提供

U76 令$f:[0,1] \to \mathbf{R}$是可积函数,使$\int_0^1 xf(x)\mathrm{d}x=0$.证明$\int_0^1 f^2(x)\mathrm{d}x \geqslant 4(\int_0^1 f(x)\mathrm{d}x)^2$.

(罗马尼亚)C. Lupu,T. Lupu 提供

U77 令 $f:\mathbf{R} \to \mathbf{R}$ 是类 C^2 的函数. 证明: 若函数 $\sqrt{f(x)}$ 可微, 则它的导数是连续函数.

(法国) G. Dospinescu 提供

U78 令 $m = \prod_{i=1}^{k} P_i$, 其中 $P_1, P_2, \cdots, P_k$ 是不同的奇素数. 证明: 当且仅当对称群 S_{n+k} 有 m 阶元素时, $A \in M_n(\mathbf{Z})$, $A^m = I_n$, $A^r \neq I_n$, 且 $0 < r < m$.

(塞内加尔) J-C. Mathieux 提供

U79 令 $a_1 = 1, a_n = a_{n-1} + \ln n$. 证明: $\sum_{i=1}^{n} \frac{1}{a_i}$ 发散.

(美国) I. Borsenco 提供

U80 令 $f:\mathbf{R} \to \mathbf{R}$ 是可微函数, 它的导函数 f' 在原点连续, $f(0) = 0$, $f'(0) = 1$. 求下式的值

$$\lim_{x \to 0} \frac{1}{x} \sum_{n=1}^{\infty} (-1)^n f\left(\frac{x}{n}\right)$$

(美国) T. Andreescu 提供

U81 数列 $x_n, n \geqslant 1$ 定义为

$$x_1 < 0, x_{n+1} = e^{x_n} - 1, n \geqslant 1$$

证明: $\lim_{n \to \infty} n x_n = -2$.

(罗马尼亚) D. Andrica 提供

U82 求下式的值

$$\lim_{n \to \infty} \prod_{k=1}^{n} \left(1 + \frac{k}{n}\right)^{\frac{n}{k^3}}$$

(罗马尼亚) C. Lupu 提供

U83 求所有函数 $f:[0,2] \to (0,1)$, 使它在原点可微, 并对所有 $x \in [0,1]$, 满足 $f(2x) = 2f^2(x) - 1$.

(美国) T. Andreescu 提供

U84 令 f 是在区间 I 上的三次可微函数, $a, b, c \in I$. 证明: 存在 $\xi \in I$, 使

$$f\left(\frac{a+2b}{3}\right) + f\left(\frac{b+2c}{3}\right) + f\left(\frac{c+2a}{3}\right) - f\left(\frac{2a+b}{3}\right) - f\left(\frac{2b+c}{3}\right) - f\left(\frac{2c+a}{3}\right) = \frac{1}{27}(a-b)(b-c)(c-a) f'''(\xi)$$

(罗马尼亚) V. Cirtoaje 提供

U85 求下式的值:

(1) $\sum_{k=1}^{\infty} \dfrac{1}{1^3+2^3+\cdots+k^3}.$

(2) $\sum_{k=1}^{\infty} \dfrac{(-1)^{k-1}}{1^3+2^3+\cdots+k^3}.$

(美国)B. Bradie 提供

U86 求具有角 α,β,γ(弧度)与边长为 $\sqrt{\alpha},\sqrt{\beta},\sqrt{\gamma}$ 的所有非退化三角形.

(哥斯达黎加)D. C. Salas 提供

U87 令 $f:(0,\infty)\to(0,\infty)$ 是无界函数,$\beta\neq 1$ 是正实数. 若对所有 $\alpha>0$,有
$$\lim_{x\to 0^+}(f(x)-\alpha f^{\beta}(\alpha x))=0$$
证明:$\lim_{x\to 0^+}f(x)=0.$

(罗马尼亚)D. Andrica,M. Piticari 提供

U88 已知数列
$$a_n=\int_1^n \dfrac{\mathrm{d}x}{(1+x^2)^n}$$
求:$\lim_{n\to\infty} n\cdot 2^n\cdot a_n$ 的值.

(罗马尼亚)B. Enescu,B. P. Hasaleu 提供

U89 令 $f:[0,\infty)\to[0,a]$ 是 $(0,\infty)$ 上的连续函数,在 $[0,\infty]$ 上具有 Darboux 性质,且 $f(0)=0$. 证明:若对所有 $x\in[0,\infty)$
$$xf(x)\geqslant \int_0^x f(t)\mathrm{d}t$$
则 f 有原函数.

(罗马尼亚)D. Andrica,M. Piticari 提供

U90 令 α 是大于 2 的实数. 求下式的值
$$\sum_{n=1}^{\infty}\left(\zeta(\alpha)-\dfrac{1}{1^\alpha}-\dfrac{1}{2^\alpha}-\cdots-\dfrac{1}{n^\alpha}\right)$$
其中 ζ 表示黎曼函数.

(美国)O. Furdui 提供

U91 证明:没有多项式 $P,Q\in\mathbf{R}[x]$,使得对所有 $n\geqslant 1$
$$\int_0^{\log n}\dfrac{P(x)}{Q(x)}\mathrm{d}x=\dfrac{n}{\pi(n)}$$
其中 $\pi(n)$ 是素计数函数.

(罗马尼亚)C. Lupu 提供

U92 求下式的最大值
$$F(\pmb{x},\pmb{y},\pmb{z})=\min\left\{\dfrac{\|\pmb{y}-\pmb{z}\|}{\|\pmb{x}\|},\dfrac{\|\pmb{z}-\pmb{x}\|}{\|\pmb{y}\|},\dfrac{\|\pmb{x}-\pmb{y}\|}{\|\pmb{z}\|}\right\}$$

其中 x,y,z 是 $\mathbf{R}^n(n \geq 2)$ 中的任意非零向量.

(美国) A. Alt 提供

U93 令 $x_0 \in (0,1], x_{n+1} = x_n - \arcsin(\sin^3 x_n), n \geq 0$. 求 $\lim\limits_{n \to \infty} \sqrt{n} x_n$ 的值.

(美国) T. Andreescu 提供

U94 令 Δ 是矩形 $ABCD$ 的内点与边界点组成的平面区域,它的边长为 a 与 b. 定义 $f:\Delta \to \mathbf{R}, f(P) = PA + PB + PC + PD$. 求 f 的值域.

(罗马尼亚) M. Becheanu 提供

U95 求所有单一的实系数多项式 P 与 Q,使得对所有 $n \geq 1$
$$P(1) + P(2) + \cdots + P(n) = Q(1 + 2 + 3 + \cdots + n)$$

(罗马尼亚) O. Furdui 提供

U96 令 $f:(0,\infty) \to [0,\infty)$ 是有界函数. 证明:若
$$\lim_{x \to 0}\left(f(x) - \frac{1}{2}\sqrt{f\left(\frac{x}{2}\right)}\right) = 0$$
与
$$\lim_{x \to 0}(f(x) - 2f(2x)^2) = 0$$
则
$$\lim_{x \to 0} f(x) = 0$$

(罗马尼亚) D. Andrica, M. Piticari 提供

U97 证明
$$f(x) = \begin{cases} 1, & x \geq 0 \\ \operatorname{arccot}\dfrac{1}{x}, & x < 0 \end{cases}$$
没有反导数.

(罗马尼亚) D. Dinu 提供

U98 令 $f:[0,1] \to \mathbf{R}$ 是连续可微函数,且 $\int_0^1 f(x)\mathrm{d}x = \int_0^1 xf(x)\mathrm{d}x$. 证明:存在 $\xi \in (0,1)$,使 $f(\xi) = f'(\xi)\int_0^\xi f(x)\mathrm{d}x$.

(罗马尼亚) C. Lupu 提供

U99 令 a,b 是正实数,且 $a + b = a^4 + b^4$. 证明
$$a^a b^b \leq 1 \leq a^{a^3} b^{b^3}$$

(罗马尼亚) V. Cartoaje 提供

U100 令 $f:[0,1] \to \mathbf{R}$ 是可积函数,使:

(1) $|f(x)| \leq 1, \int_0^1 xf(x)\mathrm{d}x = 0$;

(2) $F(x) \doteq \int_0^x f(y)\mathrm{d}y \geqslant 0$.

证明：$\int_0^1 f^2(x)\mathrm{d}x + 5\int_0^1 F^2(x)\mathrm{d}x \geqslant 6\int_0^1 f(x)F(x)\mathrm{d}x$.

(意大利) P. Perfetti 提供

U101 考虑正实数数列 $a_1, a_2, \cdots$，使得对数列中每一项，有 $Aa_n^k \leqslant a_{n+1} \leqslant Ba_n^k$，其中 $A, B, K \in \mathbf{R}_+$. 证明：对所有项，$\mathrm{e}^{\alpha+\gamma k^n} \leqslant a_n \leqslant \mathrm{e}^{\beta+\gamma k^n}$，其中 $\alpha, \beta, \gamma \in \mathbf{R}$.

(美国) Z. Sunic 提供

U102 把实轴上的点涂成红色与蓝色. 已知存在函数 $f: \mathbf{R} \to \mathbf{R}_+$，使得若 x, y 有不同颜色，则 $\min\{f(x), f(y)\} \leqslant |x-y|$. 证明：所有开区间包含单色开区间.

(美国) I. Boreico 提供

U103 令 $a_1, a_2, \cdots, a_n > 0$，使 $a_1 + a_2 + \cdots + a_n \leqslant n$. 证明
$$a_1^{\frac{1}{a_1}} a_2^{\frac{1}{a_2}} \cdots a_n^{\frac{1}{a_n}} \leqslant 1$$

(美国) T. Andreescu 提供

U104 令 x_0 是固定实数，$f: \mathbf{R} \to \mathbf{R}$ 是函数，且 f 是区间 $(-\infty, x_0), (x_0, \infty)$ 上的导数，f 在 x_0 上连续. 证明：f 是 $\mathbf{R}$ 上的导数.

(罗马尼亚) M. Piticari 提供

U105 在 $\mathbf{C} \backslash \mathbf{R}$ 中所有 z 上，求 $\min\left(\dfrac{\mathrm{Im}\, z^5}{\mathrm{Im}^5 z}\right)$.

(美国) T. Andreescu 提供

U106 令 x 是正实数. 证明：$x^x - 1 \geqslant \mathrm{e}^{x-1}(x-1)$.

(罗马尼亚) V. Cartoaje 提供

U107 令 $f: [0, \infty) \to [0, \infty)$ 是连续函数，它有正整数 a 使得对所有 x, $f(f(x)) = x^a$. 证明
$$\int_0^1 (f(x))^2 \mathrm{d}x \geqslant \frac{2a-1}{a^2+6a-3}$$

(罗马尼亚) M. Piticari 提供

U108 求所有 $n \geqslant 3$，使有满同态 $\phi: S_n \to S_{n-1}$，其中 S_n 是关于 n 个元素的对称群.

(美国) I. Borsenco 提供

U109 求所有整数对 (m, n)，使 $m^2 + 2mn - n^2 = 1$.

(美国) T. Andreescu, (罗马尼亚) D. Andrica 提供

U110 令 $a_1, a_2, \cdots, a_n$ 是实数，其中 $a_n, a_0 \neq 0$，且多项式 $P(X) = (-1)^n a_n X^n + (-1)^{n-1} a_{n-1} X^{n-1} + \cdots + a_2 X^2 - a_1 X + a_0$ 在区间 $(0, \infty)$ 内有它的所有零点，令 $f: \mathbf{R} \to \mathbf{R}$ 是 n 次可微函数. 证明：若

$$\lim_{x\to\infty}(a_n f^{(n)}(x)+a_{n-1}f^{(n-1)}(x)+\cdots+a_1 f'(x)+a_0 f(x))=L\in\overline{\mathbf{R}}$$

则 $\lim_{x\to\infty} f(x)$ 存在,且 $\lim_{x\to\infty} f(x)=\dfrac{L}{a_0}$.

(罗马尼亚)R. Titiu 提供

U111 令 n 是已知正整数,$a_k=2\cos\dfrac{\pi}{2^{n-k}}$,$k=0,1,\cdots,n-1$. 证明

$$\prod_{k=0}^{n-1}(1-a_k)=\dfrac{(-1)^{n-1}}{1+a_0}$$

(美国)T. Andreescu 提供

U112 令 x,y,z 是大于 1 的实数. 证明

$$x^{x^3+2xyz}\cdot y^{y^3+2xyz}\cdot z^{z^3+2xyz}\geqslant (x^x y^y z^z)^{xy+yz+zx}$$

(罗马尼亚)C. Lupu,(美国)V. Vornicu 提供

U113 求所有连续函数 $f:\mathbf{R}\to\mathbf{R}$,使 f 是没有最小周期的周期函数.

(罗马尼亚)R. Titiu 提供

U114 令 a,b,c 是非负实数. 求下式的值

$$\lim_{n\to\infty}\dfrac{1}{n}\sum_{i,j=1}^{n}\dfrac{1}{\sqrt{i^2+j^2+ai+bj+c}}$$

(罗马尼亚)O. Furdui 提供

U115 令 $a_n=2-\dfrac{1}{n^2+\sqrt{n^4+\dfrac{1}{4}}}$,$n=1,2,\cdots$. 证明

$$\sqrt{a_1}+\sqrt{a_2}+\cdots+\sqrt{a_{119}}$$

是整数.

(美国)T. Andreescu 提供

U116 令 G 是无边界的 K_4 完全图. 求 G 中长为 n 的闭通道数.

(美国)I. Borsenco 提供

U117 令 n 是大于 1 的整数,$x_1,x_2,\cdots,x_n$ 是正实数,且 $x_1+x_2+\cdots+x_n=n$. 证明

$$\sum_{k=1}^{n}\dfrac{x_k}{n^2-n+1-nx_k+(n-1)x_k^2}\leqslant\dfrac{1}{n-1}$$

并求所有等式情形.

(美国)I. Boreico 提供

U118 令 A,B 是具有实元素的 2×2 矩阵,f 是具有实系数的非常数多项式,使 $f(AB)=f(BA)$. 证明:$AB=BA$ 或存在实数 a,使 $f(AB)=a\mathbf{I}_2$.

(法国)G. Dospinescu 提供

U119 令 t 是大于 -1 的实数. 求下式的值

$$\int_0^1 \int_0^1 x^t y^t \left\{\frac{x}{y}\right\} \left\{\frac{y}{x}\right\} \mathrm{d}x \mathrm{d}y$$

其中 $\{a\}$ 表示 a 的小数部分.

(罗马尼亚) O. Furdui 提供

U120 令 $x_n = \dfrac{1}{n+a_1} + \dfrac{1}{n+a_2} + \cdots + \dfrac{1}{n+a_k}$, $y_n = \dfrac{\varphi(n)}{n}$, 其中 $a_1, a_2, \cdots, a_k$ 是小于 n 的不同的正整数, 且与 n 互素, φ 是 Euler 函数. 证明: 对所有实数 $a < 1$
$$\lim_{n \to \infty} n^a (x_n - y_n \log 2) = 0$$
这对 $a = 1$ 也成立吗?

(法国) G. Dospinescu 提供

U121 令 P 是素数, α 是 S_{p+1} 中 p 阶置换. 求集合 $C_\alpha = \{\sigma \in S_{p+1} \mid \sigma\alpha = \alpha\sigma\}$.

(罗马尼亚) D. Andrica, M. Piticari 提供

U122 令 $f: [0,1] \to \mathbf{R}$ 是 2 次可微函数, 具有 2 阶连续导数, 使 $\int_0^1 f(x) \mathrm{d}x = 3 \int_{\frac{1}{3}}^{\frac{2}{3}} f(x) \mathrm{d}x$. 证明: 存在 $x_0 \in (0,1)$, 使 $f''(x_0) = 0$.

(罗马尼亚) C. Lupu 提供

U123 令 $\odot C_1, \odot C_2, \odot C_3$ 是半径分别为 $1, 2, 3$ 的同心圆. 考虑 $\triangle ABC$, 使点 $A \in \odot C_1$, 点 $B \in \odot C_2$, 点 $C \in \odot C_3$. 证明: $\max K_{ABC} < 5$, 其中 $\max K_{ABC}$ 表示 $\triangle ABC$ 的最大可能面积.

(古巴) R. B. Cabrera 提供

U124 令 $x_n, n \geq 1$ 是实数数列, 使得对所有正整数 $n, \arctan x_n + nx_n = 1$. 求
$$\lim_{n \to \infty} n \ln(2 - nx_n)$$
的值.

(维也纳) D. V. Thong 提供

U125 令 $u_1, u_2, \cdots, u_n$ 与 $v_1, v_2, \cdots, v_n$ 是不同实数. 令 $\mathbf{A}$ 是具有元素 $a_{ij} = \dfrac{u_i + v_j}{u_i - v_j}$ 的矩阵, $\mathbf{B}$ 是具有元素 $b_{ij} = \dfrac{1}{u_i - v_j}$ 的矩阵, 其中 $1 \leq i, j \leq n$. 证明
$$\det \mathbf{A} = 2^{n-1} (u_1 u_2 \cdots u_n + v_1 v_2 \cdots v_n) \det \mathbf{B}$$

(德国) D. Grinberg 提供

U126 求所有连续的双射函数 $f: [0,1] \to [0,1]$, 使得对所有连续函数 $g: [0,1] \to \mathbf{R}$
$$\int_0^1 g(f(x)) \mathrm{d}x = \int_0^1 g(x) \mathrm{d}x$$

(罗马尼亚) D. Andrica, M. Piticari 提供

U127 令 $a_n, n \geq 1$ 是收敛数列. 求下式的值
$$\lim_{n \to \infty} \left(\frac{a_1}{n+1} + \frac{a_2}{n+2} + \cdots + \frac{a_n}{2n} \right)$$

(罗马尼亚)D. Andrica, M. Piticari 提供

U128 令 f 是定义在 $[0,1]$ 上的 2 次可微连续实值函数, 且 $f(0) = f(1) = f'(1) = 0, f'(0) = 1$. 证明
$$\int_0^1 (f''(x))^2 \, dx \geq 4$$

(越南)D. V. Thong 提供

U129 令 $a_1, a_2, \cdots, a_n > 0, b_1, b_2, \cdots, b_n > 0$, 使得对 $\mathbf{R}$ 中所有 x
$$a_1^x + a_2^x + \cdots + a_n^x \geq b_1^x + b_2^x + \cdots + b_n^x$$

证明: 函数 $f: \mathbf{R} \to (0, \infty)$
$$f(x) = \left(\frac{a_1}{b_1}\right)^x + \left(\frac{a_2}{b_2}\right)^x + \cdots + \left(\frac{a_n}{b_n}\right)^x$$

是递增的.

(罗马尼亚)C. Lupu 提供

U130 令 f 是定义在 $\mathbf{R}$ 上的 3 次可微实值函数, 使得对所有 $x \in \mathbf{R}, |f'''(x)| \geq 1$. 考虑集合
$$M = \{x \in \mathbf{R} : |f'(x)| \leq 2\}$$

证明: 集合 M 的测度不大于 $4\sqrt{2}$.

(乌兹别克斯坦)O. Ibrogimov 提供

U131 证明
$$\lim_{n \to \infty} \sum_{k=1}^n \frac{\arctan \frac{k}{n}}{n+k} \cdot \frac{\varphi(k)}{k} = \frac{3 \log 2}{4\pi}$$

其中 φ 是 Euler 函数.

(罗马尼亚)C. Lupu 提供

U132 令 $P \in \mathbf{R}[X]$ 是非常数多项式, $f: \mathbf{R} \to \mathbf{R}$ 是具有中间值性质的函数, 使 $P \circ f$ 是连续的. 证明: f 是连续的.

(罗马尼亚)D. Andrica, (法国)G. Dospinescu 提供

U133 令 f 是定义在 $[0,1]$ 上的连续实值函数, 使 $\int_0^1 f(x) \, dx = \int_0^1 x f(x) \, dx$. 证明: 有实数 $c \in (0,1)$, 使 $2 \int_c^0 f(x) \, dx = c f(c)$.

(越南)D. V. Thong 提供

U134 令 $f: [0, \infty) \to \mathbf{R}$ 是函数, 使得对所有 $x_1, x_2 \geq 0, f(x_1) + f(x_2) \geq 2 f(x_1 +$

x_2). 证明:对所有 $x_1, x_2, \cdots, x_n \geqslant 0$
$$f(x_1) + f(x_2) + \cdots + f(x_n) \geqslant nf(x_1 + x_2 + \cdots + x_n)$$

(罗马尼亚)M. Piticari 提供

U135 设 $f, g:(0, \infty) \to (a, \infty)$ 是连续凸函数,使 f 是递增与连续可微的函数. 证明:若对所有 $x > 0$
$$f'(x) \geqslant \frac{f(g(x)) - f(x)}{x}$$
则对所有 $x > 0, g(x) \leqslant 2x$.

(法国)G. Dospinescu 提供

U136 令 P 是非常数多项式. 证明:有无限多个正整数 n,使 $(p(n))^n$ 不是素数幂.

(罗马尼亚)C. Lupu 提供

U137 设 k 与 n 是正整数,$n > 1$,$A_1, A_2, \cdots, A_k, B_1, B_2, \cdots, B_k$ 是具有实元素的 $n \times n$ 矩阵,使得对满足 $X^2 = O_n$ 的具有实元素的每个矩阵 X,矩阵 $A_1 X B_1 + A_2 X B_2 + \cdots + A_k X B_k$ 是幂零的. 证明:对某实数 a,$B_1 A_1 + B_2 A_2 + \cdots + B_k A_k$ 具有形式 $a I_n$.

(法国)G. Dospinescu 提供

U138 令 q 是费马素数,$n \leqslant q$ 是正整数. 令 p 是 $1 + n + \cdots + n^{q-1}$ 的素因子. 以 $\lambda(x) = x - \frac{x^2}{2} + \cdots - \frac{x^{p-1}}{p-1}$ 定义实数 x 的函数. 证明:当分式写成最低项时,p 整除
$$\sum_{j=0}^{\log_2 \frac{q-1}{2}} \frac{\lambda(n^{2^j})(n^{pq-p} - 1)}{(n^p - 1)(n^{2^j p} + 1)}$$

(美国)D. B. Rush 提供

U139 求包含以下表达式所有值的最小区间
$$E(x, y, z) = \frac{x}{x + 2y} + \frac{y}{y + 2z} + \frac{z}{z + 2x}$$
其中 x, y, z 是正实数.

(罗马尼亚)D. Andrica 提供

U140 令 $a_n, n \geqslant 1$ 是递减的正实数数列. 对所有 $n \geqslant 1$,令 $s_n = a_1 + a_2 + \cdots + a_n$,$b_n = \frac{1}{a_{n+1}} - \frac{1}{a_n}$. 证明:若数列 $s_n, n \geqslant 1$ 收敛,则数列 $b_n, n \geqslant 1$ 无界.

(罗马尼亚)B. Enescu 提供

U141 求所有的正整数对 (x, y),使 $13^x + 3 = y^2$.

(意大利)A. Munaro 提供

U142 令 $f:[0, 1] \to \mathbf{R}$ 是连续可微函数. 证明:若 $\int_0^{\frac{1}{2}} f(x) dx = 0$,则
$$\int_0^1 (f'(x))^2 dx \geqslant 12 (\int_0^1 f(x) dx)^2$$

U143 对正整数 $n > 1$,求下式的值

$$\lim_{x \to 0} \frac{\sin^2 x \sin^2 nx}{n^2 \sin^2 x - \sin^2 nx}$$

(哥伦比亚)N. J. Buitrago A. 提供

U144 令 F 是所有连续函数 $f:[0,\infty) \to [0,\infty)$ 的集合,对所有 $x \in [0,\infty)$,满足关系式

$$f\left(\int_0^x f(t)\,\mathrm{d}t\right) = \int_0^x f(t)\,\mathrm{d}t$$

(1) 证明:F 有无限多个元素;
(2) 求集合 F 中的所有凸函数 f.

(罗马尼亚)M. Piticari 提供

1.4 奥林匹克问题

O73 令 a,b,c 是正实数. 证明

$$\frac{a^2}{b} + \frac{b^2}{c} + \frac{c^2}{a} + a + b + c \geqslant \frac{2(a+b+c)^3}{3(ab+bc+ca)}$$

(澳大利亚)P. H. Duc 提供

O74 考虑非等腰锐角 $\triangle ABC$,使 $AB^2 + AC^2 = 2BC^2$. 令 H 与 O 分别为 $\triangle ABC$ 的垂心与外心. 令 M 是 BC 的中点,D 是 MH 与外接圆的交点,使 H 在 M 与 D 之间. 证明:AD,BC 与 $\triangle ABC$ 的欧拉线共点.

(哥斯达黎加)D. C. Salas 提供

O75 令 $a,b,c,d > 0$,使 $a^2 + b^2 + c^2 + d^2 = 1$. 证明

$$\sqrt{1-a} + \sqrt{1-b} + \sqrt{1-c} + \sqrt{1-d} \geqslant$$
$$\sqrt{a} + \sqrt{b} + \sqrt{c} + \sqrt{d}$$

(罗马尼亚)V. Cartoaje 提供

O76 具有 n 个元素的集合的不同子集 S_i, S_j, S_k 三元组,称为"三角形". 以 $|(S_i \cap S_j) \cup (S_j \cap S_k) \cup (S_k \cap S_i)|$ 表示它的周长. 证明:具有周长 n 的"三角形"个数是 $\frac{1}{3}(2^{n-1} - 1)(2^n - 1)$.

(美国)I. Borsenco 提供

O77 考虑多项式 $f, g \in \mathbf{R}[X]$. 证明:有非零多项式 $P \in \mathbf{R}[X, Y]$,使 $P(f, g) = 0$.

(美国)I. Boreico 提供

O78 在 $\triangle ABC$ 中,令 M, N, P 分别为边 BC, CA, AB 的中点. 以 X, Y, Z 分别表示从

顶点 A,B,C 作出的高的中点. 证明:三圆 AMX,BNY,CPZ 的根中心是 $\triangle ABC$ 的九点圆圆心.

(罗马尼亚)C. Pohoata 提供

O79 令 $a_1,a_2,\cdots,a_n$ 是整数,不全为 0,使 $a_1+a_2+\cdots+a_n=0$. 证明:对某 $k \in \{1,2,\cdots,n\}$,有

$$|a_1+2a_2+\cdots+2^{k-1}a_k| > \frac{2^k}{3}$$

(罗马尼亚)B. Enescu 提供

O80 令 n 是大于 1 的整数. 求国际象棋车的最少个数,使它们无论怎样放在 $n \times n$ 的棋盘上,有 2 个车不互相攻击,但它们同时受第 3 个车攻击.

(孟加拉国)S. Riasat 提供

O81 令 $a,b,c,x,y,z \geqslant 0$. 证明

$$(a^2+x^2)(b^2+y^2)(c^2+z^2) \geqslant (ayz+bzx+cxy-xyz)^2$$

(美国)T. Andreescu 提供

O82 令 $ABCD$ 是内接于 $\odot C(O,R)$ 的圆内接四边形,E 是它的对角线的交点. 设 P 是四边形 $ABCD$ 内的点,$\triangle ABP \backsim \triangle CDP$. 证明:$OP \perp PE$.

(美国)A. Anderson 提供

O83 令 $P(x)=a_0x^n+a_1x^{n-1}+\cdots+a_n$,$a_n \neq 0$ 是复系数多项式,使得有 m 满足

$$\left|\frac{a_m}{a_n}\right| > \binom{n}{m}$$

证明:P 至少有 1 个零点使绝对值小于 1.

(美国)T. Andreescu 提供

O84 令 $ABCD$ 是圆内接四边形,P 是它的对角线的交点. $\angle APB$,$\angle BPC$,$\angle CPD$,$\angle DPA$ 的角平分线分别交边 AB,BC,CD,DA 于点 P_{ab},P_{bc},P_{cd},P_{da},分别交相同边的延长线于点 Q_{ab},Q_{bc},Q_{cd},Q_{da}. 证明:$P_{ab}Q_{ab}$,$P_{bc}Q_{bc}$,$P_{cd}Q_{cd}$,$P_{da}Q_{da}$ 的中点共线.

(罗马尼亚)M. Miculita 提供

O85 令 a,b,c 是非负实数,使 $ab+bc+ca=1$. 证明

$$4 \leqslant \left(\frac{1}{\sqrt{1+a^2}}+\frac{1}{\sqrt{1+b^2}}+\frac{1}{\sqrt{1+c^2}}\right)(a+b+c-abc)$$

(美国)A. Alt 提供

O86 数列 $\{x_n\}$ 定义为 $x_1=1$,$x_2=3$,$x_{n+1}=6x_n-x_{n-1}$,其中 $n \geqslant 1$. 证明:对所有 $n \geqslant 1$,$x_n+(-1)^n$ 是完全平方数.

(美国)B. Bradie 提供

O87 令 G 是具有 n 个顶点的图,$n \geq 5$. 图的各边涂上两种颜色,使它没有长为 $3,4,5$ 的单色圈. 证明:图有不多于 $\lfloor \frac{n^2}{3} \rfloor$ 条边.

(美国)I. Borsenco 提供

O88 求所有的数对 (z,n),其中 $z \in \mathbf{C}$, $|z| \in \mathbf{Z}_+$,使
$$z + z^2 + \cdots + z^n = n|z|$$

(罗马尼亚)D. Andrica,M. Piticari 提供

O89 令 P 是 $\triangle ABC$ 内任一点,P' 是它的等角共轭点. 令 I 是 $\triangle ABC$ 的内心,X,Y,Z 是劣弧 $\overset{\frown}{BC}, \overset{\frown}{CA}, \overset{\frown}{AB}$ 的中点,以 A_1, B_1, C_1 分别表示直线 AP, BP, CP 与边 BC, CA, AB 的交点,令 A_2, B_2, C_2 分别是线段 IA_1, IB_1, IC_1 的中点. 证明:直线 XA_2, YB_2, ZC_2 在直线 IP' 上相交于一点.

(罗马尼亚)C. Pohoata 提供

O90 求具有最多 4 个不同素因子的所有 $n \in \mathbf{N}_+$,使
$$n \mid 2^{\phi(n)} + 3^{\phi(n)} + \cdots + n^{\phi(n)}$$

(美国)T. Andreescu,(法国)G. Dospinescu 提供

O91 令 $\triangle ABC$ 是锐角三角形. 证明
$$\tan A + \tan B + \tan C \geq \frac{s}{r}$$
其中 s 与 r 分别是 $\triangle ABC$ 的半周长与内径.

(罗马尼亚)M. Becheanu 提供

O92 令 n 是正整数. 证明:

(1) 有无限多个不同整数三元组 (a,b,c),使 $\min(a,b,c) \geq n$ 与 $abc+1$ 整除 $(a-b)^2, (b-c)^2, (c-a)^2$ 之一;

(2) 没有不同正整数三元组 (a,b,c),使 $abc+1$ 整除 $(a-b)^2, (b-c)^2, (c-a)^2$ 中一个数以上.

(美国)T. Andreescu 提供

O93 令 k 是正整数. 求所有函数 $f: \mathbf{N} \to \mathbf{N}$,使得对所有 $x,y \in \mathbf{N}$,$f(x)+f(y)$ 整除 $x^k + y^k$.

(越南)N. T. Tung 提供

O94 令 $\odot \omega$ 的圆心为 O,A 是 $\odot \omega$ 外一定点. 在 $\odot \omega$ 上选出点 B 与点 C,使 $AB \neq AC$,AO 是 $\triangle ABC$ 的类似中线,但不是中线. 证明:$\triangle ABC$ 的外接圆通过第 2 个定点.

(美国)A. Anderson 提供

O95 证明:有整数数列 $x_1, x_2, \cdots$ 使:

(1) 对每个 $n \in \mathbf{Z}$,存在 i 使 $x_i = n$;

(2) $\prod_{d|n} d^{\frac{n}{d}} \mid \sum_{i=1}^{n} x_i.$

(加拿大)J. I. Restrepo 提供

O96 令 p 与 q 是素数. 证明: pq 整除 $\binom{p+q}{p} - \binom{q}{p} - 1$.

(罗马尼亚)D. Andrica 提供

O97 求所有奇素数 p, 使 $1 + p + p^2 + \cdots + p^{p-2} + p^{p-1}$ 与 $1 - p + p^2 + \cdots - p^{p-2} + p^{p-1}$ 都是素数.

(中国)Mou Xiaoshen 提供

O98 令 a,b,c 是正实数, 且 $abc = 1$. 证明

$$\sqrt[3]{a} + \sqrt[3]{b} + \sqrt[3]{c} \leqslant \sqrt[3]{3(3+a+b+c+ab+bc+ca)}$$

(罗马尼亚)C. Lupu 提供

O99 令 AB 是 $\odot \omega$ 中的弦, 但不是直径. 令 T 是 AB 上的动点. 作 $\odot \omega_1$ 与 $\odot \omega_2$ 外切于点 T, 且分别与 $\odot \omega$ 内切于点 T_1 与点 T_2. 令 AT_1, TT_2 交于点 X_1, AT_2, TT_1 交于点 X_2. 证明: $X_1 X_2$ 通过一定点.

(美国)A. Anderson 提供

O100 令 p 是素数. 证明: $p(x) = x^p + (p-1)!$ 在 $\mathbf{Z}[X]$ 上是不可约的.

(美国)I. Borsenco 提供

O101 令 $a_0, a_1, \cdots, a_6$ 是大于 -1 的实数. 证明: 当

$$\frac{a_0^3+1}{\sqrt{a_1^5+a_1^4+1}} + \frac{a_1^3+1}{\sqrt{a_2^5+a_2^4+1}} + \cdots + \frac{a_6^3+1}{\sqrt{a_0^5+a_0^4+1}} \leqslant 9$$

时总有

$$\frac{a_0^2+1}{\sqrt{a_1^5+a_1^4+1}} + \frac{a_1^2+1}{\sqrt{a_2^5+a_2^4+1}} + \cdots + \frac{a_6^2+1}{\sqrt{a_0^5+a_0^4+1}} \geqslant 5$$

(美国)T. Andreescu 提供

O102 把一个蜂箱放在直角坐标系平面上, 它的蜂房是正六边形, 有 2 条单位边平行于 y 轴. 蜂住在以原点为中心的蜂房中. 它要去探望住在坐标为 $(2\,008, 2\,008)$ 的蜂房中的另一只蜂. 从 1 个蜂房移动到 6 个相邻蜂房中任一个蜂房要用 1 秒钟. 1 只蜂到达另 1 只蜂需要的最小秒数是多少? 求存在最佳时间的多少条不同路线.

(美国)I. Boreico, I. Borsenco 提供

O103 令 a,b,c 是正实数, 且 $abc = 1$. 证明

$$\sqrt[3]{(1+a)(1+b)(1+c)} \geqslant \sqrt[4]{4(1+a+b+c)}$$

(澳大利亚)P. H. Duc 提供

O104 在凸四边形 $ABCD$ 中, 令 K, L, M, N 分别为边 AB, BC, CD, DA 的中点. 直

线 KM 分别交对角线 AC,BD 于点 P,Q,直线 LN 分别交对角线 AC,BD 于点 R,S. 证明:若 $AP \cdot PC = BQ \cdot QD$,则 $AR \cdot RC = BS \cdot SD$.

(亚美尼亚) N. Sedrakian 提供

O105 令 $P(t)$ 是整系数多项式,使 $P(1)=P(-1)$. 证明:有整系数多项式 $Q(x,y)$,使 $P(t)=Q(t^2-1,t(t^2-1))$.

(罗马尼亚) M. Becheanu, T. Dumitrescu 提供

O106 整系数多项式称为好多项式,如果它可以写成一些整系数多项式的立方和. 例如,$9x^3-3x^2+3x+7=(x-1)^3+(2x)^3+2^3$ 是好多项式.

(ⅰ) $3x^7+3x$ 是好多项式吗?

(ⅱ) $3x^{2008}+3x^7+3x$ 是好多项式吗?

(亚美尼亚) N. Sedrakian 提供

O107 令 q_1,q_2,q_3 是不同素数,n 是正整数. 求函数 $f:\{1,2,\cdots,2n\} \to \{q_1,q_2,q_3\}$ 的个数,使 $f(1)f(2)\cdots f(2n)$ 是完全平方数.

(罗马尼亚) D. Andrica, M. Piticari 提供

O108 证明:不能写成 4 个非零平方数之和的正整数集合有密度 0.

(美国) I. Boreico 提供

O109 令 a,b,c 是正实数,使 $abc=1$. 证明

$$\frac{a+b+1}{a+b^2+c^3} + \frac{b+c+1}{b+c^2+a^3} + \frac{c+a+1}{c+a^2+b^3} \leq \frac{(a+1)(b+1)(c+1)+1}{a+b+c}$$

(美国) T. Andreescu 提供

O110 六边形 $A_1A_2A_3A_4A_5A_6$ 内接于 $\odot C(O,R)$,同时外切于 $\odot \omega(I,r)$. 证明:若

$$\frac{1}{A_1A_2} + \frac{1}{A_3A_4} + \frac{1}{A_5A_6} = \frac{1}{A_2A_3} + \frac{1}{A_4A_5} + \frac{1}{A_6A_1}$$

则它的一条对角线与 OI 重合.

(美国) I. Borsenco 提供

O111 证明:对每个正整数 n,数

$$\left[\binom{n}{0}+2\binom{n}{2}+2^2\binom{n}{4}+\cdots\right]^2 \left[\binom{n}{1}+2\binom{n}{3}+2^2\binom{n}{5}+\cdots\right]^2$$

是三角形数.

(美国) T. Andreescu 提供

O112 令 a,b,c 是正实数. 证明

$$\frac{a^3+abc}{(b+c)^2} + \frac{b^3+abc}{(c+a)^2} + \frac{c^3+abc}{(a+b)^2} \geq \frac{3}{2} \cdot \frac{a^3+b^3+c^3}{a^2+b^2+c^2}$$

(罗马尼亚) C. Lupu, (澳大利亚) P. H. Duc 提供

O113 令 P 是 $\triangle ABC$ 外接 $\odot \Gamma$ 上一点. 从 P 到 $\triangle ABC$ 内切圆作出的切线再分别交外接圆于点 X,Y. 证明: 为使直线 XY 平行于 $\triangle ABC$ 的一边, 当且仅当 P 是 $\odot \Gamma$ 与 $\triangle ABC$ 某伪内切圆的切点.

(罗马尼亚)C. Pohoata 提供

O114 证明: 对所有实数 x,y,z, 以下不等式成立
$$(x^2+xy+y^2)(y^2+yz+z^2)(z^2+zx+x^2) \geqslant$$
$$3(x^2y+y^2z+z^2x)(xy^2+yz^2+zx^2)$$

(法国)G. Dospinescu 提供

O115 在黑板上写出从 1 到 24 的数. 在任何时候, 数 a,b,c 可以换为 $\dfrac{2b+2c-a}{3}$, $\dfrac{2c+2a-b}{3}$, $\dfrac{2a+2b-c}{3}$. 黑板上最后能出现大于 70 的数吗?

(美国)T. Andreescu 提供

O116 考虑 $n \times n$ 地板用 T-型四格拼板花砖铺上. 令 a,b,c,d 分别为 A, B, C, D 型四格拼板花砖数, 如图 1.2 所示. 证明: $4 \mid a+b-c-d$.

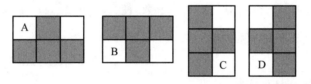

图 1.2

(乌克兰)O. Dobosevych 提供

O117 考虑四边形 $ABCD$, $\angle B = \angle D = 90°$. 在线段 AB 上选一点 M, 使 $AD = AM$. 射线 DM 与 CB 相交于点 N. 令 H 与 K 分别为从点 D 与 C 向直线 AC 与 AN 作出的垂足. 证明: $\angle MHN = \angle MCK$.

(亚美尼亚)N. Sedrakian 提供

O118 求以下方程的正整数解
$$x^2+y^2+z^2-xy-yz-zx = w^2$$

(美国)T. Andreescu, (罗马尼亚)D. Andrica 提供

O119 令 a 与 b 是非零整数, $|a| \neq |b|$, 令 P 是有限素数集合, m 是正整数, 考虑数列 $x_n = m(a^n+b^n)$. 证明: 有无限多个正整数 n, 使得对 P 中每个 p_k, x_n 不是整数的 p_k 次幂.

(越南)T. N. Tho 提供

O120 令 $ABCDEF$ 是具有面积为 S 的凸六边形. 证明

$$AC(BD+BF-DF)+CE(BD+DF-BF)+$$
$$AE(BF+DF-BD)\geqslant 2\sqrt{3}S$$

(亚美尼亚)N. Sedrakian 提供

O121 解以下方程 $F_{a_1}+F_{a_2}+\cdots+F_{a_k}=F_{a_1+a_2+\cdots+a_k}$,其中 F_i 是第 i 个 Fibonacci 数.

(美国)R. B. Cabrera 提供

O122 令 p 与 q 是奇素数,使 $q\nmid p-1$,令 $a_1,a_2,\cdots,a_n$ 是不同整数,使得对所有数对 (i,j),$q\mid(a_i-a_j)$. 证明:对 $n\geqslant 2$
$$P(x)=(x-a_1)(x-a_2)\cdots(x-a_n)-p$$
在 $\mathbf{Z}[X]$ 中是不可约的.

(美国)I. Borsenco 提供

O123 在 $\triangle ABC$ 中,令 A_1,A_2,A_3 是它的内切 $\odot\omega$ 与三角形三边的切点. $\triangle A_1B_1C_1$ 的中线 A_1M,B_1N,C_1P 分别交 $\odot\omega$ 于点 A_2,B_2,C_2. 证明:AA_2,BB_2,CC_2 相交于 Gergonne 点的等角共轭点.

(美国)I. Borsenco 提供

O124 令 $S(n)$ 是正整数对 (x,y) 的个数,使 $xy=n$,$\gcd(x,y)=1$. 证明:$\sum_{d\mid n}S(d)=\tau(n^2)$,其中 $\tau(s)$ 是 s 的因子数.

(罗马尼亚)D. Andrica,M. Piticari 提供

O125 令 a,b,c 是正实数,证明
$$4\leqslant\frac{a+b+c}{\sqrt[3]{abc}}+\frac{8abc}{(a+b)(b+c)(c+a)}$$

(澳大利亚)P. H. Duc 提供

O126 令 $\triangle ABC$ 是不等边三角形,$\odot K_a$ 是伪内切圆(此圆与边 AB,AC 相切,且与 $\triangle ABC$ 外接圆 Γ 内切). 以 A' 表示 $\odot K_a$ 与 $\odot\Gamma$ 的切点,令点 A'' 是点 A' 关于 $\odot K_a$ 的对径点. 类似地定义点 B'' 与点 C''. 证明:直线 AA'',BB'',CC'' 共点.

(罗马尼亚)C. Pohoata 提供

O127 令 n 是大于 1 的整数. 集合 A 称为稳定集,如果在 A 中至少有 1 个正实数,当 $x_1,x_2,\cdots,x_n$ 是未必不同的实数时,使 $x_1^2+x_2^2+\cdots+x_n^2\in A$,那么 $x_1+x_2+\cdots+x_n\in A$. 求 $\mathbf{R}$ 的所有子集 A,使 A 是稳定集,且对 $\mathbf{R}$ 的任一子集 B,有 $A\subseteq B$.

(法国)G. Dospinescu 提供

O128 令 n 是正整数,$a_1,a_2,\cdots,a_n$ 是实数,它们的和是 1. 令 $b_k=\sqrt{1-\frac{1}{4^k}}\times\sqrt{a_1^2+a_2^2+\cdots+a_k^2}$. 求 $b_1+b_2+\cdots+b_{n-1}+2b_n$(作为 n 的函数)的最小值.

(美国)A. Anderson 提供

O129 在 $\triangle ABC$ 中,令点 P 与点 Q 分别在边 AB 与 AC 上. 令 M 与 N 分别为 BP 与 CQ 的中点. 证明: $\triangle ABC$, $\triangle APQ$, $\triangle AMN$ 的各九点圆圆心共线.

(美国) I. Borsenco 提供

O130 令 $a_1, a_2, \cdots, a_{2009}$ 是不大于 10^6 的不同正整数. 证明: 有指标 i, j, 使
$$|\sqrt{ia_i} - \sqrt{ja_j}| \geqslant 1$$

(孟加拉国) S. Riasat 提供

O131 令 G 是在 n 个顶点上的图,使在它中没有 K_4 个子图. 证明: G 至多包含 $\left(\dfrac{n}{3}\right)^3$ 个三角形.

(美国) I. Borsenco 提供

O132 令 m 与 n 是大于 1 的整数. 证明
$$\sum_{\substack{k_1+k_2+\cdots+k_n=m \\ k_1, k_2, \cdots, k_n \geqslant 0}} \frac{1}{k_1! \ k_2! \ \cdots k_n!} \cos(k_1 + 2k_2 + \cdots + nk_n)\frac{2\pi}{n} = 0$$

(美国) T. Andreescu, (罗马尼亚) D. Andrica 提供

O133 令 a, b, c 与 x, y, z 是正实数,使 $\sqrt[3]{a} + \sqrt[3]{b} + \sqrt[3]{c} = \sqrt[3]{m}$ 与 $\sqrt{x} + \sqrt{y} + \sqrt{z} = \sqrt{n}$. 证明: $\dfrac{a}{x} + \dfrac{b}{y} + \dfrac{c}{z} \geqslant \dfrac{m}{n}$.

(美国) T. Andreescu 提供

O134 令 p 是素数, n 是大于 4 的整数. 证明: 若 a 是不可被 p 整除的整数,则多项式 $ax^n - px^2 + px + p^2$ 在 $\mathbf{Z}[X]$ 中是不可约的.

(罗马尼亚) M. Becheanu 提供

O135 在凸四边形 $ABCD$ 中, $AC \cap BD = \{E\}$, $AB \cap CD = \{F\}$, EF 交边 AD, BC 于点 X, 点 Y. 令 M, N 分别为 AD, BC 的中点. 证明: 当且仅当四边形 $ADNY$ 圆内接四边形时,四边形 $BCMX$ 是圆内接四边形.

(罗马尼亚) A. Ciupan 提供

O136 对正整数 n 与素数 p, 以 $v_p(n)$ 表示非负整数,使 $p^{v_p(n)}$ 整除 n, 但 $p^{v_p(n)+1}$ 不整除 n. 证明: $v_5(n) = v_5(F_n)$, 其中 F_n 是第 n 个 Fibonacci 数.

(美国) B. David 提供

O137 求内接于已知正方形的等边三角形中心的轨迹.

(保加利亚) O. Mushkarov 提供

O138 考虑边长为 1 的正六边形. 只有 2 种方法用边长为 1 的菱形覆盖这个六边形. 这 2 种覆盖方法的每一种包括 3 种不同形状的菱形. 证明: 无论怎样用边长为 1 的菱形覆盖边长为 n 的正六边形,每种菱形个数是相同的.

(美国) I. Borsenco, I. Boreico 提供

O139 通过 $\triangle ABC$ 外接圆上的点 M，作出边 BC, CA, AB 的平行线，第 2 次交圆于 $A', B', C'(A' \in \overparen{BC}, B' \in \overparen{CA}, C' \in \overparen{AB})$. 若 $\{D\} = A'B' \cap BC, \{E\} = A'B' \cap CA, \{F\} = B'C' \cap CA, \{D'\} = B'C' \cap AB, \{E'\} = A'C' \cap AB, \{F'\} = A'C' \cap BC$，证明：直线 DD'，EE'，FF' 共点.

(罗马尼亚) C. Barbu 提供

O140 令 n 是正整数，$x_k \in [-1, 1], 1 \leqslant k \leqslant 2n$，使 $\sum_{k=1}^{2n} x_k$ 是奇整数. 证明
$$1 \leqslant \sum_{k=1}^{2n} |x_k| \leqslant 2n - 1$$

(罗马尼亚) B. Enescu 提供

O141 令 S_n 是 $3n$ 个数字的数集合，这些数由 $n1^s, n2^s, n5^s$ 组成. 证明：对每个 n，在 S_n 中至少有 4^{n-1} 个数可以写成某 $n+1$ 个不同正整数的立方和.

(美国) T. Andreescu 提供

O142 若 m 是正整数，证明：$5^m + 3$ 既没有形如 $p = 30k + 11$ 的素因子，也没有形如 $p = 30k - 1$ 的素因子.

(意大利) A. Munaro 提供

O143 令 $ABCDEF$ 是凸六边形，使从每个内点到六边的距离之和等于 AB 与 DE，BC 与 EF，CD 与 FA 的各中点间距离之和. 证明：六边形 $ABCDEF$ 是圆内接六边形.

(亚美尼亚) N. Sedrakyan 提供

O144 求所有正整数 a, b, c，使 $(2^a - 1)(3^b - 1) = c!$.

(法国) G. Dospinescu 提供

2 解　　　答

2.1 初级问题解答

J73 令
$$a_n = \begin{cases} n^2 - n, & \text{若 4 整除 } n^2 - n \\ n - n^2, & \text{其他情形} \end{cases}$$

求 $a_1 + a_2 + \cdots + a_{2\,008}$ 的值.

(美国)T. Andreescu 提供

解　不难检验,当且仅当 $n \equiv 0 \pmod 4$ 或 $n \equiv 1 \pmod 4$ 时,4 整除 $n^2 - n$. 观察
$$a_{4k+1} + a_{4k+2} + a_{4k+3} + a_{4k+4} = (4k+1)^2 - (4k+1) + \\ (4k+2) - (4k+2)^2 + \\ (4k+3) - (4k+3)^2 + \\ (4k+4)^2 - (4k+4) = 4$$

因此和等于 502 个这样的表达式之和,这蕴涵
$$a_1 + a_2 + \cdots + a_{2\,008} = 4 \times 502 = 2\,008$$

J74　三角形有高 h_a, h_b, h_c 与内径 r,证明
$$\frac{3}{5} \leqslant \frac{h_a - 2r}{h_a + 2r} + \frac{h_b - 2r}{h_b + 2r} + \frac{h_c - 2r}{h_c + 2r} < \frac{3}{2}$$

(德国)O. Faynshteyn 提供

证　令 s 是三角形的半周长. 因为 $2rs = ah_a$,所以 $\dfrac{2r}{h_a} = \dfrac{a}{s}$ 与

$$\sum_{\text{cyc}} \frac{h_a - 2r}{h_a + 2r} = \sum_{\text{cyc}} \frac{s - a}{s + a} = 2s \sum_{\text{cyc}} \frac{1}{s + a} - 3$$

于是
$$\frac{3}{5} \leqslant \sum_{\text{cyc}} \frac{h_a - 2r}{h_a + 2r}$$
$$\Leftrightarrow 9 \leqslant 5s \sum_{\text{cyc}} \frac{1}{s+a} = \sum_{\text{cyc}} (s+a) \cdot \sum_{\text{cyc}} \frac{1}{s+a}$$

其中后一个不等式是 Cauchy-Schwarz 不等式应用于以下三元组的结果
$$(\sqrt{s+a}, \sqrt{s+b}, \sqrt{s+c}), \left(\frac{1}{\sqrt{s+a}}, \frac{1}{\sqrt{s+b}}, \frac{1}{\sqrt{s+c}}\right)$$

代替证明 $\sum_{cyc}\dfrac{h_a-2r}{h_a+2r}<\dfrac{3}{2}$,我们证明 $\sum_{cyc}\dfrac{h_a-2r}{h_a+2r}<1$.

令 $x=s-a, y=s-b, z=s-c, x, y, z>0$. 由于齐次性,故可设 $s=x+y+z=1$,则 $a=1-x, b=1-y, c=1-z$. 于是

$$\sum_{cyc}\dfrac{h_a-2r}{h_a+2r}<1 \Leftrightarrow \sum_{cyc}\dfrac{s-a}{s+a}<1 \Leftrightarrow$$

$$s\sum_{cyc}\dfrac{1}{s+a}<2 \Leftrightarrow$$

$$\sum_{cyc}\dfrac{1}{2-x}<2 \Leftrightarrow$$

$$\sum_{cyc}(2-y)(2-z)<2(2-x)(2-y)(2-z)$$

最后表达式等价于

$$\sum_{cyc}[4-2(y+z)+yz]<2[8-4(x+y+z)+2(xy+yz+zx)-xyz] \quad ①$$

$$8+xy+yz+zx<8+4(xy+yz+zx)-2xyz \Leftrightarrow$$

$$2xyz<3(xy+yz+zx) \quad ②$$

因为

$$3(xy+yz+zx)=3(x+y+z)(xy+yz+zx)\geqslant 27xyz>2xyz$$

所以不等式 ② 成立.

J75 吉米有 1 盒火柴,其内装 n 根,它们不一定有相等的长度. 他能用这些火柴摆成一些圆内接 n 边形. 证明:这些 n 边形的面积相等.

(美国)I. Borsenco 提供

证 令 $(s_i)_{i=1}^n$ 是吉米的火柴长度. 若火柴是内接于半径为 R 的圆内接多边形 P 的边,则从圆心看火柴将张开角 $2\arcsin\left(\dfrac{s_i}{2R}\right)$. 因为所有火柴的角总和一定填满整个圆,所以有

$$\sum_{i=1}^n \arcsin\left(\dfrac{s_i}{2R}\right)=2\pi$$

这个表达式的左边是 R 的减函数,于是最多有 1 个这样的 R 值与 2 个圆内接多边形,吉米组成的多边形将内接于半径相同的圆中. 从圆心分解 P,把 P 分成 n 个等腰三角形,它们都有相等的边 R 与底 s_i. 因为任何另一个这样的多边形分成相同三角形(正是以可能不同的顺序),所以任何另一个圆内接多边形将有相同的面积.

另一证法: 具有相同边,但不一定顺序相同的两个圆内接 n 边形 P 与 P',内接于具有

相同半径的圆,因此它们有相同的面积(因为它等于 n 个等腰三角形面积之和,等腰三角形的底是多边形的边,两腰是半径).

相反,设 n 边形 P' 的外接圆半径 R' 大于 n 边形 P 的外接圆半径 R. 在 P' 的边上作出 P 的内接圆弧(这些弧不重叠,因为 P' 是凸多边形),我们得出长为 $2\pi R$ 的闭曲线,它包含大于 πR^2 的面积. 因在相同长的所有闭曲线中,圆是具有最大面积的闭曲线之一,所以得出矛盾. 注意,当吉米作出圆内接 n 边形时,然后保持同一个圆,他可以变换任何 2 条邻边,因此可以得出各边的任一置换.

J76 令 $a,b,c \geqslant 1$ 是实数,且 $a+b+c = 2abc$. 证明
$$\sqrt[3]{(a+b+c)^2} \geqslant \sqrt[3]{ab-1} + \sqrt[3]{bc-1} + \sqrt[3]{ca-1}$$

(巴西)Bruno 提供

证 已知不等式等价于
$$\sqrt[3]{(a+b+c)^2} \geqslant \sqrt[3]{\frac{a+b-c}{2c}} + \sqrt[3]{\frac{b+c-a}{2a}} + \sqrt[3]{\frac{a+c-b}{2b}}$$

由 Hölder 不等式得
$$\sqrt[3]{\frac{a+b-c}{2c}} + \sqrt[3]{\frac{b+c-a}{2a}} + \sqrt[3]{\frac{a+c-b}{2b}} \leqslant$$
$$[(a+b-c)+(b+c-a)+(a+c-b)]^{\frac{1}{3}} \cdot$$
$$\left[\left(\frac{1}{\sqrt[3]{2a}}\right)^{\frac{3}{2}} + \left(\frac{1}{\sqrt[3]{2b}}\right)^{\frac{3}{2}} + \left(\frac{1}{\sqrt[3]{2c}}\right)^{\frac{3}{2}}\right]^{\frac{2}{3}}$$

因此需要证明
$$(a+b+c)^2 \geqslant (a+b+c)\left(\frac{1}{\sqrt{2a}} + \frac{1}{\sqrt{2b}} + \frac{1}{\sqrt{2c}}\right)^2$$

或(利用 $a+b+c = 2abc$)
$$a+b+c \geqslant \sqrt{ab} + \sqrt{bc} + \sqrt{ca}$$

此式成立.

J77 证明:在每个三角形中,$\frac{1}{r}\left(\frac{b^2}{r_b} + \frac{c^2}{r_c}\right) - \frac{a^2}{r_b r_c} = 4\left(\frac{R}{r_a} + 1\right)$,其中 r_a, r_b, r_c 是旁切圆半径.

(罗马尼亚)D. Andrica,(美国)K. L. Nguyen 提供

证 令 S 与 p 分别为三角形的面积与半周长,则有恒等式
$$S = \frac{abc}{4R} = rp = \sqrt{p(p-a)(p-b)(p-c)}$$
$$r_a = \frac{S}{p-a}$$

与相应的循环恒等式. 利用这个恒等式,等式变为

$$b^2 p(p-b) + c^2 p(p-c) - a^2(p-b)(p-c) - abc(p-a) = 4S^2 \Leftrightarrow$$
$$\frac{p}{2}(a^2b + ab^2 + b^2c + bc^2 + c^2a + ca^2 - a^3 - b^3 - c^3 - 2abc) =$$
$$\frac{p}{2}(b+c-a)(c+a-b)(a+b-c)$$

此式成立.

J78 令 p 与 q 是奇素数. 证明:对任一奇整数 $d > 0$,有整数 r,使有理数
$$\sum_{n=1}^{p-1} \frac{[n \equiv r(\bmod q)]}{n^d}$$
的分子可被 p 整除,其中 $[Q]$ 是函数,使得当 Q 真实存在时 $[Q] = 1$,在相反情形下 $[Q] = 0$.

(意大利)R. Tauraso 提供

证 取 $r = \frac{p+q}{2}$. 注意 $r = (p+q) - r \equiv p - r(\bmod q)$. 因此,若 $n \equiv r(\bmod q)$,则也有 $p - n \equiv r(\bmod q)$. 于是提供这个和的所有 n 的集合可以分为不相交的对偶 $\{n, p-n\}$ (因 p 是奇素数,故它不能有 $n = \frac{p}{2}$). 对这样的对偶,提供的总值是
$$\frac{1}{n^d} + \frac{1}{(p-n)^d} = \frac{(p-n)^d + n^d}{n^d(p-n)^d}$$
这个分数的分子是 p 的倍数(为看出这点,只要展开二项式并回忆 d 是奇数). 分母与 p 互素,因为 $n, p-n < p$. 把许多这样的分数相加, p 的公因子总是出现在分子中,但从不出现在分母中.

另一证法:若 $p < q$,就选 $r = p$,则 $n \equiv r(\bmod q)$ 对 $n = 1, 2, \cdots, p-1$ 总不成立,有分子 0 的有理数可被 p 整除. 若 $p > q$,则正整数 a, b 存在,使 $p = aq + b, b < q$. 若 b 是偶数,则取 $r = \frac{b}{2}$. 若 b 是奇数,则取 $r = \frac{q+b}{2}$. 在这两种情形下,有 $b - 2r \equiv 0(\bmod q)$,或者若 $n \equiv r(\bmod q)$,则 $p - n \equiv b - r(\bmod q)$. 因 $n \neq p - n$,由于 p 是奇数,故所有的数 $n \in \{1, 2, \cdots, p-1\}$,使 $n \equiv r(\bmod q)$ 可以分为形如 $(n, p-n)$ 的不同对. 对这些对中每一对,它们向总和提供的值是
$$\frac{1}{n^d} + \frac{1}{(p-n)^d} = \frac{n^d + (p-n)^d}{n^d(p-n)^d}$$
但对奇数
$$n^d + (p-n)^d = p[n^{d-1} - n^{d-2}(p-n) + n^{d-3}(p-n)^2 - \cdots + (p-n)^{d-1}]$$
这个分数的分子可被 p 整除,但分母不可被 p 整除,因为 n 与 $p-n$ 都小于素数 p. 把所有这样的分数相加,公因子 p 将总出现在分子上,但从不出现在分母上.

J79 对正整数 a, b, c,求出可以表示为 $a^3 + b^3 + c^3 - 3abc$ 的所有整数.

(美国)T. Andreescu 提供

解 如果对正整数 a,b,c，一个整数可以表示为 $a^3+b^3+c^3-3abc$，那么我们说整数是佳整数。不失一般性，对非负整数 x,y，可设 $b=a+x,c=a+x+y$，因此
$$a^3+b^3+c^3-3abc=(3a+2x+y)(x^2+xy+y^2)$$
对 $x=y=0$ 得出 0 是佳整数。设 $x,y\neq 0$，因 $(3a+2x+y)(x^2+xy+y^2)>0$，故有任何非零佳整数是非负的。首先证明 1 与 2 不是佳整数，我们有
$$(3a+2x+y)(x^2+xy+y^2)>3a(x^2+xy+y^2)\geqslant 3$$
由此得出断言。我们也证明可被 3 整除的任何佳整数一定可被 9 整除，我们有
$$0\equiv(3a+2x+y)(x^2+xy+y^2)\equiv$$
$$(y-x)(x-y)^2\equiv$$
$$(y-x)^3(\bmod 3)$$
由此得出 $x\equiv y(\bmod 3)$。因此
$$3a+2x+y\equiv x^2+xy+y^2\equiv 0(\bmod 3)$$
这蕴涵断言。我们来证明 9 是佳整数。由以上结果有 $x\equiv y(\bmod 3)$，由此得出
$$(3a+2x+y)(x^2+xy+y^2)\geqslant(3a+3)3>9$$

我们来求哪些整数是佳整数。取 $x=0,y=1$，由此得出形如 $3a+1$ 的正整数是佳整数。取 $x=1,y=0$，由此得出形如 $3a+2$ 的正整数是佳整数。取 $x=y=1$，由此得出形如 $9(a+1)$ 的正整数是佳整数。由此断定 0，形如 $3a+1$ 或 $3a+2$ 的大于 3 的正整数，及形如 $9a$ 的大于 9 的整数是佳整数。

J80 若一个三角形的三边长组成等差数列，它的三条中线长也组成等差数列，请指出这个三角形的特征。

(西班牙)D. Lasaosa 提供

解 我们来证明，只有等边三角形具有要求的性质。令 $\triangle ABC$ 的边为 a,b,c，相应的中线为 m_a,m_b,m_c。设 $a\geqslant b\geqslant c$，则有 $m_a\leqslant m_b\leqslant m_c$。因边与中线都组成等差数列，故有
$$2b=a+c, 2m_b=m_a+m_c \qquad \text{①}$$
已知事实 $m_a^2+m_b^2+m_c^2=\dfrac{3}{4}(a^2+b^2+c^2)$，也知道，对实数 x,y,z，有不等式 $3(x^2+y^2+z^2)\geqslant(x+y+z)^2$。因此有
$$\frac{3}{4}(a^2+b^2+c^2)=m_a^2+m_b^2+m_c^2\geqslant\frac{1}{3}(m_a+m_b+m_c)^2$$
由此用式 ① 与关系式 $4m_b^2=2a^2+2c^2-b^2$，得出以下不等式
$$\frac{9}{4}(a^2+b^2+c^2)\geqslant(3m_b)^2\Leftrightarrow$$
$$a^2+b^2+c^2\geqslant 4m_b^2\Leftrightarrow$$
$$a^2+b^2+c^2\geqslant 2a^2+2c^2-b^2$$

从而
$$2b^2 \geq a^2 + c^2 \Leftrightarrow$$
$$(a+c)^2 \geq 2a^2 + 2c^2 \Leftrightarrow$$
$$(a-c)^2 \leq 0$$

所以 $a=c$，因此有 $a=b=c$.

J81 令 a,b,c 是正实数，且
$$\frac{1}{a^2+b^2+1} + \frac{1}{b^2+c^2+1} + \frac{1}{c^2+a^2+1} \geq 1$$

证明：$ab+bc+ca \leq 3$.

(美国) A. Anderson 提供

证 应用 Cauchy-Schwarz 不等式，有
$$(a^2+b^2+1)(1+1+c^2) \geq (a+b+c)^2$$
或
$$\frac{1}{a^2+b^2+1} \leq \frac{2+c^2}{(a+b+c)^2}$$

类似地有
$$\frac{1}{b^2+c^2+1} \leq \frac{2+a^2}{(a+b+c)^2}$$
$$\frac{1}{c^2+a^2+1} \leq \frac{2+b^2}{(a+b+c)^2}$$

因此
$$1 \leq \frac{1}{a^2+b^2+1} + \frac{1}{b^2+c^2+1} + \frac{1}{c^2+a^2+1} \leq \frac{6+a^2+b^2+c^2}{(a+b+c)^2}$$

所以
$$(a+b+c)^2 \leq 6+a^2+b^2+c^2$$

等价于
$$a^2+b^2+c^2+2(ab+bc+ca) \leq 6+a^2+b^2+c^2$$

因此 $ab+bc+ca \leq 3$，证毕.

J82 令四边形 $ABCD$ 的对角线互相垂直. 以 $\Omega_1, \Omega_2, \Omega_3, \Omega_4$ 分别表示 $\triangle ABC$，$\triangle BCD$，$\triangle CDA$，$\triangle DAB$ 的九点圆圆心. 证明：四边形 $\Omega_1\Omega_2\Omega_3\Omega_4$ 的对角线相交于四边形 $ABCD$ 的形心.

(美国) I. Borsenco 提供

证 令 $M_{AB}, M_{BC}, M_{CD}, M_{DA}$ 分别为边 AB, BC, CD, DA 的中点. 因 $\triangle ABC$ 的九点圆通过它各边中点，故有 Ω_1 属于 $M_{AB}M_{BC}$ 的中垂线. 类似地，Ω_3 属于 $M_{CD}M_{DA}$ 的中垂线. 因 $AC \perp BD$，所以 $M_{AB}M_{BC}M_{CD}M_{DA}$ 是矩形. 这蕴涵直线 $\Omega_1\Omega_3$ 是这个矩形对边 $M_{AB}M_{BC}$ 与

$M_{CD}M_{DA}$ 的中位线. 最后, 直线 $\Omega_1\Omega_3$ 与 $\Omega_2\Omega_4$ 的交点同矩形 $M_{AB}M_{BC}M_{CD}M_{DA}$ 的对角线交点重合, 且这点是四边形 $ABCD$ 的形心.

J83 求所有正整数 n, 使得对于不大于 $\sqrt{n}$ 的所有正奇数 a, a 整除 n.

(罗马尼亚) D. Andrica 提供

解 若 1 是不大于 $\sqrt{n}$ 的最大奇数, 则结果显然成立, $\sqrt{n} < 3$ 或 $n \leqslant 8$. 设 $m \geqslant 1$ 是整数, 使 $2m+1$ 是不大于 $\sqrt{n}$ 的最大奇数, 则 $2m+3 > \sqrt{n} \geqslant 2m+1$, 或 $4m^2+12m+9 > n \geqslant 4m^2+4m+1$. 因 $2m+1$ 与 $2m-1$ 是相差 2 的正奇数, 故它们互素. 若两数都整除 n, 则它们之积一定也整除 n, 它大于 $4m^2-1$. 因此 $n \geqslant 2(4m^2-1)$, $4m^2+2m+9 > 8m^2-2$ 或 $4m^2-12m-11 < 0$. 现在若 $m \geqslant 4$, 则 $4m^2-12m-11 = (m^2-11)+3(m-4)m > 0$, 一定有 $m \leqslant 3$. 设 $m=3$, 则 $2m+3=9 > \sqrt{n}$, $n < 81$, 但 n 一定被互素的 3, 5 与 7 整除. 因此 n 一定可被 105 整除, 这不合理, $m \leqslant 2$. 设 $m=2$, 则 $2m+3=7 > \sqrt{n} \geqslant 5 = 2m+1$, $25 \leqslant n < 49$, 但 n 一定被互素的 3 与 5 整除, 因此 n 一定被 15 整除, 或 $n = 30, 45$. 其次, 设 $m=1$, 则 $9 \leqslant n < 25$, n 一定被 3 整除, 或 $n = 9, 12, 15, 18, 21, 24$. 我们寻找的全部整数是 $1, 9, 12, 15, 18, 21, 24, 30, 45$.

J84 Al 和 Bo 玩游戏: 有 22 张卡片, 标号从 1 到 22. Al 从中选出 1 张放在桌上, 然后 Bo 从剩下的卡片中选出 1 张, 放在 Al 放的那张卡片的右边, 使这两张卡片上两个数之和是完全平方数. 然后 Al 放下剩下卡片中的 1 张, 最后使两张卡片上的数之和是完全平方数, 依次类推. 当所有卡片被用完或桌上的卡片不再是完全平方数时, 游戏结束. 得胜者是拿到最后 1 张卡片的人. Al 有获胜的策略吗?

(美国) T. Andreescu 提供

解 Al 获胜的策略是第 1 步选出标号为 2 的卡片. 注意, 游戏中的完全平方数是 4, 9, 16, 25, 36. 我们考虑方程 $2+m=n^2$, 以便使 Bo 第 2 步可以选出标号为 7 或 14 的卡片.

若 Bo 选 7 号卡片, 则 Al 选 18 号卡片. 因为方程 $18+m=n^2$ 无解, 由于 7 号卡片之前被选出, 所以 Bo 玩不下去, 于是 Al 是得胜者 $(2-7-18)$.

若 Bo 选 14 号卡片, 则 Al 有另一个获胜系列 $(2-14-11-5-20-16-9-7-18)$. 在第 1 步中, Bo 没有选出不同于这个系列中显示出的卡片. 所以 Al 获胜, 游戏结束.

另一个获胜策略是 Al 从选 18 号卡片开始玩. 于是 Al 可以保证由系列 $18-7-2-14-11-5-20-16-9$ 获胜, Bo 在他的各步中从不取得任一次正确选择.

J85 令 a 与 b 是正实数. 证明

$$\sqrt[3]{\frac{(a+b)(a^2+b^2)}{4}} \geqslant \sqrt{\frac{a^2+ab+b^2}{3}}$$

(美国) A. Alt 提供

证 两边乘 6 次乘方, 得

$$\left[\frac{(a+b)(a^2+b^2)}{4}\right]^2 \geqslant \left(\frac{a^2+ab+b^2}{3}\right)^3$$

或

$$\frac{(a+b)^2(a^2+b^2)^2}{16} - \frac{(a^2+ab+b^2)^3}{27} \geqslant 0$$

由代数运算得出

$$27[(a-b)^2+4ab][(a-b)^2+2ab]^2 - 16[(a-b)^2+3ab]^3 \geqslant 0$$

令 $(a-b)^2 = x \geqslant 0$ 与 $ab = y > 0$，则有

$$27(x+4y)(x+2y)^2 - 16(x+3y)^3 \geqslant 0$$

这又得出

$$x(11x^2 + 72xy + 108y^2) \geqslant 0$$

因 $x, y \geqslant 0$，故最后不等式成立. 当 $x = 0$ 或 $a = b$ 时等式成立.

另一证法：不失一般性，设 $b > a$. 考虑表达式

$$f(x) = \left(\frac{1}{b-a}\int_a^b t^x \mathrm{d}t\right)^{\frac{1}{x}}$$

在这种情形下，Hölder 不等式说明，对 $x > 0$，$f(x)$ 是 x 的增函数. 显然，若 $y > x > 0$，则具有 $p = \frac{y}{x}$，$q = \frac{y}{y-x}$ 的 Hölder 不等式，函数 t^x 与 1 给出

$$f^x(y) = \left(\frac{1}{b-a}\int_a^b t^y \mathrm{d}t\right)^{\frac{x}{y}} \left(\frac{1}{b-a}\int_a^b \mathrm{d}t\right)^{\frac{y-x}{y}} \geqslant$$
$$\frac{1}{b-a}\int_a^b t^x \mathrm{d}t = f^x(x)$$

要求的结果恰好是特殊情形 $f(3) \geqslant f(2)$.

J86 如果一个三角形没有一个角大于 α 度，那么这个三角形叫作 α 角三角形. 求最小的 α，使没有 α 角的每个三角形可以剖分为一些 α 角三角形.

(美国) T. Andreescu, G. Galperin 提供

解 不失一般性，令 $\angle A$ 是 $\triangle ABC$ 的最小角. 显然，无论怎样剖分 $\triangle ABC$，剖分中出现的三角形至少有 1 个以 A 为顶点，从而这个三角形的一角不大于 $\angle A$. 这表示它的另两角和是 $\pi - A$，至少它的一角是 $\frac{\pi}{2} - \frac{A}{2}$. 设 $\alpha < \frac{\pi}{2}$，则可找到具有 $0 < A < \pi - 2\alpha$ 的非退化 $\triangle ABC$，$\triangle ABC$ 不能剖分成 α 角三角形，因为在剖分中至少有一角不小于 $\frac{\pi}{2} - \frac{A}{2} > \alpha$. 从而 $\alpha \geqslant \frac{\pi}{2}$. 若取 $\alpha = \frac{\pi}{2}$，则为使三角形不是 α 角三角形，当且仅当 $\alpha \geqslant \frac{\pi}{2}$. 从钝角顶点作出的高把三角形分为两个直角三角形（从而是 α 角三角形），因此 α 的最小值是 $\frac{\pi}{2}$.

J87 证明：对任一锐角 $\triangle ABC$，以下不等式成立

$$\frac{1}{-a^2+b^2+c^2}+\frac{1}{a^2-b^2+c^2}+\frac{1}{a^2+b^2-c^2}\geqslant \frac{1}{2Rr}$$

（罗马尼亚）M. Becheanu 提供

证 利用余弦定理与公式

$$R=\frac{abc}{4rs}$$

可以把原不等式改写为

$$\frac{a}{\cos\alpha}+\frac{b}{\cos\beta}+\frac{c}{\cos\gamma}\geqslant 4s=2(a+b+c) \qquad ①$$

其中 α,β,γ 是三角形中的锐角. 利用正弦定理,可以记

$$c=a\frac{\sin\gamma}{\sin\alpha}$$

$$b=a\frac{\sin\beta}{\sin\alpha}$$

代入式 ①,得

$$\tan\alpha+\tan\beta+\tan\gamma\geqslant 2(\sin\alpha+\sin\beta+\sin\gamma) \qquad ②$$

在 $(0,\frac{\pi}{2})$ 中 $\tan x$ 是凸的,$\sin x$ 是凹的,从而由 Jensen 不等式推出

$$\tan\alpha+\tan\beta+\tan\gamma\geqslant 3\tan\left(\frac{\alpha+\beta+\gamma}{3}\right)=$$

$$3\tan\frac{\pi}{3}=3\sqrt{3}$$

$$\sin\alpha+\sin\beta+\sin\gamma\leqslant 3\sin\left(\frac{\alpha+\beta+\gamma}{3}\right)=$$

$$3\sin\frac{\pi}{3}=\frac{3\sqrt{3}}{2}$$

因此当且仅当 $\alpha=\beta=\gamma$ 时,式 ② 成立. 因此原不等式成立,当且仅当三角形为等边三角形时等号成立.

另一证法:容易验证

$$\frac{1}{2}\left(\frac{1}{x}+\frac{1}{y}\right)\geqslant \frac{2}{x+y}$$

把这与两个对称不等式相加,并用 Cauchy-Schwarz 不等式,得

$$\frac{1}{x}+\frac{1}{y}+\frac{1}{z}\geqslant \frac{2}{x+y}+\frac{2}{y+z}+\frac{2}{z+x}\geqslant$$

$$\sum_{\text{cyc}}\frac{2}{\sqrt{(x+y)(x+z)}}$$

在这个不等式中取 $x=b^2+c^2-a^2, y=c^2+a^2-b^2, z=a^2+b^2-c^2$,得

$$\frac{1}{-a^2+b^2+c^2}+\frac{1}{a^2-b^2+c^2}+\frac{1}{a^2+b^2-c^2} \geq \frac{a+b+c}{abc} = \frac{1}{2Rr}$$

J88 求 n 的最大值,使得在平面上有点 $P_1, P_2, \cdots, P_n$ 上,并使三角形的顶点在 $P_1, P_2, \cdots, P_n$ 上,每个三角形有一边小于 1,一边大于 1.

(美国)I. Borsenco 提供

解 设点 P_1 至少到其他 3 个顶点(不失一般性,设为 P_2, P_3, P_4)的距离大于或等于 1,则 $P_2P_3 < 1$,否则,$\triangle P_1P_2P_3$ 将不满足已知条件. 类似地,$P_3P_4, P_4P_2 < 1$,$\triangle P_2P_3P_4$ 不满足已知条件. 因此点集中每一点至多到其他两点的距离不小于 1. 改变以上各不等式符号,我们类似地证明,这个点集中每一点至多到其他两点的距离不大于 1,点集可以不包含多于 5 点,使每点恰有两点距离大于 1,恰有两点距离小于 1.

现考虑正五边形,它的边小于 1,而对角线大于 1. 这是可能的,因为正五边形的对角线大于边. 由五边形 3 个顶点组成的任何三角形至少有一边等于五边形的一边,至少有一边等于五边形的一条对角线. 由此得出 $n=5$ 对这种选择是可能的.

J89 令 A, B 在圆心为 O 的圆 C 上,C 是劣弧 $\overset{\frown}{AB}$ 上的点,使 OA 是 $\angle BOC$ 的外角平分线. M 表示 BC 的中点,N 为 AM 与 OC 的交点. 证明:$\angle BOC$ 的角平分线与以圆心为 O,半径为 ON 的圆的交点是与直线 OB, OC 相切的圆的圆心,且也与圆 C 相切.

(西班牙)F. J. G. Capitan 提供

证 因为 $\triangle APB \backsim \triangle CPM$,所以 $\dfrac{AP}{CP} = \dfrac{AB}{CM}$. 因为 $\triangle AQB \backsim \triangle MQD$,所以 $\dfrac{AQ}{QM} = \dfrac{AB}{DM}$. 因为 $CM = DM$,所以 $\dfrac{AQ}{QM} = \dfrac{AP}{PC}$. 这蕴涵 $PQ \parallel CM \parallel AB$. 令 P 是 AB 与 OM 的交点. 若能证明 $CN = NP$,则证毕. 因为这蕴涵题目中提出的圆心到 OB, OC 等距离,是劣弧 $\overset{\frown}{BC}$ 的中点. 令 BE 是 $\odot C$ 的直径. 因为

$$\angle COD + \angle COA = \frac{1}{2}(\angle BOC + \angle COE) = 90° \Rightarrow OM \perp OA$$

所以 $\angle OCM = 90° - \angle COD = \angle COA$. 因此 $BC \parallel OA$,从而有 $NP \parallel BC$. 于是 $NP \perp OM$. 但 AB 是 $\angle OBC$ 的平分线,OM 是 $\angle BOC$ 的平分线,因此 $P = AB \cap OM$ 是 $\triangle OBC$ 的内心. 因为 $NP \parallel CM$,所以 $\angle PCN = \angle PCD = \angle CPN$,所以 $CN = NP$.

J90 对正整数 n,令 $a_k = 2^{2^{k-n}} + k, k = 0, 1, \cdots, n$. 证明

$$(a_1 - a_0)\cdots(a_n - a_{n-1}) = \frac{7}{a_1 + a_0}$$

(美国)T. Andreescu 提供

证 令 $a = 2^{2^{-n}}$,则 $a^{2^k} = (2^{2^{-n}})^{2^k} = 2^{2^{k-n}}$,因此

$$a_k - a_{k-1} = 2^{2^{k-n}} + k - 2^{2^{k-n-1}} - (k-1) =$$
$$2^{2^{k-n}} - 2^{2^{k-n-1}} + 1 =$$

$$a^{2^k} - a^{2^{k-1}} + 1 = \frac{a^{2^{k+1}} + a^{2^k} + 1}{a^{2^k} + a^{2^{k-1}} + 1} \quad (k = 0, 1, 2, \cdots, n)$$

于是

$$\prod_{k=1}^n (a_k - a_{k-1}) = \prod_{k=1}^n \frac{a^{2^{k-1}} + a^{2^k} + 1}{a^{2^k} + a^{2^{k-1}} + 1} = \frac{a^{2^{n+1}} + a^{2^n} + 1}{a^{2^1} + a^{2^0} + 1} = \frac{2^{2^{n+1-n}} + 2^{2^{n-n}} + 1}{2^{2^{1-n}} + 1 + 2^{2^{0-n}} + 0} = \frac{7}{a_1 + a_0}$$

J91 图 2.1 中各正方形标上数字 1 到 16,使每行与每列的数之和相等. 已知 1,5,13 的位置. 求被涂黑正方形中的数.

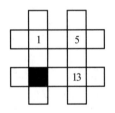

图 2.1

(美国)I. Borsenco 提供

解 设被涂黑正方形中的数为 x, s 是每行与每列的数之和. 显然 $4s - x - 1 - 5 - 13 = 1 + 2 + \cdots + 16 = 56$ 是 4 的倍数,或 x 被 4 除时有余数 1. 但是不大于 16 的含余数 $1 \pmod 4$ 的所有整数被利用,除 9 以外. 因此 $x = 9$ 是唯一可能值.

J92 求所有素数 $q_1, q_2, \cdots, q_6$,使 $q_1^2 = q_2^2 + \cdots + q_6^2$.

(美国)T. Andreescu 提供

解 所有平方数对模 3 与 0 或 1 同余,显然 $q_1 \neq 3$. 设在 $q_2, \cdots, q_6$ 中有 $a(0 \leqslant a \leqslant 5)$ 个素数不等于 3,则 $1 \equiv 1 \cdot a + 0(5-a) \pmod 3$,由此有 $a = 1$ 或 $a = 4$.

设 $a = 1$,则 $q_1^2 = q_2^2 + 4 \cdot 3^2$ 或 $(q_1 - q_2)(q_1 + q_2) = 36$. 因 $q_1 + q_2 > q_1 - q_2$,故 $q_1 + q_2$ 只能是 9, 12, 18, 36,易见它无解.

设 $a = 4$,则 $q_1^2 = q_2^2 + q_3^2 + q_4^2 + q_5^2 + 9$. 因 q_i 是素数,故当 q_i 是奇素数时,它们对模 8 的二次剩余是 1,当 $q_i = 2$ 时,它们对模 8 的二次剩余是 4,显然 $q_1 \neq 2$. 设在 $q_2, \cdots, q_5$ 中有 $b(0 \leqslant b \leqslant 4)$ 个素数不等于 2,则 $1 \equiv 1 + 1 \cdot b + 4(4-b) \pmod 8$ 或 $3b \equiv 0 \pmod 8$,这只有解 $b = 0$. 因此本题的解是 $(5, 2, 2, 2, 2, 3)$ 与它具有 5 个固定数的置换.

J93 令 a 与 b 是正实数. 证明
$$\frac{a^6+b^6}{a^4+b^4} \geqslant \frac{a^4+b^4}{a^3+b^3} \cdot \frac{a^2+b^2}{a+b}$$

(美国)A. Alt 提供

证 以上不等式等价于
$$(a^6+b^6)(a^3+b^3)(a+b) \geqslant (a^4+b^4)^2(a^2+b^2)$$
利用 Cauchy-Schwarz 不等式,有
$$(a^6+b^6)(a^2+b^2) \geqslant (a^4+b^4)^2$$
$$(a^3+b^3)(a+b) \geqslant (a^2+b^2)^2$$
把这些不等式相乘,得出结论. 当 $a=b$ 时,等式成立.

J94 证明:方程 $x^3+y^3+z^3+w^3=2\,008$ 有无限多个整数解.

(美国)T. Andreescu 提供

证 因 $2\,008=8\times251=2^3\times251$, 故只要证明 $x^3+y^3+z^3+w^3=251$ 有无限多个整数解即可. 注意
$$(30n^3+5)^3-(30n^3-5)^3-(30n^2)^3+1=251$$
因此证毕.

J95 令 I_a, I_b, I_c 是 $\triangle ABC$ 的外心,O_a, O_b, O_c 是 $\triangle I_aBC, \triangle I_bAC, \triangle I_cAB$ 的外接圆圆心. 证明: $\triangle I_aI_bI_c$ 的面积是六边形 $O_aCO_bAO_cB$ 的面积的 2 倍.

(土耳其)M. Sahin, Ankara 提供

证 已知 $\triangle ABC$ 的各角平分线是 $\triangle I_aI_bI_c$ 的高, 垂足为 A, B, C, 以 H 表示 $\triangle I_aI_bI_c$ 的垂心. 因为 HAI_bC, HAI_cB, HBI_aC 是圆内接四边形, O_a 在通过 A, H, I_a 的直线上, 故有 $I_aO_a=O_aH, I_bO_b=O_bH, I_cO_c=O_cH$. 于是 $S_{\triangle I_aO_aC}=S_{\triangle O_aHC}$ 等, 所以 $S_{\triangle I_aI_bI_c}=2S_{O_aCO_bAO_cB}$.

J96 令 n 是整数. 求所有整数 m, 使得对所有正实数 $a, b, a+b=2$, 有 $a^m+b^m \geqslant a^n+b^n$.

(保加利亚)O. Mushkarov 提供

解 首先设 $n<0$, 对 $m \leqslant 0$, 容易检验
$$a^m+b^m \leqslant \frac{a+b}{2}(a^{m-1}+b^{m-1})$$
为使等式成立, 当且仅当 $a=b$, 因为不等式重排为 $(a^{m-1}-b^{m-1})(a-b) \leqslant 0$. 因此, 若 $a+b=2$, 则对 $a \neq b, m \leqslant 0$, 可见 a^m+b^m 是 m 的严格减函数. 可见当 $m \leqslant n \leqslant 0$ 时, $a^m+b^m \geqslant a^n+b^n$, 当 $n<m \leqslant 0$ 时, 这个不等式不成立. 今设 $m>0$, 令 $a \to 0, b \to 2$, 可看出 $a^n+b^n \to \infty$, 但 $a^m+b^m \to 2^m$. 因此不等式对任何这样的 m 不成立.

若 $n=0$ 或 1, 则 $a^0+b^0=a^1+b^1=2$. 上面的论证证明了, 对 $m \leqslant 0, a^m+b^m \geqslant a^0+$

b^0,下面论证第一部分将证明,对 $m \geqslant 1$,$a^m + b^m \geqslant a^1 + b^1$. 因此,这些情形下算出了所有整数 m.

今设 $n \geqslant 2$. 对 $m \geqslant 2$,有(同上重排)
$$a^m + b^m \geqslant \frac{a+b}{2}(a^{m-1} + b^{m-1})$$

当且仅当 $a = b$ 时,等式成立. 可见对 $m \geqslant n \geqslant 1$,$a^m + b^m \geqslant a^n + b^n$,当 $1 \leqslant m < n$ 时不等式不成立. 设 $m \leqslant 0$,函数 $f(a) = a^k + (2-a)^k$ 有 $f'(1) = 0$,$f''(1) = 2k(k-1)$. 因此,若不等式 $a^m + b^m \geqslant a^n + b^n$ 对在 1 近旁的 a 与 b 成立,则一定有 $m(m-1) \geqslant n(n-1)$. 因 $m \leqslant 0 < n$,故这等价于 $m \leqslant 1 - n$. 若证明了不等式在这些情形下成立,当对 $m = 1 - n$ 证明了这个结果时,就可推出这个不等式,则解答完成. 于是我们需要证明以下断言.

断言 若 $n \geqslant 2$,$0 < a < 2$,则 $a^n + (2-a)^n \leqslant a^{1-n} + (2-a)^{1-n}$.

证 对 n 用数学归纳法. 对基础情形,注意,要求的不等式在 $n = 0, 1$ 下成立(虽然它们不包含在断言的陈述中). 今设 $n \geqslant 2$,看函数 $f(a) = a^{1-n} + (2-a)^{1-n} - a^n - (2-a)^n$. 我们要证明,在 $(0, 2)$ 中,$f(a) \geqslant 0$,容易计算 $f(1) = f'(1) = 0$. 从而只要证明 $f''(a) \geqslant 0$ 即可. 计算
$$f''(a) = n(n-1)[a^{-n-1} + (2-a)^{-n-1} - a^{n-2} - (2-a)^{n-2}] \geqslant$$
$$n(n-1)[a^{-n-1} + (2-a)^{-n-1} - a^{3-n} - (2-a)^{3-n}] \geqslant 0$$

这里第 1 个不等式是归纳假设,第 2 个不等式由解答的较早部分推出,因为 $-n-1 \leqslant 3-n \leqslant 1$.

J97 令 a, b, c, d 是使 $a + b + c + d = 0$ 的整数. 证明:$30 \mid a^5 + b^5 + c^5 + d^5$.

(印度尼西亚)J. Gunardi 提供

证 我们将证明 $x^5 \equiv x \pmod{30}$. 首先注意 $x^5 - x = x(x-1)(x+1)(x^2+1)$. 因此要证明 $x(x-1)(x+1)(x^2+1)$ 总可被 $30 = 2 \times 3 \times 5$ 整除. 以下设 $x - 1 > 0$,则在 $x-1, x, x+1$ 中总有 2 与 3 的因子,在一些情形下也有 5 的因子. 设有 5 的因子的唯一三元组 $x-1, x, x+1$ 具有以下形式的因子
$$5n+1, 5n+2, 5n+3$$
或
$$5n+2, 5n+3, 5n+4$$

在第一种情形下,$x = 5n+2$,于是 $x^2 + 1 = 25n^2 + 20n + 5$,这给出 5 的因子. 在第二种情形下,$x = 5n+3$,于是 $x^2 + 1 = 25n^2 + 30n + 10$,这也给出 5 的因子,由此得 $x^5 - x$ 总可被 30 整除,因此得出结论.

J98 求所有素数 p, q,使 24 不可整除完全平方数 $q+1, p^2q+1$.

(美国)I. Borsenco 提供

解 设 $p = 2$,则 $4q + 1$ 是奇完全平方数,或可写为 $(2n+1)^2 = 4n(n+1) + 1$. 因

$n(n+1)=q$ 一定是素数,故 $q=2$. 注意, $q+1=3$ 不可被 24 整除, $p^2q+1=9$ 是完全平方数.

今设 $q=2$, 则 $2p^2+1$ 是奇完全平方数,或可写为 $(2n+1)^2=4n(n+1)+1$, $p^2=2n(n+1)$. 显然 p 一定可被 2 整除,或 $p=2$, 我们求助以上情形.

任何其他的解一定有奇数 p,q, 从而 p^2q+1 是偶完全平方数, 或可以写为 $4m^2$, $p^2q=4m^2-1=(2m+1)(2m-1)$. 显然 $2m+1$ 与 $2m-1$ 是互素素数,从而它们中任何一个是 1(不合理,因为这时 $p^2q=3$),或一个是 p^2, 另一个是 q.

首先设 $2m+1=q=p^2+2$. 因 $q=3$ 给出 $p=1$, 不合理, 故 p^2+2 不是 3 的倍数. 但是, 若 p 不是 3 的倍数, 因为 $p-1$ 或 $p+1$ 都是 3 的倍数, 则 $p^2+2=(p-1)(p+1)+3$ 一定是 3 的倍数. 因此 $p=3, q=11$, 给出 $q+1=12$ 不可被 24 整除, $p^2q+1=100$ 是完全平方数.

最后设 $q=2m-1=p^2-2$. 因 p 是奇数, 故 $q+1=p^2-1=(2m+1)^2-1=4m(m+1)$. 因 m 或 $m+1$ 是偶数, 故 8 整除 $q+1$. 此外, 若 3 不能整除 p, 则 $p^2 \equiv 1 \pmod{3}$, 24 整除 $q+1$, 不合理. 于是 $p=3, q=7$, 给出 $q+1=8$ 不可被 24 整除, $p^2q+1=64$ 是完全平方数.

于是只有解 $p=q=2$ 或 $p=3, q=7$ 或 $p=3, q=11$.

J99 在 $\triangle ABC$ 中, 令 ϕ_a, ϕ_b, ϕ_c 是从同一顶点作出的中线与高之间的角. 证明: $\tan \phi_a, \tan \phi_b, \tan \phi_c$ 之一是其他两数之和.

(德国) O. Faynshteyn 提供

证 若把 ϕ_a, ϕ_b, ϕ_c 定义为中线与高之间的有向角(选择逆时针方向), 则本题的陈述变为: 证明 $\tan \phi_a + \tan \phi_b + \tan \phi_c = 0$. 因 $a = b\cos C + c\cos B$, $\tan \phi_a = \dfrac{\frac{a}{2} - c\cos B}{c\cos B}$, 则用正弦定理, 得

$$2\tan \phi_a = \frac{b\cos C - c\cos B}{c\sin B} =$$
$$\frac{2R\sin B\cos C - 2R\sin C\cos B}{2R\sin C\sin B} =$$
$$\frac{\sin B\cos C - \sin C\cos B}{\sin C\sin B} =$$
$$\cot C - \cot B$$

因此

$$2\sum_{cyc} \tan \phi_a = 2\sum_{cyc}(\cot C - \cot B) = 0$$

J100 考虑平面上一个点集, 使任意两点之间的距离是区间 $[a,b]$ 中一个实数. 证明: 这些点的个数是有限的.

(美国)I. Borsenco 提供

证 注意 a 一定是正数(否则显然有无限多个点),即设 $0 < a \leqslant b$. 选任一点 x. 所有其他点一定在距离 b 内或离 x 较近. 对每一点(包含 x),在这点上作半径为 $\frac{a}{2}$ 的圆盘. 这些圆盘的圆心在 x 的 b 内,半径为 $\frac{a}{2}$,从而它们完全在 x 旁半径为 $b+\frac{a}{2}$ 的圆盘 D 内(具有面积 $\pi(b+\frac{a}{2})^2$). 设点数无限,选 $n > \frac{(2b+a)^2}{a^2}$ 个点,因任两点最小距离为 a,故这些圆盘内部不相交,从而它们的总面积是 $\pi n(\frac{a}{2})^2$. 因这至多是 D 的面积,故有

$$n \leqslant \frac{(2b+a)^2}{a^2}$$

矛盾. 因此点数有限.

J101 考虑具有外心 O 与垂心 H 的 $\triangle ABC$. 令 A_1 是 A 在 BC 上的投影,D 是 AO 与 BC 的交点,点 A_2 为 AD 的中点. 类似地定义 B_1,B_2,C_1,C_2. 证明:A_1A_2,B_1B_2,C_1C_2 共点.

(意大利)A. Munaro,(美国)I. Borsenco 提供

证 我们将证明直线 A_1A_2,B_1B_2,C_1C_2 在 O_9(OH 的中点)上共点. 令 A'_2 是直线 A_1O_9 与 AD 的交点. 我们要证明 A'_2 是 AD 的中点. 令 M 与 N 是线段 AH 与 BC 的中点,则 A_1,M,N 在 $\triangle ABC$ 的九点圆上. 因为 $\angle MA_1N = 90°$,所以 MN 是此圆的直径. 因此直线 MN 与 OH 相交于点 O_9. 由此知 O_9N 是 $\triangle OHA$ 的中线,所以 $MN \parallel AD$,所以

$$\frac{O_9N}{A'_2D} = \frac{A_1O_9}{A_1A'_2} = \frac{O_9M}{AA'_2} \Rightarrow \frac{AA'_2}{A'_2D} = \frac{O_9M}{O_9N} = 1$$

J102 求下式的值

$$\begin{bmatrix} 2\ 008 \\ 3 \end{bmatrix} - 2\begin{bmatrix} 2\ 008 \\ 4 \end{bmatrix} + 3\begin{bmatrix} 2\ 008 \\ 5 \end{bmatrix} - 4\begin{bmatrix} 2\ 008 \\ 6 \end{bmatrix} + \cdots -$$

$$2\ 004\begin{bmatrix} 2\ 008 \\ 2\ 006 \end{bmatrix} + 2\ 005\begin{bmatrix} 2\ 008 \\ 2\ 007 \end{bmatrix}$$

(美国)Z. Feng 提供

解 令 $f(x) = \frac{(1+x)^{2\ 008}}{x^2}$,则展开此式,求导数,求所得表达式在 $x = -1$ 上的值,求出(因 $f'(-1) = 0$)本题陈述中给出的和等于 $2\ 008 + 2\ 006 - 2 = 4\ 012$.

J103 $1,2,\cdots,9$ 随机地排列在圆上. 证明:有 3 个相邻数之和至少是 16.

(美国)I. Borsenco 提供

证 相反,设可以在圆上求出数 $1,2,\cdots,9$ 的排列 $a_1,a_2,\cdots,a_9$,使任何 3 个相邻数之和不大于 15,则

$$a_1 + a_2 + a_3 \leqslant 15$$

$$a_2 + a_3 + a_4 \leqslant 15$$
$$\vdots$$
$$a_9 + a_1 + a_2 \leqslant 15$$

把以上各不等式相加后,得出 $a_1 + a_2 + \cdots + a_9 \leqslant 45$. 另一方面
$$a_1 + a_2 + \cdots + a_9 = 1 + 2 + \cdots + 9 = 45$$
于是以上全部 9 个不等式事实上是等式. 这蕴涵
$$a_1 + a_2 + a_3 = a_2 + a_3 + a_4 = 15$$
于是 $a_1 = a_4$,显然矛盾. 于是我们的假设是错误的,因此一定存在 3 个相邻数之和大于 15.

J104 令 a,b,c 是使 $abc = 1$ 的正实数. 证明
$$\frac{a^2+b^2}{a^2+b^2+1} + \frac{b^2+c^2}{b^2+c^2+1} + \frac{c^2+a^2}{c^2+a^2+1} \geqslant$$
$$\frac{a+b}{a^2+b^2+1} + \frac{b+c}{b^2+c^2+1} + \frac{c+a}{c^2+a^2+1}$$

(中国)Han Jingjun 提供

证 已知不等式等价于证明
$$\frac{a+b+1}{a^2+b^2+1} + \frac{b+c+1}{b^2+c^2+1} + \frac{c+a+1}{c^2+a^2+1} \leqslant 3$$

由 Cauchy-Schwarz 不等式,有
$$3(a^2+b^2+1) \geqslant (a+b+1)^2$$

或等价于
$$\frac{a+b+1}{a^2+b^2+1} \leqslant \frac{3}{a+b+1}$$

类似地有
$$\frac{b+c+1}{b^2+c^2+1} \leqslant \frac{3}{b+c+1}$$

与
$$\frac{c+a+1}{c^2+a^2+1} \leqslant \frac{3}{c+a+1}$$

因此只要证明
$$\frac{3}{a+b+1} + \frac{3}{b+c+1} + \frac{3}{c+a+1} \leqslant 3$$

或
$$\frac{1}{a+b+1} + \frac{1}{b+c+1} + \frac{1}{c+a+1} \leqslant 1$$

去分母,合并同类项后,有
$$a^2b + a^2c + b^2a + b^2c + c^2a + c^2b \geqslant 2(a+b+c)$$

或
$$ab + bc + ca - \frac{3}{a+b+c} \geq 2$$

由算术平均-几何平均不等式有 $a+b+c \geq 3\sqrt[3]{abc} = 3$,这蕴涵 $\frac{3}{a+b+c} \leq 1$.回到不等式 $ab+bc+ca-1 \geq 2$ 或 $ab+bc+ca \geq 3$.由算术平均-几何平均不等式知最后这个不等式成立,因此证毕.

J105 令 $A_1A_2\cdots A_n$ 是内接于圆 $C(O,R)$ 的多边形,且外切于圆 $w(I,r)$.多边形 $A_1A_2\cdots A_n$ 与圆 w 的切点组成另一个多边形 $B_1B_2\cdots B_n$.证明

$$\frac{P(A_1A_2\cdots A_n)}{P(B_1B_2\cdots B_n)} \leq \frac{R}{r}$$

其中 $P(S)$ 表示图形 S 的周长.

(美国)I. Borsenco 提供

证 循环记号(即 $i = i+n$)将用在整个问题中,称 $\alpha_i = \angle A_iA_jA_{i+1}$,其中 $j \neq i, i+1$.显然 $\angle A_{i-1}A_iA_{i+1} = \pi - \angle A_{i-1}A_{i+1}A_i - \angle A_iA_{i-1}A_{i+1} = \pi - \alpha_{i-1} - \alpha_i$.以 B_i 表示 $\odot\omega(I, r)$ 与 A_iA_{i+1} 的切点.因 $IB_{i-1} \perp A_{i-1}A_i$,$IB_i \perp A_iA_{i+1}$,故 $\angle B_{i-1}IB_i = \pi - \angle B_{i-1}A_iB_i = \alpha_{i-1} + \alpha_i$.由正弦定理的直接应用,得出 $A_iA_{i+1} = 2R\sin\alpha_i$,$B_{i-1}B_i = 2r\sin\frac{\alpha_{i-1}+\alpha_i}{2}$,或提出的不等式等价于

$$\sum_{i=1}^n \sin\alpha_i \leq \sum_{i=1}^n \sin\frac{\alpha_i + \alpha_{i+1}}{2}$$

但是

$$\sin\alpha_i + \sin\alpha_{i+1} = 2\sin\frac{\alpha_i+\alpha_{i+1}}{2}\cos\frac{\alpha_i-\alpha_{i+1}}{2} \leq 2\sin\frac{\alpha_i+\alpha_{i+1}}{2}$$

当且仅当 $\alpha_i = \alpha_{i+1}$ 时等式成立.把这个不等式对 $i = 1, 2, \cdots, n$ 相加,推出结论.当且仅当 $A_1A_2\cdots A_n$ 是正 n 边形时等式成立.

J106 证明:在任何 4 个正实数中,有两个数,例如 a, b,使 $ab + 1 \geq \frac{1}{\sqrt{3}}|a-b|$.

(美国)T. Andreescu 提供

证 若 4 个数中两数之间的最小距离小于或等于 $\sqrt{3}$,则不等式得到了证明.令 $x_1 < x_2 < x_3 < x_4$ 是 4 个点,则有 $x_3 > 2\sqrt{3}$.因为 $x_2 > x_1 + \sqrt{3}$,$x_3 > x_2 + \sqrt{3}$,求平方,我们证明充分不等式

$$(x_3x_4)^2 + 1 + 2x_3^2 > \frac{1}{3}(x_3^2 + x_4^2)$$

这直接由 $(x_3x_4)^2 > x_4^2 > \frac{x_4^2}{3}$ 推出.

另一证法:设 4 个数是 $0 < x_1 < x_2 < x_3 < x_4$. 若 $\sqrt{3}(x_1 x_2 + 1) \geq x_2 - x_1$,则证毕,于是可设
$$x_2 > x_2 - x_1 > \sqrt{3}(x_1 x_2 + 1) > \sqrt{3} > 1$$
但在这种情形下
$$x_2 x_3 + 1 > x_3 + 1 > x_3 - x_2 > \frac{1}{\sqrt{3}}(x_3 - x_2)$$
(x_2, x_3) 是要求的数对.

在这个论证中的不等式是如此弱不等式(不需要 x_4),以致它正是弱的. 我希望把这个问题变为适应性更强的问题. 把 $\frac{1}{\sqrt{3}}$ 变为 $\sqrt{3}$,或放弃假设:4 个数是正的,并给出反正切论证,这显然是想要的方法.

J107 求所有正整数四元组 (a,b,c,d),使
$$\left(1+\frac{1}{a}\right)\left(1+\frac{1}{b}\right)\left(1+\frac{1}{c}\right)\left(1+\frac{1}{d}\right) = 5$$

(加拿大)S. Asgarli 提供

解 不失一般性,设 $a \geq b \geq c \geq d$,则 $5 \leq \left(1+\frac{1}{d}\right)^4$,这蕴涵 $d \leq 2$.

(1) 若 $d = 2$,则
$$\left(1+\frac{1}{a}\right)\left(1+\frac{1}{b}\right)\left(1+\frac{1}{c}\right) = \frac{10}{3}$$
类似的论证得出 $a = b = c = 2$,这不可能.

(2) 若 $d = 1$,则
$$\left(1+\frac{1}{a}\right)\left(1+\frac{1}{b}\right)\left(1+\frac{1}{c}\right) = \frac{5}{2}$$
由类似分析得 $c \leq 2$.

若 $c = 1$,则 $\left(1+\frac{1}{a}\right)\left(1+\frac{1}{b}\right) = \frac{5}{4}$ 或 $(a-4)(b-4) = 20$,得 $(a,b) = (24,5), (14,6), (9,8)$.

若 $c = 2$,则 $(2a-3)(2b-3) = 15$,得 $(a,b) = (9,2), (4,3)$.

最后,解是 $(24,5,1,1), (14,6,1,1), (9,8,1,1), (9,2,2,1), (4,3,2,1)$ 及其置换.

J108 令 n 是正整数. 证明:n 的互素正因子有序对 (a,b) 的个数等于 n^2 的因子数.

(孟加拉国)S. Riasat 提供

证 设 (a,b) 是 n 的互素因子有序对,则 $\frac{an}{b}$ 是 n^2 的因子(特别是整数,因为 $b \mid n$). 两个这样的有序对不能给出相同因子,因为 $\frac{an}{b} = \frac{cn}{d}$,所以 $ad = bc$. 因为 $\gcd(a,b) = 1$,所以这

迫使 $a \mid c, b \mid d$，从而对某 k，有 $c = ak, d = bk$. 但因为 c 与 d 一定也互素，故 $k = 1, (a,b) = (c,d)$. 也用这种方法产生 n^2 的任一因子，因若 m 是 n^2 的因子，则可把 $\frac{m}{n}$ 写为最低项的分数 $\frac{a}{b}$. 于是 a 与 b 将是 n 与 $m = \frac{an}{b}$ 的互素因子. 于是在有序对 (a,b) 与 n^2 的因子之间一一对应，因此有相同个数.

另一证法：令

$$n = \prod_{i=1}^{k} p_i^{e_i}$$

$$a = \prod_{p_i \neq p_j} p_i^{f_i}$$

$$b = \prod_{p_i \neq p_j} p_j^{g_j}$$

是 a, b, n 的典范形式，其中 $0 \leqslant f_i \leqslant e_i, 0 \leqslant g_j \leqslant e_j$. 已知 n^2 的因子数 $\tau_{n^2} = \prod_{i=1}^{k}(2e_i + 1)$，于是只要证明满足条件的有序对 (a,b) 的个数也是 τ_{n^2}. 考虑下式

$$S = \prod_{i=1}^{k} \left(p_i^{e_i} + p_i^{e_i - 1} + \cdots + p_i^{0} + \cdots + \frac{1}{p_i^{e_i - 1}} + \frac{1}{p_i^{e_i}} \right)$$

当展开 S 时，得出所有分数的分子与分母所有要求的有序对 (a,b). 因分子与分母中素数 p_i 的幂值域从 0 到 e_i，分子与分母中的素数都不同，故得 $\prod_{i=1}^{k}(2e_i + 1) = \tau_{n^2}$ 是不同分数，这是有序对 (a,b) 的个数.

J109 令 a, b, c 是正实数. 证明

$$\frac{(a+b)^2}{c} + \frac{c^2}{a} \geqslant 4b$$

(美国) T. Andreescu 提供

证 利用以下引理.

引理 令 a, b, α, β 是正实数，则

$$\frac{a^2}{\alpha} + \frac{b^2}{\beta} \geqslant \frac{(a+b)^2}{\alpha + \beta}$$

证 可用直接向前计算来证明引理.

根据引理有

$$\frac{(a+b)^2}{c} + \frac{c^2}{a} \geqslant \frac{(a+b+c)^2}{a+c}$$

于是只要证明

$$\frac{(a+b+c)^2}{a+c} \geqslant 4b$$

上述不等式等价于 $(a-b+c)^2 \geqslant 0$,解答了本题.

另一证法:应用算术平均 - 几何平均不等式两次,有

$$\frac{(a+b)^2}{c} + \frac{c^2}{a} \geqslant 3\left[\frac{(a+b)^2}{2c} \cdot \frac{(a+b)^2}{2c} \cdot \frac{c^2}{a}\right]^{\frac{1}{3}} =$$

$$3\frac{(a+b)^{\frac{4}{3}}}{(4a)^{\frac{1}{3}}} \geqslant$$

$$3\frac{\left[4\left(a \cdot \frac{b}{3} \cdot \frac{b}{3} \cdot \frac{b}{3}\right)^{\frac{1}{4}}\right]^{\frac{4}{3}}}{(4a)^{\frac{1}{3}}} = 4b$$

我们看出,当且仅当 $b=3a,c=2a$ 时,等式成立.

J110 令 $\tau(n)$ 与 $\phi(n)$ 分别为 n 的因子数与符合以下条件的正整数个数:这些正整数小于或等于 n,且与 n 互素.求所有的 n,使 $\tau(n)=6,3\phi(n)=7!$.

(美国)I. Borsenco 提供

解 若 $\tau(n)=6$,则对一些素数 $p,p_1,p_2,n=p^5$ 或 $n=p_1 p_2^2$. 若 $n=p^5$,则 $\phi(n)=p^4(p-1)$,但没有素数 p 使

$$p^4(p-1) = \frac{1}{3}7! = 2^4 \times 3 \times 5 \times 7$$

若 $n=p_1 p_2^2$,则 $\phi(n)=(p_1-1)p_2(p_2-1)$. 我们要考虑 4 种情形

$$p_2 = 2$$
$$p_2(p_2-1) = 2$$
$$2^3 \times 3 \times 5 \times 7 + 1 = 841$$

不是素数

$$p_2 = 3$$
$$p_2(p_2-1) = 6$$
$$2^3 \times 5 \times 7 + 1 = 281$$

是素数

$$p_2 = 5$$
$$p_2(p_2-1) = 20$$
$$2^2 \times 3 \times 7 + 1 = 85$$

不是素数

$$p_2 = 7$$
$$p_2(p_2-1) = 42$$
$$2^3 \times 5 + 1 = 41$$

是素数.

因此有 2 个 n 使 $\tau(n)=6,3\phi(n)=7!$ $n=281 \times 3^2 = 2\,529,n=41 \times 7^2 = 2\,009$.

J111 证明：没有这样的 n，使以下乘积是完全平方数

$$\prod_{k=1}^{n}(k^4+k^2+1)$$

（美国）T. Andreescu 提供

证 令 $g(k)=k^4+k^2+1$. 若我们求出 $g(1),g(2),g(3)$ 等的值，则注意有趣的模式：$g(1)=1\times 3, g(2)=3\times 7, g(3)=7\times 13, g(4)=13\times 21$，等等. 这是由于 $g(k)$ 因式分解为 $g(k)=(k^2-k+1)(k^2+k+1)$，且

$$g(k+1)=[(k+1)^2-(k+1)+1][(k+1)^2+(k+1)+1]=$$
$$(k^2+k+1)(k^2+3k+3)$$

于是将 $g(1),g(2),\cdots,g(n)$ 相乘，可见乘积 $(3^2,7^2,13^2,\cdots)$ 中平方数数列，但 n^2+n+1 的最后因子留在末尾. 由此推出，因 n^2+n+1 不能是平方数（因为它在 n^2 与 $(n+1)^2$ 之间），故乘积不能是平方数.

J112 令 a,b,c 是整数，且 $\gcd(a,b,c)=1, ab+bc+ca=0$. 证明：$|a+b+c|$ 可以写成 x^2+xy+y^2，其中 x,y 是整数.

（孟加拉国）S. Riasat 提供

证 不失一般性，设 $a=0$，则 $bc=0$，可设 $b=0$. 因 $\gcd(a,b,c)=1$，故对 $x=1,y=0$，都有 $|c|=|a+b+c|=1$，反之亦然. 注意，若不失一般性，设 $a+b=0$，则 $ab=0$，再得出 $a=b=0$. 于是只要对非零整数 (a,b,c) 证明提出的结果，使 $a+b,b+c,c+a\neq 0$. 因同时改变 a,b,c 的符号，不改变提出的问题，所以设 a,b,c 中两数是正的，不失一般性，设 $a,b>0$. 因为 $c=-\dfrac{ab}{a+b}$，所以 $a+b$ 整除 ab. 若 d 是 a,b 的最大公因子，则对一些互素正整数 $u,v,a=du,b=dv$，使 $u+v$ 整除 duv. 若对某素数 p,p^a 整除 $u+v$，但不整除 d，则 p 整除 uv，或者它整除它们中的 1 个，从而它整除它们二者，不合理，因此 $u+v$ 整除 d. 令 $d=(u+v)q$，其中 q 是正整数，这导致 $a=u(u+v)q, b=v(u+v)q, c=-uvq$. 显然 q 整除 a,b,c 或因 $\gcd(a,b,c)=1$，则 $q=1, |a+b+c|=a+b+c=u^2+uv+v^2$，推出结论. 最后至少可用 3 种不同方法把 $|a+b+c|$ 写为 x^2+xy+y^2，即

$$u^2+uv+v^2=(-u-v)^2+(-u-v)v+v^2=$$
$$(-u-v)^2+(-u-v)u+u^2$$

J113 称相继正整数数列为五数列，使其中每个正整数可以写成 5 个非零完全平方数之和. 证明：有无限多个长度为 7 的五数列.

（美国）I. Borsenco 提供

证 对每个非负整数 n，考虑各数

$$(2n+6)^2+(n+5)^2+(n+4)^2+(n+2)^2+(n+2)^2=8n^2+50n+85$$
$$(2n+7)^2+(n+4)^2+(n+4)^2+(n+2)^2+(n+1)^2=8n^2+50n+86$$

$$(2n+6)^2+(n+5)^2+(n+4)^2+(n+3)^2+(n+1)^2=8n^2+50n+87$$
$$(2n+7)^2+(n+5)^2+(n+3)^2+(n+2)^2+(n+1)^2=8n^2+50n+88$$
$$(2n+8)^2+(n+4)^2+(n+2)^2+(n+2)^2+(n+1)^2=8n^2+50n+89$$
$$(2n+5)^2+(n+6)^2+(n+4)^2+(n+3)^2+(n+2)^2=8n^2+50n+90$$
$$(2n+8)^2+(n+4)^2+(n+3)^2+(n+1)^2+(n+1)^2=8n^2+50n+91$$

显然,对每个非负整数 n,这些数组成长度为 7 的不同五数列. 推出结论.

另一证法:换个说法,我们将证明,任何 $m \geqslant 170$ 的数可以写为恰好 5 个非零完全平方数之和. 为证明这一点,注意 $169=13^2=12^2+5^2=12^2+4^2+3^2=11^2+4^2+4^2+4^2$ 可以写为 1, 2, 3 或 4 个非零完全平方数之和. 因(由 4 个平方数定理)任一正整数可以写为至多 4 个非零完全平方数之和,由此推出 $n+169$ 可以写为恰好 5 个非零完全平方数之和.

检验我们求出的结果,$m=33$ 是不能写为恰好 5 个非零完全平方数之和的最大整数.

J114 令 p 是素数. 求方程 $a+b-c-d=p$ 的所有解,其中 a, b, c, d 是正整数,$ab=cd$.

(美国)I. Boreico 提供

解 令 $m=\gcd(a,c)$,记 $a=mn$,则 n 整除 $\dfrac{cd}{m}$,$\gcd(n,\dfrac{c}{m})=1$,从而 n 整除 d. 记 $c=ms, d=nt$,则计算 $b=st, p=a+b-c-d=mn+st-ms-nt=(m-t)(n-s)$. 若有需要,交换 a 与 b 的位置,则可设 $m-t$ 与 $n-s$ 是正的. 若有需要,交换 c 与 d 的位置,则可设 $m-t=1, n-s=p$. 于是得 $(a,b,c,d)=((s+p)(t+1), st, s(t+1), (s+p)t)$,容易检验,对任何正整数 s, t,这给出解. 用 $a, b; c, d$ 与二者允许的置换恢复一般性.

J115 求所有整数 n,使下式是整数

$$\sqrt{\sqrt{n}+\sqrt{n+2\,009}}$$

(美国)T. Andreescu,(罗马尼亚)D. Andrica 提供

解 对某整数 m,设 $\sqrt{\sqrt{n}+\sqrt{n+2\,009}}=m$,则 $\sqrt{n}=\dfrac{m^4-2\,009}{2m^2}$. 为使 n 是整数,则 m 一定是奇数,且 $m^2 \mid 2\,009$. 因 $2\,009=7^2 \times 41$,故得 $m=7, n=16$. 于是 $n=16$ 是使 $\sqrt{\sqrt{n}+\sqrt{n+2\,009}}$ 为整数的唯一整数 n.

J116 一只虫每天从立方体的一个顶点向另一个顶点爬行. 求需要多少个 6 天能回到开始爬行的顶点上结束爬行?

(美国)I. Borsenco 提供

解 设立方体的顶点放在格点 (x,y,z) 上,其中 x, y, z 中的每个数是 0 或 1,则 1 天错误爬行对应于改变单一坐标(即对恰好 x, y 或 z 之一,0 变为 1 或 1 变为 0). 从 $(0,0,0)$ 开始,设 x 改变方向 a 次,y 改变方向 b 次,z 改变方向 c 次. 因它爬行 6 天,故一定有 $a+$

$b+c=6$. 最后,为了回到 $(0,0,0)$, a,b,c 每个数一定是偶数. 由这些约束, (a,b,c) 的可能性是: $(6,0,0)$, $(0,6,0)$, $(0,0,6)$, $(4,2,0)$, $(4,0,2)$, $(2,4,0)$, $(2,0,4)$, $(0,4,2)$, $(0,2,4)$ 或 $(2,2,2)$. 每个改变方向的动作可能发生 6 次,于是得出在 $(0,0,0)$ 开始与结束的不同 6 天爬行总数是

$$\begin{bmatrix} 6 \\ 2\ 2\ 2 \end{bmatrix} + 6 \begin{bmatrix} 6 \\ 4\ 2\ 0 \end{bmatrix} + 3 \begin{bmatrix} 6 \\ 6\ 0\ 0 \end{bmatrix} =$$

$$90 + 6 \times 15 + 3 = 183$$

J117 令 a,b,c 是正实数. 证明

$$\frac{a}{2a^2+b^2+3} + \frac{b}{2b^2+c^2+3} + \frac{c}{2c^2+a^2+3} \leqslant \frac{1}{2}$$

(中国) An Zhenping 提供

证 由算术平均-几何平均不等式我们有

$$2a^2+b^2+3 = 2(a^2+1)+(b^2+1) \geqslant 4a+2b$$

因此只要证明

$$\sum_{\text{cyc}} \frac{a}{2a+b} \leqslant 1$$

这等价于 $ab^2+bc^2+ca^2 \geqslant 3abc$,由算术平均-几何平均不等式,这个不等式显然成立.

J118 证明:对每个整数 $n \geqslant 3$,有 n 个不同正整数,使其中每个数整除剩余的 $n-1$ 个数之和.

(伊朗) H. A. S. Ali 提供

证 取 n 个数为 $1,2,3,6,12,\cdots,3 \cdot 2^{n-3}$. 这些数之和是 $3 \cdot 2^{n-2}$,所有 n 个数整除这个和,因此每个数整除剩余的 $n-1$ 个数之和.

另一证法:用归纳法:命题对 $n=3$ 成立,取 $(3,6,9)$ 为例. 令 $(x_1,x_2,\cdots,x_n)$ 是 n 个两两不同的正整数,使命题成立,令 s 是它们的和,则命题对 $(x_1,x_2,\cdots,x_n,s)$ 也成立,事实上,由归纳假设,对 $\forall i \in \{1,\cdots,n\}$ 有

$$x_i \mid \left(\sum_{\substack{j=1 \\ j \neq i}}^{n} x_j + s \right) = \left(\sum_{j=1}^{n} x_j + x_i + \sum_{\substack{j=1 \\ j \neq i}}^{n} x_j \right)$$

对 s 代换的检验是平凡的. 因此命题对任意 $n \geqslant 3$ 成立.

J119 令 α,β,γ 是三角形的角. 证明

$$\cos^3 \frac{\alpha}{2} \sin \frac{\beta-\gamma}{2} + \cos^3 \frac{\beta}{2} \sin \frac{\gamma-\alpha}{2} + \cos^3 \frac{r}{2} \sin \frac{\alpha-\beta}{2} = 0$$

(德国) O. Faynstein 提供

证 令 a,b,c 分别为角 α,β,γ 的对边,则由正弦定理得

$$\frac{a-b}{c} = \frac{\sin\alpha - \sin\beta}{\sin\gamma} = \frac{2\sin\frac{\alpha-\beta}{2}\cos\frac{\alpha+\beta}{2}}{2\sin\frac{\gamma}{2}\cos\frac{\gamma}{2}} = \frac{\sin\frac{\alpha-\beta}{2}}{\cos\frac{\gamma}{2}}$$

(因为 $\frac{\alpha+\beta}{2} = \frac{\pi}{2} - \frac{\gamma}{2}$). 又利用余弦定理, 以 s 表示半周长 $\frac{a+b+c}{2}$, 有

$$2\cos^2\frac{\gamma}{2} = 1 + \cos\gamma = 1 + \frac{a^2+b^2-c^2}{2ab} =$$

$$\frac{(a+b)^2 - c^2}{2ab} = \frac{2s(s-c)}{ab}$$

由此得

$$\sin\frac{\alpha-\beta}{2}\cos^3\frac{\gamma}{2} = \frac{a-b}{c}\cos^4\frac{\gamma}{2} = \frac{s^2}{abc}\left[(s-c)^2\left(\frac{1}{b} - \frac{1}{a}\right)\right]$$

于是, 为使提出的等式成立, 当且仅当

$$(s-c)^2\left(\frac{1}{b} - \frac{1}{a}\right) + (s-b)^2\left(\frac{1}{a} - \frac{1}{c}\right) +$$

$$(s-a)^2\left(\frac{1}{c} - \frac{1}{b}\right) = 0$$

现在把上式左边改写为

$$\frac{(s-b)^2 - (s-c)^2}{a} + \frac{(s-c)^2 - (s-a)^2}{b} + \frac{(s-a)^2 - (s-b)^2}{c} =$$

$$\frac{a(c-b)}{a} + \frac{b(a-c)}{b} + \frac{c(b-a)}{c}$$

它显然等于 0, 完成了证明.

J120 令 a, b, c 是正实数. 证明

$$\frac{ab}{3a+4b+2c} + \frac{bc}{3b+4c+2a} + \frac{ca}{3c+4a+2b} \leqslant \frac{a+b+c}{9}$$

(罗马尼亚) B. A. Razvan 提供

证 不等式等价于

$$\frac{9ab}{3a+4b+2c} + \frac{9bc}{3b+4c+2a} + \frac{9ca}{3c+4a+2b} \leqslant a+b+c$$

由 Cauchy-Schwarz 不等式知

$$\frac{9ab}{3a+4b+2c} \leqslant \frac{ab}{a+b+c} + \frac{ab}{a+b+c} + \frac{ab}{a+2b}$$

把其他两个类似的不等式相加, 即证明

$$\frac{2(ab+bc+ca)}{a+b+c} + \frac{ab}{a+2b} + \frac{bc}{b+2c} + \frac{ca}{c+2a} \leqslant a+b+c$$

因由算术平均 - 几何平均不等式知 $(a+b+c)^2 \geqslant 3(ab+bc+ca)$, 故断定

$$\frac{2(ab+bc+ca)}{a+b+c} \leqslant \frac{2(a+b+c)}{3}$$

于是只要证明

$$\frac{ab}{a+2b} + \frac{bc}{b+2c} + \frac{ca}{c+2a} \leqslant \frac{a+b+c}{3}$$

但由算术平均 - 几何平均不等式知

$$(a+2b)(b+2a) \geqslant 9ab \Leftrightarrow \frac{ab}{a+2b} \leqslant \frac{b+2a}{9}$$

把其他两个类似的不等式相加,得

$$\frac{ab}{a+2b} + \frac{bc}{b+2c} + \frac{ca}{c+2a} \leqslant \frac{b+2a}{9} + \frac{c+2b}{9} + \frac{a+2c}{9} = \frac{a+b+c}{3}$$

证明完成.

J121 对偶整数 n,考虑正整数 N,它恰有 n^2 个大于 1 的因子. 证明:N 是整数的 4 次幂.

(美国)T. Andreescu 提供

证 以下结果将被利用.

引理 1 若对某整数 x,奇素数 p 整除 x^2+1,则 $p \equiv 1 \pmod{4}$.

证 因为 p 是奇数,所以 p 有形式 $4y+1$ 或 $4y+3$. 若能证明 $p \equiv 3 \pmod{4}$ 是不可能的,则就确定了这个断言. 相反,设 $p = 4y+3$,则有

$$x^2 \equiv -1 \pmod{p}$$
$$(x^2)^{2y+1} = x^{4y+2} = x^{p-1} \equiv (-1)^{2y+1} \equiv -1 \pmod{p}$$

这不可能,因为(注意 p 不能整除 x)$x^{p-1} \equiv 1$(由 Fermat 小定理).

引理 2 若 $4x^2+1 = f_1 f_2 \cdots f_k$,则对每个因子 $f_i, f_i \equiv 1 \pmod{4}$.

证 因 $4x^2+1$ 是奇数,故只能有奇因子. 每个因子是 1 或 $4x^2+1$ 奇数个素因子的某乘积,由引理 1,每个因子一定对 mod 4 与 1 同余. 可见所有因子对 mod 4 与 1 同余.

现考虑原问题,令 $n = 2m$,则 N 有 n^2 个大于 1 的因子这个条件等价于

$$\tau(N) = (e_1+1)(e_2+1)\cdots(e_k+1) = 4m^2+1$$

其中 τ 是一些除数函数,N 的素数因子分解是

$$N = p_1^{e_1} p_2^{e_2} \cdots p_k^{e_k}$$

由引理 2,每个因子 e_i+1 有形式 $4y_i+1$,因此每个 e_i 是 4 的倍数,可见 N 是 4 次幂.

J122 四边形 $ABCD$ 内切于一个圆. 令 A_1, B_1, C_1, D_1 是切点. 证明:$A_1 C_1 \perp B_1 D_1$.

(美国)I. Borsenco 提供

证 我们在这个证明中将利用以下引理.

引理 为使圆内接四边形 $TUVW$ 的对角线相互垂直,当且仅当 $TU^2 + VW^2 = UV^2 + WT^2$.

证 称 P 为对角线 TV 与 UW 的交点,$\alpha = \angle TPU = \angle VPW = \pi - \angle UPV = \pi - \angle WPT$. 利用余弦定理,$TU^2 = TP^2 + PU^2 - 2TP \cdot PU\cos\alpha$, 对它的轮换是类似的, 得出
$$TU^2 + VW^2 - UV^2 - WT^2 =$$
$$-2(TP \cdot UP + UP \cdot VP + VP \cdot WP + WP \cdot TP)\cos\alpha$$
显然, 当且仅当 $\cos\alpha = 0$ 时, $TU^2 + VW^2 = UV^2 + WT^2$. 推出引理.

称 $\odot\gamma(I,r)$ 为四边形 $ABCD$ 的内切圆, 圆心为 I, 半径为 r. 不失一般性, 设 A_1, B_1, C_1, D_1 分别为 $\odot\gamma$ 与边 AB, BC, CD, DA 的切点. 显然 $\triangle A_1 I D_1$ 是在 I 上的等腰三角形, $IA_1 = ID_1 = r$, $\angle A_1 I D_1 = \pi - A$, 其中 A 表示 $\angle D_1 A A_1 = \angle DAB$. 于是 $D_1 A_1 = 2r\cos\dfrac{A}{2}$, 对它的轮换是类似的, 或 $D_1 A_1^2 + B_1 C_1^2 = 4r^2$. 因为 $A + C = \pi$, 类似地 $A_1 B_1^2 + C_1 D_1^2 = 4r^2$. 利用引理, 立即推出结论.

J123 求方程 $x^y + y^x = z$ 的素数解.

(罗马尼亚) L. Petrescu 提供

解 x, y 中一定有一个是偶数, 另一个是奇数 (否则, z 将是偶数, 且大于 2), 因此解一定有形式
$$2^p + p^2 = z$$
其中 p 是奇素数, z 是素数. 我们看出
$$2^3 + 3^2 = 17$$
是解. 有没有其他的解呢? 没有. 因为所有大于 3 的素数可表示为 $6n \pm 1$, 对素数 p 有
$$2^p \equiv (-1)^p \equiv -1 \pmod{3}$$
$$(6n \pm 1)^2 \equiv 36n^2 \pm 12n + 1 \equiv 1 \pmod{3}$$
可见 $2^{6n\pm 1} + (6n \pm 1)^2$ 可被 3 整除.

J124 令 a 与 b 是使 $|b - a|$ 是奇素数的整数. 证明: 对任何素数 p, $p(x) = (x - a) \cdot (x - b) - p$ 在 $\mathbf{Z}[X]$ 中是不可约的.

(美国) I. Borsenco 提供

证 为使二次多项式 $p(x) = (x-a)(x-b) + p$ 是可约的, 当且仅当它有有理根 (从而是整数, 因为 p 是首一多项式). 令 n 是整数根, 则 $(n-a)(n-b) = p$, 于是 $\{n-a, n-b\} = \{1, p\}$ 或 $\{-1, -p\}$. 在这两种情形下
$$|b - a| = |(n-a) - (n-b)| = p - 1$$
是偶数, 因此不能如题目要求的, 是奇素数.

J125 令 $\triangle ABC$ 是等腰三角形, $\angle A = 100°$. 以 BL 表示 $\angle ABC$ 的角平分线. 证明: $AL + BL = BC$.

(罗马尼亚) A. R. Baleanu 提供

证 显然 $\angle B = \angle C = 40°$, 或 $\angle ABL = \angle CBL = 20°$, 导出 $\angle ALB = 60°$, $\angle CLB =$

120°. 用正弦定理得

$$\frac{AL+BL}{AB} = \frac{\sin\angle ABL + \sin\angle BAL}{\sin\angle ALB} = \frac{\sin 20° + \sin 100°}{\sin 60°} =$$

$$\frac{2\sin\dfrac{100°+20°}{2}\cos\dfrac{100°-20°}{2}}{\sin 60°} =$$

$$2\cos 40° = \frac{\sin 80°}{\sin 40°} = \frac{\sin 100°}{\sin 40°} =$$

$$\frac{\sin A}{\sin C} = \frac{BC}{AB}$$

推出结论.

J126 令 a,b,c 是正实数. 证明
$$3(a^2b^2 + b^2c^2 + c^2a^2)(a^2+b^2+c^2) \geqslant$$
$$(a^2+ab+b^2)(b^2+bc+c^2)(c^2+ca+a^2)$$

(美国)I. Borsenco 提供

证 去括号得
$$2\sum a^2b^2(a^2+b^2) + 6a^2b^2c^2 \geqslant$$
$$abc(a^3+b^3+c^3) + \sum a^3b^3 + 2abc\cdot\sum ab(a+b)$$

令 $T = \sum c^2(a-b)^4 + (a-b)^2(b-c)^2(c-a)^2$. 不难看出 $T \geqslant 0$,因

$$\frac{1}{2}\cdot T = \sum a^2b^2(a^2+b^2) + 6a^2b^2c^2 -$$
$$abc(a^3+b^3+c^3) - \sum a^3b^3 -$$
$$abc\cdot\sum ab(a+b) \geqslant 0$$

故只要证明
$$\sum a^2b^2(a^2+b^2) \geqslant abc\cdot\sum ab(a+b)$$

因为由 Muirhead 不等式可知 $(4,2,0) \succ (3,2,1)$,所以证明此式是简单的,所以推出结论.

J127 令 $a_1,\cdots,a_n > 0$,使 $\sum\limits_{i=1}^{n}\dfrac{1}{a_i^2+1} = n-1$. 证明
$$\sum_{1\leqslant i<j\leqslant n} a_ia_j \leqslant \frac{n}{2}$$

(美国)T. Le 提供

证 由已知与 Cauchy-Schwarz 不等式,我们有

$$1 = \sum_{i=1}^{n} \frac{a_i^2}{a_i^2+1} \geqslant \frac{(\sum_{i=1}^{n} a_i)^2}{n+\sum_{i=1}^{n} a_i^2}$$

于是

$$\left(\sum_{i=1}^{n} a_i\right)^2 - \sum_{i=1}^{n} a_i^2 \leqslant n$$

另一方面,有

$$2\sum_{1 \leqslant i < j \leqslant n} a_i a_j = \left(\sum_{i=1}^{n} a_i\right)^2 - \sum_{i=1}^{n} a_i^2$$

因此

$$\sum_{1 \leqslant i < j \leqslant n} a_i a_j \leqslant \frac{n}{2}$$

当 $a_1 = a_2 = \cdots = a_n = \dfrac{1}{\sqrt{n-1}}$ 时,等式成立.

J128 以下数列前 2 009 项中有多少项相等?

$a_n, n \in \mathbf{N}^* : 1, 1, 2, 1, 2, 3, 1, 2, 3, 4, \cdots, 1, 2, 3, \cdots, p-1, p, \cdots$

$b_n, n \in \mathbf{N}^* : 1, 2, 1, 3, 2, 1, 4, 3, 2, 1, \cdots, p, p-1, p-2, \cdots, 2, 1, \cdots$

(罗马尼亚) M. Teler, M. Ionescu 提供

解 固定 $k \geqslant 1$. 数列 a_n 的项 $\dfrac{1}{2}k(k-1)+1, \cdots, \dfrac{1}{2}k(k-1)+k$ 分别是 $1, \cdots, k$,数列 b_n 的对应项分别是 $k, \cdots, 1$. 若 k 是偶数,则 $a_n + b_n = k+1$ 是奇数,我们不能有 $a_n = b_n$. 若 $k = 2m-1$ 是奇数,则 $a_n + b_n = k+1 = 2m$ 是偶数,对项

$$n = \frac{1}{2}k(k-1) + m = (m-1)(2m-1) + m = 2m^2 - 2m + 1$$

使 $a_n = b_n = m$,我们将恰有 1 个相等项. 因此相等项数是 $m \geqslant 1$ 的个数,其中 $2m^2 - 2m + 1 \leqslant 2\,009$ 等价于

$$m \leqslant \frac{1 + \sqrt{2 \times 2\,009 - 1}}{2}$$

因此相等项数是

$$\left[\frac{1 + \sqrt{2 \times 2\,009 - 1}}{2}\right] = 32$$

J129 已知非退化 $\triangle ABC$, BC, CA, AB 分别为 $\odot \Gamma_a$, $\odot \Gamma_b$, $\odot \Gamma_c$ 的直径. 求 $\triangle ABC$ 在什么情况下,这三圆共点.

(西班牙) D. Lasaosa 提供

解 令 C 与 D 是 $\odot \Gamma_a$ 与 $\odot \Gamma_b$ 的交点. 当 $\angle BDC = \angle CDA = 90°$ 时(因为 D 在直径

为 BC 与 CA 的圆上), $\angle BDA = 90° + 90° = 180°$, 于是 $D \in AB$. 那么设 $\odot \Gamma_a, \odot \Gamma_b, \odot \Gamma_c$ 共点,则 $C \in \odot \Gamma_c$ 或 $D \in \odot \Gamma_c$. 第一种情形给出直角在 C 上的直角三角形. 第二种情形给出 $D = A$ 或 $D = B$. 因为 $D \in AB \cap \odot \Gamma_c = \{A, B\}$. 对 $D = A$ 得出直角在 A 上, 对 $D = B$, 得出直角在 B 上. 因此, 只有直角三角形是使 $\odot \Gamma_a, \odot \Gamma_b, \odot \Gamma_c$ 共点的唯一三角形. (容易检验这些三角形满足本题条件)

J130 考虑 $\triangle ABC$. 令 D 是 A 在 BC 上的正投影, E 与 F 分别为 AB 与 AC 上的点, 使 $\angle ADE = \angle ADF$. 证明:直线 AD, BF, CE 共点.

(西班牙)F. J. G. Capitan 提供

证 我们首先证明引理.

引理 若 P 是 $\triangle ABC$ 的边 BC 上的点, 则有
$$\frac{PB}{PC} = \frac{AB}{AC} \cdot \frac{\sin \angle PAB}{\sin \angle PAC}$$

证 在 $\triangle PAB$ 与 $\triangle PAC$ 中, 由正弦定理有
$$\frac{PB}{\sin \angle PAB} = \frac{AB}{\sin \angle APB}$$
$$\frac{PC}{\sin \angle PAC} = \frac{AC}{\sin(180° - \angle APB)} = \frac{AC}{\sin \angle APB}$$

把以上关系式相除, 得出要求的结果.

回到本题, 令 $x = \angle ADE = \angle ADF$. 由引理, 有
$$\frac{AE}{EB} = \frac{AD}{BD} \cdot \frac{\sin x}{\sin(90° - x)}$$
$$\frac{CF}{FA} = \frac{DC}{AD} \cdot \frac{\sin(90° - x)}{\sin x}$$

因此
$$\frac{AE}{EB} \cdot \frac{BD}{DC} \cdot \frac{CF}{FA} = \frac{AD}{BD} \cdot \frac{\sin x}{\sin(90° - x)} \cdot \frac{BD}{DC} \cdot \frac{DC}{AD} \cdot \frac{\sin(90° - x)}{\sin x} = 1$$

于是由 Ceva 定理, 直线 AD, BF, CE 共点, 证毕.

附注:关于逆命题,见国际数学奥林匹克(CMO)问题 5.

J131 令 P 是 $\triangle ABC$ 内的点, d_a, d_b, d_c 是点 P 到三角形各边的距离. 证明
$$d_a h_a^2 + d_b h_b^2 + d_c h_c^2 \geqslant (d_a + d_b + d_c)^3$$

其中 h_a, h_b, h_c 是三角形的高.

(希腊)M. Athanasios 提供

证 在重心坐标系中记 $P = rA + sB + tC$, 其中 $r + s + t = 1$, 则 $d_a = rh_a, d_b = sh_b$, $d_c = th_c$. 在加上 $(r + s + t)^2$ 的补充因子后, 产生齐次表达式, 要求的不等式变为
$$(r + s + t)^2(rh_a^3 + sh_b^3 + th_c^3) \geqslant (rh_a + sh_b + th_c)^3$$

这由 Hölder 不等式推出.

另一证法:首先需要以下的引理

引理 若 $x,y,z,a,b,c > 0$,则有
$$\frac{x^3}{a^2} + \frac{y^3}{b^2} + \frac{z^3}{c^2} \geqslant \frac{(x+y+z)^3}{(a+b+c)^2}$$

证 由 Hölder 不等式推出证明. 实际上有
$$(a+b+c)^{\frac{2}{3}} \left(\frac{x^3}{a^2} + \frac{y^3}{b^2} + \frac{z^3}{c^2}\right)^{\frac{1}{3}} \geqslant x+y+z$$

推出结果.

现在证明原不等式. 利用以上引理,有
$$\frac{d_a}{a^2} + \frac{d_b}{b^2} + \frac{d_c}{c^2} = \frac{d_a^3}{(ad_a)^2} + \frac{d_b^3}{(bd_b)^2} + \frac{d_c^3}{(cd_c)^2} \geqslant$$
$$\frac{(d_a+d_b+d_c)^3}{(ad_a+bd_b+cd_c)^2} =$$
$$\frac{(d_a+d_b+d_c)^3}{4S^2}$$

因 $ad_a + bd_b + cd_c = 2S$,其中 S 表示 $\triangle ABC$ 的面积,故由代换 $a = \frac{2S}{h_a}, b = \frac{2S}{h_b}, c = \frac{2S}{h_c}$ 推出原不等式.

J132 点 O 是正六边形 $A_1A_2A_3A_4A_5A_6$ 的中心. 如果有 n 种颜色可用来给区域 A_iOA_{i+1} 涂色,但是有的颜色不一定需要利用,假定旋转是不明显的,则可以用多少种方法给区域 A_iOA_{i+1}(对 mod 6 取 i)涂上 1 种颜色.

(美国)I. Borsenco 提供

解 我们来计算,当我们作以下各角旋转时
$$\theta = \frac{\pi}{3}, \frac{2\pi}{3}, \pi, \frac{4\pi}{3}, \frac{5\pi}{3}$$

保持相同颜色的涂色次数.

为简单起见,以 $S_1 = \triangle A_1OA_2, \cdots, S_6 = \triangle A_6OA_1$ 表示六边形 H 的 6 个区域. 所谓 $S_i = S_j$,指的是 S_i 与 S_j 涂上相同颜色.

(1) $\theta = \frac{\pi}{3}, \frac{5\pi}{3}$,则一定有 $S_1 = S_2 = \cdots = S_6$. 当六边形涂上一种颜色时,在这些旋转下,六边形只有 n 次涂色保持相同颜色.

(2) $\theta = \frac{2\pi}{3}, \frac{4\pi}{3}$,则 $S_1 = S_3 = S_5$ 与 $S_2 = S_4 = S_6$,于是有 n^2 次涂色方法,使六边形在旋转 $\frac{2\pi}{3}, \frac{4\pi}{3}$ 下是不变的,也只在这些旋转下恰有 $n^2 - n$ 次涂色,使六边形不变,不用考虑任何其他涂色.

(3) $\theta = \pi$,则 $S_1 = S_4, S_2 = S_5, S_3 = S_6$,有 n^3 个这样的六边形. 注意,只有我们在旋转 $180°$ 的情况下,恰有 $n^3 - n$ 个六边形保持相同颜色,在任何其他旋转下有不同颜色.

为了算出不同涂色的总数,我们注意,在不作任何其他旋转下,涂色数是 $n^6 - (n^3 - n) - (n^2 - n) - n$. 在以上和中被计算的 6 个六边形中只有 1 个六边形一定要考虑. 最后利用相同方法,得出不同涂色总数是

$$\frac{1}{6}[n^6 - (n^3 - n) - (n^2 - n) - n] + \frac{1}{3}(n^3 - n) + \frac{1}{2}(n^2 - n) + n =$$
$$\frac{1}{6}(n^6 + n^3 + 2n^2 + 2n)$$

J133 对所有 $n > 2$,大于 1 的实数数列 $a_n, n \geq 2$ 满足关系式

$$a_n = \sqrt{1 + \frac{(n+1)!}{2(a_2 - \frac{1}{a_2}) \cdots (a_{n-1} - \frac{1}{a_{n-1}})}}$$

证明:若 $k \geq 2, a_k = k$,则对所有 $n, a_n = n$.

(美国)T. Andreescu 提供

证 令 $b_n = (a_2 - \frac{1}{a_2}) \cdots (a_n - \frac{1}{a_n}), n \geq 2$,则对 $n > 2$,有

$$a_n = \sqrt{1 + \frac{(n+1)!}{2b_{n-1}}} \Leftrightarrow a_n^2 - 1 = \frac{(n+1)!}{2b_{n-1}}$$

因 $\frac{b_n}{b_{n-1}} = a_n - \frac{1}{a_n} = \frac{a_n^2 - 1}{a_n}$,则有 $\frac{b_n}{b_{n-1}} = \frac{(n+1)!}{2b_{n-1}a_n} \Leftrightarrow b_n = \frac{(n+1)!}{2a_n}$. 对 $n > 2$,在 $a_n^2 - 1 = \frac{(n+1)!}{2b_{n-1}}$ 中令 $b_{n-1} = \frac{n!}{2a_{n-1}}$,得 $a_n^2 - 1 = (n+1)a_{n-1}$. 于是 $a_{n+1}^2 = 1 + (n+2)a_n, n \geq 2$. 对 $k \geq 2$,令 $a_k = k$,则对任何 $n \geq k, a_n = n$. 实际上,因 $a_k = k$,在假设中 $a_n = n, n \geq k$,得 $a_{n+1}^2 = 1 + (n+2)a_k = 1 + (n+2)n = (n+1)^2$,故由归纳法,对 $n \geq k, a_n = n$. 若 $k > 2$,则对任何 $2 < n \leq k$,由假设 $a_n = n$ 推出 $a_{n-1} = \frac{a_n^2 - 1}{n+1} = \frac{n^2 - 1}{n+1} = n - 1$. 因此由归纳法,对任何 $2 \leq n \leq k, a_n = n$.

J134 有多少个小于 2 009 的正整数可被 $[\sqrt[3]{n}]$ 整除?

(罗马尼亚)D. Andrica 提供

解 令 $a = \lfloor \sqrt[3]{N} \rfloor$,其中 N 是正整数. 设要计算正整数 $n \leq N$ 的个数,N 可被 $\lfloor \sqrt[3]{n} \rfloor$ 整除. 首先对 $i, 1 \leq i < a$,考虑 $i^3 \leq n < (i+1)^3$ 的区域. 对在这个区域中的 $n, \lfloor \sqrt[3]{n} \rfloor = i$,因此要求的 n 是形如 $i^3 + ki$ 的那些数,其中 $k = 0, 1, \cdots, 3i + 3$. 于是有 $3i + 4$ 个这样的 n. 对最后的区域 $a^3 \leq n \leq N$,要求的 n 有形式 $a^3 + ka$,其中 $0 \leq k \leq \frac{N - a^3}{a}$. 这样的 k 的

个数是 $1+\lfloor \frac{N-a^3}{a} \rfloor$. 因此 N 的总个数是

$$\sum_{i=1}^{a-1}(3i+4)+1+\lfloor \frac{N-a^3}{a} \rfloor = 3\frac{a(a-1)}{2}+4(a-1)+1-a^2+\lfloor \frac{N}{a} \rfloor =$$
$$\frac{a^2+5a-6}{2}+\lfloor \frac{N}{a} \rfloor$$

令 $N=2\,008$,有 $a=12$,以上问题的答案是

$$\frac{144+5\times 12-6}{2}+\lfloor \frac{2\,008}{12} \rfloor = 266$$

J135 求所有的 n,使凸 n 边形对角线数是完全平方数.

(美国)T. Andreescu 提供

解 因凸 n 边形的对角线有 $\frac{n(n-3)}{2}$ 条,故我们力图求以下 Diophantine 方程的正整数解

$$\frac{n(n-3)}{2}=k^2$$
$$n^2-3n=2k^2$$
$$4n^2-12n=8k^2$$
$$4n^2-12n+9=8k^2+9$$
$$(2n-3)^2=2(4k^2)+9$$
$$x^2-2y^2=9$$

其中 $x=2n-3, y=2k$. 我们看出

$$x^2 \equiv 2y^2 \pmod 9$$

但是,因平方数对 mod 9 与 0,1,4 或 7 同余,因此二次平方数对 mod 9 与 0,2,8 或 5 同余,由此一定有 $x^2 \equiv 0 \pmod 9$ 与 $2y^2 \equiv 0 \pmod 9$. 此外,若 $2y^2 \equiv 0 \pmod 9$,乘以 2 $\pmod 9$ 的倒数(即乘以 5),则有 $y^2 \equiv 0 \pmod 9$. 因此 $3 \mid x$ 与 $3 \mid y$. 令 $x=3X, y=3Y$,则有

$$X^2-2Y^2=1$$

这正是 Pell 方程的实例,已知 X 的正整数解是 p_{2k},其中 $\frac{p_k}{q_k}$ 是 $\sqrt{2}$ 连分数展开式中第 k 个渐近分数(p_k, q_k, p_{2k} 等的递推关系式与闭形式表达式). 由此可见,对角线数是完全平方数的所有凸 n 多边形有

$$n=\frac{3p_{2k}+3}{2}=\frac{3(p_{2k}+1)}{2}$$

例如,前 5 个这样的 n 如下(利用 $p_2=3, p_4=17, p_6=99, p_8=577, p_{10}=3\,363$):6,27,150,867,5 046.

J136 令 a,b,c 是 $\triangle ABC$ 的三边,m_a, m_b, m_c 是中线,h_a, h_b, h_c 是高,l_a, l_b, l_c 是角平

分线,证明:$\triangle ABC$ 的外接圆直径等于 $\dfrac{l_a^2}{h_a}\sqrt{\dfrac{m_a^2-h_a^2}{l_a^2-h_a^2}}$.

(意大利)P. Ligouras 提供

证 令 AA_1 是角平分线,AA_2 是高,M 是 BC 的中点. 由勾股定理有 $m_a^2-h_a^2=(MA_2)^2$, $l_a^2-h_a^2=(A_1A_2)^2$. 于是要求的表达式是

$$\frac{(AA_1)^2 \cdot MA_2}{AA_2 \cdot A_1A_2}$$

由符号决定(依赖于 B 还是 C 较大),我们有

$$\angle A_1 AA_2 = 90° - \angle AA_1 C = 90° - B - \frac{A}{2} = \frac{C-B}{2}$$

于是 $\dfrac{AA_2}{AA_1}=\cos\left(\dfrac{C-B}{2}\right)$,$\dfrac{A_1A_2}{AA_1}=\left|\sin\dfrac{C-B}{2}\right|$. 因此要求的表达式是

$$\frac{2MA_2}{|\sin(C-B)|}$$

因为 $BA_2 = c\cos B = 2R\sin C\cos B$,$CA_2 = 2R\sin B\cos C$,所以

$$MA_2 = \frac{1}{2}|BA_2 - CA_2| = R|\sin(C-B)|$$

推出要求的结果.

另一证法:设 $AB \neq AC$,否则 $l_a = h_a$,在这种情形下,表达式是不确定的. 令 AA_1 是角平分线,则

$$\angle A_1 AA_2 = 90° - \angle AA_1 C = 90° - B - \frac{A}{2} = \frac{C-B}{2}$$

与

$$h_a = l_a \cos\frac{C-B}{2}$$

从而

$$\frac{l_a^2}{h_a^2} - 1 = \frac{1}{\cos^2\dfrac{C-B}{2}} - 1 = \tan^2\frac{C-B}{2}$$

因为

$$m_a^2 - h_a^2 = \frac{2(b^2+c^2)-a^2}{4} - \frac{2a^2b^2+2b^2c^2+2c^2a^2-a^4-b^4-c^4}{4a^2} = \frac{(b^2-c^2)^2}{4a^2}$$

所以

$$\frac{l_a^2}{h_a}\sqrt{\frac{m_a^2-h_a^2}{l_a^2-h_a^2}} = \frac{l_a^2}{h_a^2}\sqrt{\frac{m_a^2-h_a^2}{\dfrac{l_a^2}{h_a^2}-1}} = \frac{1}{\cos^2\dfrac{C-B}{2}}\cdot\frac{|b^2-c^2|}{2a}\cdot\left|\cot\frac{C-B}{2}\right| =$$

$$\frac{|b^2-c^2|}{a|\sin(B-C)|} = \frac{4R^2|\sin^2 B - \sin^2 C|}{2R\sin A|\sin(B-C)|} =$$

$$\frac{R|2\sin^2 B - 2\sin^2 C|}{\sin A|\sin(B-C)|} =$$

$$\frac{R|\cos 2C - \cos 2B|}{\sin A|\sin(B-C)|} =$$

$$\frac{2R|\sin(B+C)\sin(B-C)|}{\sin A|\sin(B-C)|} = 2R$$

J137 在 $\triangle ABC$ 中,令外接圆在点 A,B,C 上的切线分别交 BC,AC,AB 于点 A_1, B_1,C_1. 证明

$$\frac{1}{AA_1} + \frac{1}{BB_1} + \frac{1}{CC_1} = 2\max\left(\frac{1}{AA_1}, \frac{1}{BB_1}, \frac{1}{CC_1}\right)$$

(美国)I. Borsenco 提供

证 设 $\angle B > \angle C$. 因 AA_1 是 $\triangle ABC$ 外接圆的切线,故半圆周角

$$\angle BAA_1 = \angle BCA = \angle C$$

从而因 $\angle ABA_1 = \pi - \angle B$,故断定 $\angle AA_1B = \angle B - \angle C$. 由正弦定理得 $AA_1 = \frac{AB\sin B}{\sin(B-C)}$,或

$$\frac{2R}{AA_1} = \frac{\sin(B-C)}{\sin B \sin C} = \frac{1}{\tan C} - \frac{1}{\tan B}$$

恢复一般性,$\frac{2R}{AA_1} = \left|\frac{1}{\tan B} - \frac{1}{\tan C}\right|$,对它的轮换是类似的,不失一般性,设 $A \geqslant B \geqslant C$, 显然

$$\max\left(\frac{1}{AA_1}, \frac{1}{BB_1}, \frac{1}{CC_1}\right) = \frac{1}{BB_1} = \frac{1}{\tan C} - \frac{1}{\tan A}$$

而

$$\frac{1}{AA_1} + \frac{1}{BB_1} + \frac{1}{CC_1} =$$

$$\left(\frac{1}{\tan C} - \frac{1}{\tan B}\right) + \left(\frac{1}{\tan C} - \frac{1}{\tan A}\right) + \left(\frac{1}{\tan B} - \frac{1}{\tan A}\right) =$$

$$\frac{2}{\tan C} - \frac{2}{\tan A}$$

推出结论. 注意,若不失一般性,设 $AB = AC$,则 BC 通过点 A 的中垂线是 $\triangle ABC$ 外接圆的直径,从而垂直于外接圆在 A 上的切线,或 A_1 在"无穷远处"(外接圆在 A 上的切线平行于 BC),从而可以说 $\frac{1}{AA_1} = 0$. 虽然 A_1 不确定,但可以记 $\frac{1}{AA_1} = 0$. 注意,若不失一般性,设 $\triangle ABC$ 在 A 上是等腰三角形,则由对称性 $\frac{1}{BB_1} = \frac{1}{CC_1} > 0$,因此结论在这种情形下也成

立. 最后,若 $\triangle ABC$ 是等边三角形,则 $\dfrac{1}{AA_1} = \dfrac{1}{BB_1} = \dfrac{1}{CC_1} = 0$,结论成立.

J138 令 a,b,c 是正实数. 证明

$$\frac{a^3}{b^2+c^2} + \frac{b^3}{a^2+c^2} + \frac{c^3}{a^2+b^2} \geqslant \frac{a+b+c}{2}$$

(罗马尼亚)M. Becheanu 提供

证 因 (a,b,c) 与 $\left(\dfrac{a^2}{b^2+c^2}, \dfrac{b^2}{c^2+a^2}, \dfrac{c^2}{a^2+b^2}\right)$ 有相同顺序,故由 Chebyshev 不等式得

$$\frac{a^3}{b^2+c^2} + \frac{b^3}{c^2+a^2} + \frac{c^3}{a^2+b^2} \geqslant$$

$$\frac{a+b+c}{3}\left(\frac{a^2}{b^2+c^2} + \frac{b^2}{c^2+a^2} + \frac{c^2}{a^2+b^2}\right) \geqslant \frac{a+b+c}{2}$$

其中对最后的不等式利用了 Nesbitt 不等式:对 $x,y,z > 0$,有

$$\frac{x}{y+z} + \frac{y}{z+x} + \frac{z}{x+y} \geqslant \frac{3}{2}$$

另一证法:利用形式为 $\dfrac{x^2}{a} + \dfrac{y^2}{b} + \dfrac{z^2}{c} \geqslant \dfrac{(x+y+z)^2}{a+b+c}$ 的 Cauchy-Schwarz 不等式,有

$$\frac{a^3}{b^2+c^2} + \frac{b^3}{c^2+a^2} + \frac{c^3}{a^2+b^2} \geqslant$$

$$\frac{(a^2+b^2+c^2)^2}{a(b^2+c^2)+b(c^2+a^2)+c(a^2+b^2)} \geqslant \frac{a+b+c}{2}$$

去分母得

$$\sum_{\text{sym}}(a^4 + a^2b^2) \geqslant \sum_{\text{sym}}(abc^2 + ac^3)$$

现在用 Muirhead 定理提出结果,因为 $[4,0,0] > [3,1,0]$,$[2,2,0] > [2,1,1]$,基础 $\triangle AGM$ 是

$$\frac{a^4 + a^4 + a^4 + b^4}{4} \geqslant \sqrt[4]{a^{12}b^4} = a^3b$$

$$\frac{a^2b^2 + a^2c^2}{2} \geqslant \sqrt{a^4b^2c^2} = a^2bc$$

J139 令 $a_0 = a_1 = 1$,$n \geqslant 1$,有

$$a_{n+1} = \frac{a_n^2}{a_n + a_{n-1}}$$

求闭形式中的 a_n.

(美国)T. Andreescu 提供

解 对 n 用归纳法证明 $a_n = \dfrac{1}{n!}$.

基础情形:考虑 $n = 1$,则 $a_2 = \dfrac{a_1^2}{a_1 + a_0} = \dfrac{1}{2} = \dfrac{1}{2!}$,正是要求的结果.

强归纳假设:设对 $n \leqslant k, a_k = \dfrac{1}{k!}$ 成立.

归纳步骤:考虑 $n = k+1$,有

$$a_{k+1} = \dfrac{a_k^2}{a_k + a_{k-1}} = \dfrac{\left(\dfrac{1}{k!}\right)^2}{\dfrac{1}{k!} + \dfrac{1}{(k-1)!}} =$$

$$\dfrac{\left(\dfrac{1}{k!}\right)^2}{\dfrac{1+k}{k!}} = \left(\dfrac{1}{k!}\right)^2 \dfrac{k!}{k+1} =$$

$$\dfrac{1}{k!(k+1)} = \dfrac{1}{(k+1)!}$$

因断言对基础情形与归纳步骤成立,故它对所有 $n \geqslant 1$ 成立.

J140 令 n 是正整数. 求所有实数 x,使

$$\lfloor x \rfloor + \lfloor 2x \rfloor + \cdots + \lfloor nx \rfloor = \dfrac{n(n+1)}{2}$$

(罗马尼亚)M. Piticari 提供

解 令 $S(x) = \lfloor x \rfloor + \lfloor 2x \rfloor + \cdots + \lfloor nx \rfloor$. 我们将证明,为使 $S(x) = \dfrac{n(n+1)}{2}$,当且仅当 $1 \leqslant x < 1 + \dfrac{1}{n}$. 首先设 $1 \leqslant x < 1 + \dfrac{1}{n}$,令 $k \in \{1, 2, \cdots, n\}$,则

$$k \leqslant kx < k + \dfrac{k}{n} \leqslant k+1$$

以致 $\lfloor kx \rfloor = k$. 由此得 $S(x) = 1 + 2 + \cdots + n = \dfrac{n(n+1)}{2}$. 若 $x < 1$,则 $kx < k$,以致对所有 $k \in \{1, 2, \cdots, n\}, \lfloor kx \rfloor < k$,用加法得 $S(x) < \dfrac{n(n+1)}{2}$. 因此没有 $x < 1$ 是解. 最后设 $x \geqslant 1 + \dfrac{1}{n}$,则对所有 $k \in \{1, 2, \cdots, n-1\}$,有 $kx \geqslant k + \dfrac{k}{n}$,以致 $\lfloor kx \rfloor \geqslant k$. 此外 $nx \geqslant n+1$,因此 $\lfloor nx \rfloor \geqslant n+1$. 由此得出

$$S(x) \geqslant 1 + 2 + \cdots + (n-1) + (n+1) = \dfrac{n(n+1)}{2} + 1$$

这蕴涵这样的 x 不是解.

J141 令 a, b, c 是三角形的边长. 证明

$$0 \leqslant \dfrac{a-b}{b+c} + \dfrac{b-c}{c+a} + \dfrac{c-a}{a+b} < 1$$

(美国)T. Andreescu,(罗马尼亚)D. Andrica 提供

证 我们可以记

$$\sum_{\text{cyc}} \frac{a-b}{b+c} = \sum_{\text{cyc}} \frac{a+c}{b+c} - 3 = E - 3$$

其中

$$E = \frac{a+c}{b+c} + \frac{b+a}{c+a} + \frac{c+b}{a+b}$$

对右边不等式,注意在任何三角形中,有 $b+c > \frac{1}{2}(a+b+c), c+a > \frac{1}{2}(a+b+c), a+b > \frac{1}{2}(a+b+c)$. 由此得

$$E < \frac{2(a+c+b+a+c+b)}{a+b+c} = 4$$

对左边不等式,利用 Cauchy-Schwarz 不等式,得

$$E = \sum_{\text{cyc}} \frac{a+c}{b+c} = \sum_{\text{cyc}} \frac{(a+c)^2}{(a+c)(b+c)} \geqslant$$

$$\frac{\left(\sum_{\text{cyc}}(a+c)\right)^2}{\sum_{\text{cyc}}(a+c)(b+c)} =$$

$$\frac{4(a+b+c)^2}{a^2+b^2+c^2+3(ab+bc+ca)}$$

因为 $a^2+b^2+c^2 \geqslant ab+bc+ca$,上式大于 3. 当且仅当三角形是等边三角形时,等式成立.

J142 对每个正整数 m,定义 $\begin{bmatrix} x \\ m \end{bmatrix} = \frac{x(x-1)\cdots(x-m+1)}{m!}$. 令 $x_1, x_2, \cdots, x_n$ 是实数,且 $x_1 + x_2 + \cdots + x_n \geqslant n^2$. 证明

$$\frac{n-1}{2} \left[\sum_{i=1}^n \begin{bmatrix} x_i \\ 3 \end{bmatrix}\right] \left(\sum_{i=1}^n x_i\right) \geqslant \frac{n-2}{3} \left[\sum_{i=1}^n \begin{bmatrix} x_i \\ 2 \end{bmatrix}\right]^2$$

(美国)I. Borsenco 提供

证 若 $n=1$,则右边是负的,而左边是 0. 可设 $n \geqslant 2$,表示 $S_k = x_1^k + x_2^k + \cdots + x_n^k$. 显然

$$\sum_{i=1}^n \begin{bmatrix} x_i \\ 3 \end{bmatrix} = \frac{S_3 - 3S_2 + 2S_1}{6}$$

$$\sum_{i=1}^n \begin{bmatrix} x_i \\ 2 \end{bmatrix} = \frac{S_2 - S_1}{2}$$

或把提出的不等式改写为

$$S_1 S_3 - S_2^2 - S_1 S_2 + S_1^2 + \frac{(S_2 - S_1)^2}{n-1} \geqslant 0$$

现在作为算术平均和二次平均不等式的推论,$S_2^2 - (n+1)S_1 S_2 + n S_1^2 = (S_2 - S_1) \cdot$

$(S_2 - nS_1) \geq 0$. 因为 $S_2 \geq \dfrac{S_1^2}{n} \geq nS_1$,当且仅当所有 x_i 相等时,等式成立,所以 $(S_2 - S_1)^2 \geq (n-1)(S_1 S_2 - S_1^2)$. 此外

$$S_1 S_3 - S_2^2 = \frac{1}{2} \sum_{i \neq j} x_i x_j (x_i - x_j)^2 \geq 0$$

推出结论,当且仅当所有 x_i 相等时,等式成立.

J143 令 $x_1 = -2, x_2 = -1$,对 $n \geq 2$,有 $x_{n+1} = \sqrt[3]{n(x_n^2 + 1) + 2x_{n-1}}$. 求 x_{2009}.

(美国)T. Andreescu 提供

解 代入 $x_1 = -2, x_2 = -1$,求出

$$x_3 = 0, x_4 = 1, x_5 = 2$$

我们将对 n 用归纳法证明

$$x_n = n - 3$$

设对 n 成立,再对 $n+1$ 有

$$x_{n+1} = \sqrt[3]{n(x_n^2 + 1) + 2x_{n-1}} =$$
$$\sqrt[3]{n[(n-3)^2 + 1] + 2(n-4)} =$$
$$\sqrt[3]{n^3 - 6n^2 + 12n - 8} =$$
$$\sqrt[3]{(n-2)^3} = n - 2$$

因此归纳步骤也成立,现在可以求出 $x_{2009} = 2009 - 3 = 2006$.

J144 令 $\triangle ABC$ 的边 $a > b > c$,点 O 与点 H 分别为 $\triangle ABC$ 的外心与垂心. 证明

$$\sin \angle AHO + \sin \angle BHO + \sin \angle CHO \leq \frac{(a-c)(a+c)^3}{4abc \cdot OH}$$

(美国)I. Borsenco 提供

证 我们将证明不等式总是严格地成立. 应用正弦定理于 $\triangle AHO$,求出

$$OH \sin \angle AHO = AO \sin \angle OAH = R \sin(B - C)$$

对它的轮换是类似的,或严格不等式等价于

$$4abcR[\sin(A - B) + \sin(A - C) + \sin(B - C)] < (a-c)(a+c)^3$$

由余弦定理得

$$(a-c)(a+c) = a^2 - c^2 = b^2 - 2bc \cos A =$$
$$b(a \cos C - c \cos A) =$$
$$2bR \sin(A - C)$$

而

$$\sin(A - B) + \sin(B - C) = 2 \sin \frac{A - C}{2} \sin \frac{3B}{2}$$

或不等式等价于

$$2ac\sin\frac{3B}{2} < \cos\frac{A-C}{2}(a^2+c^2)$$

现在

$$2\sin\frac{3B}{2}\cos\frac{B}{2} = \sin(2B) + \sin B$$

而

$$2\cos\frac{A-C}{2}\cos\frac{B}{2} = \sin A + \sin C$$

或只要证明

$$(a+c)(a^2+c^2) > 2ac(b+2b\cos B)$$
$$a^3 + 2b^3 + c^3 + a^2c + ac^2 > 2b(a^2+ac+c^2)$$

记 $2b = \rho(a+c)$,其中由于三角形不等式,$\rho < 2$. 提出的不等式最后变换为

$$(\rho^3 - 3\rho + 2)(a+c)^2 + (a-c)^2(2-\rho) > 0$$

第二项是严格正的,而 $\rho^3 - 3\rho + 2 = (\rho-1)^2(\rho+2) \geqslant 0$,当且仅当 $\rho=1$ 时,等式成立. 推出结论.

2.2 高级问题解答

S73 多项式 $P(x) = x^3 + x^2 + ax + b$ 的零点是所有负实数. 证明:$4a - 9b \leqslant 1$.

(美国)T. Andreescu 提供

证 令 $x_1, x_2, x_3 < 0$ 是多项式 $P(x)$ 的根. 可以记 $P(x) = (x-x_1)(x-x_2)(x-x_3)$.

用 Viete 公式求出

$$x_1 + x_2 + x_3 = -x_1x_2 + x_2x_3 + x_3x_1 =$$
$$a - x_1x_2x_3 = b$$

作以下代换 $-x_1 = x, -x_2 = y, -x_3 = z$,则 x, y, z 是正实数,有

$$x + y + z = xy + yz + zx = axyz = b$$

不等式等价于

$$x^3 + y^3 + z^3 + 3xyz \geqslant x^2y + xy^2 + x^2z + xz^2 + y^2z + yz^2$$

由 Schur 不等式知上式成立.

S74 令 a, b, c 是正实数,且 $a+b+c=1$. 证明

$$(a^a + b^a + c^a)(a^b + b^b + c^b)(a^c + b^c + c^c) \geqslant (\sqrt[3]{a} + \sqrt[3]{b} + \sqrt[3]{c})^3$$

(西班牙)J. L. -D. Barrero 提供

证 由 Hölder 不等式得

$$(a^a + b^a + c^a)^{\frac{1}{3}}(a^b + b^b + c^b)^{\frac{1}{3}}(a^c + b^c + c^c)^{\frac{1}{3}} \geqslant$$
$$(a^{\frac{a+b+c}{3}} + b^{\frac{a+b+c}{3}} + c^{\frac{a+b+c}{3}}) = \sum \sqrt[3]{a}$$

并把两边立方,得出要求的结果.

S75 在 Rt△ABC 中,令 ∠A=90°. 点 D 是 BC 上任意点,E 是点 D 在边 AB 上的反射点. 以 F 与 G 分别表示 AB 与直线 DE,CE 的交点. 令 H 是 G 在 BC 上的投影,I 是 HF 与 CE 的交点. 证明:点 G 是 △AHI 的内心.

(越南)S. H. Ta 提供

证 将利用一个平凡的事实:若 P 是 △XYZ 内一点,且 P 在 ∠YXZ 的平分线上,$\angle YPZ = 90° + \frac{\angle YXZ}{2}$,则点 P 是内心. 注意 G 在线段 AF 上,四边形 AGHC 是圆内接四边形,于是

$$\angle AHG = \angle ACG = \angle ACE = \angle CED = \angle EDG = \angle FDG$$

若点 H 在 C 与 D 之间,则四边形 DHGF 是圆内接四边形,则 ∠FDG=∠FHG. 若点 D 在 C 与 H 之间,则四边形 HDGF 是圆内接四边形,则 ∠FDG=∠FHG. 在这两种情形下 ∠FDG=∠FHG,于是 ∠AHG=∠FHG,这证明了 G 在 ∠AHF 的内角平分线上.

为证明点 G 在 △AHI 内部,只要证明 F 在 H 与 I 之间即可. 若点 D 在 C 与 H 之间,则 ∠GFH 与 ∠CGF 都是钝角,这蕴涵射线 CE 与 HF 分别相交在 E 与 F 之外,正是我们想要证明的. 若点 H 在 C 与 D 之间,则四边形 DHGF 是圆内接四边形,因此

$$\angle GFH = \angle GDH = 180° - \angle FDG - \angle C =$$
$$180° - \angle ACG - \angle C$$

其中利用事实 ∠FDG=∠ACG. 因此

$$\angle GFH + \angle CGF = (180° - \angle ACG - \angle C) + (90° + \angle ACG) > 180°$$

则射线 CE 与 HF 分别相交于 E 与 F 之外,正是我们想要证明的.

这个结果是"G 在 ∠AHF 的平分线上"蕴涵 G 在 ∠AHI 的平分线上. 注意 $\angle AGI = 90° + \angle ACG = 90° + \frac{\angle AHI}{2}$,完成了证明.

S76 令 x, y, z 是复数,且
$$(y+z)(x-y)(x-z) =$$
$$(z+x)(y-z)(y-x) =$$
$$(x+y)(z-x)(z-y) = 1$$
求 $(y+z)(z+x)(x+y)$ 的所有可能值.

(美国)A. Anderson 提供

解 令 $\Delta = (x-y)(y-z)(z-x)$. 注意,等式左边 3 个表达式相乘,给出
$$-(y+z)(z+x)(x+y)\Delta^2 = 1$$

特别地，$\Delta \neq 0$. 等式除以 Δ，得
$$\frac{y+z}{y-z} = \frac{z+x}{z-x} = \frac{x+y}{x-y} = -\frac{1}{\Delta}$$

或
$$\frac{y}{z} = \frac{z}{x} = \frac{x}{y} = \frac{1-\Delta}{1+\Delta}$$

因此
$$\left(\frac{1-\Delta}{1+\Delta}\right)^3 = \frac{y}{z} \cdot \frac{z}{x} \cdot \frac{x}{y} = 1$$

因为 $\Delta \neq 0$，所以
$$\frac{1-\Delta}{1+\Delta} = \omega = -\frac{1}{2} \pm i\frac{\sqrt{3}}{2}$$

一定是两个非平凡单位立方根之一，则
$$\Delta = \frac{1-\omega}{1+\omega} = \mp i\sqrt{3}$$

因此
$$(y+z)(z+x)(x+y) = -\frac{1}{\Delta^2} = \frac{1}{3}$$

另一解法：令 $a = x+y, b = y+z, c = z+x$，则因 $c-b = x-y, a-c = y-z, b-a = z-x$，故 3 个方程等价于 $a \cdot (b-a) \cdot (c-a) = b \cdot (a-b) \cdot (c-b) = c \cdot (a-c) \cdot (b-c) = 1$，我们要求求出 abc 的所有可能值（注意 $a, b, c \neq 0$，因此 $abc \neq 0$，这表示可以用 abc 去除最后的方程）.

把 3 个方程相乘，有
$$a^3 - (b+c)a^2 + abc = 1 \qquad ①$$
$$b^3 - (a+c)b^2 + abc = 1 \qquad ②$$
$$c^3 - (a+b)c^2 + abc = 1 \qquad ③$$

重排各项，分别从①②③中分解出 a^2, b^2, c^2，则有
$$a^2(a-b-c) = 1 - abc \qquad ④$$
$$b^2(b-a-c) = 1 - abc \qquad ⑤$$
$$c^2(c-a-b) = 1 - abc \qquad ⑥$$

以下恒等式 ⑦ 是有用的
$$(a-b-c)(b-a-c)(c-a-b) =$$
$$a^3 + b^3 + c^3 - a^2(b+c) - b^2(a+c) -$$
$$c^2(a+b) + 2abc \qquad ⑦$$

若把①②③相加，则有

$$a^3 - (b+c)a^2 + b^3 - (a+c)b^2 +$$
$$c^3 - (a+b)c^2 + 3abc = 3$$

利用式 ⑦,变为
$$(a-b-c)(b-a-c)(c-a-b) + abc = 3 \qquad ⑧$$

若现在把 ④⑤⑥ 相乘,则有
$$(abc)^2(a-b-c)(b-a-c)(c-a-b) = (1-abc)^3 \qquad ⑨$$

令 $X = abc$. 联合式 ⑧ 与式 ⑨ 我们有
$$(a-b-c)(b-a-c)(c-a-b) = 3 - X = \frac{(1-X)^3}{X^2}$$

化简得
$$3 - X = \frac{(1-X)^3}{X^2}$$

即
$$3X^2 - X^3 = 1 - 3X + 3X^2 - X^3$$

于是 $1 = 3X, X = \frac{1}{3}$. 因此 $abc = \frac{1}{3}$,即 $(y+z)(z+x)(x+y)$ 的唯一可能值是 $\frac{1}{3}$.

S77 在 $\triangle ABC$ 中,令 X 是 A 在 BC 上的投影. 圆心为 A,半径为 AX 的圆交直线 AB 于点 P, R,交直线 AC 于点 Q, S,使 $P \in AB, Q \in AC$. 令 $U = AB \cap XS, V = AC \cap XR$. 证明:直线 BC, PQ, UV 共点.

(西班牙)F. J. G. Capitan, J. B. R. Marguez 提供

证 因 X, V, R 与 X, U, S 是共线点三元组,故 Menelaus 定理保证 $\frac{BX}{XC} \cdot \frac{CV}{VA} \cdot \frac{AR}{RB} = 1, \frac{CX}{XB} \cdot \frac{BU}{UA} \cdot \frac{AS}{SC} = 1$. 称 $Y = BC \cap UV$,因此再用 Menelaus 定理有

$$\frac{BY}{YC} = \frac{VA}{CV} \cdot \frac{BU}{UA} = \frac{BX^2}{CX^2} \cdot \frac{AR}{BR} \cdot \frac{CS}{AS} =$$
$$\frac{c\cos^2 B}{b\cos^2 C} \cdot \frac{1+\sin C}{1+\sin B} =$$
$$\frac{c - c\sin B}{b - b\sin C} = \frac{PB}{CQ} =$$
$$\frac{QA}{CQ} \cdot \frac{PB}{AP}$$

其中应用正弦定理,利用 $AX = AP = AQ = AR = AS = b\sin C = c\sin B, BX = c|\cos B|, CX = b|\cos C|$,其中 a, b, c 显然是顶点 A, B, C 的对边长. 因此由 Menelaus 定理的互逆定理,知 Y, P, Q 共线,或 BC, PQ, UV 相交于点 Y.

S78 令 $ABCD$ 是内接于 $\odot C(O, R)$ 的四边形,令四圆 $\odot O_{ab}, \odot O_{bc}, \odot O_{cd}, \odot O_{ad}$ 分

别为 $\odot C(O)$ 以 AB, BC, CD, DA 为对称轴的对称圆. $\odot O_{ab}$ 与 $\odot O_{ad}$, $\odot O_{ab}$ 与 $\odot O_{bc}$, $\odot O_{bc}$ 与 $\odot O_{cd}$, $\odot O_{cd}$ 与 $\odot O_{ad}$ 分别相交于点 A', B', C', D'. 证明: A', B', C', D' 在半径为 R 的圆上.

(罗马尼亚)M. Miculita 提供

证 我们来证明四边形 $A'B'C'D' \cong ABCD$,就可推出结论.令 M, N, P, Q 是点 O 分别关于 BC, AB, DA, CD 的反射点,则易见 A', B', C', D' 是 A, B, C, D 分别关于 NP, MN, QM, PQ 的反射点.我们来证明四边形 $AD'QO$ 是菱形.实际上,令 X, Y 分别为 OP 与 QP 的中点,则 X 是 AD 的中点,Y 是 PQ 的中点.因 XY 是 $\triangle OPQ$ 与 $\triangle ADD'$ 的中线,故得 $AD' \parallel XY \parallel OQ$, $AD' = 2XY = OQ = R$,从而 $AD'QO$ 是平行四边形,其中 $AD' = OQ = R$. 因 $OA = R$,故 $AD'QO$ 是菱形.类似地,$BC'QO$ 是菱形,因此 $BC' = AD' = R$, $BC' \parallel OQ \parallel AD'$. 由此得出 $ABC'D'$ 是平行四边形,于是 $C'D' = AB$, $C'D' \parallel AB$. 对四边形其他边做类似地讨论,得出结论.

S79 令 $a_n = \sqrt[4]{2} + \sqrt[n]{4}$, $n = 2, 3, 4, \cdots$,证明: $\dfrac{1}{a_5} + \dfrac{1}{a_6} + \dfrac{1}{a_{12}} + \dfrac{1}{a_{20}} = \sqrt[4]{8}$.

(美国)T. Andreescu 提供

证 由已知得

$$a_5 = \sqrt[4]{2} + \sqrt[5]{4} = 2^{\frac{1}{4}} + 2^{\frac{2}{5}} = 2^{\frac{5}{20}} + 2^{\frac{8}{20}} = 2^{\frac{1}{4}}(1 + 2^{\frac{3}{20}})$$

$$a_6 = \sqrt[4]{2} + \sqrt[6]{4} = 2^{\frac{1}{4}} + 2^{\frac{1}{3}} = 2^{\frac{15}{60}} + 2^{\frac{20}{60}} = 2^{\frac{1}{4}}(1 + 2^{\frac{1}{12}})$$

$$a_{12} = \sqrt[4]{2} + \sqrt[12]{4} = 2^{\frac{1}{4}} + 2^{\frac{1}{6}} = 2^{\frac{3}{12}} + 2^{\frac{2}{12}} = 2^{\frac{1}{4}}(1 + 2^{-\frac{1}{12}})$$

$$a_{20} = \sqrt[4]{2} + \sqrt[20]{4} = 2^{\frac{1}{4}} + 2^{\frac{1}{10}} = 2^{\frac{10}{40}} + 2^{\frac{4}{40}} = 2^{\frac{1}{4}}(1 + 2^{-\frac{3}{20}})$$

因此

$$\dfrac{1}{a_5} + \dfrac{1}{a_6} + \dfrac{1}{a_{12}} + \dfrac{1}{a_{20}} = \dfrac{1}{2^{\frac{1}{4}}(1 + 2^{\frac{3}{20}})} + \dfrac{1}{2^{\frac{1}{4}}(1 + 2^{\frac{1}{12}})} + \dfrac{1}{2^{\frac{1}{4}}(1 + 2^{-\frac{1}{12}})} + \dfrac{1}{2^{\frac{1}{4}}(1 + 2^{-\frac{3}{20}})} =$$

$$\dfrac{1}{2^{\frac{1}{4}}} \left(\dfrac{1}{1 + 2^{\frac{3}{20}}} + \dfrac{1}{1 + 2^{-\frac{3}{20}}} + \dfrac{1}{1 + 2^{\frac{1}{12}}} + \dfrac{1}{1 + 2^{-\frac{1}{12}}} \right) =$$

$$\dfrac{1}{2^{\frac{1}{4}}} \left(\dfrac{2 + 2^{\frac{3}{20}} + 2^{-\frac{3}{20}}}{2 + 2^{\frac{3}{20}} + 2^{-\frac{3}{20}}} + \dfrac{2 + 2^{\frac{1}{12}} + 2^{-\frac{1}{12}}}{2 + 2^{\frac{1}{12}} + 2^{-\frac{1}{12}}} \right) =$$

$$\frac{2}{2^{\frac{1}{4}}} = \sqrt[4]{8}$$

S80 在 $\triangle ABC$ 中,令 M_a, M_b, M_c 分别为边 BC, CA, AB 的中点. 令在 $\triangle AM_aM_b$ 中以 M_b, M_c 作出的垂足是 C_2, B_1;在 $\triangle CM_aM_b$ 中以 M_a, M_b 作出的垂足是 B_2, A_1;在 $\triangle BM_aM_c$ 中以 M_c, M_a 作出的垂足是 A_2, C_1. 证明:B_1C_2, C_1A_2, A_1B_2 的中垂线共点.

(澳大利亚)V. Nandakumar 提供

证 令 A_0, B_0, C_0 分别为 M_bM_c, M_aM_c, M_aM_b 的中点,a, b, c 分别为 B_1C_2, C_1A_2, A_1B_2 的中垂线. 因 $\triangle A_0B_0C_0$ 是 $\triangle M_aM_bM_c$ 的补三角形,$\triangle M_aM_bM_c$ 是 $\triangle ABC$ 的补三角形,故 $\triangle A_0B_0C_0$ 与 $\triangle ABC$ 位似. 它们有相同的重心 G,同时 G 是具有位似比为 $\frac{1}{4}$ 的位似中心. 令 O 与 O_0 是 $\triangle ABC$ 与 $\triangle A_0B_0C_0$ 的外心,则

$$\overline{GO_0} = \frac{1}{4}\overline{GO} \qquad ①$$

四边形 $M_cM_bB_1C_2$ 是圆内接四边形,中心在 M_bM_c 的中点 A_0 上,于是 $A_0B_1 = A_0C_2$,$\triangle A_0B_1C_2$ 是等腰三角形,则 $A_0 \in a$.

另一方面 $M_bM_c \parallel BC$,于是 $OA \perp B_1C_2$. 因 $a \perp B_1C_2$,故得 $OA \parallel a$. 这表示 $\triangle A_0B_0C_0$ 中的直线 a 与 $\triangle ABC$ 中的半径 OA 同调,于是 $O_0 \in a$. 类似地可以证明 b 与 c 通过 $\triangle A_0B_0C_0$ 的外心 O_0.

S81 考虑多项式 $P(x) = \sum_{k=0}^{n} \frac{1}{n+k+1} x^k, n \geq 1$. 证明:方程 $P(x^2) = P^2(x)$ 无实根.

(罗马尼亚)D. Andrica 提供

证 设存在方程的实根 t. 因 $P(t^2) \geq \frac{1}{n+1} > 0$,故得 $P(t^2) = P^2(t) > 0$. 由 Cauchy-Schwarz 不等式得

$$\left(\sum_{k=0}^{n} \frac{1}{n+k+1}\right)\left(\sum_{k=0}^{n} \frac{1}{n+k+1} t^{2k}\right) \geq \left(\sum_{k=0}^{n} \frac{1}{n+k+1} t^k\right)^2$$

则

$$\sum_{k=0}^{n} \frac{1}{n+k+1} \geq 1$$

但是

$$\sum_{k=0}^{n} \frac{1}{n+k+1} < (n+1)\frac{1}{n+1} = 1$$

矛盾. 由此得 $P(x^2) = P^2(x)$ 无实根.

S82 令 a, b 是正实数,$a \geq 1$,并且令 s_1, s_2, s_3 是非负实数,它们有实数 x 使 $s_1 \geq x^2$,$as_2 + s_3 \geq 1 - bx$. 求 $s_1 + s_2 + s_3$ 用 a, b 表示的最小可能值是什么(在 x 的所有可能值上取最小值)?

(美国)Z. Sunic 提供

解 因为 $s_1 \geq x^2 \geq 0$，所以 $\sqrt{s_1} \geq |x|$。可设 x 为非负的，因为我们要求 $s_1 + s_2 + s_3$ 在所有 x 上的最小值，对 $x \geq 0$, $as_2 + s_3 \geq 1 - bx$ 比 $as_2 + s_3 \geq 1 + bx$ 有较少限制性约束(这是把 x 换为 $-x$ 时的约束)，因此

$$0 \leq x \leq \sqrt{s_1}$$
$$-x \geq -\sqrt{s_1}$$
$$as_2 + s_3 \geq 1 - bx \geq 1 - b\sqrt{s_1}$$

与

$$as_2 + s_3 + b\sqrt{s_1} \geq 1$$

设 s_1, s_2, s_3 是满足这个不等式的一个值集合，则设 $s_1' = s_1$, $s_2' = s_2 + \dfrac{s_3}{a}$, $s_3' = 0$ 也满足不等式，且有(因 $a \geq 1$) 等于或小于和，于是可设 $s_3 = 0$. 因我们想要使 $s_1 + s_2$ 最小的和与约束左边 $as_2 + b\sqrt{s_1}$ 都是 s_1 与 s_2 的增函数，故在等式 $as_2 + b\sqrt{s_1} = 1$ 成立时达到最小值. 因此需要对 $0 \leq s \leq \dfrac{1}{b^2}$，使

$$\frac{1}{a} - \frac{b}{a}\sqrt{s_1} + s_1 = \frac{1}{a} - \frac{b^2}{4a^2} + (\sqrt{s_1} - \frac{b}{2a})^2$$

最小. 若 $b \leq \sqrt{2a}$，则在 $s_1 = \dfrac{b^2}{4a^2}$ 时，达到最小值 $\dfrac{1}{a} - \dfrac{b^2}{4a^2}$. 若 $b > \sqrt{2a}$，则在 $s_1 = \dfrac{1}{b^2}$ 时，达到最小值 $\dfrac{1}{b^2}$.

S83 求模 1 的所有复数 x, y, z，使它们满足

$$\frac{y^2 + z^2}{x} + \frac{x^2 + z^2}{y} + \frac{x^2 + y^2}{z} = 2(x + y + z)$$

(罗马尼亚)C. Pohoata 提供

解 去分母，得

$$\frac{(xy + yz + zx)(x^2 + y^2 + z^2) - 3xyz(x + y + z)}{xyz} = 0$$

于是

$$\left(\frac{1}{x} + \frac{1}{y} + \frac{1}{z}\right)(x^2 + y^2 + z^2) = 3(x + y + z)$$

取绝对值并注意模 1，知下式成立

$$|x + y + z| = \left|\frac{1}{x} + \frac{1}{y} + \frac{1}{z}\right|$$

我们得出 $|x^2 + y^2 + z^2| = 3$ 或 $x + y + z = 0$，只有在以下情形才可能：3 个复数共线或它

们是内接于单位圆的等边三角形顶点.

S84 令 $\odot\omega$ 与 $\odot\Omega$ 分别为锐角 $\triangle ABC$ 的内切圆与外接圆. $\odot\omega_A$ 与 $\odot\Omega$ 内切于点 A，且与 $\odot\omega$ 外切，以 P_A, Q_A 分别表示 $\odot\omega_A, \odot\Omega_A$ 的圆心. 类似地定义点 P_B, Q_B, P_C, Q_C. 证明

$$\frac{P_AQ_A}{BC} + \frac{P_BQ_B}{CA} + \frac{P_CQ_C}{AB} \geq \frac{\sqrt{3}}{2}$$

（罗马尼亚）C. Lupu 提供

证 以 R, r, R_A, r_A 分别表示四圆 $\odot\Omega, \odot\omega, \odot\Omega_A, \odot\omega_A$ 的半径，知 P_A, Q_A 在线段 OA 上，$AP_A = r_A, AQ_A = R_A$，得出 $P_AQ_A = R_A - r_A$. 以 A', A'' 分别表示 $\odot\omega_A, \odot\Omega_A$ 与 $\odot\omega$ 的切点，显然 A', A'' 分别在直线 IP_A, IQ_A 上，$IP_A = IA' + A'P_A = r + r_A$, $IQ_A = Q_AA'' - IA'' = R_A - r$. 此外，$\angle IAP_A = \angle IAQ_A = \angle IAO = \angle IAC - \angle OAC = \dfrac{A}{2} - \dfrac{\pi}{2} + B = \dfrac{B-C}{2}$.

因此由余弦定理得

$$r^2 + r_A^2 + 2rr_A = IP_A^2 = IA^2 + AP_A^2 - 2IA \cdot AP_A \cos\angle IAP_A =$$

$$\frac{r^2}{\sin^2\dfrac{A}{2}} + r_A^2 - 2\frac{rr_A\cos\dfrac{B-C}{2}}{\sin\dfrac{A}{2}}$$

从而

$$r\cos^2\frac{A}{2} = 2r_A\sin\frac{A}{2}\left(\sin\frac{A}{2} + \cos\frac{B-C}{2}\right) =$$

$$\frac{rr_A}{R}\frac{\cos\dfrac{B}{2}\cos\dfrac{C}{2}}{\sin\dfrac{B}{2}\sin\dfrac{C}{2}}$$

于是

$$r^2 + R_A^2 - 2rR_A = IQ_A^2 = IA^2 + AQ_A^2 - 2IA \cdot AQ_A\cos\angle IAQ_A =$$

$$\frac{r^2}{\sin^2\dfrac{A}{2}} + R_A^2 - 2\frac{rR_A\cos\dfrac{B-C}{2}}{\sin\dfrac{A}{2}}$$

因此

$$r\cos^2\frac{A}{2} = 2R_A\sin\frac{A}{2}\left(\cos\frac{B-C}{2} - \sin\frac{A}{2}\right) = \frac{rR_A}{R}$$

利用

$$\sin\frac{A}{2} = \cos\frac{B+C}{2}$$

与

$$r = 4R\sin\frac{A}{2}\sin\frac{B}{2}\sin\frac{C}{2}$$

得

$$P_A Q_A = R_A - r_A = R\cos^2\frac{A}{2}\left\{1 - \frac{\sin\frac{B}{2}\sin\frac{C}{2}}{\cos\frac{B}{2}\cos\frac{C}{2}}\right\} =$$

$$\frac{R\sin\frac{A}{2}\cos^2\frac{A}{2}}{\cos\frac{B}{2}\cos\frac{C}{2}}$$

$$\frac{P_A Q_A}{BC} = \frac{\cos\frac{A}{2}}{4\cos\frac{B}{2}\cos\frac{C}{2}} = \frac{\tan\frac{B}{2} + \tan\frac{C}{2}}{4}$$

类似地

$$\frac{P_B Q_B}{CA} = \frac{\tan\frac{C}{2} + \tan\frac{A}{2}}{4}$$

和

$$\frac{P_C Q_C}{AB} = \frac{\tan\frac{A}{2} + \tan\frac{B}{2}}{4}$$

因此只要证明 $\tan\frac{A}{2} + \tan\frac{B}{2} + \tan\frac{C}{2} \geqslant \sqrt{3}$. 但是众所周知(或用 $A+B+C=\pi$ 容易证明)

$$\tan\frac{A}{2}\tan\frac{B}{2} + \tan\frac{B}{2}\tan\frac{C}{2} + \tan\frac{C}{2}\tan\frac{A}{2} = 1$$

大家知道 $u+v+w \geqslant \sqrt{3(uv+vw+wu)}$,当且仅当 $u=v=w$ 时,等式成立. 令 $u=\tan\frac{A}{2}, v=\tan\frac{B}{2}, w=\tan\frac{C}{2}$ 推出结果,当且仅当 $A=B=C$ 时,即当且仅当 $\triangle ABC$ 是等边三角形时,等式成立.

S85 求最小的 r,使得对边长为 a,b,c 的每个三角形,有

$$\frac{\max(a,b,c)}{\sqrt[3]{a^3+b^3+c^3+3abc}} < r$$

(美国)T. Andreescu 提供

解 若令 $a=b=n, c=1$,则

$$r > \frac{n}{\sqrt[3]{2n^3+3n^2+1}}$$

但是
$$\lim_{n\to\infty}\frac{n}{\sqrt[3]{2n^3+3n^2+1}}=\frac{1}{\sqrt[3]{2}}$$
于是
$$r\geqslant\frac{1}{\sqrt[3]{2}}$$
我们将证明
$$\frac{1}{\sqrt[3]{2}}>\frac{\max\{a,b,c\}}{\sqrt[3]{a^3+b^3+c^3+3abc}}$$
设 $a=\max\{a,b,c\}$,因为 $b+c-a>0$,所以不等式等价于
$$b^3+c^3-a^3+3abc>0\Leftrightarrow$$
$$(b+c-a)[(b+a)^2+(b-c)^2+(c+a)^2]>0$$
成立. 这断定了,满足条件的最小数是 $\frac{1}{\sqrt[3]{2}}$.

S86 把一个等边三角形剖分为 n^2 个边长为 1 的等边三角形,会出现多少个正六边形?

(美国)I. Borsenco 提供

解 当且仅当 $1\leqslant a\leqslant\lfloor\frac{n}{3}\rfloor$ 时,网格可以包含一个边长为 a 的正六边形,当 $k\geqslant a$ 时,水平边就可以沿着第 k 条水平线放置,此外六边形下水平边沿着第 $k+2a$ 条水平边放置,所以 $k+2a\leqslant n$. 当且仅当 $a\leqslant k\leqslant n-2a$ 时,网格包含这个六边形. 这可以用 $k-a+1$ 种方法完成,故正六边形总数是

$$|H|=\sum_{a=1}^{\lfloor\frac{n}{3}\rfloor}\sum_{k=a}^{n-2a}(k-a+1)=\sum_{a=1}^{\lfloor\frac{n}{3}\rfloor}\sum_{k'=1}^{n-3a+1}k'=$$
$$\frac{1}{2}\sum_{a=1}^{\lfloor\frac{n}{3}\rfloor}(n-3a+1)(n-3a+2)=$$
$$\lfloor\frac{n^3-3n+2}{18}\rfloor$$

S87 对应于 $\triangle ABC$ 顶点 A 的内切圆 $\odot C(I,r)$ 与旁切圆 $\odot C(I_A,r_a)$ 分别与 AB 相切于点 D,E. 证明:当且仅当 $AB\perp BC$ 时,直线 IE 与 I_aD 相交于 BC 上.

(罗马尼亚)A. Ciupan 提供

证 以下利用齐项重心坐标. a,b,c 分别表示顶点 A,B,C 的对边长,以 s 表示三角形半周长,则
$$I=(a:b:c),I_a=(-a:b:c),D=(s-b:s-a:0),E=(-(s-c):s:0)$$

于是，直线 IE 与 I_aD 的方程分别为
$$(-cs)x + (c^2-cs)y + (as+bs-bc)z = 0$$
$$(ca-cs)x + (cs-bc)y + (a^2+b^2-as-bs)z = 0$$

因为 BC 有方程 $x=0$，故为使三条直线共点，当且仅当
$$\begin{vmatrix} -cs & c^2-cs & as+bs-bc \\ ca-cs & cs-bc & a^2+b^2-as-bs \\ 1 & 0 & 0 \end{vmatrix} = 0$$
$$\Leftrightarrow ca^2s + c^2as - c^2a^2 - cabs = 0$$
$$\Leftrightarrow s(a-b+c) = ca$$
$$\Leftrightarrow a^2 + c^2 = b^2$$

S88 令 a,b,c,d 为非负实数. 证明
$$a^2 + b^2 + c^2 + d^2 + 1 + abcd \geqslant ab + bc + cd + da + ac + bd$$

(美国) A. Anderson 提供

证 令 w,x,y,z 是非负实数. 由 Turkevici 不等式得
$$w^4 + x^4 + y^4 + z^4 + 2wxyz \geqslant$$
$$w^2x^2 + x^2y^2 + y^2z^2 + z^2w^2 + w^2y^2 + x^2z^2 \quad ①$$

为使等式成立，当且仅当 $w=x=y=z$ 或 1 个变量等于 0，另外 3 个变量相等. 令
$$w = \sqrt{a}, x = \sqrt{b}, y = \sqrt{c}, z = \sqrt{d}$$

代入式 ①，得
$$a^2 + b^2 + c^2 + d^2 + 2\sqrt{abcd} \geqslant ab + bc + cd + da + ac + bd \quad ②$$

为使等式成立，当且仅当 $a=b=c=d$ 或 1 个变量等于 0，另外 3 个变量相等. 此外
$$abcd - 2\sqrt{abcd} + 1 = (\sqrt{abcd} - 1)^2 \geqslant 0 \quad ③$$

当且仅当 $abcd=1$ 时，等式成立. 把式 ② 与式 ③ 相加得
$$a^2 + b^2 + c^2 + d^2 + 1 + abcd \geqslant ab + bc + cd + da + ac + bd \quad ④$$

正是要求的，当且仅当 $a=b=c=d$ 与 $abcd=1$ 时，等式成立，即当且仅当 $a=b=c=d=1$ 时，等式成立.

另一证法：因不等式关于 a,b,c,d 是对称的，故不失一般性，设 $a \geqslant b \geqslant c \geqslant d$，有
$$a^2 + b^2 + c^2 + d^2 + 1 + abcd - ab - bc - cd - da - ac - bd =$$
$$(\sqrt{ab} + \sqrt{cd} - c - d)^2 + 2\sqrt{cd}(\sqrt{c} - \sqrt{d})^2 +$$
$$(\sqrt{a} - \sqrt{b})^2[(\sqrt{a} + \sqrt{b})^2 - (c+d)] +$$
$$(\sqrt{abcd} - 1)^2 \geqslant 0$$

为使等式成立，当且仅当 $a=b=c=d$，$abcd=1$，即当且仅当 $a=b=c=d=1$.

S89 令 $\triangle ABC$ 是锐角三角形. 证明以下命题等价：

(1) 对任一点 $M \in (AB)$ 与任一点 $N \in (AC)$,可以作出边为 CM,BN,MN 的三角形.

(2) $AB = AC$.

(罗马尼亚)M. Becheanu 提供

证 (1)⇒(2) 不失一般性,设 $AC = b > c = AB$,但三角形可以用边 BN,CM,MN 作出. 考虑 M,N,使 $\frac{AM}{AB} = \frac{AN}{AC} = x$. 因为 $\triangle AMN \backsim \triangle ABC$,所以 $MN = xa$. 用三角形不等式有 $BN < c + xb, CM > b - xc$. 因此,它一定对所有 $x \in (0,1)$ 成立,即
$$b - xc < CM < BN + MN < c + x(b+a)$$
但当 $0 < x < \frac{b-c}{a+b+c}$ 时不成立,矛盾.

(2)⇒(1) 不失一般性,设 $AN \leqslant AM$. 令 M' 是线段 AC 上的点,且 $AM' = AM$,N' 是线段 AB 上的点,且 $AN' = AN$. 因 BN 与 CM 相交于 $\triangle ABC$ 内点 P,故有
$$BN + CM > PN + PM > MN$$
因为 $AN \leqslant AM$,所以 $\angle MN'N = 90° + \frac{1}{2}\angle A$ 是钝角,从而 MN 是 $\triangle MN'N$ 中最大的边. 于是
$$CM + MN > CM + MN' > CN' = BN$$
因 $\angle NM'M = 90° - \frac{1}{2}\angle A = \angle M'MA > \angle M'MN$,故有 $MN > M'N$ 与
$$BN + MN > BN + M'N > BM' = CN$$
因此线段 CM,BN,MN 的长满足三角形不等式,可以用这些边长作出三角形.

S90 证明
$$\sum_{i=0}^{3n}\sum_{j=0}^{n}(-1)^j \binom{n}{j}\binom{n-1+3i-10j}{n-1} = \frac{10^n + 2}{3}$$

(注:本题约定,当 $m < n$ 包括 $m < 0$ 时,$\binom{m}{n} = 0$.)

(孟加拉国)S. Riasat 提供

证 令
$$f(z) = \frac{1}{(1-z)^n} = \sum_{k=0}^{\infty}\binom{n-1+k}{n-1}z^k$$

与
$$g(z) = (1-z^{10})^n = \sum_{j=0}^{n}(-1)^j\binom{n}{j}z^{10j}$$

则

$$\sum_{i=0}^{3n}[z^{3i}]f(z)g(z)=\sum_{i=0}^{3n}\sum_{j=0}^{n}(-1)^j\binom{n}{j}\binom{n-1+3i-10j}{n-1}[3i-10j\geqslant 0]$$

另一方面,因

$$h(z)=\left(\frac{1-z^{10}}{1-z}\right)^n=(1+z+\cdots+z^9)^n=f(z)g(z)$$

故令 $\omega=\mathrm{e}^{\frac{2\pi i}{3}}$,则有

$$\sum_{i=0}^{3n}[z^{3i}]h(z)=\frac{1}{3}(h(1)+h(\omega)+h(\omega^2))=\frac{10^n+2}{3}$$

注意,我们只要考虑和中项,使 $3i-10j\geqslant 0$,否则它不成立!

S91 求所有三元组 (n,k,p),其中 n,k 是正整数, p 是素数,满足

$$n^5+n^4+1=p^k$$

(美国)T. Andreescu 提供

解 易见 $(1,1,3)$ 与 $(2,2,7)$ 是方程的解,我们来证明没有任何其他的解. 由已知得

$$n^5+n^4+1=(n^2+1)^2-n^2+n^5-n^2=$$
$$(n^2+1-n)(n^2+1+n)+$$
$$n^2(n-1)(n^2+1+n)=$$
$$(n^2+n+1)(n^3-n+1)$$

设 $n>2$,则

$$n^3-n+1-(n^2+n+1)=n(n+1)(n-2)>0$$

因此,有 $n^2+n+1=p^r, n^3-n+1=p^s$,其中 $r+s=k, s>r$. 从第二个关系式减去第一个关系式,得

$$n(n+1)(n-2)=p^r(p^{s-r}-1)$$

显然 $r>0, p$ 不整除 n. 若 $n+1=p^r$,则它与第一个关系式矛盾,于是 p 整除 $n+1$ 与 $n-2$. 但 $(n+1,n-2)=(n+1,3)$ 可以是 3 或 1,由此 $p=3$. 于是

$$n^5+n^4+1\equiv 0 \pmod 9$$

但是对模 9 的所有剩余来检验这个同余,易见无解.

S92 令 BE 与 CF 为 $\triangle ABC$ 的高,M 是 $\triangle ABC$ 外接圆上的点,点 P 为 MB 与 CF 的交点,点 Q 为 MC 与 BE 的交点. 证明:EF 平分线段 PQ.

(越南)S. T. Hong 提供

证 如图 2.2 所示,点 E_1 与点 F_1 为高 BE 与 CF 同 $\triangle ABC$ 外接圆的交点. 令 H 是 $\triangle ABC$ 的垂心,D 是直线 PQ 与 EF 的交点,E_1 是点 H 关于点 E 的反射点,于是 $HE=EE_1, \angle E_1HC=\angle HE_1C$,因此 $\triangle EE_1C\cong\triangle EHC\sim\triangle FHB$,所以

$$\frac{FH}{EE_1}=\frac{BF}{EC} \qquad ①$$

又 $\angle ABM=\angle ACM$,所以

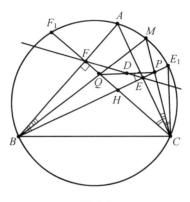

图 2.2

$$\triangle FBQ \backsim \triangle ECP \Rightarrow \frac{FQ}{EP} = \frac{BF}{EC} \qquad ②$$

由式 ① 与式 ② 得

$$\frac{FQ}{EP} = \frac{FH}{EE_1} = \frac{FH}{EH} \Leftrightarrow \frac{FQ}{FH} = \frac{EP}{EH}$$

再把 Menelans 定理应用于 $\triangle QHP$ 与横截线 FDE 得 $\frac{FQ}{FH} \cdot \frac{HE}{EP} \cdot \frac{PD}{DQ} = 1 \Leftrightarrow \frac{PD}{DQ} = 1.$

S93 令 n 是大于 1 的整数,$x_1,x_2,\cdots,x_n$ 是非负实数,它们的和为 $\sqrt{2}$. 求作为 n 的函数

$$\frac{x_1^2}{1+x_1^2} + \frac{x_2^2}{1+x_2^2} + \cdots + \frac{x_n^2}{1+x_n^2}$$

的最大值.

(美国)A. Anderson 提供

解 对 $n=2$,设可得不小于 $\frac{2}{3}$ 的最大值,则对某 x_1,x_2,一定有

$$\frac{x_1^2}{1+x_1^2} + \frac{x_2^2}{1+x_2^2} \geq \frac{2}{3}$$

$$0 \leq x_1^2 + x_2^2 + 4x_1^2 x_2^2 - 2 = 2x_1 x_2 (2x_1 x_2 - 1)$$

但是用算术平均 - 几何平均不等式,$2x_1 x_2 \leq \frac{(x_1+x_2)^2}{2} = 1.$ 于是对 $n=2$,最大值是 $\frac{2}{3}$,是在 $x_1 x_2 = 0$ 或 $x_1 = x_2 = \frac{1}{\sqrt{2}}$ 时达到的. 对 $n=3$,再设可以得出不小于 $\frac{2}{3}$ 的最大值. 因 $x_1 + x_2 = \sqrt{2} - x_3$,设 $p = x_1 x_2$,则可写出对 x_3 与 p 的一些组合,一定有

$$\frac{x_1^2}{1+x_1^2} + \frac{x_2^2}{1+x_2^2} + \frac{x_3^2}{1+x_3^2} \geq \frac{2}{3}$$

于是

$$0 \leqslant x_1^2 + x_2^2 + x_3^2 + 4(x_1^2 x_2^2 + x_2^2 x_3^2 + x_3^2 x_1^2) + 7x_1^2 x_2^2 x_3^2 - 2 =$$
$$4x_3^4 - 8\sqrt{2} x_3^3 + 10x_3^2 - 2\sqrt{2} x_3 + 2p(2p-1) + px_3^2(7p-8)$$

注意,称 $y = \sqrt{2} x_3$,则右边前 4 项可以写为 $y^4 - 4y^3 + 5y^2 - 2y = y(y-1)^2(y-2)$. 现在显然 $0 \leqslant \sqrt{2} x_3 = y \leqslant 2$,或这个和总是非正的,在 $x_3 = \sqrt{2}$ 或 $x_3 = 0$ 时,达到最大值 0. 与以上情形一样,得 $2p \leqslant 1$,它导致 $p(2p-1)$ 也是非正的,在 $x_1 x_2 = 0$ 或 $x_1 = x_2 = x_3 = \frac{1}{\sqrt{2}}$ 时,达到最大值 0. 最后,$7p - 8 < 0$,它表示 $px_3^2(7p-8)$ 也总是非正的,在 $x_3 = 0$ 或 $x_1 x_2 = 0$ 时,达到最大值 0. 最后,对 $n = 3$,最大值可以决不大于 $\frac{2}{3}$,且为使等式成立,当且仅当 x_i 中任何两个为零,或当且仅当 x_i 中一个为零,另两个相等. 我们以叙述与证明来完成本题的证明.

断言 对 $n \geqslant 3$,最大值与 n 无关.

证 定义 $f(x) = \frac{x^2}{1+x^2}$. 显然 $f'(x) = \frac{2x}{(1+x^2)^2}$,$f''(x) = 2\frac{1-3x^2}{(1+x^2)^3}$. 注意当 $x \leqslant \frac{1}{\sqrt{3}}$ 或 $n \geqslant 3$ 时,$f''(x) \geqslant 0$. 不失一般性,设 $x_1 \geqslant x_2 \geqslant \cdots \geqslant x_n$,则对所有 $m \geqslant 3$,$x_m \leqslant \frac{\sqrt{2}}{3} < \frac{1}{\sqrt{3}}$. 因 $f(x)$ 在 0 与 $\frac{1}{\sqrt{3}}$ 之间是凸函数,所以除了前两项中一项即对 $m \geqslant 4$,$x_m = 0$ 以外,所有项为 0 时,除了前两项外,其余各项之和达到最大值. 显然推出断言.

S94 四边形内接于一个定圆,并外切于另一个定圆. 证明:它的对角线长的乘积是一常数.

(美国) I. Borsenco 提供

证 令四边形 $ABCD$ 是双中心四边形,O 与 I 分别为外心与内心,则有
$$P \in OI$$
$$OP = \frac{2R^2 \cdot OI}{R^2 + OI^2}$$

这两个关系式蕴涵点 P 是定点. 我们有 $AC \cdot BD = \frac{2S}{\sin \alpha}$,其中 α 是对角线之间的角. 另一方面有 $S = \sqrt{abcd}$,因此
$$AC \cdot BD = \frac{2\sqrt{abcd}}{\sin \alpha} = 2\sqrt{\frac{a}{\sin \alpha} \cdot \frac{b}{\sin \alpha} \cdot cd} =$$
$$2\sqrt{\frac{d}{\sin \angle ABP} \cdot \frac{c}{\sin \angle DBC} \cdot AP \cdot CP} =$$
$$4R\sqrt{AP \cdot CP}$$

因为 $4R$ 与 $AP \cdot CP$ 都是常数(定点 P 的幂),所以 $4R\sqrt{AP \cdot CP}$ 是常数.

S95 一个社区有 16 个孩子.在一年中这个社区成员发生了 69 次摔跤.每次摔跤恰好包括 2 人,每对孩子至多互相摔跤一次.在年底,当地摔跤俱乐部要组织两队进行比赛,每队包括 3 人,当且仅当一队每个成员与另一队每个成员摔跤.证明:俱乐部总能组织这样的摔跤比赛.

(美国)I. Boreico,I. Borsenco 提供

证 3 个孩子一组,称 m_j 为与 3 人摔跤的孩子数,其中 j 是某指标,表示 $\binom{16}{3}$ 个可能的 3 人一组的组数.于是问题等价于证明,有 m_j 至少是 3.对每个孩子,所有 m_j 之和显然等价于把 3 人一组组数相加,该组由 1 个孩子与和他摔跤的孩子组成.换言之,若每个孩子有 n_i 次摔跤机会($i=1,2,\cdots,16$),则 m_j 之和等于 $\sum_{i=1}^{16}\binom{n_i}{3}$.

注意

$$\binom{n+1}{3}+\binom{n-1}{3}=\frac{(2n^2-4n+6)(n-1)!}{3!\ (n-2)!} >$$

$$\frac{2n(n-2)(n-1)!}{3!\ (n-2)!}=2\binom{n}{3}$$

$$\binom{n+2}{3}+\binom{n-1}{3}=\frac{2n^3-3n^2+13n-6}{2n^3-3n^2+n}\left[\binom{n+1}{3}+\binom{n}{3}\right]>$$

$$\binom{n+1}{3}+\binom{n}{3}$$

可以类似地证明,当从各元素中选出 3 个元素时,这些元素个数之差增加时,这个结果成立.于是各 m_j 之和的最小值在所有 n_i 相差至多为 1 时达到,即当其中的 10 相当于 9,与其中的 6 相当于 8 时达到,因为总数为 $10\times 9+6\times 8=138=2\times 69$ 次摔跤(每次摔跤算过 2 次,因为 2 个孩子参加摔跤).于是各 m_j 之和至少是

$$10\binom{9}{3}+6\binom{8}{3}=840+336=1\ 176=\sum_j m_j >$$

$$1\ 120=2\binom{16}{3}$$

因此 m_j 必然大于 2,摔跤总是可能的.

S96 令 n 是大于 2 的整数.证明:对每个 $k=1,2,\cdots,n-1$,当且仅当 n 是素数时,$\binom{n-1}{k}\equiv(-1)^k(\bmod n)$.

(罗马尼亚)D. Andrica,M. Piticari 提供

证 显然

$$\begin{bmatrix} n-1 \\ k \end{bmatrix} = \frac{(n-1)\cdot(n-2)\cdot\cdots\cdot(n-k)}{k!}$$

若 n 是素数,则对 $k<n,k!$ 是素数,包括 n,且 $\begin{bmatrix} n-1 \\ k \end{bmatrix} \equiv (-1)^k (\bmod n)$ 等价于

$$(n-1)\cdot(n-2)\cdot\cdots\cdot(n-k) \equiv (-1)^k k! \pmod{n}$$

成立,因为对每个 $j \in \{1,2,\cdots,n-1\}, n-j \equiv (-j)(\bmod n)$.

若 n 不是素数,则令 k 是 n 的最小因子,它大于 1,于是 $(k-1)!$ 是素数,包括 n,且对所有 $j \in \{1,2,\cdots,k-1\}, n-j \equiv (-j)(\bmod n)$,结果 $\begin{bmatrix} n-1 \\ k \end{bmatrix} \equiv (-1)^k (\bmod n)$ 等价于 $\frac{n-k}{k} \equiv -1(\bmod n)$,或等价于 $\frac{n}{k} \equiv 0(\bmod n)$,不合理. 证明结束.

S97 令 $x_1,x_2,\cdots,x_n$ 是正实数. 证明

$$\left(\frac{x_1+x_2+\cdots+x_n}{n}\right)^n \geqslant (\sqrt[n]{x_1 x_2 \cdots x_n})^{n-1} \sqrt{\frac{x_1^2+x_2^2+\cdots+x_n^2}{n}}$$

(美国)A. Alt 提供

证 由齐性,可设 $x_1 x_2 \cdots x_n = 1$,然后证明

$$(x_1+x_2+\cdots+x_n)^{2n} \geqslant n^{2n-1} S$$

其中

$$S = x_1^2 + x_2^2 + \cdots + x_n^2$$

由算术平均 - 几何平均不等式有

$$(x_1+x_2+\cdots+x_n)^2 = S + 2\sum_{1\leqslant i<j\leqslant n} x_i x_j \geqslant$$
$$S + 2\cdot\frac{n(n-1)}{2}[(x_1 x_2 \cdots x_n)^{n-1}]^{\frac{2}{n(n-1)}} =$$
$$S + n(n-1)$$

从而只要证明

$$[S+n(n-1)]^n \geqslant n^{2n-1} S$$

现在再用算术平均 - 几何平均不等式有

$$S+n(n-1) = S+n+n+\cdots+n \geqslant n(Sn^{n-1})^{\frac{1}{n}}$$

因此

$$[S+n(n-1)]^n \geqslant n^n S n^{n-1} = n^{2n-1} S$$

正是要求的.

S98 令 n 是正整数. 证明:$\prod_{d\mid n}\frac{\phi(d)}{d} \leqslant \left(\frac{\phi(n)}{n}\right)^{\frac{\tau(n)}{2}}$.

(美国)I. Borsenco 提供

证 利用众所周知的不等式 $\phi(ab) \geqslant \phi(a)\phi(b)$，有

$$\prod_{d|n} \frac{\phi(d)}{d} = \sqrt{\prod_{d|n} \frac{\phi(d)}{d} \cdot \frac{\phi\left(\frac{n}{d}\right)}{\frac{n}{d}}} \leqslant$$

$$\sqrt{\prod_{d|n} \frac{\phi(n)}{n}} = \sqrt{\left(\frac{\phi(n)}{n}\right)^{\tau(n)}}$$

这是我们想要的结果. 为使等式成立, 当且仅当 n 不是平方数, 即 n 有形式 $p_1 p_2 \cdots p_k$, 其中 p_i 是不同的素数.

S99 令 $\triangle ABC$ 是锐角三角形. 证明

$$\frac{1-\cos A}{1+\cos A} + \frac{1-\cos B}{1+\cos B} + \frac{1-\cos C}{1+\cos C} \leqslant$$

$$\left(\frac{1}{\cos A}-1\right)\left(\frac{1}{\cos B}-1\right)\left(\frac{1}{\cos C}-1\right)$$

(哥斯达黎加) D. C. Salas 提供

证 因为

$$\frac{1-\cos A}{1+\cos A} = \tan^2 \frac{A}{2}$$

$$\frac{1}{\cos A} - 1 = \frac{2\tan^2 \frac{A}{2}}{1-\tan^2 \frac{A}{2}}$$

与

$$\tan \frac{A}{2} \tan \frac{B}{2} + \tan \frac{B}{2} \tan \frac{C}{2} + \tan \frac{C}{2} \tan \frac{A}{2} = 1$$

所以

$$\sum_{\text{cyc}} \frac{1-\cos A}{1+\cos A} \leqslant \prod_{\text{cyc}} \left(\frac{1}{\cos A}-1\right)$$

$$\Leftrightarrow \sum_{\text{cyc}} \tan^2 \frac{A}{2} \leqslant \prod_{\text{cyc}} \frac{2\tan^2 \frac{A}{2}}{1-\tan^2 \frac{A}{2}}$$

令 $x = \tan \frac{A}{2}, y = \tan \frac{B}{2}, z = \tan \frac{C}{2}$. 由已知 $\triangle ABC$ 是锐角三角形, 得 $x, y, z \in (0, 1)$, 原不等式可改写为

$$x^2 + y^2 + z^2 \leqslant \frac{8x^2 y^2 z^2}{(1-x^2)(1-y^2)(1-z^2)}$$

$$\Leftrightarrow (x^2+y^2+z^2)(1-x^2)(1-y^2)(1-z^2) \leqslant 8x^2 y^2 z^2 \qquad ①$$

其中 $xy + yz + zx = 1$. 我们将证明不等式对任何非负实数 x, y, z 成立, 使 $xy + yz +$

$zx = 1$. 在不等式 ① 的齐次形式中设 $x+y+z=1$,有
$$(x^2+y^2+z^2)\prod_{\text{cyc}}(xy+yz+zx-x^2) \leqslant$$
$$8x^2y^2z^2(xy+yz+zx) \qquad ②$$

并令 $p = xy+yz+zx, q = xyz$,则得
$$x^2+y^2+z^2 = 1-2p, x^2y^2+y^2z^2+z^2x^2 = p^2-2q$$
$$\prod_{\text{cyc}}(p-x^2) = 4p^3-(p+q)^2$$

不等式 ② 变为
$$(1-2p)[4p^3-(p+q)^2] \leqslant 8pq^2$$
$$\Leftrightarrow 0 \leqslant 8pq^2 + (1-2p)(p+q)^2 - 4p^3(1-2p) \qquad ③$$

因为
$$p = xy+yz+zx \leqslant \frac{(x+y+z)^2}{3} = \frac{1}{3}$$

当 $q \geqslant 0$ 时
$$8pq^2 + (1-2p)(p+q)^2 - 4p^3(1-2p)$$

递增,所以只要对 $0 \leqslant p \leqslant \frac{1}{3}$ 与 $q=q_*$ 证明不等式 ③,其中 q_* 是 q 的下界,这就足够证明式 ③. 因 q 的下界为 $\frac{4p-1}{9}$,所以有 Schür 不等式
$$\sum_{\text{cyc}} x(x-y)(x-z) \geqslant 0$$
$$\Leftrightarrow 9xyz \geqslant 4(x+y+z)(xy+yz+zx) - (x+y+z)^3$$
$$\Leftrightarrow \frac{4p-1}{9} \leqslant q$$

它不足够证明式 ③,故我们将求 q 的另一个更好的下界. 令
$$L = \sum_{\text{cyc}} x^2 y, R = \sum_{\text{cyc}} xy^2$$

则
$$L+R = \sum_{\text{cyc}} xy(x+y) = p-3q$$

与
$$L \cdot R = \sum_{\text{cyc}} x^2 y \cdot \sum_{\text{cyc}} xy^2 =$$
$$\sum_{\text{cyc}} x^3 y^3 + 3x^2 y^2 z^2 + xyz \sum_{\text{cyc}} x^3$$

因为
$$\sum_{\text{cyc}} x^3 = 1+3q-3p$$

和
$$\sum_{\text{cyc}} x^3 y^3 = p^3 + 3q^2 - 3pq$$
所以
$$L \cdot R = p^3 + 3q^2 - 3pq + 3q^2 + q(1 + 3q - 3p) = \\ p^3 + 9q^2 - 6pq + q$$
所以
$$0 \leqslant (L-R)^2 = (p-3q)^2 - 4(p^3 + 9q^2 - 6pq + q) = \\ p^2 - 6pq + 9q^2 - 4p^3 - 36q^2 + 24pq - 4q = \\ p^2 - 4p^3 - 27q^2 - 4q + 18pq$$
这等价于
$$\left(q - \frac{9p-2}{27}\right)^2 - \frac{(1-3p)^3}{27} \leqslant 0 \Rightarrow q_* \leqslant q$$
其中
$$q_* = \frac{9p - 2 - 2(1-3p)\sqrt{1-3p}}{27}$$
令
$$t = \sqrt{1-3p}$$
则
$$p = \frac{1-t^2}{3}$$
$$t \in [0,1] \Leftrightarrow p \in \left[0, \frac{1}{3}\right]$$
$$q_* = \frac{(1+t)^2(1-2t)}{27}$$
于是有
$$1 - 2p = \frac{1 + 2t^2}{3}$$
$$p + q_* = \frac{2(1+t)(5 - 5t - t^2)}{27}$$
$$(1-2p)(p+q_*)^2 - 4p^3(1-2p) = \\ \frac{4(1+t)^2}{27^2}(28t^4 - 44t^3 + 15t^2 + 4t - 2)$$
因为
$$7 - 4t - 2t^2 = 9 - 2(1+t)^2 \geqslant 9 - 2\left(1 + \frac{1}{2}\right)^2 = \frac{9}{2} > 0$$
所以

$$8pq^2 + (1-2p)(p+q_*)^2 - 4p^3(1-2p) =$$
$$t^2(7 - 32t + 42t^2 - 8t^3 - 8t^4) =$$
$$t^2(2t-1)^2(7 - 4t - 2t^2) \geq 0$$

附注：为解答这个很长时间仍未被解答的问题，我要感谢 A. Alt.

S100 令 $\triangle ABC$ 是锐角三角形，有高 BE，CF. 点 Q 与 R 分别在线段 CE 与 BF 上，使 $\dfrac{CQ}{QE} = \dfrac{FR}{RB}$. 当点 Q 与点 R 变动时，求 $\triangle AQR$ 外心的轨迹.

(美国) A. Anderson 提供

解 点 P 是线段 BC 上的点，使 $\dfrac{BP}{PC} = \dfrac{BR}{RF} = \dfrac{EQ}{QC}$. 显然由 Thales 定理，$PR \parallel CF \perp AB$，$PQ \parallel BE \perp AC$，或 AP 是 $\triangle AQR$ 外接圆的直径. 当 R 从 B 连续变到 F 时，Q 从 E 连续变动到 C，于是 P 从 B 连续变动到 C，$\triangle AQR$ 的外心轨迹显然是一条线段，它是联结 AB 与 AC 的中点而成的.

S101 令 a, b, c 是不同的实数. 证明

$$\left(\frac{a}{a-b} + 1\right)^2 + \left(\frac{b}{b-c} + 1\right)^2 + \left(\frac{c}{c-a} + 1\right)^2 \geq 5$$

(古巴) R. B. Cabrera 提供

证 观察

$$ab(a-b) + bc(b-c) + ca(c-a) =$$
$$ab(a-b) + bc[b-a+a-c] + ca(c-a) =$$
$$(a-b)(ab - bc) + (c-a)(ca - bc) =$$
$$b(a-b)(a-c) + c(c-a)(a-b) =$$
$$(a-b)(c-a)[c-b] =$$
$$-(a-b)(b-c)(c-a)$$

得出

$$\sum_{\text{cyc}} \frac{a}{a-b}\left(1 - \frac{b}{b-c}\right) = -\sum_{\text{cyc}} \frac{ca}{(a-b)(b-c)} =$$
$$-\sum_{\text{cyc}} \frac{ab(a-b)}{(a-b)(b-c)(c-a)} = 1$$

即

$$\sum_{\text{cyc}} \frac{a}{a-b} = 1 + \sum_{\text{cyc}} \frac{a}{a-b} \cdot \frac{b}{b-c}$$

因此

$$\sum_{\text{cyc}} \left(\frac{a}{a-b} + 1\right)^2 = 3 + \sum_{\text{cyc}} \left(\frac{a}{a-b}\right)^2 + 2\sum_{\text{cyc}} \frac{a}{a-b} =$$

$$3 + \sum_{cyc}\left(\frac{a}{a-b}\right)^2 + 2\left[1 + \sum_{cyc}\frac{a}{a-b}\cdot\frac{b}{b-c}\right] =$$
$$5 + \left(\sum_{cyc}\frac{a}{a-b}\right)^2$$

由此推出要求的结果.

S102 考虑外心为 O 与内心为 I 的 $\triangle ABC$. 令 E 与 F 分别为 $\triangle ABC$ 的内切圆与 AC, AB 的切点. 证明: 当且仅当 $r_a^2 = r_b r_c$ 时, EF, BC, OI 共点.

(美国) I. Borsenco 提供

证 我们要证明, 当 $r_a^2 = r_b r_c$ 时, EF, BC, OI 共点等价于条件 $a(b+c) = b^2 + c^2$.

若照例 s 表示 $\triangle ABC$ 的半周长, 则 $r_a = \sqrt{\dfrac{s(s-b)(s-c)}{s-a}}$. 类似的结果对 r_b 与 r_c 成立, 于是

$$r_a^2 = r_b r_c \Leftrightarrow (s-a)^2 = (s-b)(s-c) \Leftrightarrow (b+c-a)^2 =$$
$$(c+a-b)(a+b-c) \Leftrightarrow a(b+c) = b^2 + c^2$$

现在利用与 $\triangle ABC$ 有关的齐次面积(重心)坐标, 有 $E(s-c, 0, s-a)$, $F(s-b, s-a, 0)$, 由此导出

$$b(s-b)E - c(s-c)F = (s-a)(s-b)C - (s-a)(s-c)B$$

由此得出 BC 与 EF 的交点是 $U(0, -(s-c), s-b)$. 因为 $I(a, b, c)$ 与 $O(a\cos A, b\cos B, c\cos C)$, 为使这两点在直线 OI 上, 当且仅当

$$\begin{vmatrix} 0 & a & a\cos A \\ -(s-c) & b & b\cos B \\ s-b & c & c\cos C \end{vmatrix} = 0$$

这个条件容易改写为

$$b(s-b)(\cos B - \cos A) + c(s-c)(\cos C - \cos A) = 0 \qquad ①$$

现在用余弦定理得

$$\cos B - \cos A = \frac{c^2 + a^2 - b^2}{2ca} - \frac{b^2 + c^2 - a^2}{2bc} =$$
$$\frac{2(a-b)s(s-c)}{abc}$$

(容易检验), 且类似地有 $\cos C - \cos A = \dfrac{2(a-c)s(s-b)}{abc}$. 代入式 ①, 得

$$(a-b)b + (a-c)c = 0$$

即 $a(b+c) = b^2 + c^2$. 完成了证明.

S103 令 $x_1, x_2, \cdots, x_n$ 是正实数. 证明

$$x_1 + x_2 + \cdots + x_n + \frac{n}{\dfrac{1}{x_1} + \dfrac{1}{x_2} + \cdots + \dfrac{1}{x_n}} \geqslant$$

$$(n+1)\sqrt[n]{x_1x_2\cdots x_n}$$

（罗马尼亚）N. Cristina-Paula, N. Nicolae 提供

证 利用算术平均 - 几何平均不等式与 Meclaurin 不等式, 有

$$\text{左边} = x_1+x_2+\cdots+x_n+\frac{x_1x_2\cdots x_n}{\sum\limits_{n} x_1x_2\cdots x_{n-1}} \geqslant$$

$$\underbrace{\frac{x_1+x_2+\cdots+x_n}{n}+\frac{x_1+x_2+\cdots+x_n}{n}+\cdots+}_{n\text{次}}$$

$$\frac{x_1+x_2+\cdots+x_n}{n}+\frac{x_1x_2\cdots x_n}{\left(\dfrac{x_1+x_2+\cdots+x_n}{n}\right)^{n-1}} \geqslant$$

$$(n+1)\sqrt[n+1]{\frac{x_1+x_2+\cdots+x_n}{n}x_1x_2\cdots x_n} \geqslant$$

$$(n+1)\sqrt[n+1]{(\sqrt[n]{x_1x_2\cdots x_n})^{n+1}} = \text{右边}$$

S104 如果有圆心在四个点上的四个圆, 且每个圆与其他三个圆外切, 则这四点组成的集合是佳集合. 令 $\triangle ABC$ 有垂心 H, 内心 I 与旁切圆心 I_A, I_B, I_C. 证明: 当且仅当 $\triangle ABC$ 是等边三角形时, $\{A,B,C,H\}$ 与 $\{I,I_a,I_b,I_c\}$ 是佳集合.

（西班牙）D. Lasaosa 提供

证 若 $\triangle ABC$ 是等边三角形, 则 H 是 $\triangle ABC$ 的中心. 作圆心为 A,B,C, 两两外切的三个圆, 它们分别通过 CA 与 AB 的中点, AB 与 BC 的中点, BC 与 CA 的中点. 这三个圆分别与线段 AH, BH, CH 相交. 由对称性, 它们到 H 有相同距离, 圆心为 H, 通过这些点的圆与以上三圆外切, 从而 $\{A,B,C,H\}$ 是佳集合. 现考虑中心为 $H=I$ 的位似, 把 A,B,C 变为 I_A, I_B, I_C. 显然, 以上四圆变为圆心为 I, I_A, I_B, I_C 的 4 个两两外切的圆, $\{I, I_A, I_B, I_C\}$ 是佳集合.

设 $\{H,A,B,C\}$ 是佳集合, 称 $\rho, \rho_A, \rho_B, \rho_C$ 分别为圆心为 H,A,B,C 的四圆半径. 注意总可以设 $\triangle ABC$ 是锐角三角形, 因为它不能是矩形 (A,B,C,H 总不是不同的). 若不失一般性, 它在 A 上是钝角, 则锐角 $\triangle HBC$ 有垂心 A. 不失一般性, 可以交换 A 与 H 的位置. 容易证明 $HA=2R\cos A, HB=2R\cos B, HC=2R\cos C$, 其中 R 是 $\triangle ABC$ 的外接圆半径. 因为 $\rho_A+\rho_B=2R\sin C, (\rho_A+\rho)-(\rho_B+\rho)=AH+BH$, 所以

$$\frac{\rho_A}{R}=\frac{AH-BH+2R\sin C}{2R}=\sin C+\cos A-\cos B$$

类似地, 考虑 $\rho_A+\rho_C$ 与 $\rho_A-\rho_C$, 得出 $\dfrac{\rho_A}{R}=\sin B+\cos A-\cos C$. 可见 $\sin(B+\dfrac{\pi}{4})=\sin(C+\dfrac{\pi}{4})$, 对 $B=C$ 或 $B+C=\dfrac{\pi}{2}$. 因为 $A\neq H$, 所以第 2 种选择是不可能的. 类似地,

$A=B$,则 $\triangle ABC$ 是等边三角形.

最后设 $\{I,I_A,I_B,I_C\}$ 是佳集合. 内角平分线 II_A 垂直于外角平分线 I_BI_C. 由轮换知,$II_B\perp I_CI_A$,$II_C\perp I_AI_B$,或 I 是 $\triangle I_AI_BI_C$ 的垂心. 由以上结果知 $\triangle I_AI_BI_C$ 是等边三角形,因此 $\triangle ABC$ 也是等边三角形.

S105 令 P 是 $\triangle ABC$ 的内点,d_a,d_b,d_c 是点 P 到三角形三边的距离,且 $d_a\geqslant d_b\geqslant d_c$. 证明

$$\max(AP,BP,CP)\geqslant\sqrt{d_a^2+d_b^2+d_bd_c+d_c^2}$$

(美国) I. Borsenco 提供

证 对 $\triangle ABC$,已知 d_a,d_b,d_c,点 P 在它内部,其次可以取分别有长为 d_a,d_b,d_c 的线段 PX_A,PX_B,PX_C,在 X_A 上作 PX_A 的垂线 r_a,在 X_B 上作 PX_B 的垂线 r_b,在 X_C 上作 PX_C 的垂线 r_c. 若 PX_A,PX_B,PX_C 的定向与从 P 分别向 BC,CA,AB 的垂线定向相同,则由直线 r_a,r_b,r_c 的交点构成的三角形与 $\triangle ABC$ 全等. 但是注意,若不失一般性设 $AP>BP$,则可改变 PX_C 的定向,使 CP 不变,因为 r_a 与 r_b 保持不变,但是在 AP 减少的条件下使 BP 增加. 用这种方法可以减少 $\max(AP,BP,CP)$,直至 $AP=BP=CP$. $\triangle ABC$ 将从它原来形状改变了,但 3 个事实是确定的:(1)$\triangle ABC$ 是锐角三角形,P 是它的外心,在 $\triangle ABC$ 内;(2)距离 d_a,d_b,d_c 与开始时相同;(3)$\max(AP,BP,CP)$ 减少. 因此只要证明,提出的结果对最坏情形成立即可,即对锐角三角形,它的外心分别到边 BC,CA,AB 的距离为 d_a,d_b,d_c 成立即可.

显然在最坏的情形下,$d_a=R\cos A$,$d_b=R\cos B$,$d_c=R\cos C$,而 $\max(AP,BP,CP)\geqslant R$,为使等式成立,当且仅当 P 是 $\triangle ABC$ 的外心,即只要证明

$$\sin^2 A=1-\cos^2 A\geqslant\cos^2 B+\cos B\cos C+\cos^2 C$$

因 $\sin A=\sin B\cos C+\cos B\sin C$,故不等式可以改写为

$$0\geqslant\cos B\cos C(1+2\cos B\cos C-2\sin B\sin C)=$$
$$\cos B\cos C(1-2\cos A)$$

现在若 $d_a\geqslant d_b\geqslant d_c$,则 $A\leqslant B\leqslant C$ 或 $A\leqslant\dfrac{\pi}{3}$,$\cos A\geqslant\dfrac{1}{2}$. 为使等式成立,当且仅当最小角 $\angle A=\dfrac{\pi}{3}$,即当且仅当 $\triangle ABC$ 是等边三角形. 推出要求的结果,且为使等式成立,当且仅当 $\triangle ABC$ 是等边三角形,P 是它的外心.

S106 8 个小孩玩 2 个游戏. 起初它们同样喜欢这些游戏. 每天小孩随机地分配到 2 组中,一组 3 个小孩,另一组 5 个小孩. 每组玩大多数小孩喜欢的游戏. 但是,每当小孩玩游戏时,都希望是自己最喜欢的游戏. 求所有小孩都喜欢同一游戏的期望天数.

(西班牙)D. Lasaosa,(美国)I. Borsenco 提供

解 首先注意,有把 8 个孩子随机分配到两组中的不同方法. 这里设每天孩子被随

机地交换某顺序,任何置换是等可能的,于是前 3 个孩子(由随机置换确定的)进入第 1 组,剩余的孩子进入第 2 组.其次称两组为 G(3 个孩子)与 H(5 个孩子).为了在 1 天后所有孩子更喜欢同一游戏 X(其中 X 是 A 或 B),至少更喜欢 X 的 2 个孩子一定在 G 中,至少更喜欢 X 的 3 个孩子一定在 H 中.因此在第 1 天后,所有孩子不能喜欢同一游戏,因为开始时 4 个孩子更喜欢 A,4 个孩子更喜欢 B,但是要求更喜欢同一游戏的最少 5 个孩子在 1 天末尾有可能喜欢同一游戏.但是在第 1 天后,在 H 组中 5 个孩子更喜欢同一游戏,G 组中 3 个孩子更喜欢另一游戏.今考虑第 1 天后的 G 中 3 个孩子:若 1 个孩子留在 G 中,另 2 个孩子第 2 天跑到 H,然后所有孩子在这天末尾都将喜欢同一游戏;在所有其他情形下,以上情况将循环(即 3 个孩子与 5 个孩子分别更喜欢 2 种不同游戏).1 个孩子留在 G 中,2 个孩子从 H 跑到 G 中的置换数是

$$\binom{3}{1}\binom{5}{2}3!\ 5!$$

这件事发生的概率 P 可用除以 8! 求出

$$P = \frac{\binom{3}{1}\binom{5}{2}}{\binom{8}{3}} = \frac{15}{28}$$

用另一种方法,P 可以推导如下.对 G 中 3 个孩子,可能是留下,跑走,跑走;跑走,留下,跑走;跑走,跑走,留下.我们有

$$P = \frac{3}{8} \times \frac{5}{7} \times \frac{4}{6} + \frac{5}{8} \times \frac{3}{7} \times \frac{4}{6} + \frac{5}{8} \times \frac{4}{7} \times \frac{3}{6} = \frac{15}{28}$$

利用 $1+r+r^2+\cdots = \dfrac{1}{1-r}$,$1+2r+3r^2+\cdots = \dfrac{1}{(1-r)^2}$,所有孩子更喜欢同一游戏的期望天数现在可以计算如下

$$\frac{15}{28} \times 2 + \frac{13}{28} \times \frac{15}{28} \times 3 + \left(\frac{13}{28}\right)^2 \times \frac{15}{28} \times 4 + \cdots =$$

$$\frac{15}{28}\left[1 + \frac{13}{28} + \left(\frac{13}{28}\right)^2 + \cdots + 1 + 2 \times \frac{13}{28} + 3 \times \left(\frac{13}{28}\right)^2 + \cdots\right] =$$

$$\frac{15}{28}\left[\frac{1}{1-\frac{13}{28}} + \frac{1}{(1-\frac{13}{28})^2}\right] =$$

$$\frac{15}{28}\left[\frac{28}{15} + \left(\frac{28}{15}\right)^2\right] = 1 + \frac{28}{15} = \frac{43}{15}$$

S107 证明:极差 n(也包含 n)的整数集合个数等于正$(n+3)$边形的三角剖分数,其中每个三角形至少包含多边形的一边.(极差是集合中最大元素与最小元素之间的差)

(美国)Z. Sunic 提供

证 首先注意,正多边形的三角剖分等价于凸 n 边形的三角剖分,它将帮助归纳过程. 取正 n 边形 $P_1P_2\cdots P_n$, 考虑它的边 $P_{n-1}P_n$, 它显然包含在三角剖分成的 1 个三角形中. 称 a_n 是三角剖分数, 使 $P_{n-1}P_n$ 只是包含在这个三角形中的多边形的一边, b_n 是三角剖分数, 使 $P_{n-1}P_n$ 不只是包含在这个三角形中的多边形的一边. 在第 1 种情形下, 存在另一顶点 $P_j, j=2,3,\cdots,n-3$, 使 $\triangle P_n P_j P_{n-1}$ 是三角剖分出的三角形. 今考虑凸多边形 $P_1P_2\cdots P_jP_n$ 与 $P_{j+1}\cdots P_{n-1}P_j$. 显然, 在多边形 $P_1P_2\cdots P_n$ 每次三角剖分中, 使每个三角形至少包含多边形一边, 这 2 个多边形的每一个用这样方法三角剖分, 使 P_jP_n 与 $P_{n-1}P_j$ 不是包含在三角剖分的已知三角形中的多边形仅有的边, 从而多边形 $P_1P_2\cdots P_jP_n$ 有 b_{j+1} 种可能的三角剖分, 多边形 $P_{j+1}\cdots P_{n-1}P_j$ 有 b_{n-j} 种可能的三角剖分. 于是可以用这种方法求出的多边形 $P_1P_2\cdots P_n$ 的三角剖分数是

$$a_n = \sum_{j=2}^{n-3} b_{j+1} b_{n-j}$$

在这两种情形下, 三角剖分成的三角形是 $\triangle P_{n-1}P_nP_1$ 或 $\triangle P_{n-2}P_{n-1}P_n$. 在消去这个三角形后得出的 $(n-1)$ 边形中, 在第 1 种情形下的边 $P_{n-1}P_1$ 与在第 2 种情形下的边 $P_{n-1}P_n$ 都需要是多边形的边, 它们不仅包含在三角剖分成的三角形一边, 因为总共有 $2b_{n-1}$ 种这样可能的三角剖分. 因此 $b_n = 2b_{n-1}$, 由基础情形 $n=3$ 得出 $b_3 = 1$, 故 $b_n = 2^{n-3}$. 于是显然求出

$$a_n = \sum_{j=2}^{n-3} 2^{n-5} = (n-4)2^{n-5}$$

正 $(n+3)$ 边形三角剖分使每个三角形至少包含多边形一边, 于是剖分总数是 $a_{n+3} + b_{n+3} = (n+3)2^{n-2}$.

今考虑极差 n 的集合 (包含 n), 或者 n 是它的最大值. 在这种情形下, 集合是 $\{0,\cdots,n\}$, 其中 $n-1$ 个整数 $1,2,\cdots,n-1$ 中每一个可以出现或不出现, 因为总共有 2^{n-1} 个这样的可能集合, 或者 n 是它的最小值, 在这种情形下, 集合是 $\{n,\cdots,2n\}$, 其中 $n-1$ 个整数 $n+1,n+2,\cdots,2n-1$ 中每一个可以出现或不出现, 因为总共有 2^{n-1} 个这样的可能集合, 或者 n 是最大值或最小值, 在这种情形下, 集合是 $\{i,\cdots,n,\cdots,n+i\}$, 具有 $n-1$ 个 i($1, 2,\cdots,n-1$) 可能值, 其中 $n-2$ 个从 $i+1$ 到 $n+i-1$ 的整数使 n 可以出现或不出现, 因为总数有 $(n-1)2^{n-2}$ 个这样的集合. 于是, 极差 n (包含 n) 的集合总数显然是 $2^{n-1} + 2^{n-1} + (n-1)2^{n-2} = (n+3)2^{n-2}$. 推出结论.

S108 在 $\triangle ABC$ 中, 令 D, E, F 分别为从顶点 A, B, C 作出的高线足. P, Q 分别表示从点 D 向 AB, AC 作出的垂足. 令 $R = BE \cap DP, S = CF \cap DQ, M = BQ \cap CP, N = RQ \cap PS$. 证明: M, N, H 共线, 其中 H 是 $\triangle ABC$ 的垂心.

(日本) G. A. C. Reyes 提供

证 应用梅涅劳斯定理于 $\triangle BQA$ 与 $\triangle QRD$. 因为点 M, C, P 共线, 所以点 N, P, S

也共线,求出

$$\frac{BM}{MQ} \cdot \frac{QC}{CA} \cdot \frac{AP}{PB} = 1$$

$$\frac{QN}{NR} \cdot \frac{RP}{PD} \cdot \frac{DS}{SQ} = 1$$

因为四边形 $DSHR$ 是平行四边形,所以 $DQ \parallel BE$,$DP \parallel CF$,所以 $RH = SD$,或

$$\frac{BM}{MQ} \cdot \frac{QN}{NR} \cdot \frac{RH}{HB} = \frac{PB}{PR} \cdot \frac{QS}{QC} \cdot \frac{PD}{PA} \cdot \frac{AC}{HB}$$

因为 $\triangle BPR \backsim \triangle CQS$,$\angle P$ 与 $\angle Q$ 是直角,$\angle PBR = \angle EBA = \frac{\pi}{2} - \angle A = \angle ACF = \angle QCS$,所以 $\frac{PB}{PR} = \frac{QC}{QS}$. 此外,$HB = 2R\cos B$,其中 R 是 $\triangle ABC$ 外接圆半径. 因为由正弦定理有 $AC = 2R\sin C$,$\triangle APD$ 中 $\angle P$ 为直角,$\angle PAD = \frac{\pi}{2} - \angle B$,所以 $\frac{AC}{HB} = \tan B = \frac{AP}{PD}$,显然得 $\frac{BM}{MQ} \cdot \frac{QN}{NR} \cdot \frac{RH}{HB} = 1$,应用梅涅劳斯互逆定理,得 M, N, H 共线.

S109 解方程组

$$\sqrt{x} - \frac{1}{y} = \sqrt{y} - \frac{1}{z} = \sqrt{z} - \frac{1}{x} = \frac{7}{4}$$

(美国)T. Andreescu 提供

解 把 3 个方程相加,得

$$\sqrt{x} + \sqrt{y} + \sqrt{z} = \frac{1}{x} + \frac{1}{y} + \frac{1}{z} + \frac{21}{4} \Rightarrow$$

$$(\sqrt{x} - 2)f(x) + (\sqrt{y} - 2)f(y) + (\sqrt{z} - 2)f(z) = 0 \qquad \text{①}$$

其中,任取 $t > 0$

$$f(t) = \frac{2 + \sqrt{t} + 4t}{4t} > 0$$

现在 $\sqrt{x} \geqslant 2$. 事实上,若 $\sqrt{x} < 2$,则

$$x < 4 \Rightarrow$$

$$\sqrt{z} = \frac{1}{x} + \frac{7}{4} > \frac{1}{4} + \frac{7}{4} = 2 \Rightarrow$$

$$\sqrt{y} = \frac{1}{z} + \frac{7}{4} < \frac{1}{4} + \frac{7}{4} = 2 \Rightarrow$$

$$\sqrt{x} = \frac{1}{y} + \frac{7}{4} > \frac{1}{4} + \frac{7}{4} = 2$$

这不可能. 类似地,$\sqrt{y} < 2$ 或 $\sqrt{z} < 2$ 导致矛盾. 于是

$$\sqrt{x} - 2 \geqslant 0$$

$$\sqrt{y}-2 \geqslant 0$$
$$\sqrt{z}-2 \geqslant 0$$

因此,因 $f(x) \geqslant 0, f(y) \geqslant 0, f(z) \geqslant 0$,故由式 ① 得

$$\sqrt{x}=\sqrt{y}=\sqrt{z}=2 \Rightarrow x=y=z=4$$

解毕.

S110 令 X 是 $\triangle ABC$ 的边 BC 上的点. 过点 X 作 AB 的平行线交 CA 于点 V,过点 X 作 AC 的平行线交 AB 于点 W. 令 $D=BU \cap XW, E=CW \cap XV$. 证明: $DE \parallel BC$, $\dfrac{1}{DE}=\dfrac{1}{BX}+\dfrac{1}{CX}$.

(西班牙)F. J. G. Capitán 提供

证 设 $\boldsymbol{u}=\overrightarrow{AB}, \boldsymbol{v}=\overrightarrow{AC}$,显然 $\overrightarrow{BC}=\boldsymbol{v}-\boldsymbol{u}$. 对任何 $X \in BC$,存在实数 ρ,使 $\overrightarrow{BX}=\rho\overrightarrow{BC}$, $\overrightarrow{AX}=(1-\rho)\boldsymbol{u}+\rho\boldsymbol{v}$. 因 $V \in AC$,所以对某实数 k,$\overrightarrow{AV}=k\boldsymbol{v}$. 因为 $XV \parallel AB$,所以 $\boldsymbol{v}$ 的系数与 $\overrightarrow{AV}, \overrightarrow{AX}$ 的系数相同,或 $\overrightarrow{AV}=\rho\boldsymbol{v}$. 类似地,$\overrightarrow{AW}=(1-\rho)\boldsymbol{u}$. 因为 $D \in BV$,所以对某实数 k,$\overrightarrow{AD}=k\overrightarrow{AB}+(1-k)\overrightarrow{AV}$,或 $\overrightarrow{AD}=k\boldsymbol{u}+(1-k)\rho\boldsymbol{v}$. 因 $D \in XW$,故 $\overrightarrow{AD}$ 中 $\boldsymbol{u}$ 的系数是 $1-\rho$,或者 $k=1-\rho$ 与 $\overrightarrow{AD}=(1-\rho)\boldsymbol{u}+\rho^2\boldsymbol{v}$. 类似地,$\overrightarrow{AE}=(1-\rho)^2\boldsymbol{u}+\rho\boldsymbol{v}$ 或 $\overrightarrow{DE}=\overrightarrow{AE}-\overrightarrow{AD}=\rho(1-\rho)(\boldsymbol{v}-\boldsymbol{u})=\rho(1-\rho)\overrightarrow{BC}$,因此 $\overrightarrow{DE} \parallel \overrightarrow{BC}$,且

$$\frac{1}{DE}=\frac{1}{\rho(1-\rho)BC}=\frac{1}{\rho BC}+\frac{1}{(1-\rho)BC}=$$
$$\frac{1}{BX}+\frac{1}{CX}$$

注意,这个结果对除 $\rho=0,1$ 以外任的何实数 ρ 成立,即可以在直线 BC 上除点 B 与点 C 外任取一点 X,只要取 BX 与 CX 的带号距离,这个结果总成立. 换言之,最后关系式将成立,只要为了 $BX \leqslant 0$,当且仅当 X 在直线 BC 上而不在射线 BC 上,对 CX 是类似的.

S111 证明:有无限多个正整数 n 可以表示为 $a^4+b^4+c^4+d^4-4abcd$,其中 a,b,c,d 是正整数,使 n 可被它的数字和整除.

(美国)T. Andreescu 提供

证 对 $m \geqslant 0$,令

$$n=18 \cdot 10^{4m}=(2 \cdot 10^m)^4+(2 \cdot 10^m)^4+(10^m)^4+$$
$$(10^m)^4-4(2 \cdot 10^m)(2 \cdot 10^m)(10^m)(10^m)$$

数字和是 9,显然整除 n.

S112 令 a,b,c 是 $\triangle ABC$ 的边长,s 是 $\triangle ABC$ 的半周长. 证明

$$(s-c)^a(s-a)^b(s-b)^c \leqslant \left(\frac{a}{2}\right)^a\left(\frac{b}{2}\right)^b\left(\frac{c}{2}\right)^c$$

(印度尼西亚)J. Gunardi 提供

证 由加权算术平均 - 几何平均不等式,有

$$\left(\frac{s-c}{a}\right)^a \left(\frac{s-a}{b}\right)^b \left(\frac{s-b}{c}\right)^c \leqslant \left[\frac{\frac{s-c}{a} \cdot a + \frac{s-a}{b} \cdot b + \frac{s-b}{c} \cdot c}{a+b+c}\right]^{a+b+c} =$$

$$\frac{1}{2^{a+b+c}} \Leftrightarrow (s-c)^a(s-a)^b(s-b)^c \leqslant$$

$$\left(\frac{a}{2}\right)^a \left(\frac{b}{2}\right)^b \left(\frac{c}{2}\right)^c$$

S113 证明:对符号"+"与"−"的不同选择,表达式

$$\pm 1 \pm 2 \pm 3 \pm \cdots \pm (4n+1)$$

给出小于或等于 $(2n+1)(4n+1)$ 的所有正奇数.

(罗马尼亚)D. Andrica 提供

证 若取所有符号为正,则有

$$1 + 2 + 3 + \cdots + 4n + (4n+1) =$$
$$(2n+1)(4n+1) = S$$

今考虑在左边恰好改变 1 个被加项符号时,将发生什么情形.若把 1 换为 -1,则从 S 减去 2;若把 2 换为 -2,则从 S 减去 4,等等,直到把 $(4n+1)$ 换为 $-(4n+1)$,则从 S 减去 $8n+2$. 显然这个过程可以重复,最右边的各项留下的符号仅在下一次迭代时改变(即对第 1 次迭代,所有项起初为正号,对第 2 次迭代,$4n+1$ 项从负号开始,对第 3 次迭代,$4n$ 与 $4n+1$ 项从负号开始,等等). 这给出了从 S 开始到 $-S$ 结束的相继奇数的递减数列,这个数列包含 $1,3,5,\cdots,S$ 作为子数列.

S114 考虑具有角平分线 AA_1,BB_1,CC_1 的 $\triangle ABC$. 以 U 表示 AA_1 与 B_1C_1 的交点. 令 V 是 U 到 BC 上的投影. 令 W 是 $\angle BC_1V$ 的平分线与 $\angle CB_1V$ 的平分线的交点. 证明:点 A,V,W 共线.

(美国)I. Borsenco 提供

证 若 $\triangle ABC$ 是顶点为 A 的等腰三角形,则 $AA_1 = AU = AV$,且是对称轴,$\angle BC_1V$ 与 $\angle CB_1V$ 的角平分线互相平行,且在 AV 旁对称.在这个意义上说,W 是 AV 上的"无穷远点".另外,不失一般性,设 $b > c$,于是 $\angle B > \angle C$. 我们从计算 BV 与 CV 开始,由横截线保证定理有

$$\frac{CA_1 \cdot BC_1}{AC_1} + \frac{BA_1 \cdot CB_1}{AB_1} = \frac{BC \cdot UA_1}{AU}$$

或正如大家知道,因 $\frac{BA_1}{CA_1} = \frac{BA}{CA}$,对它的轮换是类似的,故 $\frac{2a}{b+c} = \frac{UA_1}{AU} = \frac{UA_1}{AA_1 - UA_1}$,$UA_1 = \frac{2aAA_1}{2a+b+c}$. 现在把斯图尔特定理应用于 $\angle BAC$ 的角平分线,求出 $AA_1 =$

$$\frac{2bc\cos\frac{A}{2}}{b+c}, 或$$

$$VA_1 = UA_1 \sin\frac{B-C}{2} = \frac{4abc\sin\frac{B+C}{2}\sin\frac{B-C}{2}}{(2a+b+c)(b+c)} =$$

$$\frac{2abc(\cos C - \cos B)}{(2a+b+c)(b+c)}$$

其中利用了 UV 是 BC 的垂线,AA_1 是 $\angle BAC$ 的角平分线,得出 $\angle VUA_1 = \frac{B-C}{2}$. 最后

$$BV = BA_1 - VA_1 = \frac{a^2 + ac + c^2 - b^2}{2a+b+c}$$

$$CV = a - BV = \frac{a^2 + ab + b^2 - c^2}{2a+b+c}$$

令 $\angle BC_1V$ 的角平分线交 BC 于点 X,交 AV 于点 W_1,$\angle CB_1V$ 的角平分线交 BC 于点 Y,交 AV 于点 W_2. 显然 $\frac{XB}{XV} = \frac{C_1B}{C_1V}$,$\frac{YC}{YV} = \frac{B_1C}{B_1V}$,而梅涅劳斯定理有

$$1 = \frac{VW_1}{W_1A} \cdot \frac{AC_1}{C_1B} \cdot \frac{BX}{XV}$$

$$1 = \frac{VW_2}{W_2A} \cdot \frac{AB_1}{B_1C} \cdot \frac{CY}{YV}$$

提出的结果显然等价于 $W_1 = W_2$,只要证明 $\frac{VW_1}{W_1A} = \frac{VW_2}{W_2A}$ 即可,或等价于

$$\frac{B_1V}{C_1V} = \frac{AB_1}{AC_1} = \frac{a+b}{a+c}$$

$$(a+c)^2 B_1V^2 = (a+b)^2 C_1V^2$$

由余弦定理有

$$\cos C = \frac{a^2 + b^2 - c^2}{2ab}$$

与

$$C_1V^2 = BV^2 + BC_1^2 - 2BV \cdot BC_1 \cos C =$$

$$BV^2 + BC_1^2 - \frac{BV \cdot BC_1}{a}(a^2 + b^2 - c^2)$$

经代数运算得

$$(a+b)^2 C_1V^2 = \frac{a^2(a+b)^2(a+c)^2}{(2a+b+c)^2} - \frac{(a+b)(a+c)(b^2-c^2)^2}{(2a+b+c)^2} -$$

$$\frac{a(a+b)(a+c)(b+c)(b-c)^2}{(2a+b+c)^2} +$$

$$a^2 \frac{(b^2+c^2)-a(a+b)(a+c)+(b^3+c^3)}{2a+b+c}$$

注意,在 b 与 c 交换后,上式右边不变,或 $(a+c)^2 B_1 V^2 = (a+b)^2 C_1 V^2$. 推出结果.

S115 证明:对每个正整数 n,$2\,009^n$ 可以写成 6 个非零完全平方数之和.

(美国)T. Andreescu,(罗马尼亚)D. Audrica 提供

证 令 $a_n \geqslant b_n \geqslant c_n \geqslant d_n \geqslant e_n \geqslant f_n \in \mathbf{N}$,使
$$a_n^2 + b_n^2 + c_n^2 + d_n^2 + e_n^2 + f_n^2 = 2009^n = (7^2)^n \cdot 41^n \qquad ①$$

若 $a_n = x_n \cdot 7^n$ 与类似表达式,则式 ① 等价于
$$x_n^2 + y_n^2 + z_n^2 + u_n^2 + v_n^2 + w_n^2 = 41^n$$

我们有
$$(x_1, y_1, z_1, u_1, v_1, w_1) \in \{(3,3,3,3,2,1); (4,5,2,2,2,2);$$
$$(5,3,2,1,1,1); (6,1,1,1,1,1)\}$$
$$(x_2, y_2, z_2, u_2, v_2, w_2) \in \{(31,12,12,12,12,12); \cdots\}$$

对 $n \geqslant 3$ 选择 $x_n = 41 \cdot x_{n-2}$ 与类似表达式,则
$$x_n^2 + y_n^2 + z_n^2 + u_n^2 + v_n^2 + w_n^2 =$$
$$41^2(x_{n-2}^2 + y_{n-2}^2 + z_{n-2}^2 + u_{n-2}^2 + v_{n-2}^2 + w_{n-2}^2) =$$
$$41^2 \cdot 41^{n-2} = 41^n$$

我们证明了,对所有 n,可以求出数 $a_n, b_n, c_n, d_n, e_n, f_n$.

S116 点 P 与 Q 在线段 BC 上,P 在 B 与 Q 之间. 设 BP, PQ, QC 按某顺序组成等比数列. 证明:在平面上有点 A,当且仅当 PQ 小于 BP 与 CQ,AP 与 AQ 三等分 $\angle BAC$.

(哥斯达黎加)D. C. Salas 提供

证 设 $\rho_B = \frac{PB}{PQ}, \rho_C = \frac{QC}{QP}$. 若 AP, AQ 三等分 $\angle BAC$,则 AP 平分 $\angle BAQ$,AQ 平分 $\angle PAC$,或 $\frac{AB}{AQ} = \frac{PB}{PQ} = \rho_B$,$\frac{AC}{AP} = \frac{QC}{QP} = \rho_C$. 于是显然 A 由 2 个 Apollonius 圆 Γ_P 与 Γ_Q 的交点确定,其中 $\odot \Gamma_P$ 有直径 PP',对每个 $X \in \Gamma_P$,以 $\frac{XB}{XQ} = \rho_B$ 表述;$\odot \Gamma_Q$ 有直径 QQ',对每个 $Y \in \Gamma_Q$,以 $\frac{YC}{YP} = \rho_C$ 表述.

现在若 $\rho_B < 1$,则 P' 在射线 PB 上,由 $1 - \rho_B = \frac{QB}{QP'}$,得出 $QP' = \frac{1+\rho_B}{1-\rho_B}PQ$,$PP' = \frac{2\rho_B}{1-\rho_B}PQ$. 类似地,若 $\rho_B > 1$,则 P' 在射线 PQ 上,由 $\rho_B - 1 = \frac{BQ}{QP'}$,得出 $QP' = \frac{\rho_B+1}{\rho_B-1}PQ$,$PP' = \frac{2\rho_B}{\rho_B-1}PQ$. 类似地,当 $\rho_C > 1$ 且 Q' 在射线 QC 上时,$QQ' = \frac{2\rho_C}{\rho_C-1}PQ$. 当 $\rho_C < 1$ 且 Q' 在射线 QP 上时,$QQ' = \frac{2\rho_C}{1-\rho_C}PQ$. 若 $\rho_B, \rho_C < 1$,则直径 PP' 与 QQ' 不相交,二圆 Γ_P

与 Γ_Q 外离,于是点 A 不存在. 若不失一般性,设 $\rho_B > 1 > \rho_C$,则注意 $\rho_C = \frac{1}{\rho_B}$ 或 $QQ' = \frac{2}{\rho_B - 1} PQ < QP'$,直径 QQ' 完全包含在直径 PP' 内部,或 $\odot\Gamma_Q$ 在 $\odot\Gamma_P$ 内部,它们都不相交. 最后,若 $\rho_B, \rho_C > 1$,则 PQ 是直径 PP' 与 QQ' 的公共线段, $\odot\Gamma_P$ 与 $\odot\Gamma_Q$ 相交于某点 A,使 AP, AQ 三等分 $\angle BAC$. 注意,若 $BP = PQ = QC$,则 $\odot\Gamma_P$ 与 $\odot\Gamma_Q$ 分别变为 BC 的垂线,它们通过 P 与 Q,这两条垂线不相交,于是 A 不存在.

S117 令 a, b, c 是正实数. 证明
$$\frac{1}{a+b} + \frac{1}{b+c} + \frac{1}{c+a} + \frac{3abc}{2(ab+bc+ca)^2} \geq \frac{5}{a+b+c}$$

(加拿大)S. Asgarli 提供

证 去分母,不等式等价于
$$\sum_{\text{sym}} 2a^5 b^2 + a^4 b^2 c + 2a^5 bc \geq \sum_{\text{sym}} 2a^4 b^3 + 2a^3 b^3 c + a^3 b^2 c^2$$

结论由 Muirhead 定理推出,因 $[5,2,0] \succ [4,3,0], [4,2,1] \succ [3,3,1], [5,1,1] \succ [3,2,2]$. 基础算术平均 - 几何平均不等式是 $[5,2,0] \succ [4,3,0]$ 或 $\frac{(a^5 b^2 + a^5 b^2 + a^2 b^5)}{3} \geq a^4 b^3, \frac{(a^2 b^5 + a^2 b^5 + a^5 b^2)}{3} \geq a^3 b^4$ 与循环形式. 对 $[4,2,1] \succ [3,3,1]$,有 $a^4 b^2 c + b^4 a^2 c \geq 2a^3 b^3 c$ 与循环形式,最后对 $[5,1,1] \succ [3,2,2]$,有 $\frac{(2a^5 bc + b^5 ac + c^5 ab)}{4} \geq a^3 b^2 c^2$ 与循环形式. 证明完成.

S118 把一个等边三角形剖分为 n^2 个全等的等边三角形. 令 V 是这些三角形所有顶点的集合, E 是这些三角形所有边的集合. 求所有 n,它使我们可以把所有的边涂成黑色或白色,使得对所有顶点,出现黑色边的条数等于出现白色边的条数.

(乌克兰)O. Dobosevych 提供

解 在 n^2 个三角形的 $3n^2$ 条边中,恰有 2 个三角形共用所有的边,除了 $3n$ 条边外,这 $3n$ 条边组成原来的大三角形,或者边总数是 $\frac{3n(n+1)}{2}$. 注意,边总数一定是偶数,因对所有顶点,把相交于它上面的黑色边数与白色边数相加,每 1 条边恰好算过 2 次,黑色边总数与白色边总数一定相等. 因此,边总数一定是偶数, 4 一定整除 n 或 $n+1$. 这个条件是必要条件,我们以下证明它也是充分条件:对于任何 n,使 n 或 $n+1$ 可被 4 整除,可以怎样涂色才能满足题目条件.

为看出这个条件也是充分条件,我们将用著名的 Euler 结果. 因此分三角形所有顶点有属于它的偶数条边,故有一条闭路恰好用所有的边 1 次. 对这种特殊情形,我们也可以根据 Euler 的一般证明来证明这个事实. 用最高的 1 个顶点与在它下面的水平对边作等边

三角形.在次分后,第 k 行水平边有 k 条边与 $k+1$ 个顶点.为了做出要求的闭路,进行如下:从最高顶点开始,把一条左边下降到底部左顶点.把第 n 个水平行向右移,再回到左边,在第 $(n-1)$ 水平行与第 $(n-2)$ 水平行之间沿斜边成之字形,直到第 $(n-1)$ 水平行最左顶点.再把第 $(n-1)$ 行向右移,回到第 $(n-2)$ 水平行与第 $(n-1)$ 水平行之间.在依次较高水平行上重复这样做,就给出要求的路.

利用这条路是十分容易的.我们沿这条路给所有边涂色,将交替遇到黑色与白色.每次通过 1 个顶点,给进入的一边涂 1 种颜色,给出来的一边涂不同颜色.也因边总数是偶数,所以我们利用的第 1 边(离开原来顶点的边)将有与所用最后一边(回到原来顶点)有相反颜色.因此所有顶点属于它的黑色边与白色边一样多.

S119 考虑 $\triangle ABC$ 内的点 P,令 AA_1,BB_1,CC_1 是通过 P 的 Ceva 线.BC 的中点 M 与 A_1 不同,点 T 是 AA_1 与 B_1C_1 的交点.证明:若 $\triangle BTC$ 的外接圆与直线 B_1C_1 相切,则 $\angle BTM=\angle A_1TC$.

(美国)I. Borsenco 提供

证 首先注意,当且仅当 $\angle CTM=\angle A_1TB$ 时,$\angle BTM=\angle A_1TC$.因为 $\angle BTM+\angle CTM=\angle A_1TB+\angle A_1TC=\angle BTC$,或可以交换 B 与 C 而不改变问题.称 S 为 $\triangle BTC$ 在 T 上的切线与 BC 的交点.由 Pappus 调和定理有 $\dfrac{CA_1}{A_1B}=\dfrac{CS}{SB}$.不失一般性,$SA_1=SB+BA_1=SC-CA_1$,所以 $SA_1 \cdot SM=SA_1 \cdot \dfrac{SB+SC}{2}=SB \cdot SC$.但是 S 关于 $\triangle BTC$ 外接圆的幂是 $ST^2=SB \cdot SC$,S 关于 $\triangle A_1TM$ 外接圆的幂是 $SA_1 \cdot SM=ST^2$,ST 是 $\triangle A_1TM$ 在 T 上的切线.因此

$$\angle BTM=\angle STM-\angle STB=\angle SA_1T-\angle TCB=$$
$$\pi-\angle CA_1T-\angle TCA_1=\angle A_1TC$$

推出结论.

S120 令 P 是 $\triangle ABC$ 内的点,令 d_a,d_b,d_c 是点 P 到三角形三边的距离.证明

$$\frac{4 \cdot AP \cdot BP \cdot CP}{(d_a+d_b)(d_b+d_c)(d_c+d_a)} \geqslant$$
$$\frac{AP}{d_b+d_c}+\frac{BP}{d_a+d_c}+\frac{CP}{d_a+d_b}+1$$

(乌克兰)O. Dobosevych 提供

证 为方便起见,设

$$AP=x, BP=y, CP=z$$
$$d_a=p, d_b=q, d_c=r$$

首先证明以下引理:

引理 在 $\triangle ABC$ 的边 AB,AC 上分别取点 M,N,则不等式

$$xMN \geqslant rAM + qAN$$

成立.

证 用 [ ] 表示面积,有

$$[四边形\ AMPN] = \frac{1}{2}AP \cdot MN \cdot \sin \varnothing \leqslant \frac{1}{2}x \cdot MN$$

其中 $\varnothing$ 是 AP 与 MN 之间的角. 因

$$[四边形\ AMPN] = [\triangle AMP] + [\triangle ANP] = \frac{1}{2}rMN + \frac{1}{2}qAN$$

故证毕.

考虑点 M, N,使 $AM = AN = k$. 简单的计算得出 $MN = 2k\sin\frac{A}{2}$,以上引理蕴涵 $2x\sin\frac{A}{2} \geqslant q + r$. 同理

$$r + p \leqslant 2y\sin\frac{B}{2}$$

$$p + q \leqslant 2z\sin\frac{C}{2}$$

现在可以证明原不等式. 把它改写为

$$4xyz \geqslant x(p+q)(p+r) + y(q+r)(q+p) + z(r+p)(r+q) + (p+q)(q+r)(r+p)$$

由以上不等式,只要证明

$$4xyz \geqslant 4xyz \sum \sin\frac{B}{2}\sin\frac{C}{2} + 8xyz \prod \sin\frac{A}{2}$$

或

$$1 \geqslant \sum \sin\frac{B}{2}\sin\frac{C}{2} + 2\prod \sin\frac{A}{2}$$

利用众所周知恒等式

$$\sum \sin^2\frac{A}{2} + 2\prod \sin\frac{A}{2} = 1$$

化为

$$\sum \sin^2\frac{A}{2} \geqslant \sum \sin\frac{B}{2}\sin\frac{C}{2}$$

此式显然成立.

S121 求正整数的所有三元组 (x, y, z),使 $2(x^3 + y^3 + z^3) = 3(x+y+z)^2$.

(美国) T. Andreescu 提供

解 由 Hölder 不等式得

$$(1^3+1^3+1^3)(1^3+1^3+1^3)(x^3+y^3+z^3) \geqslant (x+y+z)^3$$

于是 $9 \cdot \frac{3}{2}(x+y+z)^2 \geqslant (x+y+z)^3$. 这蕴涵 $x+y+z \leqslant 13$, 因为 $x+y+z$ 是偶数, 所以 $x+y+z=2k$, 其中 $k=2,3,4,5,6$. 简单情形的分析证明了只有算出 $k=6$, 所有三元组 (x,y,z) 是 $(3,4,5)$ 与其置换.

S122 在 $\triangle ABC$ 中, $l_a, l_b, l_c, m_a, m_b, m_c$ 分别为从点 A, B, C 作出的角平分线与中线. 证明

$$\frac{l_a^2}{bc}+\frac{l_b^2}{ac}+\frac{l_c^2}{ab} \leqslant$$

$$\cos^2\frac{A}{2}+\cos^2\frac{B}{2}+\cos^2\frac{C}{2} \leqslant$$

$$\frac{9}{4} \leqslant \frac{m_a^2}{a^2}+\frac{m_b^2}{b^2}+\frac{m_c^2}{c^2}$$

(美国) R. B. Cabrera, Texas 提供

证 **引理 1** $\sin\frac{A}{2} \leqslant \frac{a}{b+c}$.

证 $a=2R\sin A, b=2R\sin B, c=2R\sin C$, 于是只要证明

$$\sin\frac{A}{2} \leqslant \frac{\sin A}{\sin B+\sin C} = \frac{2\sin\frac{A}{2}\cos\frac{A}{2}}{2\sin\frac{B+C}{2}\cos\frac{B-C}{2}} = \frac{\sin\frac{A}{2}}{\cos\frac{B-C}{2}}$$

于是不等式等价于 $\cos\frac{B-C}{2} \leqslant 1$. 类似地有

$$\sin\frac{B}{2} \leqslant \frac{b}{a+c}$$

$$\sin\frac{C}{2} \leqslant \frac{c}{a+b}$$

引理 2 $\sin\frac{A}{2}\sin\frac{B}{2}\sin\frac{C}{2} \leqslant \frac{1}{8}$.

证 因为

$$(a+b)(b+c)(c+a) \geqslant (2\sqrt{ab})(2\sqrt{bc})(2\sqrt{ca})=8abc$$

利用引理 1 得

$$\sin\frac{A}{2}\sin\frac{B}{2}\sin\frac{C}{2} \leqslant \frac{abc}{(a+b)(b+c)(c+a)} \leqslant \frac{1}{8}$$

引理 3 $\sin^2\dfrac{A}{2} + \sin^2\dfrac{B}{2} + \sin^2\dfrac{C}{2} \geqslant \dfrac{3}{4}$.

证 由恒等式 $\sin^2\dfrac{A}{2} + \sin^2\dfrac{B}{2} + \sin^2\dfrac{C}{2} + 2\sin\dfrac{A}{2}\sin\dfrac{B}{2}\sin\dfrac{C}{2} = 1$ 与引理 2 推出. 回到原问题, 有

$$\left(\dfrac{l_a^2}{bc},\dfrac{l_b^2}{ac},\dfrac{l_c^2}{ab}\right) = \left(1 - \left(\dfrac{a}{b+c}\right)^2, 1 - \left(\dfrac{b}{a+c}\right)^2, 1 - \left(\dfrac{c}{a+b}\right)^2\right)$$

与

$$\left(\dfrac{m_a^2}{a^2},\dfrac{m_b^2}{b^2},\dfrac{m_c^2}{c^2}\right) = \left(\dfrac{2b^2+2c^2-a^2}{4a^2},\dfrac{2a^2+2c^2-b^2}{4b^2},\dfrac{2a^2+2b^2-c^2}{4c^2}\right)$$

因此由引理 1 得

$$\dfrac{l_a^2}{bc} + \dfrac{l_b^2}{ac} + \dfrac{l_c^2}{ab} \leqslant 1 - \sin^2\dfrac{A}{2} + 1 - \sin^2\dfrac{B}{2} + 1 - \sin^2\dfrac{C}{2} =$$

$$\cos^2\dfrac{A}{2} + \cos^2\dfrac{B}{2} + \cos^2\dfrac{C}{2}$$

第 2 个不等式由引理 3 推出. 因为每个被加项大于或等于 2, 所以最后的不等式等价于

$$\left(\dfrac{b^2}{a^2} + \dfrac{a^2}{b^2}\right) + \left(\dfrac{c^2}{a^2} + \dfrac{a^2}{c^2}\right) + \left(\dfrac{c^2}{b^2} + \dfrac{b^2}{c^2}\right) \geqslant 6$$

最后当且仅当 $\triangle ABC$ 是等边三角形时, 所有不等式中等号成立.

S123 证明: 在边长为 a,b,c 的任意三角形中

$$\dfrac{b+c}{a} + \dfrac{c+a}{b} + \dfrac{a+b}{c} + \dfrac{(b+c-a)(c+a-b)(a+b-c)}{abc} \geqslant 7$$

(罗马尼亚) C. Lupu 提供

证 作代换 $a = x+y, b = y+z, c = z+x$, 其中 $x,y,z > 0$. 不等式等价于

$$\dfrac{2x+y+z}{y+z} + \dfrac{x+2y+z}{z+x} + \dfrac{x+y+2z}{x+y} + \dfrac{8xyz}{(x+y)(y+z)(z+x)} \geqslant 7$$

两边乘以 $(x+y)(y+z)(z+x)$ 后, 不等式变为

$$2(x^3+y^3+z^3) + 6xyz \geqslant 2 \cdot \sum xy(x+y)$$

$$\Leftrightarrow 2\sum x(x-y)(x-z) \geqslant 0$$

这正是 Schur 不等式.

S124 在 $\triangle ABC$ 中, 令三边中点为 M_a, M_b, M_c, 点 X, Y, Z 分别为 $\triangle M_a M_b M_c$ 的内切圆与 $M_b M_c, M_c M_a, M_a M_b$ 的切点.

(1) 证明:直线 AX, BY, CZ 共点.

(2) 若 AA_1, BB_1, CC_1 是通过点 P 的 Ceva 线(点 P 是(1)中的共点),则 $\triangle A_1B_1C_1$ 的周长不小于 $\triangle ABC$ 的半周长.

(古巴) R. B. Cabrera 提供

证 (1) 由 Thales 定理,因为 $M_cM_b \parallel BC$,所以 $\dfrac{BX}{XC} = \dfrac{M_cD}{DM_b}$,其中 D 是 $\triangle M_aM_bM_c$ 的内切圆与 M_bM_c 的切点. 容易证明 $M_cD = \dfrac{M_bM_c + M_cM_a - M_aM_b}{2} = \dfrac{a+b-c}{4}$,类似地 $DM_b = \dfrac{M_aM_b + M_bM_c - M_cM_a}{2} = \dfrac{c+a-b}{4}$ 或 $\dfrac{BX}{XC} = \dfrac{a+b-c}{c+a-b}$,对它的轮换是类似的. 由 Menelaus 定理的互易定理,知 AX, BY, CZ 相交于点 P. 因为 X 可以看作边 BC 与旁切圆的切点,此旁切圆与边 BC 及边 AB, AC 的延长线相切,对 Y 与 Z 是类似的,所以 AX, BY, CZ 的交点 P 是 $\triangle ABC$ 的 Nagel 点.

(2) 由余弦定理与已经算出的结果有

$$B_1C_1^2 = AB_1^2 + AB_1^2 - 2AC_1 \cdot AC_1 \cos A =$$
$$\dfrac{(a+b-c)^2}{4} + \dfrac{(c+a-b)^2}{4} -$$
$$\dfrac{(a+b-c)(c+a-b)(b^2+c^2-a^2)}{4bc} =$$
$$a^2(1 - \sin B \sin C)$$

对它的轮换是类似的,其中利用了 $\triangle ABC$ 面积的 Hero 公式. 现在注意

$$2\sin B \sin C = \cos(B-C) - \cos(B+C) \leqslant 1 + \cos A = 2 - 2\sin^2 \dfrac{A}{2}$$

$$B_1C_1 \geqslant a \sin \dfrac{A}{2}$$

对它的轮换是类似的. 因此只要证明

$$\dfrac{a}{a+b+c} \sin \dfrac{A}{2} + \dfrac{b}{a+b+c} \sin \dfrac{B}{2} + \dfrac{c}{a+b+c} \sin \dfrac{C}{2} \geqslant \dfrac{1}{2}$$

因为 $\sin x$ 的二阶导数是 $-\sin x$,对三角形中的半角是负的,应用 Jensen 不等式,只要证明

$$\sin \dfrac{aA + bB + cC}{2(a+b+c)} \geqslant \dfrac{1}{2}$$

$$\dfrac{aA + bB + cC}{a+b+c} \geqslant \dfrac{A+B+C}{3}$$

$$2aA + 2bB + 2cC \geqslant (aB + bC + cA) + (aC + bA + cB)$$

最后这个关系式成立,不失一般性,当且仅当 $A \geqslant B \geqslant C$ 时,$a \geqslant b \geqslant c$.

S125 求满足 $\left|\dfrac{p}{q}-\sqrt{2}\right|<\dfrac{1}{q^2}$ 的所有正整数对 (p,q).

(美国) I. Borsenco 提供

解 首先证明以下断言.

断言 已知条件等价于 $|p^2-2q^2|\leqslant 2$.

证 首先设 $\left|\dfrac{p}{q}-\sqrt{2}\right|<\dfrac{1}{q^2}$. 显然 $p<q\sqrt{2}+\dfrac{1}{q}$, 或

$$|p^2-2q^2|=q(p+q\sqrt{2})\left|\dfrac{p}{q}-\sqrt{2}\right|<$$

$$\dfrac{p+q\sqrt{2}}{q}<2\sqrt{2}+\dfrac{1}{q^2}$$

若 $q\geqslant 3$, 则因 $3-\dfrac{1}{9}=\sqrt{\dfrac{676}{81}}>\sqrt{\dfrac{648}{81}}=2\sqrt{2}$, 故显然有 $|p^2-2q^2|<3$. 若 $q=2$, 则 $2<2\sqrt{2}-\dfrac{1}{2}<p<2\sqrt{2}+\dfrac{1}{2}<4$, 因为 $2+\dfrac{1}{2}=\sqrt{\dfrac{25}{4}}<\sqrt{8}=2\sqrt{2}$, $4-\dfrac{1}{2}=\sqrt{\dfrac{49}{4}}>\sqrt{8}=2\sqrt{2}$, 或 $p=3$, $|p^2-2q^2|=1\leqslant 2$. 最后, 若 $q=1$, 则当 $p=1$ 或 $p=2$ 时, $0<\sqrt{2}-1<p<\sqrt{2}+1<3$, $|p^2-2q^2|=1$ 或 $|p^2-2q^2|=2$.

相反地, 若 $|p^2-2q^2|\leqslant 2$, 设 $\left|\dfrac{p}{q}-\sqrt{2}\right|>\dfrac{1}{q^2}$, 则

$$p+\sqrt{2}q=\dfrac{|p^2-2q^2|}{|p-q\sqrt{2}|}<2q$$

$$|p-\sqrt{2}q|>2q(\sqrt{2}-1)=\dfrac{2q}{\sqrt{2}+1}$$

因为 $p,q\geqslant 1$, 所以 $p+\sqrt{2}q\geqslant\sqrt{2}+1$, $|p^2-2q^2|>2q\geqslant 2$, 不合理. 推出断言.

因为对正整数 p,q, $\sqrt{2}$ 是无理数, $p^2=2q^2$ 是不可能的, 所以由断言知, 任何解都满足 $p^2-2q^2=\pm 1$ 或 $p^2-2q^2=\pm 2$. 这些方程是 Pell 方程或类似于 Pell 方程, 容易用标准方法计算出解 (例如在 http://mathworld.wolfram.com 中看关于 Pell 方程的项目), 导致无限解序列 $\{p_n,q_n\}_{n\geqslant 1}$, 定义如下

$$p^2-2q^2=-2\leftrightarrow p_n=\dfrac{(1+\sqrt{2})^{2n}-(1-\sqrt{2})^{2n}}{\sqrt{2}}$$

$$q_n=\dfrac{(1+\sqrt{2})^{2n}+(1-\sqrt{2})^{2n}}{2}$$

$$p^2-2q^2=-1\leftrightarrow p_n=\dfrac{(1+\sqrt{2})^{2n-1}+(1-\sqrt{2})^{2n-1}}{2}$$

$$q_n=\dfrac{(1+\sqrt{2})^{2n-1}-(1-\sqrt{2})^{2n-1}}{2\sqrt{2}}$$

$$p^2 - 2q^2 = 1 \leftrightarrow p_n = \frac{(1+\sqrt{2})^{2n} + (1-\sqrt{2})^{2n}}{2}$$

$$q_n = \frac{(1+\sqrt{2})^{2n} - (1-\sqrt{2})^{2n}}{2\sqrt{2}}$$

$$p^2 - 2q^2 = 2 \leftrightarrow p_n = \frac{(1+\sqrt{2})^{2n-1} - (1-\sqrt{2})^{2n-1}}{\sqrt{2}}$$

$$q_n = \frac{(1+\sqrt{2})^{2n-1} + (1-\sqrt{2})^{2n-1}}{2}$$

S126 令 a,b,c 是正实数. 证明

$$\sqrt{\frac{a^2(b^2+c^2)}{a^2+bc}} + \sqrt{\frac{b^2(c^2+a^2)}{b^2+ca}} + \sqrt{\frac{c^2(a^2+b^2)}{c^2+ab}} \leqslant a+b+c$$

(澳大利亚)P. H. Duc 提供

证 称 $x = \frac{a^2(b^2+c^2)}{a^2+bc}, y = \frac{b^2(c^2+a^2)}{b^2+ac}, z = \frac{c^2(a^2+b^2)}{c^2+ab}$, 则提出的不等式等价于

$$x + y + z + 2(\sqrt{xy} + \sqrt{yz} + \sqrt{zx}) \leqslant a^2 + b^2 + c^2 + 2(ab+bc+ca)$$

此外, 为使

$$2(\sqrt{xy} - ab) \leqslant \frac{xy - a^2b^2}{ab}$$

成立, 当且仅当

$$xy - 2ab\sqrt{xy} + a^2b^2 \geqslant 0$$

成立, 其中当且仅当 $\sqrt{xy} = ab$ 时, 等式成立, 故只要证明

$$\frac{xy - a^2b^2}{ab} + \frac{yz - b^2c^2}{bc} + \frac{zx - c^2a^2}{ca} \leqslant a^2 + b^2 + c^2 - (x+y+z) \quad \text{①}$$

当 $xy = a^2b^2, yz = b^2c^2, zx = c^2a^2$ 同时成立时, 等价于 $x = a^2, y = b^2, z = c^2$, 或 $a^2 + b^2 + c^2 = 2a^2 + bc = 2b^2 + ca = 2c^2 + ab$, 最后当 $a = b = c$ 时, 不等式 ① 等价于提出的不等式.

现在 $x + y + z$ 中公分母 D 等于

$$(a^2+bc)(b^2+ca)(c^2+ab) = a^3b^3 + b^3c^3 + c^3a^3 + abc(a^3+b^3+c^3) + 2a^2b^2c^2$$

x 的分子, y 与 z 的分母的乘积等于

$$a^2(b^2+c^2)(b^2+ca)(c^2+ab) = a^2b^2c^2(b^2+c^2) + (a^3b^3+a^3c^3)(b^2+c^2) + a^4bc(b^2+c^2+a^2) - a^6bc$$

在一些代数运算后, 这个积的循环和等于

$$D(x+y+z) = D(a^2+b^2+c^2) - abc[a^5+b^5+c^5 - abc(ab+bc+ca)]$$

此外,在一些代数运算后

$$xy - a^2b^2 = a^2b^2c\frac{c^3 + a^2c + b^2c - a^3 - b^3 - abc}{c^2ab + c(a^3 + b^3) + a^2b^2} =$$

$$a^2b^2c\frac{c^5 + a^2c^3 + b^2c^3 - a^3c^2 - b^3c^2 + a^3bc + ab^3c - a^4b - ab^4 - a^2b^2c}{D}$$

在所有轮换上求和,最后得出

$$abc\frac{-(ab + bc + ca)(a^3 + b^3 + c^3) + 3abc(a^2 + b^2 + c^2)}{D} +$$

$$a^2 + b^2 + c^2 - (x + y + z)$$

因此只要证明

$$(ab + bc + ca)(a^3 + b^3 + c^3) \geqslant 3abc(a^2 + b^2 + c^2)$$

成立.

因为

$$\left(\frac{a^3 + b^3 + c^3}{3}\right)^{\frac{2}{3}} \geqslant \frac{a^2 + b^2 + c^2}{3} \geqslant \frac{ab + bc + ca}{3} \geqslant (abc)^{\frac{2}{3}}$$

显然推出结果,其中当且仅当 $a = b = c$ 时,等式成立.

S127 令 x, y, z 是正实数,且 $x^2 + y^2 + z^2 \geqslant 3$. 证明

$$\frac{x^3}{\sqrt{y^2 + z^2 + 7}} + \frac{y^3}{\sqrt{z^2 + x^2 + 7}} + \frac{z^3}{\sqrt{x^2 + y^2 + 7}} \geqslant 1$$

(乌兹别克斯坦)O. Ibrogimov 提供

证 设 $x^2 + y^2 + z^2 = S$. 函数 $f(t) = \dfrac{t^{\frac{3}{2}}}{\sqrt{S + 7 - t}}$ 有 $f''(t) = \dfrac{3(S+7)^2}{4t^{\frac{1}{2}}(S+7-t)^{\frac{5}{2}}}$,因此 f 是凸函数,由 Jensen 不等式得

$$\frac{x^3}{\sqrt{y^2 + z^2 + 7}} + \frac{y^3}{\sqrt{z^2 + x^2 + 7}} + \frac{z^3}{\sqrt{x^2 + y^2 + 7}} =$$

$$f(x^2) + f(y^2) + f(z^2) \geqslant$$

$$3f\left(\frac{S}{3}\right) = \frac{S^{\frac{3}{2}}}{\sqrt{21 + 2S}}$$

因为 $g(S) = \dfrac{S^{\frac{3}{2}}}{\sqrt{21 + 2S}}$ 有 $g'(S) = \dfrac{4S^{\frac{3}{2}} + 63S^{\frac{1}{2}}}{2(21 + 2S)^{\frac{3}{2}}} \geqslant 0$,所以下界是 S 的增函数,在 S 最小可能值上,即 $S = 3$ 时,取最小值,此时是 1.

S128 令 $A_1A_2\cdots A_n$ 是正 n 边形,内接于圆心为 O,半径为 R 的圆. 证明:对 n 边形平面上的每一点 M

$$\prod_{k=1}^{n} MA_k \leqslant (OM^2 + R^2)^{\frac{n}{2}}$$

(罗马尼亚)D. Andrica 提供

证 在复平面上进行证明,以 O 为原点,不失一般性,$R=1$. 令 $\omega=\exp(\dfrac{2\pi i}{n})$,复数 ω,$\omega^2,\cdots,\omega^n,x$ 分别对应点 $A_1,A_2,\cdots,A_n,M$,则不等式等价于

$$\prod_{k=1}^{n}|x-\omega^k|\leqslant\sqrt{(|x|^2+1)^n}$$

因为 $\omega,\omega^2,\cdots,\omega^n$ 是 $z^n-1=0$ 的根,所以由三角形不等式有

$$\prod_{k=1}^{n}|x-\omega^k|=|x^n-1|\leqslant|x|^n+1$$

因此只要证明

$$(|x|^n+1)^2\leqslant(|x|^2+1)^n\Leftrightarrow 2|x|^n\leqslant\sum_{k=1}^{n-1}\binom{n}{k}|x|^{2k}$$

这可由算术平均 - 几何平均不等式推出,因为 $n\geqslant 3$ 与

$$\sum_{k=1}^{n-1}\binom{n}{k}|x|^{2k}\geqslant n|x|^2+n|x|^{2n-2}\geqslant$$

$$2n|x|^n\geqslant 2|x|^n$$

当且仅当 $|x|=0$,即当 $M\equiv O$ 时,等式成立.

S129 令 $a_1,a_2,\cdots,a_n\in[0,1]$,$\lambda$ 是实数,使 $a_1+a_2+\cdots+a_n=n+1-\lambda$. 对 $(a_i)_{i=1}^n$ 的任一置换 $(b_i)_{i=1}^n$,证明

$$a_1b_1+a_2b_2+\cdots+a_nb_n\geqslant n+1-\lambda^2$$

(孟加拉国)S. Riasat 提供

证 因为

$$\sum_{i=1}^{n}(1-a_i)=\sum_{i=1}^{n}(1-b_i)=n-(n+1-\lambda)=\lambda-1$$

所以 $\lambda\geqslant 1$,且

$$a_1b_1+a_2b_2+\cdots+a_nb_n=n-\sum_{i=1}^{n}(1-a_i)-\sum_{i=1}^{n}(1-b_i)+\sum_{i=1}^{n}(1-a_i)(1-b_i)=$$

$$n-2(\lambda-1)+\sum_{i=1}^{n}(1-a_i)(1-b_i)\geqslant$$

$$n-2(\lambda-1)$$

因为 $n+1-\lambda^2=n-2(\lambda-1)-(\lambda-1)^2\leqslant n-2(\lambda-1)$,所以这比要求的不等式强. 若对所有 i,有 $a_i=1$ 或 $b_i=1$,则等式在被证实的界限中出现.

另一证法:当 $a_1,a_2,\cdots,a_n\in[0,1]$ 时,有

$$\lambda=n+1-(a_1+\cdots+a_n)\geqslant n+1-n=1$$

对所有 $i=1,\cdots,n,a_i,b_i\leqslant 1\leqslant\lambda$(其中 (b_i) 是 (a_i) 的置换),因此 $(\lambda-a_i)(1-b_i)\geqslant 0$,对所有 $i=1,\cdots,n$ 求这些不等式的和,得

$$0 \leqslant n\lambda - \lambda \sum_{i=1}^{n} b_i - \sum_{i=1}^{n} a_i + \sum_{i=1}^{n} a_i b_i$$

因为 $a_1 + \cdots + a_n = b_1 + \cdots + b_n = n + 1 - \lambda$，所以得出

$$a_1 b_1 + \cdots + a_n b_n \geqslant -n\lambda + \lambda(n+1-\lambda) + (n+1-\lambda) = n+1-\lambda^2$$

正是要求的结果.

S130 证明：对所有正整数 n 与所有实数 x, y

$$\sum_{k=0}^{n} \binom{n}{k} \cos[(n-k)x + ky] = \left(2\cos\frac{x-y}{2}\right)^n \cos n\frac{x+y}{2}$$

(美国) T. Andreescu, (罗马尼亚) D. Andrica 提供

证 实数 $\sum_{k=0}^{n} \binom{n}{k} \cos[(n-k)x + ky]$ 是以下复数的实部

$$Z = \sum_{k=0}^{n} \binom{n}{k} e^{i[(n-k)x+ky]} = \sum_{k=0}^{n} \binom{n}{k} (e^{ix})^{n-k} (e^{iy})^k$$

因为二项式定理

$$Z = (e^{ix} + e^{iy})^n$$

可改写为

$$Z = [e^{i\frac{x+y}{2}}(e^{i\frac{x-y}{2}} + e^{-i\frac{x-y}{2}})]^n = \left(2\cos\frac{x-y}{2}\right)^n e^{ni\frac{x+y}{2}}$$

所以 Z 的实部也是

$$\left(2\cos\frac{x-y}{2}\right)^n \cos n\frac{x+y}{2}$$

推出结果.

S131 令 P 是 $\triangle ABC$ 内的点，P_a, P_b, P_c 分别为 A, B, C 关于点 P 的对称点. 通过点 P_a 作 PB, PC 的平行线分别交 AB, AC 于点 A_b, A_c. 可用相同方法定义点 B_a, B_c, C_a, C_b. 证明：点 $A_b, A_c, B_a, B_c, C_a, C_b$ 在一椭圆上.

(罗马尼亚) C. Barbu 提供

证 因为 P 是 AP_a 的中点，$PB \parallel A_b P_a$，所以 B 是 AA_b 的中点. 用相同方法求出 C 是 BB_c 与 AA_c 的中点，A 是 BB_a 与 CC_a 的中点，B 是 AA_b 与 CC_b 的中点. 作仿射变换，使 $\triangle ABC$ 是等边三角形，令 O 是被变换 $\triangle ABC$ 的中心，$\triangle OAB_a, \triangle OAC_a, \triangle OBA_b$, $\triangle OBC_b, \triangle OCA_c, \triangle OCB_c$ 都全等，从而 O 是通过点 $A_b, A_c, B_a, B_c, C_a, C_b$ 的圆的圆心. 因此在仿射变换前，它们都在一椭圆上.

S132 令 G 是在 n 个顶点上的4分图. 证明：当 $k \geqslant 3$ 时，G 中 k 团图数小于或等于 $\dfrac{n^4 + 16n^3}{256}$.

(美国)I. Borsenco 提供

证 令 A,B,C,D 是 4 个不相交的顶点集合,使 A,B,C 或 D 中没有 2 个顶点相邻. 显然没有 k 团图($k \geqslant 5$),因为如果有任一 k 团图,则由鸽笼原理,得出集合(A,B,C 或 D),使 k 团图中至少有 2 个顶点. 这不可能,因为在这些集合中没有 2 个顶点相邻. 因此只计算 3 - 团图与 4 - 团图的个数. 令 $|A|=a, |B|=b, |C|=c, |D|=d$. 4 - 团图的个数小于或等于 $abcd$, 3 - 团图的个数小于或等于 $abc+bcd+cda+dab$(这个数是 3 - 团图最大个数,其中 1 个顶点在 A 中,1 个顶点在 B 中,1 个顶点在 C 中,加上 …) 因此只要证明

$$abcd + abc + bcd + cda + dab \leqslant \frac{n^4 + 16n^3}{256}$$

由算术平均 - 几何平均不等式给出

$$256abcd = (4\sqrt[4]{abcd})^4 \leqslant (a+b+c+d)^4 = n^4$$

算术平均 - 几何平均不等式对 $60(2+2+2+9+9+9+9+9+9)$ 个变量,给出

$$2(a^3+b^3+c^3) + 9(a^2b+a^2c+b^2a+b^2c+c^2a+c^2b) \geqslant 60abc$$

对其他 3 个三元组,把这些相同不等式相加,得出

$$(a^3+b^3+c^3+d^3) + 3f(a,b,c,d) \geqslant 10(abc+bcd+cda+dab)$$

其中 $f(a,b,c,d)$ 是 a^2b 在 $\{a,b,c,d\}$ 上的对称和. 容易检验这等价于

$$n^3 = (a+b+c+d)^3 \geqslant 16(abc+bcd+cda+dab)$$

把最后这个不等式 16 次加到不等式 $256abcd \leqslant n^4$ 上,得到要求的结果.

S133 把 144 片睡莲叶子排成一行,涂为红色、绿色、蓝色、红色、绿色、蓝色等. 证明:一只青蛙按从左到右的序列从第 1 片睡莲叶子起,跳过不同颜色的睡莲叶子,到达最后 1 片睡莲叶子的排列方法数是 3 的倍数.

(美国)B. Basham 提供

证 把睡莲叶子从左向右编号为 $0,1,\cdots,143$. 令 a_n 是从 0 号叶子到 n 号叶子的路线数. 关于路线颜色条件的说明,没有 1 条路线长是 3 的倍数. 因此在 n 号叶结束的任一路线一定来自某 $n-k$ 号叶,其中 $1 \leqslant k \leqslant n, 3 \nmid k$. 于是对 $n \geqslant 1$,有

$$a_n = \sum_{1 \leqslant k \leqslant n, 3 \nmid k} a_{n-k}$$

对 a_{n-3} 减去这个递推式,可见对于 $n \geqslant 4$,有

$$a_n = a_{n-1} + a_{n-2} + a_{n-3}$$

这个级数中前 5 项容易算出为 $a_0=1, a_1=1, a_2=2, a_3=3, a_4=6, a_5=11$. 简化 mod 3,我们计算出

$$(a_1, a_2, \cdots, a_{16}) \equiv (1,2,0,0,2,2,1,2,2,2,0,1,0,1,2,0) \pmod{3}$$

因 $a_{14} \equiv a_1, a_{15} \equiv a_2, a_{16} \equiv a_3$,故由简单归纳法可见对 $n \geqslant 14, a_n \equiv a_{n-13} \pmod 3$. 因此

要求的路线是 $a_{143} \equiv a_{13} \equiv 0 \pmod 3$.

另一方面,可以用以上递推式计算
$$a_{143}=36,313,178,101,004,428,811,623,186,353,782,367,273$$
易见它是 3 的倍数.

S134 求所有整数三元组 (x,y,z),使它们同时满足方程 $x+y=5z$ 与 $xy=5z^2+1$.

(美国)T. Andreescu 提供

解 第 2 个方程乘以 5,再把第 1 个方程中的 $5z$ 代入,得出
$$x^2-3xy+y^2+5=0$$
由二次方程求根公式有
$$x=\frac{3}{2}y\pm\frac{1}{2}\sqrt{5(y^2-4)}$$
为使 x 是整数,对某整数 n,一定有 $y^2-4=5n^2$,于是推出
$$x=\frac{3}{2}y\pm\frac{5}{2}n$$
与
$$z=\frac{1}{2}y\pm\frac{1}{2}n$$

若对 mod 4 考虑方程 $y^2-5n^2=4$,则求出 y 与 n 一定有相同奇偶性,因此 x 与 z 总是整数. 现在 $y^2-5n^2=4$ 的正整数解是有序对 (y_k,n_k),其中 y_k 与 n_k 满足递推关系式
$$y_0=2,y_1=3,y_k=3y_{k-1}-y_{k-2}$$
与
$$n_0=0,n_1=1,n_k=3n_{k-1}-n_{k-2}$$
于是
$$y_k=\left(\frac{3+\sqrt{5}}{2}\right)^k+\left(\frac{3-\sqrt{5}}{2}\right)^k=L_{2k}$$
与
$$n_k=\frac{1}{\sqrt{5}}\left[\left(\frac{3+\sqrt{5}}{2}\right)^k+\left(\frac{3-\sqrt{5}}{2}\right)^k\right]=F_{2k}$$
其中 L_j 与 F_j 分别表示第 j 个 Lucas 数与第 j 个 Fibonacci 数. 利用恒等式
$$L_{2k}=F_{2k-1}+F_{2k+1}$$
求出
$$\frac{1}{2}(y_k+n_k)=\frac{1}{2}(L_{2k}+F_{2k})=\frac{1}{2}(F_{2k-1}+F_{2k}+F_{2k+1})=F_{2k+1}$$
另一方面
$$\frac{1}{2}(y_k-n_k)=\frac{1}{2}(y_k+n_k)-n_k=F_{2k+1}-F_{2k}$$

此外
$$\frac{3}{2}y_k + \frac{5}{2}n_k = 3F_{2k+1} + F_{2k} = 2F_{2k+1} + F_{2k+2} =$$
$$F_{2k+1} + F_{2k+3} = L_{2k+2}$$
与
$$\frac{3}{2}y_k - \frac{5}{2}n_k = 3F_{2k+1} - 4F_{2k}$$

因此对每个 $k \geqslant 0$，三元组 $(L_{2k+2}, L_{2k}, L_{2k+1})$ 与 $(3F_{2k+1} - 4F_{2k}, L_{2k}, F_{2k+1} - F_{2k})$ 是题目中方程的解. 因方程在变换 $(x, y, z) \to (-x, -y, -z)$ 下是不变的，故三元组
$$(-L_{2k+2}, -L_{2k}, -F_{2k+1})$$
与
$$(-3F_{2k+1} + 4F_{2k}, -L_{2k}, -F_{2k+1} + F_{2k})$$
也是题目中方程的解.

S135 在正 n 边形的所有顶点上写上 0，每分钟，Bob 选出 1 个顶点，把 2 加到写在此顶点上的数，并从写在 2 个相邻顶点上的数减去 1. 证明：无论 Bob 玩多长时间，他得不到 1 写在 1 个顶点上，-1 写在另 1 个顶点上，0 写在其他各个顶点上的布局.

(美国) T. Chu 提供

证 按反时针方向给各顶点编号 1 到 n，x_i 表示到达已知布局前选出 1 个顶点的次数（即在 n 边形各顶点上达到已知的数值分布），利用循环记号，使 $x_{n+i} = x_i$. 显然，指定给顶点 i 的总数是 $2x_i - x_{i-1} - x_{i+1}$. 注意这时不失一般性可设 $\min\{x_i\} = 0$，因为可以从每个 x_i 减去 $\min\{x_i\}$，得出相同布局，因为每个 $2x_i - x_{i-1} - x_{i+1}$ 不变. 设最后布局中 $x_1 = -1$，对某 $k \neq 1$，$x_k = 0$. 显然，因 $2x_k + x_{k-1} - x_{k+1} = 0$ 或 1，所以 x_{k-1} 与 x_{k+1} 为非正的，即 $x_{k-1} = x_{k+1} = 0$，0 指定给第 k 个顶点. 注意，我们可以按顺时针或反时针方向，从第 k 个顶点移到被指定为 1 的顶点，不经过被指定为 -1 的顶点. 由向前或向后的平凡归纳法，对指定为 1 的顶点，断定 $x_i = 0$，不合理，因为被指定为 1 的值将是非正值. 因此 $x_1 = 0$，或 $x_2 + x_n = 1$，或不失一般性，由对称性，因为可以用顺时针方向代替反时针方向给顶点编号，所以 $x_2 = 1, x_n = 0$. 因此，注意 $x_{n-1} = 0$ 或第 n 个顶点有指定的负值. 现在从第 n 个顶点向后移，一定遇到指定为 1 的顶点. 由平凡的向后归纳法，因为 0 指定给从第 n 个顶点向下所有顶点到指定为 1 的顶点，所以对指定为 1 的顶点，断定 $x_i = 0$，或它的值为非正的，矛盾. 推出结论.

另一证法：反时针方向给各顶点编号为 1 到 n，令 a_i 是写在顶点 i 上的数. 把指标看作 $\mod n$. 考虑和
$$S = \sum_{i=1}^{n} ia_i$$

做适当移动会影响这个和. 若取顶点 j,则 a_j 增加 2,$a_{j\pm 1}$ 减少 1. 因此对 $\mod n$,S 增加
$$2j-(j-1)-(j+1)=0$$
(若 $j=1$ 或 $j=n$,则这个计算只对 $\mod n$ 成立,S 可以减少或增加 n). 因为在开始布局中 $S=0$,所以 S 一定总是 n 的倍数.

今设 Bob 到达这样的位置,使 1 在顶点 j 上,$a-1$ 在顶点 $k\neq j$ 上,否则为 0. 于是 Bob 会有 $S=j-k$. 因为各顶点编号为 $1,2,\cdots,n$,所以它们对 $\mod n$ 有不同的剩余,这个差对 $\mod n$ 不能为 0,矛盾.

S136 用起重机搬运杠铃,杠铃两边有 n 件重量相等的重物. 每一步从杠铃的一边取出一些重物. 但若两边重物之差大于 k 件,则杠铃被移走或下降. 求取出所有重物需要的最少步数是多少?

(美国)I. Boreico 提供

解 第 1 步,起重机从一边至多可以取出 k 件重物. 在最后一步以前,只能在杠铃的一边至多可以取出 k 件重物. 从而有 2 步,其中起重机至多提升 k 件重物. 在其他步,起重机至多可以提升 $2k$ 件重物,这只有在这一步前,一边有多于 k 件重物时才可能,起重机从另一边取出 $2k$ 件重物. 因此至少有这样的 $\frac{2n-2k}{2k}=\frac{n}{k}-1$ 步,因为总步数至少是 $\lceil \frac{n}{k} \rceil+1$,其中对任一实数 x,$\lceil x \rceil$ 表示大于或等于 x 的最小整数. 这个步数实际上可以用以下策略达到:起重机第 1 步恰好从一边取出 k 件重物,然后轮流从每边尽可能多次取出 $2k$ 件重物,即直到两边都有少于 $2k$ 件重物. 因在这样每步后,显然恰有一边比另一边多 k 件重物,一边少于 k 件重物,为结束这个过程,恰好需要多于 2 步. 若总步数大于 $\lceil \frac{n}{k} \rceil+1$,则起重机被移走,除最后 2 步外,恰有 $k+2k(\lceil \frac{n}{k} \rceil-1)\geq 2n-k$,矛盾. 因为这时没有多于 k 个重物被移走,所以两边都一样. 因此起重机利用恰好 $\lceil \frac{n}{k} \rceil+1$ 步移走所有重物.

S137 在圆内接四边形 $ABCD$ 中,令 $\{U\}=AB\cap CD$,$\{V\}=BC\cap AD$. 一直线通过点 V 且垂直于 $\angle AUD$ 的平分线,交 UA,UD 于点 X,Y. 证明
$$AX \cdot DY=BX \cdot CY$$

(美国)I. Borsenco 提供

证 首先分别把 UC,CY,YD,BU,XB,AF 表示为 a,b,c,d,e,f. 因为 $\angle U$ 的平分线是 XY 的垂线,所以 $\triangle UXY$ 是等腰三角形. 考虑 $a+b=d+e$. 令 $k=a+b$,因此 $a=k-b$,$d=k-e$. 当我们有圆内接四边形时,考虑方程
$$(k-e)(k+f)=(k-b)(k+c)$$
把 k 移到左边,得

$$k = \frac{bc - ef}{c - b + e - f}$$

现在对 $\triangle AUD$ 与割线 BV 应用 Menelaus 定理

$$\frac{AV}{DV} \cdot \frac{b+c}{k-b} \cdot \frac{k-e}{e+f} = 1$$

再对 $\triangle AUD$ 与割线 XV 作相同运算

$$\frac{AV}{DV} \cdot \frac{c}{k} \cdot \frac{k}{f} = 1$$

使两部分相等,给出

$$\frac{f}{c} \cdot \frac{b+c}{k-b} \cdot \frac{k-e}{e+f} = 1$$

代入 k 的值得

$$\frac{f}{c} \cdot \frac{b+c}{\frac{(b-e)(b+f)}{c-b+e-f}} \cdot \frac{\frac{(b-e)(e+c)}{c-b+e-f}}{e+f} $$

$$f(b+c)(c+e) = c(b+f)(e+f)$$

分解因式得

$$(c-f)(be - cf) = 0$$

$$(YD - AX)(XB \cdot CY - YD \cdot AX) = 0$$

当 $YD \neq AX$ 时,得出要求的答案

$$XB \cdot CY = YD \cdot AX$$

S138 令 a, b, c 是正实数,且 $\sqrt{a} + \sqrt{b} + \sqrt{c} = 3$. 证明

$$8(a^2 + b^2 + c^2) \geqslant 3(a+b)(b+c)(c+a)$$

(意大利)P. Perfetti 提供

证 要求的不等式从重排下式得出

$$(a^2 + b^2 + c^2)(\sqrt{a} + \sqrt{b} + \sqrt{c})^2 \geqslant$$

$$(a+b+c)^3 = \left(\frac{a+b}{2} + \frac{b+c}{2} + \frac{c+a}{2}\right)^3 \geqslant$$

$$27 \cdot \frac{a+b}{2} \cdot \frac{b+c}{2} \cdot \frac{c+a}{2}$$

这里第 1 个不等式是具有 $p = 3, q = \frac{3}{2}$ 的 Höled 不等式应用于 $(a^{\frac{2}{3}}, b^{\frac{2}{3}}, c^{\frac{2}{3}})$ 与 $(a^{\frac{1}{3}}, b^{\frac{1}{3}}, c^{\frac{1}{3}})$,第 2 不等式是算术平均 - 几何平均不等式.

另一证法:不等式等价于

$$a + b + c = 3$$

$$8(a+b+c)^2(a^4+b^4+c^4) \geqslant 27(a^2+b^2)(b^2+c^2)(c^2+a^2)$$

即

$$16\sum_{\text{sym}} a^5 b + 4\sum_{\text{sym}} a^6 + 8\sum_{\text{sym}} a^4 bc \geqslant 19\sum_{\text{sym}} a^4 b^2 + 9\sum_{\text{sym}}(abc)^2$$

这个结果由 Muirhead 不等式推出,因为 $[4,2,0] \prec [6,0,0]$,$[4,2,0] \prec [5,1,0]$,$[2,2,2] \prec [4,1,1]$. 基本的算术平均 - 几何平均不等式分别是 $\dfrac{a^6+b^6+c^6}{3} \geqslant a^4 b^3$, $\dfrac{a^5 b + a^5 b + a^5 b + ba^5}{4} \geqslant a^4 b^2$,$\dfrac{a^4 bc + b^4 ac + c^4 ab}{3} \geqslant (abc)^2$.

S139 令 $a_0 = 1$,$a_{n+1} = a_0 \cdots a_n + 3$,$n \geqslant 0$. 证明:对所有 $n \geqslant 1$

$$a_n + \sqrt[3]{1 - a_n a_{n+1}} = 1$$

(美国)T. Andreescu 提供

证 观察 $a_{n+1} = (a_n - 3)a_n + 3 = a_n^2 - 3a_n + 3$ 是 $a_{n+1} = a_0 \cdots a_n + 3$ 的容易推论. 由此得 $a_n + \sqrt[3]{1 - a_n(a_n^2 - 3a_n + 3)} = 1$,即 $a_n + \sqrt[3]{(1-a_n)^3} = 1$,证毕.

S140 令 a, b, c 是整数. 证明

$$\sum_{\text{cyc}}(a-b)(a^2+b^2-c^2)c^2$$

可被 $(a+b+c)^2$ 整除.

(罗马尼亚)D. Andrica 提供

证 令 $S = \sum\limits_{\text{cyc}}(a-b)(a^2+b^2-c^2)c^2$,则

$$S = (a-b)(a^2 c^2 - c^4 - a^2 b^2 + b^4) + (b-c)(a^2 c^2 - a^4 - b^2 c^2 + b^4) =$$
$$(a-b)(b-c)(b^2 c - ab^2 + 2bc^2 - 2a^2 b + c^3 + ac^2 - a^2 c - a^3) =$$
$$(a-b)(b-c)(c-a)(a^2 + b^2 + c^2 + 2ab + 2bc + 2ac) =$$
$$(a-b)(b-c)(c-a)(a+b+c)^2$$

S141 4 个正方形在半径为 $\sqrt{5}$ 的圆内,使没有 2 个正方形有一个公共点. 证明:可以把这些正方形放在边长为 4 的正方形内,使没有 2 个正方形有一个公共点.

(亚美尼亚)N. Sedrakyan 提供

证 以 $a \geqslant b \geqslant c \geqslant d$ 表示 4 个正方形边长,以 $ABCD$ 表示边长为 4 的正方形,设 $a + b < 4$. 安排 1 个边长为 a 的正方形的 1 个顶点在 A 上,两边沿着线段 AB 与 AD,然后在垂直于正方形 $ABCD$ 的各边的两个方向上,把前 1 个正方形向正方形 $ABCD$ 内部位移了距离 $\delta = \dfrac{4-a-b}{3}$,对分别有边长为 b, c, d 且顶点在 B, C, D 上的各正方形作类似处理. 显然为使两个正方形有公共点,因为 $a+b < 4$,当且仅当 $4 \leqslant a + b + 2\delta = \dfrac{8+a+b}{3}$,不成立.

只要证明:若在半径为 $\sqrt{5}$ 的圆内有 2 个不相交正方形,则它们的边长和小于 4. 稍微放松

条件,容许各正方形共有边界点,在圆边界上有边界点,但保持不相交于内部.对这种变化,需要证明边长和至多是 4.

首先注意,总可以作 1 条弦,以致正方形内部在弦的不同侧.可以看出这一点的是注意到,因总能把任何 1 个正方形向圆心滑动,故可设它们至少有 1 个公共边界点.若它们共有任何 1 条边界线段,则通过线段的直线将分离各正方形.若它们遇到角点对角点,则它们之间的角平分线将分离 2 个正方形.若正方形 S' 的一顶点在正方形 S 一边内部,则通过 S 这边的直线将分离各正方形.

固定这条弦,我们将简化求最大正方形的问题,这个正方形可以放在由圆盘与半平面的交点构成的区域 R 内.注意,R 是闭的有界区域,因此 R 内所有正方形组成的集合是紧集合,从而可以达到最大正方形.令 S 是 R 内可以达到的最大正方形.令人信服的唯一技巧是,S 是这样正方形的 2 个明显例子之一,使这个正方形一边沿着这条弦,另 2 个顶点在圆上,或正方形内接于圆.

设正方形 S 有 0 或 1 个顶点在 R 的边界上.把 1 个顶点固定在边界上,在这个顶点上有直角,这将扩大 S,产生较大正方形,矛盾.若 S 在 R 边界上只有 2 个相邻顶点,则可以在与它们公共边正交方向稍微平移 S.结果在边界上没有顶点,S 可以扩大,矛盾.设 S 在边界上有 2 个相对顶点,例如 A 与 C.因 AC 从 B 与 D 所对 90° 角,B 与 D 在圆内或圆上,故由 A 与 C 所对的圆弧在两侧至少是 180°.因此 AC 是圆直径,B 与 D 也在圆上,S 是圆内接正方形.设 S 在边界上只有 2 个相对顶点,它们不能在弦上,因此由以上论证,一定有 1 个顶点在弦上,1 个顶点在圆上.固定圆上的顶点,稍微旋转正方形,将拉另 1 个顶点离开弦,简化为以上情形,给出矛盾.设 S 在 R 边界上仅有 3 个顶点.若 2 个顶点在圆上(一定是相邻顶点),则可以沿着圆旋转这 2 个顶点,拉第 3 个顶点离开弦,若 2 个顶点在弦上(又是相邻顶点),则可以沿着弦稍微平移它们,拉第 3 个顶点离开圆.在任何一种情形下,都简化为以上矛盾.因此可以设 S 在 R 边界上有全部 4 个顶点,S 的 1 边沿着弦,其他 2 个顶点在圆上.在 2 个正方形之一内接于圆的特殊情形可以省略.在这种情形下,可以选择我们的分割弦为这个正方形一边,于是化为其他情形.设圆方程为 $x^2+y^2=5$,弦在直线 $x=p$ 上,使 R 是这条弦右侧的区域.若正方形 S 的水平边在直线 $y=\pm q$ 上,则 S 的顶点在 $(p,\pm q)$ 与 $(\sqrt{5-q^2},\pm q)$ 上.为使这些点成为正方形顶点,需要 $\sqrt{5-q^2}-p=2q$ 或 $5q^2+4pq+p^2-5=0$,从而边长是 $2q=\dfrac{-4p+2\sqrt{25-p^2}}{5}$.因另 1 个正方形在弦左侧的区域上,故这种情形的边长计算是相同的,只要把 p 换为 $-p$,因此两边长之和是

$$\dfrac{-4+2\sqrt{25-p^2}}{5}+\dfrac{4p+2\sqrt{25-p^2}}{5}=\dfrac{4\sqrt{25-p^2}}{5}\leqslant 4$$

S142 考虑两个同心圆 $\odot C_1(O,R)$ 与 $\odot C_2(O,\dfrac{R}{2})$. 证明:对 $\odot C_1$ 上每一点 A 与

$\odot C_2$ 内每一点 Ω, 在 $\odot C_1$ 上有点 B 与 C, 使 Ω 是 $\triangle ABC$ 九点圆圆心.

(美国)I. Borsenco 提供

证 以 H 表示点 O 关于 Ω 的对称点, 作圆心为 A 的圆通过点 H. 这个圆交 $\odot C_1$ 于 2 个点, 为 P 与 Q. 今作 HP 与 HQ 的中垂线, 它们显然通过 A, 每条中垂线交圆于另一点, 分别为 B 与 C. 今 $\angle QCA = \angle ACP$. 因为 $AP = AQ$, 或因 AC 是 HQ 的中垂线, CP 是通过点 H 的 AB 的垂线, 类似地, BQ 是通过点 H 的 AC 的垂线. 因此 H 是 $\triangle ABC$ 的垂心, 它的九点圆圆心是 H 与 O 的中点 Ω, 正是所求的.

现在我们不但作内接于 $\odot C_1$ 的 $\triangle ABC$, 使 Ω 是九点圆圆心, 而且从作图可以找到另外信息: 因为 H 在 $\triangle ABC$ 的外接圆内, 所以断定 $\triangle ABC$ 总是锐角三角形. 也注意到不限制 Ω 在 $\odot C_2$ 内: 提出的作图是正确的, 只要 Ω 关于 O 的对称点使 $AH < 2R$, 即 Ω 可以是 $\odot C_3$ 内任一点, $\odot C_3$ 的圆心在 AO 的中点, 半径为 R(这显然包含 $\odot C_2$ 内部). 最后注意, 当 Ω 在 $\odot C_2$ 边界而在 $\odot C_3$ 内时(这仅排除了 O 关于 OA 中点的对称点), O 关于 Ω 的对称点 H 在 $\odot C_1$ 上, 是 $\triangle ABC$ 的 1 个顶点, 第 3 个顶点是 A 关于 O 的对称点, $\triangle ABC$ 在 H 上有直角. 若 Ω 在 $\odot C_2$ 外而在 $\odot C_3$ 内, 则 $\triangle ABC$ 内接于 $\odot C_1$, 使 Ω 是可以作出的它的九点圆圆心, 但 $\triangle ABC$ 是钝角三角形.

S143 令 m, n 是正整数, $m < n$. 求下式的值

$$\sum_{k=m+1}^{n} k(k^2 - 1^2) \cdots (k^2 - m^2)$$

(美国)T. Andreescu 提供

解 以 $S_{m,n}$ 表示和, 有

$$(2m+2)S_{m,n} = \sum_{k=m+1}^{n} k(k^2 - 1^2) \cdots (k^2 - m^2)[(k+m+1) - (k-m-1)] =$$
$$\sum_{k=m+1}^{n} [(k-m) \cdots k \cdots (k+m+1) - (k-m-1) \cdots k \cdots (k+m)]$$

这可压缩为 $(n-m) \cdots n \cdots (n+m+1)$, 因此

$$S_{m,n} = \frac{1}{2(m+1)} \cdot \frac{(n+m+1)!}{(n-m-1)!}$$

S144 在四边形 $ABCD$ 中, 直线 AB, BC, CD, DA 分别是关于对边 CD, DA, AB, BC 的中点的反射线. 证明: 这 4 条直线组成的四边形 $A'B'C'D'$ 与四边形 $ABCD$ 位似, 求位似比与位似中心.

(西班牙)F. J. G. Capitán, J. B. Romero 提供

解 对某些实数 ρ, k, 分别在直线 AB, DA 上的任何两点 X, Y 满足 $\overrightarrow{AX} = \rho \overrightarrow{AB}$, $\overrightarrow{AY} = \rho \overrightarrow{AD}$. CD 的中点 M 显然满足 $\overrightarrow{AM} = \frac{1}{2}\overrightarrow{AC} + \frac{1}{2}\overrightarrow{AD}$, 或 X 关于 M 的对称点 X' 使 $\overrightarrow{AX'} + \rho \overrightarrow{AB} = \overrightarrow{AC} + \overrightarrow{AD}$. 类似地, Y 关于 BC 中点的对称点 Y' 满足 $\overrightarrow{AY'} + k\overrightarrow{AD} = \overrightarrow{AB} + \overrightarrow{AC}$.

称 A' 为这两条直线的交点,k 与 ρ 对 A' 一定满足 $\overrightarrow{AD} - \rho \overrightarrow{AB} = \overrightarrow{AB} - k\overrightarrow{AD}$,或 $k = \rho = -1$,$\overrightarrow{AA'} = \overrightarrow{AB} + \overrightarrow{AC} + \overrightarrow{AD}$. 把 $4\overrightarrow{OA}$ 加到两边上,其中 O 是四边形的重心,可求出 $3\overrightarrow{OA} + \overrightarrow{OA'} = \overrightarrow{OA} + \overrightarrow{OB} + \overrightarrow{OC} + \overrightarrow{OD} = \mathbf{0}$,显然 $\overrightarrow{OA'} = -3\overrightarrow{OA}$. 对两个四边形的其他 3 个顶点是类似的,我们断定,四边形 $ABCD$ 与四边形 $A'B'C'D'$ 位似,位似比为 -3,位似中心是四边形 $ABCD$ 的重心,它也是四边形 $A'B'C'D'$ 的重心.

2.3 大学问题解答

U73 证明:没有 $n \geqslant 1$ 次多项式 $P \in \mathbf{R}[X]$,使得对所有 $x \in \mathbf{R} \backslash \mathbf{Q}$,$P(x) \in \mathbf{Q}$.

(美国)I. Borsenco 提供

证 若有这样的多项式 P,则我们建立单射 $f: \mathbf{R} \backslash \mathbf{Q} \to \{0,1,2,\cdots,n\} \times \mathbf{Q}$,取 $t \in \mathbf{R} \backslash \mathbf{Q}$. 令 $P(t) = y \in \mathbf{Q}$. 方程 $P(x) = y$ 有 $k \leqslant n$ 个解. 令它们是 $t_1 < \cdots < t_k$. 显然对 $1 \leqslant i \leqslant k, n, t = t_i$,定义 $f(t) = (i, y)$. 这个函数是单射的. 集合 $\{0,1,2,\cdots,n\} \times \mathbf{Q}$ 是可数的,从而 $\operatorname{Im} f$ 也一定是可数的. 于是 $g: \mathbf{R} \backslash \mathbf{Q} \to \operatorname{Im} f, g(x) = f(x)$ 是双射的,那么 g^{-1} 存在,因此 $\mathbf{R} \backslash \mathbf{Q}$ 是可数的,不可能.

另一证法:若 P 是非常数多项式,则有实数 a 与 b,使 $P(a) = c < P(b) = d$. 因此,因 P 是连续的,取 $[c, d]$ 中所有值,故它取不可数的多个不同值. 但是作为问题要求的多项式 P 总是只取可数多个值,因为由假设,它仅取无理数 x 的可数多个值,因此没有这样的 P 存在.

U74 证明:没有可微函数 $f: (0,1) \to \mathbf{R}$,使 $\sup_{x \in E} |f'(x)| = M \in \mathbf{R}$,其中 E 是定义域的稠密子集,$|f|$ 在 $(0,1)$ 上不可微.

(意大利)P. Perfetti 提供

证 设非空区间 $(a,b) \subset (0,1)$ 存在,使得对所有 $x \in (a,b), f(x) \neq 0$. 因 f 在 (a,b) 上可微,故 f 在 (a,b) 上不变号,在 (a,b) 的所有点上 $|f| = f$ 或在 (a,b) 的所有点上 $|f| = -f$,从而 $|f|$ 在 (a,b) 上可微,导致矛盾. 因此在 $(0,1)$ 的所有非空子区间上,至少有 1 点 x 有零像. 因 f 可微,从而连续,故在 $(0,1)$ 上 $f \equiv 0$,从而 $|f|$ 是常数 0,于是可微,导致新矛盾. 因此没有函数 $f: (0,1) \to \mathbf{R}$ 在 $(0,1)$ 上可微,使 $|f|$ 在 $(0,1)$ 无处可微.

U75 令 P 是 $n \geqslant 2$ 次复多项式,$\mathbf{A}$ 与 $\mathbf{B}$ 是 2×2 复矩阵,使 $\mathbf{AB} \neq \mathbf{BA}, P(\mathbf{AB}) = P(\mathbf{BA})$. 证明:对某复数 $c, P(\mathbf{AB}) = c\mathbf{I}_2$.

(美国)T. Andreescu,(罗马尼亚)D. Andrica 提供

证 令 $t = \operatorname{tr}(\mathbf{AB}) = \operatorname{tr}(\mathbf{BA}), d = \det(\mathbf{AB}) = \det(\mathbf{BA})$,则 $\mathbf{AB}$ 与 $\mathbf{BA}$ 的特征多项式相同

$$(\mathbf{AB})^2 = t\mathbf{AB} - d\mathbf{I}_2$$

与

$$(\boldsymbol{BA})^2 = t\boldsymbol{BA} - d\boldsymbol{I}_2$$

这表示 $(\boldsymbol{AB})^k$ 关于 $k \geqslant 2$ 的任一幂可以化为 $\boldsymbol{AB}$ 与 $\boldsymbol{I}_2$ 的线性组合,$(\boldsymbol{BA})^k$ 可以化为 $\boldsymbol{BA}$ 与 $\boldsymbol{I}_2$ 的线性组合,具有相同系数. 因此有复数 c_1 与 c_2 使

$$P(\boldsymbol{AB}) = c_1\boldsymbol{AB} + c_2\boldsymbol{I}_2$$
$$P(\boldsymbol{BA}) = c_1\boldsymbol{BA} + c_2\boldsymbol{I}_2$$

与

$$P(\boldsymbol{AB}) - P(\boldsymbol{BA}) = c_1(\boldsymbol{AB} - \boldsymbol{BA}) = 0$$

这表示 $c_1 = 0$. 因为 $\boldsymbol{AB} \neq \boldsymbol{BA}$,最后

$$P(\boldsymbol{AB}) = P(\boldsymbol{BA}) = c_2\boldsymbol{I}_2$$

U76 令 $f:[0,1] \to \mathbf{R}$ 是可积函数,使 $\int_0^1 xf(x)\mathrm{d}x = 0$. 证明:$\int_0^1 f^2(x)\mathrm{d}x \geqslant 4(\int_0^1 f(x)\mathrm{d}x)^2$.

(罗马尼亚)C. Lupu,T. Lupu 提供

证 因

$$\int_0^1 f(x)\mathrm{d}x = \int_0^1 \left(1 - \frac{3x}{2} + \frac{3x}{2}\right) f(x)\mathrm{d}x =$$
$$\int_0^1 \left(1 - \frac{3x}{2}\right) f(x)\mathrm{d}x + \frac{3}{2}\int_0^1 xf(x)\mathrm{d}x =$$
$$\int_0^1 \left(1 - \frac{3x}{2}\right) f(x)\mathrm{d}x$$

与

$$\int_0^1 \left(1 - \frac{3x}{2}\right)^2 \mathrm{d}x = \frac{1}{4}$$

故由 Cauchy 不等式得

$$\left(\int_0^1 f(x)\mathrm{d}x\right)^2 = \left(\int_0^1 \left(1 - \frac{3x}{2}\right) f(x)\mathrm{d}x\right)^2 \leqslant$$
$$\int_0^1 \left(1 - \frac{3x}{2}\right)^2 \mathrm{d}x \cdot \int_0^1 f^2(x)\mathrm{d}x =$$
$$\frac{1}{4}\int_0^1 f^2(x)\mathrm{d}x$$

当 $f(x) = c(1 - \frac{3x}{2})$ 时,等式出现.

U77 令 $f:\mathbf{R} \to \mathbf{R}$ 是类 C^2 的函数. 证明:若函数 $\sqrt{f(x)}$ 可微,则它的导数是连续函数.

(法国)G. Dospinescu 提供

证 注意,对任何实值 a 取 $x' = x - a$,问题不变,只需对满足已知条件的函数,证明

$\sqrt{f(x)}$ 的导数在 $x=0$ 上连续. 可以考虑 3 种情形:

(1) $f(0) \neq 0$. 由 $f(x)$ 的连续性,我们有 $\dfrac{f'(x)}{2\sqrt{f(x)}}$ 是完全确定的,且是在 $x=0$ 上的连续函数,它是 $\sqrt{f(x)}$ 的导数.

(2) 在包含 0 的开区间上 $f(0)=0$,则在包含 0 的非空区间上 $\sqrt{f(x)}=0$(因此是常数),且在已知区间上 $\sqrt{f(x)}$ 的导数为零,从而在 $x=0$ 上连续.

(3) $f(0)=0$ 而不存在包含 0 的开区间,其中 $f(x)\equiv 0$. 因为 $f(x)$ 为非负的(否则 $\sqrt{f(x)}$ 不能定义为实值函数),由定义知 $\sqrt{f(x)}$ 为非负的,所以 $f(x)$ 是水平轴在 $x=0$ 上的切线. 其次需要证明 $\sqrt{f(x)}$ 也是水平轴在 $x=0$ 上的切线. 设情况不是如此. 因 f 有类 C^2,故存在非零实数 a,使 $\lim\limits_{x\to 0}\dfrac{f(x)}{x^2}=a$. 因此对任何已知的 $\epsilon>0$,充分小的 δ 存在,使得对所有 $0<|x|<\delta$,$|f(x)-ax^2|<\epsilon^2$ 成立,这导致 $|\sqrt{f(x)}-\sqrt{|a|}\,|x|\,|<\epsilon$. 换言之,在 $x=0$ 旁充分小而不为 0 的区间上,$\sqrt{f(x)}$ 的性质与 $|x|$ 一样,因此它在 $x=0$ 上不可微. 矛盾或 $a=0$,$\sqrt{f(x)}$ 是水平轴在 $x=0$ 上的切线.

最后需要证明导数在 $x=0$ 上连续. 我们已证明了,导数是

$$g(x)=\begin{cases}\dfrac{f'(x)}{2\sqrt{f(x)}} & f(x)\neq 0 \\ 0 & f(x)=0\end{cases}$$

现在需要证明 $\lim\limits_{x\to 0}g(x)=0$. 若已知对零旁的所有 x,$f(x)$ 与 $f'(x)$ 不为 0,则应用 L'Hôpital 法则断定

$$\lim_{x\to 0}g^2(x)=\lim_{x\to 0}\dfrac{(f'(x))^2}{4f(x)}=\lim_{x\to 0}\dfrac{2f'(x)f''(x)}{4f'(x)}=\lim_{x\to 0}\dfrac{1}{2}f''(x)=0$$

证毕. 以上知 $f(x)=0$ 蕴涵 $f'(x)=0$,若有 x 值任意接近于 0 使 $f'(x)=0$,则以上证明可能失效. 在这种情形下,需要独立证明.

为简化记号,只考虑单侧极限 $x\to 0^+$. 固定 $\epsilon>0$. 因 $\lim\limits_{x\to 0}f''(x)=f''(0)=0$,故有 $\delta>0$,使得对 $0<x<\delta$,$|f''(x)|<\epsilon$. 因有使 $f'=0$ 的点任意接近于 0,故选择较小的 δ,可设 $f'(\delta)=0$. 固定 b 使 $0<b<\delta$. 我们将证明 $g^2(b)<\epsilon$,因 $\epsilon>0$ 是任意的,故这蕴涵 $\lim\limits_{x\to 0^+}g(x)=0$. 若 $f'(b)=0$,则不考虑所用公式,有 $g(b)=0$,证毕. 若 $f'(b)\neq 0$,则集合 $\{x\in[0,b]:f'(x)=0\}$ 与 $\{x\in[b,\delta]:f'(x)=0\}$ 是闭的、有界的与非空的集合(分别包含 0 与 δ). 因此有第 1 集合的最大元素 a 与第 2 集合的最小元素 c. 于是对 $a<x<c$,$a<b<c$,$f'(x)\neq 0$. 特别地,这蕴涵当 $a<x<c$ 时,$f(x)\neq 0$. 于是以上 L'Hôpital 法则论

证可用来证明
$$\lim_{x\to a^+} g^2(x) = \frac{1}{2}f''(a) < \frac{\epsilon}{2}$$
与
$$\lim_{x\to c^-} g^2(x) = \frac{1}{2}f''(c) \leqslant \frac{\epsilon}{2}$$

从而若 $g^2(x)$ 在区间 $[a,c]$ 上的最大值大于 ϵ,则它在区间内点上达到. 因此在最大值上有

$$0 = (g^2(x))' = \frac{2f(x)f'(x)f''(x) - (f'(x))^3}{4f^2(x)}$$

因为 $f'(x) \neq 0$,所以

$$g^2(x) = \frac{(f'(x))^2}{4f(x)} = \frac{f''(x)}{2} < \frac{\epsilon}{2}$$

因此 $g^2(b) \leqslant g^2(x) < \epsilon$,正是要求的.

U78 令 $m = \prod_{i=1}^{k} P_i$,其中 $P_1, P_2, \cdots, P_k$ 是不同的奇素数. 证明:当且仅当对称群 S_{n+k} 有 m 阶元素时,$A \in M_n(\mathbf{Z})$,$A^m = I_n$,$A^r \neq I_n$,且 $0 < r < m$.

(塞内加尔)J-C. Mathieux 提供

证 我们将证明,为使对 $0 < r < m$,具有 $A^m = I_n$ 与 $A^r \neq I_n$ 的矩阵 $A \in M_n(\mathbf{Z})$ 存在,当且仅当 $\sum_{i=1}^{k}(p_i - 1) \leqslant n$,为使 S_{n+k} 包含 m 阶元素,当且仅当 $\sum_{i=1}^{k} p_i \leqslant n+k$. 因这些不等式是等价的,故这将得到1个结果.

首先设 $\sum_{i=1}^{k}(p_i - 1) \leqslant n$. 回忆首一多项式 $P(x) = x^d + a_{d-1}x^{d-1} + \cdots + a_1 x + a_0$ 的友矩阵是只有1个上对角线,最低行是 $(-a_0, -a_1, \cdots, -a_{d-1})$,别处都是0的 $d \times d$ 矩阵 C_p. 若 e_i 表示第 i 个元素为1,别处元素都是0的行向量,则对 $0 \leqslant k \leqslant d-1$,容易计算 $e_1 C_p^k = e_{k+1}$ 与 $e_1 C_p^d = -\sum_{i=1}^{d} a_{i-1} e_i$. 因 $(e_1 C_p^k)_{0 \leqslant k \leqslant d-1}$ 是线性无关的,故 C_p 的最小多项式一定有 d 次,从而由 Cayley-Hamilton 定理,它一定是 C_p 的特征多项式. 因以上 $e_1 C_p^d$ 的公式说明了 $e_1 P(C_p) = 0$,故可见 P 是最小多项式,从而是 C_p 的特征多项式(这也可直接计算推出).

令 A_s 表示多项式 $x^{s-1} + x^{s-2} + \cdots + x + 1 = \frac{x^s - 1}{x - 1}$ 的 $(s-1) \times (s-1)$ 友矩阵. 由以上说明,A_s 的特征值是非平凡 s 次单位根,每个根有重数1,从而为使 $A_s^r = I_{s-1}$,当且仅当 r 是 s 的倍数. 今取 A 为 $n \times n$ 分块对角矩阵,它有分块 $A_{p_1}, A_{p_2}, \cdots, A_{p_k}$,最后的分块由 $(n - \sum_{i=1}^{k}(p_i - 1)) \times (n - \sum_{i=1}^{k}(p_i - 1))$ 单位矩阵组成,显然 $A \in M_n(\mathbf{Z})$. 矩阵 A^r 也由分块对

角矩阵组成,它有分块 $A_{p_1}^r,\cdots,A_{p_k}^r$ 与单位分块.因此为使它是单位矩阵,当且仅当所有分块是单位矩阵,即当且仅当 r 是 $m=p_1p_2\cdots p_k$ 的倍数,因此 A 是要求的矩阵.

设这样的矩阵 A 存在.具有非对角线 Jordan 典型形式的矩阵可以没有单位矩阵幂,因此 A 一定可对角化.因 $A^m=I_n$,故 A 的任一特征值 λ 一定满足 $\lambda^m=1$,于是 A 的各特征值是 m 次单位根.令 $\{k_1,k_2,\cdots,k_s\}$ 是所有 k 组成的集合,使 A 的各特征值包含 k 次单位原根.于是为使 $A^r=I_n$,当且仅当 r 是每个 k_i 的倍数,从而当且仅当 r 是最小公倍数 $(k_1,\cdots,k_s)$ 的倍数.因 m 是最小的这样的幂,故一定有 $m=$ 最小公倍数 $(k_1,\cdots,k_s)$.回忆 k 次单位原根的最小多项式是第 k 个分圆多项式 $\Phi_k(x)$,它恰有 $\varphi(k)$ 个 k 次单位原根作为根,从而是 $\varphi(k)$ 次多项式.于是 A 的特征多项式将是 $\prod_{i=1}^{s}\Phi_{k_i}(x)$ 的倍数,因此所求的次数给出

$$n \geqslant \sum_{i=1}^{s}\varphi(k_i)$$

当 k_i 互素时,上式左边显然最小(因为从 k_i 中 1 个除去 1 个因子,故只有较小的和).此外,若对奇素数 q_i,$k=\prod_{i=1}^{a}q_i$,则

$$\varphi(k)=\prod_{i=1}^{a}(q_i-1)\geqslant\sum_{i=1}^{a}(q_i-1)=\sum_{i=1}^{a}\varphi(q_i)$$

因此当任一 k_i 换为它的素因子时,和将会减少,从而在 k_i 由 m 的素因子组成时,和将最小,因此

$$n \geqslant \sum_{i=1}^{k}(p_i-1)$$

现在转向置换.回忆任一置换 $\pi\in s_{n+k}$ 可以分解为长度为 $c_1,c_2,\cdots,c_s$ 的不相交圈,使 $\sum_{i=1}^{s}c_i=n+k$,这种置换的阶是 c_i 的最小公倍数.反之,对具有正确和的圈长的任一集合,就可以在具有这些圈长的 s_{n+k} 中求出各置换.

设 $\sum_{i=1}^{k}p_i\leqslant n+k$.令 π 是具有圈长 $p_1,\cdots,p_k$ 的置换,与许多长为 1 的圈一样必然达到要求的总和.于是 π 的阶将是 $p_1,\cdots,p_k$ 的最小公倍数,即 m.反之,设 π 是具有非平凡圈长 $c_1,c_2,\cdots,c_s$(这省略了任何圈长 1)与 m 阶的置换,则有 $n+k\geqslant\sum_{i=1}^{s}c_i$,$m=$ 最小公倍数 $(c_1,\cdots,c_n)$.当从 c_i 中除去附加因子时,和 $\sum_{i=1}^{s}c_i$ 只会减少,因此可设 c_i 互素.此外,若对素数 q_i,$c=\prod_{i=1}^{a}q_i$,则 $c=\prod_{i=1}^{a}q_i\geqslant\sum_{i=1}^{a}q_i$.于是当 c_i 换为它的素因子时,和将减少,从而当 c 是 m 的素因子时,和最小,因此 $m+k\geqslant\sum_{i=1}^{k}p_i$.

U79 令 $a_1 = 1, a_n = a_{n-1} + \ln n$. 证明：$\sum_{i=1}^{n} \frac{1}{a_i}$ 发散.

(美国) I. Borsenco 提供

证 因 $n! < \left(\frac{n}{2}\right)^n, a_n - a_1 = \sum_{k=2}^{n}(a_k - a_{k-1}) = \sum_{k=2}^{n} \ln k = \ln n!$, 故得

$$a_n = 1 + \ln n!$$

注意

$$a_n < 1 + n\ln\left(\frac{n}{2}\right) < n\ln n, n \geqslant 2 \Leftrightarrow \frac{1}{a_n} > \frac{1}{n\ln n}, n \geqslant 2$$

此外, $\frac{1}{a_n} > \ln\ln(n+1) - \ln\ln n$, 对 $n \geqslant 2$, 因为由中值定理当 $c_n \in (n, n+1)$ 时, 有

$$\ln\ln(n+1) - \ln\ln n = \frac{1}{c_n \ln c_n} < \frac{1}{n\ln n}$$

从而

$$\sum_{k=1}^{n} \frac{1}{a_k} = 1 + \sum_{k=2}^{n} \frac{1}{a_k} > 1 + \sum_{k=2}^{n}(\ln\ln(k+1) - \ln\ln k) =$$
$$1 + \ln\ln(n+1) - \ln\ln 2$$

因此级数 $\sum_{k=1}^{n} \frac{1}{a_k}$ 发散.

U80 令 $f: \mathbf{R} \to \mathbf{R}$ 是可微函数, 它的导函数 f' 在原点连续, $f(0) = 0, f'(0) = 1$. 求下式的值

$$\lim_{x \to 0} \frac{1}{x} \sum_{n=1}^{\infty} (-1)^n f\left(\frac{x}{n}\right)$$

(美国) T. Andreescu 提供

解 若 $f(x) = x$, 则容易计算

$$\frac{1}{x} \sum_{n=1}^{\infty} (-1)^n f\left(\frac{x}{n}\right) = \sum_{n=1}^{\infty} \frac{(-1)^n}{n} = -\ln 2$$

为看出这是与 f 选择无关的极限, 只需要证明, $g(x) = f(x) - x$ 的类似极限为 0. 注意 g' 在原点上连续, 满足 $g(0) = g'(0) = 0$. 固定 $\epsilon > 0$, 由连续性知 $\delta > 0$, 使得对 $|x| < \delta$ 有 $|g'(x)| < \epsilon$. 由中值定理, 对某 $\xi \in \left(\frac{x}{2m-1}, \frac{x}{2m}\right)$, 有

$$g\left(\frac{x}{2m-1}\right) - g\left(\frac{x}{2m}\right) = \frac{x}{2m(2m-1)} g'(\xi)$$

因此, 若 $|x| < \delta$, 则有

$$\left| g\left(\frac{x}{2m-1}\right) - g\left(\frac{x}{2m}\right) \right| < \frac{\epsilon x}{2m(2m-1)}$$

从而对 $|x| < \delta$, 有

$$\left|\frac{1}{x}\sum_{n=1}^{\infty}(-1)^n g\left(\frac{x}{n}\right)\right| \leqslant \sum_{m=1}^{\infty}\left|\frac{1}{x}\left(g\left(\frac{x}{2m-1}\right)-g\left(\frac{x}{2m}\right)\right)\right| <$$

$$\epsilon \sum_{m=1}^{\infty}\frac{1}{2m(2m-1)} = \epsilon \ln 2 < \epsilon$$

因为 $\epsilon > 0$ 是任意的,所以

$$\lim_{x\to 0}\frac{1}{x}\sum_{n=1}^{\infty}(-1)^n g\left(\frac{x}{n}\right) = 0$$

正是要求的.

U81 数列 $x_n, n \geqslant 1$ 定义为

$$x_1 < 0, x_{n+1} = e^{x_n} - 1, n \geqslant 1$$

证明:$\lim\limits_{n\to\infty} n x_n = -2$.

(罗马尼亚)D. Andrica 提供

证 注意,对 $x < 0$ 有 $x < e^x - 1 < 0$. 由归纳法得出,对所有 $n \geqslant 2, x_{n-1} < x_n < 0$,从而数列 (x_n) 收敛. 另一方面,因对所有 $x \in \mathbf{R}, e^x - 1 \geqslant x$,故得 $x_{n+1} = e^{x_n} - 1 \geqslant x_n$,从而数列递增. 可见对所有 $n \geqslant 1, x_1 < x_n < 0$,因此数列收敛. 若 $l = \lim x_n$,则在递推关系式中,当 $n \to \infty$ 时取极限,得 $l = e^l - 1$,由此推出 $l = 0$. 利用 Cesaro-Stolz 引理计算 $\lim\limits_{x\to\infty} n x_n$. 因为 $\lim\limits_{x\to 0}\frac{e^x-1}{x} = 1, \lim\limits_{x\to 0}\frac{x^2}{e^x-1-x} = 2$,所以

$$\lim_{n\to\infty} n x_n = -\lim_{n\to\infty}\frac{n}{\frac{-1}{x_n}} = -\lim_{n\to\infty}\frac{1}{\frac{1}{x_n}-\frac{1}{x_{n+1}}} =$$

$$-\lim_{n\to\infty}\frac{x_{n+1}\cdot x_n}{x_{n+1}-x_n} =$$

$$-\lim_{n\to\infty}\frac{e^{x_n}-1}{x_n} \cdot \lim_{n\to\infty}\frac{x_n^2}{e^{x_n}-1-x_n} =$$

$$-2$$

U82 求下式的值

$$\lim_{n\to\infty}\prod_{k=1}^{n}\left(1+\frac{k}{n}\right)^{\frac{n}{k^3}}$$

(罗马尼亚)C. Lupu 提供

解 称 $P_n = \prod\limits_{k=1}^{n}\left(1+\frac{k}{n}\right)^{\frac{n}{k^3}}$,则

$$\ln P_n = \sum_{k=1}^{n}\frac{n}{k^3}\ln\left(1+\frac{k}{n}\right)$$

因为

$$\ln(1+x) = x - \frac{x^2}{2} + \frac{x^3}{3} - \frac{x^4}{4} + \cdots$$

所以可记

$$\frac{n}{k^3}\ln\left(1+\frac{k}{n}\right)=\frac{1}{k^2}-\frac{1}{2nk}+\frac{1}{3n^2}-\cdots$$

右边和中各项有交替符号与递减的绝对值,或 $\frac{1}{k^2}-\frac{1}{2nk}+\frac{1}{3n^2}>\frac{n}{k^3}\ln\left(1+\frac{k}{n}\right)>\frac{1}{k^2}-\frac{1}{2nk}$. 在 k 上相加,得

$$\frac{1}{3n}>\ln P_n-\sum_{k=1}^{n}\frac{1}{k^2}+\frac{1}{2n}\sum_{k=1}^{n}\frac{1}{k}>0$$

当 $n\to\infty$ 时,上界趋于 0,或中项有极限 0. 现在

$$\ln(k)-\ln(k-1)=\int_{k-1}^{k}\frac{1}{x}\mathrm{d}x>\frac{1}{k}>\int_{k}^{k+1}\frac{1}{x}\mathrm{d}x=$$
$$\ln(k+1)-\ln(k)$$

与

$$\frac{1+\ln(n)}{2n}>\frac{1}{2n}\sum_{k=1}^{n}\frac{1}{k}>\frac{\ln(n+1)}{2n}$$

因当 n 增大时,上界与下界都趋于 0,故我们断定 $\lim_{n\to\infty}\ln(P_n)=\sum_{k=1}^{n}\frac{1}{k^2}$,可把它看作 $\zeta(2)=\frac{\pi^2}{6}$. 由此得

$$\lim_{n\to\infty}\prod_{k=1}^{n}\left(1+\frac{k}{n}\right)^{\frac{n}{k^3}}=\mathrm{e}^{\zeta(2)}=\mathrm{e}^{\frac{\pi^2}{6}}$$

U83 求所有函数 $f:[0,2]\to(0,1]$,使它在原点可微,并对所有 $x\in[0,1]$,满足 $f(2x)=2f^2(x)-1$.

(美国)T. Andreescu 提供

解 取 $x=0$ 给出 $f(0)=2f^2(0)-1$ 或 $f(0)$ 是 $0=2r^2-r-1=(2r+1)(r-1)$ 的根. 因 $f(0)\in(0,1]$,故 $f(0)=1$. 取任一 $\epsilon>0$,显然

$$\frac{f(2\epsilon)-f(0)}{2\epsilon}=\frac{f^2(\epsilon)-f^2(0)}{\epsilon}=[f(\epsilon)+f(0)]\frac{f(\epsilon)-f(0)}{\epsilon}$$

若 f 在原点上可微,则它显然在原点连续. 当 $\epsilon\to 0$ 时,以上等式变为 $f'(0)=2f(0)f'(0)=2f'(0)$ 或 $f'(0)=0$. 这个关系式显然等价于 $\lim_{x\to 0}\frac{f(x)}{x}=0$.

区间 $(0,2]$ 可以定义为形如 $A_y=\{y,\frac{y}{2},\frac{y}{4},\frac{y}{8},\cdots\}$ 的集合的不相交并集,其中 y 取 $(1,2]$ 上的所有可能实值. 因为(1)为使 $A_y\cap A_{y'}=\varnothing$,当且仅当 $y\neq y'$,因若元素 x 属于 2 个集合 A_y 与 $A_{y'}$,则非正整数 a,a' 存在,使 $x=2^a y=2^{a'}y'$. 因 $2y>2>y'$,$2y'>2>y$,故 $a=a'$,$y=y'$,(2)对任一 $x\in(0,2]$,充分大的正指数 a 给出 $2^a x>1$. 对 $y\in(1,2]$

与 $x \in A_y$，所有这样的指数的最小值显然给出 $2^a x = y$.

现在取任一函数(未必是连续的)$g:(1,2) \to (0,1]$. 我们将建立函数 $f:[0,2] \to (0,1]$，使 $f(0) = 1$，它满足已知条件，使

(1) 若 $x \in (1,2]$，则 $f(x) = g(x)$.

(2) $\lim\limits_{x \to 0} f(x) = 1$.

(3) $\lim\limits_{x \to 0} \dfrac{f(x) - 1}{x} = 0$.

最后 2 个条件等价于 f 在原点可微，具有 $f = 1$ 与 $y' = 0$. 为了对任一 $y \in (1,2]$ 建立 f，取 $f(y) = g(y)$；对某 $\alpha_y \in \left[0, \dfrac{\pi}{2}\right]$，因为 $f(y) \in (0,1]$，所以可以记 $f(y) = \cos(\alpha_y y)$. 现在

$$f\left(\frac{y}{2}\right) = \sqrt{\frac{1 + \cos(\alpha_y y)}{2}} = \sqrt{\cos^2\left(\frac{\alpha_y y}{2}\right)} = \cos\left(\alpha_y \frac{y}{2}\right)$$

其中我们选择正根，因为对所有 x，$f(x) \in (0,1]$. 对所有 $x \in A_y$，用归纳法的平凡练习给出 $f(x) = \cos(\alpha_y x)$. 对所有 $y \in (1,2]$ 重复相同的过程. 显然这么建立的 f 满足已知函数方程与条件(1). 条件(3) 容易检验，且蕴含条件(2). 因 α_y 以 $\dfrac{\pi}{2}$ 为界，故有

$$0 \leqslant \frac{1 - f(y)}{y} = \frac{1 - \cos(\alpha_y y)}{y} \leqslant$$

$$\frac{1 - \cos\left(\frac{\pi y}{2}\right)}{y}$$

当 $y \to 0$ 时，上界显然趋于 0，证明了(3).

U84 令 f 是在区间 I 上的三次可微函数，$a,b,c \in I$. 证明：存在 $\xi \in I$，使

$$f\left(\frac{a+2b}{3}\right) + f\left(\frac{b+2c}{3}\right) + f\left(\frac{c+2a}{3}\right) -$$

$$f\left(\frac{2a+b}{3}\right) - f\left(\frac{2b+c}{3}\right) - f\left(\frac{2c+a}{3}\right) =$$

$$\frac{1}{27}(a-b)(b-c)(c-a)f'''(\xi)$$

(罗马尼亚) V. Cirtoaje 提供

证 将以下引理(它推广了中值定理) 应用于 $x = \dfrac{a+b+c}{3}, p = \dfrac{a-b}{3}, q = \dfrac{b-c}{3}, r = \dfrac{c-a}{3}$，推出本题结论.

引理 令 f 是区间 I 上三次可微函数，x, p, q, r 是实数，使 $x, x+p, x+q, x+r, x+p+q, x+q+r, x+r+p, x+p+q+r \in I$，则对某 $\xi \in I$

$$f(x+p+q+r) - f(x+p+q) - f(x+q+r) - f(x+r+p) +$$
$$f(x+p) + f(x+q) + f(x+r) - f(x) =$$
$$pqrf'''(\xi)$$

证 以 D 表示以上公式左边. 把中值定理应用于可微函数 $f(x+p+q) - f(x+p) - f(x+q) + f(x)$, 可见在 x 与 $x+r$ 之间有 ξ_1, 使
$$D = r[f'(\xi_1 + p + q) - f'(\xi_1 + p) - f'(\xi_1 + q) + f'(\xi_1)]$$
再应用中值定理于可微函数 $f'(x+p) - f'(x)$, 可见在 ξ_1 与 $\xi_1 + q$ 之间有 ξ_2, 使
$$D = qr[f''(\xi_2 + q) - f''(\xi_2)]$$
最后应用中值定理于可微函数 f'', 可见在 ξ_2 与 $\xi_2 + p$ 之间 (从而在 I 中) 有 ξ 使
$$D = pqrf'''(\xi)$$

注意, 如果 f 是充分可微的, 那么这个结果以明显方式推广到较高阶有限差分. 还可以给出一般结果的归纳证明, 它在某方面比以上三步论证更容易.

U85 求下式的值:

(1) $\sum_{k=1}^{\infty} \dfrac{1}{1^3 + 2^3 + \cdots + k^3}$.

(2) $\sum_{k=1}^{\infty} \dfrac{(-1)^{k-1}}{1^3 + 2^3 + \cdots + k^3}$.

(美国) B. Bradie 提供

解 (1) 因为 $1^3 + 2^3 + \cdots + k^3 = \dfrac{k^2(k+1)^2}{4}$, 所以
$$\frac{1}{1^3 + 2^3 + \cdots + k^3} = \frac{4}{k^2(k+1)^2} = 4\left(\frac{1}{k} - \frac{1}{k+1}\right)^2 =$$
$$4\left[\frac{1}{k^2} + \frac{1}{(k+1)^2} - \frac{2}{k(k+1)}\right] =$$
$$\frac{4}{k^2} + \frac{4}{(k+1)^2} - 8\left(\frac{1}{k} - \frac{1}{k+1}\right)$$

因此
$$\sum_{k=1}^{n} \frac{1}{1^3 + 2^3 + \cdots + k^3} = 4\left[\sum_{k=1}^{n} \frac{1}{k^2} + \sum_{k=1}^{n} \frac{1}{(k+1)^2}\right] - 8\sum_{k=1}^{n}\left(\frac{1}{k} - \frac{1}{k+1}\right) =$$
$$8\sum_{k=1}^{n} \frac{1}{k^2} - 4 + \frac{4}{(n+1)^2} - 8\left(1 - \frac{1}{n+1}\right) =$$
$$8\sum_{k=1}^{n} \frac{1}{k^2} - 12 + \frac{4}{(n+1)^2} + \frac{8}{n+1}$$

与
$$\sum_{k=1}^{n} \frac{(-1)^{k-1}}{1^3 + 2^3 + \cdots + k^3} = 4\sum_{k=1}^{n}\left[\frac{(-1)^{k-1}}{k^2} - \frac{(-1)^k}{(k+1)^2}\right] -$$

$$8\left[\sum_{k=1}^{n}\frac{(-1)^{k-1}}{k}+\sum_{k=1}^{n}\frac{(-1)^{k}}{k+1}\right]=$$

$$4-\frac{4(-1)^{n}}{(n+1)^{2}}-8\left[\sum_{k=1}^{n}\frac{2(-1)^{k-1}}{k}-1+\frac{(-1)^{n}}{n+1}\right]=$$

$$12-16\sum_{k=1}^{n}\frac{(-1)^{k-1}}{k}-\frac{4(-1)^{n}}{(n+1)^{2}}-\frac{8(-1)^{n}}{n+1}$$

我们将利用以下恒等式

$$\lim_{n\to\infty}\sum_{k=1}^{n}\frac{1}{k^{2}}=\sum_{k=1}^{\infty}\frac{1}{k^{2}}=\frac{\pi^{2}}{6}$$

$$\lim_{n\to\infty}\sum_{k=1}^{n}\frac{(-1)^{k-1}}{k}=\sum_{k=1}^{\infty}\frac{(-1)^{k-1}}{k}=\ln 2$$

$$\lim_{n\to\infty}\left[\frac{4}{(n+1)^{2}}+\frac{8}{n+1}\right]=0$$

$$\lim_{n\to\infty}\left[\frac{4(-1)^{n}}{(n+1)^{2}}+\frac{8(-1)^{n}}{n+1}\right]=0$$

断定

$$\sum_{k=1}^{\infty}\frac{1}{1^{3}+2^{3}+\cdots+k^{3}}=\lim_{n\to\infty}\left[8\sum_{k=1}^{n}\frac{1}{k^{2}}+4-\frac{4}{(n+1)^{2}}-\frac{8}{n+1}\right]=$$

$$\frac{4\pi^{2}}{3}+4$$

与

$$\sum_{k=1}^{\infty}\frac{1}{1^{3}+2^{3}+\cdots+k^{3}}=\lim_{n\to\infty}\left[8\sum_{k=1}^{n}\frac{1}{k^{2}}-12+\frac{4}{(n+1)^{2}}+\frac{8}{n+1}\right]=$$

$$\frac{4\pi^{2}}{3}-12$$

解毕.

U86 求具有角 α,β,γ(弧度)与边长为 $\sqrt{\alpha},\sqrt{\beta},\sqrt{\gamma}$ 的所有非退化三角形.

(哥斯达黎加)D. C. Salas 提供

解 平凡解显然是 $\alpha=\beta=\gamma=\frac{\pi}{3}$. 我们来求非平凡解,由考虑正弦定理提出条件 $\frac{\sin\alpha}{\sqrt{\alpha}}=\frac{\sin\beta}{\sqrt{\beta}}=\frac{\sin\gamma}{\sqrt{\gamma}}$. 考虑函数 $f(x)=\frac{\sin x}{\sqrt{x}}$ 的 1 阶导数,求出 $f'(x)=\frac{2x\cos x-\sin x}{2x\sqrt{x}}$, 当且仅当 $\tan x=2x$,它为 0. 现在对 $x\in\left(\frac{\pi}{2},\pi\right)$, $\tan x<0$, 对 $x\in\left(0,\frac{\pi}{2}\right)$, $\tan x-2x$ 有 2 阶导数 $\frac{2\sin x}{\cos^{3}x}>0$, 于是当 $x=0$ 时, $\tan x=2x$, 故只有 $x\in(0,\pi)$ 的 1 个附加值使 $f'(x)=0$ 存在,因此 $f(x)$ 的每个值至多在 $(0,\pi)$ 上出现 2 次.因三角形有 3 个角,其中至

多两角应当相等,三角形是等腰三角形.不失一般性,设 $\alpha=\pi-2\beta=\pi-2\gamma$,给出条件 $2\sqrt{\beta}\sin\beta\cos\beta=\sqrt{\alpha}\sin\beta$ 或 $4\beta\cos^2\beta=\alpha=\pi-2\beta$. 我们需要对 $\beta\in\left(0,\dfrac{\pi}{2}\right)$ 求方程 $2\beta(1+2\cos\beta)=\pi$ 的解. 可以求出 3 个不同的解是 $\beta=\dfrac{\pi}{4},\beta=\dfrac{\pi}{3},\beta=\dfrac{\pi}{2}$,第 2 个解给出平凡情形,最后的解得出 1 个退化三角形,它的两条无限平行边与有限边垂直. 因此求出附加解 $\alpha=\dfrac{\pi}{2},\beta=\gamma=\dfrac{\pi}{4}$. 我们现在将证明没有其他解存在. 考虑 $g(x)=2x(1+2\cos^2 x)=2x(2+\cos 2x)$ 的 2 阶导数,它是 $g''=-8\sin 2x-8x\cos 2x$. 于是为使 $g''(x)=0$,当且仅当 $\tan 2x=-x$,这只有在 $x\in\left[0,\dfrac{\pi}{2}\right]$ 时才发生,只在这个区间上 $g''(x)$ 恰好变号,$g'(x)$ 在这个区间上至多变号 2 次,对任一实常数 k,$g(x)=k$ 在 $\left[0,\dfrac{\pi}{2}\right]$ 上至多可以有 3 个解. 因为已经求出了这 3 个解,所以没有其他解. 因此解是等边三角形 $\alpha=\beta=\gamma=\dfrac{\pi}{3}$,等腰三角形 $\alpha=\dfrac{\pi}{2}$,$\beta=\gamma=\dfrac{\pi}{4}$ 及其轮换.

U87 令 $f:(0,\infty)\to(0,\infty)$ 是无界函数,$\beta\neq 1$ 是正实数. 若对所有 $\alpha>0$,有
$$\lim_{x\to 0^+}(f(x)-\alpha f^\beta(\alpha x))=0$$
证明:$\lim\limits_{x\to 0^+}f(x)=0$.

(罗马尼亚) D. Andrica, M. Piticari 提供

证 首先注意,若 $\gamma<1$,则 $\gamma x^{\gamma-1}$ 是 x 的减函数,从而对 $t,d>0$,有
$$(t+d)^\gamma-t^\gamma=\int_t^{t+d}\gamma x^{\gamma-1}\mathrm{d}x\leqslant\int_0^d\gamma x^{\gamma-1}\mathrm{d}x=d^\gamma$$
或对任何 $a,b\geqslant 0$ 改写后,有
$$|a^\gamma-b^\gamma|\leqslant|a-b|^\gamma$$

首先设 $\beta<1$,则以上不等式给出
$$|f^\beta(x)-\alpha^\beta f^{\beta^2}(\alpha x)|\leqslant|f(x)-\alpha f^\beta(\alpha x)|^\beta$$
因此
$$\lim_{x\to 0^+}(f^\beta(x)-\alpha^\beta f^{\beta^2}(\alpha x))=0$$
把 α 换为 $\dfrac{1}{\alpha}$,x 换为 αx,应用这个不等式给出
$$\lim_{x\to 0^+}(\alpha f^\beta(\alpha x)-\alpha^{1-\beta}f^{\beta^2}(x))=0$$
加上原不等式,得
$$\lim_{x\to 0^+}(f(x)-\alpha^{1-\beta}f^{\beta^2}(x))=0$$

因对所有 $\alpha > 0$ 成立,故取这两个极限与 α 不同值的线性组合,给出 $\lim\limits_{x \to 0^+} f(x) = 0$.

对 $\beta > 1$,我们从对 $\gamma = \dfrac{1}{\beta}$ 利用原不等式开始,断定

$$|f^{\frac{1}{\beta}}(x) - \alpha^{\frac{1}{\beta}} f(\alpha x)| \leqslant |f(x) - \alpha f^{\beta}(\alpha)|^{\frac{1}{\beta}}$$

从而

$$\lim_{x \to 0^+}(f^{\frac{1}{\beta}}(x) - \alpha^{\frac{1}{\beta}} f(\alpha x)) = 0$$

把 α 换为 $\dfrac{1}{\alpha}$,x 换为 αx,给出

$$\lim_{x \to 0^+}(\alpha^{\frac{1}{\beta}} f^{\frac{1}{\beta}}(\alpha x) - f(x)) = 0$$

把这加到原不等式上,给出

$$\lim_{x \to 0^+}(\alpha^{\frac{1}{\beta}} f^{\frac{1}{\beta}}(\alpha x) - \alpha f^{\beta}(\alpha x)) = 0$$

把 x 换为 $\dfrac{x}{\alpha}$,给出

$$\lim_{x \to 0^+}(\alpha^{\frac{1}{\beta}} f^{\frac{1}{\beta}}(x) - \alpha f^{\beta}(x)) = 0$$

又因这对所有 α 成立,故可以利用 α 的两种不同选择来断定 $\lim\limits_{x \to 0^+} f^{\beta}(x) = 0$,因此 $\lim\limits_{x \to 0^+} f(x) = 0$.

U88 已知数列

$$a_n = \int_1^n \frac{\mathrm{d}x}{(1+x^2)^n}$$

求: $\lim\limits_{n \to \infty} n \cdot 2^n \cdot a_n$ 的值.

(罗马尼亚)B. Enescu,B. P. Hasaleu 提供

解 作两次分部积分,首先对

$$u = \frac{1}{2x}$$

$$\mathrm{d}v = \frac{2x\,\mathrm{d}x}{(1+x^2)^n}$$

其次对

$$u = \frac{1}{2x^3}$$

$$\mathrm{d}v = \frac{2x\,\mathrm{d}x}{(1+x^2)^{n-1}}$$

给出

$$\int \frac{\mathrm{d}x}{(1+x^2)^n} = \frac{1}{2(n-1)} \frac{1}{x(1+x^2)^{n-1}} - \frac{1}{2(n-1)} \int \frac{\mathrm{d}x}{x^2(1+x^2)^{n-1}} =$$
$$-\frac{1}{2(n-1)} \cdot \frac{1}{x(1+x^2)^{n-1}} + \frac{1}{4(n-1)(n-2)} \cdot \frac{1}{x^3(1+x^2)^{n-2}} -$$
$$\frac{3}{4(n-1)(n-2)} \int \frac{\mathrm{d}x}{x^4(1+x^2)^{n-2}}$$

注意
$$\int_1^n \frac{\mathrm{d}x}{x^4(1+x^2)^{n-2}} \leqslant \frac{4}{3} \cdot 2^{-n}$$

于是当 $n \to \infty$ 时
$$a_n \sim \frac{1}{(n-1)2^n} + o\left(\frac{1}{n2^n}\right)$$

与
$$\lim_{n\to\infty} n \cdot 2^n \cdot a_n = 1$$

U89 令 $f:[0,\infty) \to [0,a]$ 是 $(0,\infty)$ 上的连续函数,在 $[0,\infty]$ 上具有 Darboux 性质,且 $f(0)=0$. 证明:若对所有 $x \in [0,\infty)$
$$xf(x) \geqslant \int_0^x f(t)\mathrm{d}t$$

则 f 有原函数.

(罗马尼亚) D. Andrica, M. Piticari 提供

证 原函数在 $(0,+\infty)$ 上的存在性用 Torricelli-Barrow 定理,由 f 在 $(0,+\infty)$ 上的连续性提出. 若 f 在 $x=0$ 上也连续,则由 Torricelli-Barrow 定理,对任何 $x \geqslant 0$,原函数将是 $\int_0^x f(t)\mathrm{d}t$,于是设 f 在 $x=0$ 上不连续. 由在 $[0,+\infty)$ 上的 Darboux 性质,知存在趋于 0 的数列 $\{x_k\} \in (0,+\infty)$,使 $\lim_{k\to+\infty} f(x_k)=0$,于是 $\lim_{k\to+\infty} \frac{1}{x_k}\int_0^{x_k} f(t)\mathrm{d}t=0$. 此外由 f 的非负性与在 $x=0$ 上不连续,可设 $\frac{1}{x_k}\int_0^{x_k} f(t)\mathrm{d}t \neq 0$. 我们断言,对任何数列 $\{y_k\} \in (0,+\infty)$,$y_k \to 0$,存在满足 $\lim_{k\to\infty} f(x_k)=0$ 的数列 $\{x_k\}$,有 $\int_0^{x_k} f(t)\mathrm{d}t \neq 0$ 与常数有
$$0 \leqslant \frac{1}{y_k} \int_0^{y_k} f(t)\mathrm{d}t \leqslant C \frac{1}{x_k} \int_0^{x_k} f(t)\mathrm{d}t$$

因此
$$\lim_{k\to+\infty} \frac{1}{y_k} \int_0^{y_k} f(t)\mathrm{d}t = 0 = f(0)$$

这蕴涵 f 在整个 $[0,+\infty)$ 上的原函数存在.

为证明这个断言,设它不成立,即存在数列 $\widetilde{y}_k \to 0^+$,使得对满足 $\lim_{k\to+\infty} f(x_k)=0$ 的任一

数列 $x_k \to 0^+$, $\int_0^{x_k} f(t) \mathrm{d}t \neq 0$, 对任一 $C > 0$, 存在 $\tilde{k}$ 使

$$\frac{1}{\tilde{y}_{\tilde{k}}} \int_0^{\tilde{y}_{\tilde{k}}} f(t) \mathrm{d}t \geqslant C \frac{1}{\tilde{x}_{\tilde{k}}} \int_0^{\tilde{x}_{\tilde{k}}} f(t) \mathrm{d}t \neq 0$$

这不合理,因为 C 可以如我们需要的那样大,但 $\frac{1}{\tilde{y}_{\tilde{k}}} \int_0^{\tilde{y}_{\tilde{k}}} f(t) \mathrm{d}t \leqslant a$.

U90 令 α 是大于 2 的实数. 求下式的值

$$\sum_{n=1}^{\infty} (\zeta(\alpha) - \frac{1}{1^\alpha} - \frac{1}{2^\alpha} - \cdots - \frac{1}{n^\alpha})$$

其中 ζ 表示黎曼函数.

(美国)O. Furdui 提供

解 众所周知,对 $p > 1$,幂级数或 p 级数 $\sum_{k=1}^{\infty} \frac{1}{k^p} = \zeta(p)$. 因此提出的和等于

$$\sum_{n=1}^{\infty} \sum_{k=n+1}^{\infty} \frac{1}{k^\alpha} = \sum_{k=2}^{\infty} \sum_{n=1}^{k-1} \frac{1}{k^\alpha} = \sum_{k=2}^{\infty} \frac{k-1}{k^\alpha} =$$

$$\sum_{k=1}^{\infty} \frac{1}{k^{\alpha-1}} - \sum_{k=1}^{\infty} \frac{1}{k^\alpha} =$$

$$\zeta(\alpha - 1) - \zeta(\alpha)$$

U91 证明:没有多项式 $P, Q \in \mathbf{R}[x]$,使得对所有 $n \geqslant 1$

$$\int_0^{\log n} \frac{P(x)}{Q(x)} \mathrm{d}x = \frac{n}{\pi(n)}$$

其中 $\pi(n)$ 是素计数函数.

(罗马尼亚)C. Lupu 提供

证 设这样的 M 次多项式 $P(x)$ 与 W 次多项式 $Q(x)$ 存在,称 $f(y) = \int_0^y \frac{P(x)}{Q(x)} \mathrm{d}x$.

显然对任何正整数 n, $f(\log n) = \frac{n}{\pi(n)}$. 首先证明以下断言:

断言 正实数集是以下各有限个区间与孤立点集的不相交并集: $f'(y) > 0$ 的区间, $f'(y) < 0$ 的区间, $f'(y) = 0$ 的孤立点集, $f'(y)$ 不能确定的有限孤立点集.

证 $\frac{P(x)}{Q(x)}$ 的不定积分存在,它可以表示为以下各函数之和:有理函数的倍数(可能是常数或 0),一定个数(可能没有)形如 $\arctan(ay)$ 与 $\log|by+c|$ 的函数,其中 a,b,c 是适当实数. 在所有点上,除了使积分不确定的 $Q(y)$ 零点外,这个不定积分存在,是连续的,且至少 1 次可微. 对所有其他正实数 y, 导数 $f'(y)$ 显然与 $\frac{P(y)}{Q(y)}$ 一致. 因 $\frac{P(y)}{Q(y)}$ 有有限个零点(至多为 M), 有限个不连续点(至多为 N), 在这些零点外是不连续的,故 $f'(y) =$

$\dfrac{P(y)}{Q(y)}$ 是连续的,不变号,推出断言.

对每个正整数 n,函数 $\Delta(n) = \dfrac{n+1}{\pi(n+1)} - \dfrac{n}{\pi(n)} = f(\log(n+1)) - f(\log(n))$. 利用以上断言,我们显然可导出,一定有有限个整数 m,使 $\Delta(m)$ 与 $\Delta(m+1)$ 有相反符号,因为每次这都发生,在区间 $(\log(m), \log(m+2))$ 上,$f'(y)$ 不连续或变号. 但这不成立,因为对任一素数 $p > 2$,$\pi(p+1) = \pi(p) = \pi(p-1)+1$ 成立,即

$$\Delta(p) = \dfrac{p+1}{\pi(p+1)} - \dfrac{p}{\pi(p)} = \dfrac{1}{\pi(p)} > 0$$

$$\Delta(p-1) = \dfrac{p}{\pi(p)} - \dfrac{p-1}{\pi(p-1)} = \dfrac{\pi(p)-p}{\pi(p)(\pi(p)-1)} < 0$$

因此不存在多项式 $P(x)$ 与 $Q(x)$.

U92 求下式的最大值

$$F(\boldsymbol{x},\boldsymbol{y},\boldsymbol{z}) = \min\left\{\dfrac{\|\boldsymbol{y}-\boldsymbol{z}\|}{\|\boldsymbol{x}\|}, \dfrac{\|\boldsymbol{z}-\boldsymbol{x}\|}{\|\boldsymbol{y}\|}, \dfrac{\|\boldsymbol{x}-\boldsymbol{y}\|}{\|\boldsymbol{z}\|}\right\}$$

其中 $\boldsymbol{x}, \boldsymbol{y}, \boldsymbol{z}$ 是 $\mathbf{R}^n (n \geqslant 2)$ 中的任意非零向量.

(美国)A. Alt 提供

解 考虑非负角 α, β, γ,使 $\alpha+\beta+\gamma = \pi$,设 γ 是固定的,则

$$\cos\alpha + \cos\beta = 2\cos\dfrac{\alpha+\beta}{2}\cos\dfrac{\alpha-\beta}{2} =$$

$$2\sin\dfrac{\gamma}{2}\cos\dfrac{\alpha-\beta}{2}$$

若 $\gamma \neq 0$,则 $\sin\dfrac{\gamma}{2} > 0$,当 $\alpha = \beta$ 时,$\cos\alpha + \cos\beta + \cos\gamma$ 是最大值. 设 β 是固定的,类似地证明,当 $\gamma = \alpha$ 时,和是最大值,因此 $\cos\alpha + \cos\beta + \cos\gamma \leqslant 3\cos\dfrac{\pi}{3} = \dfrac{3}{2}$. 注意,因为 2 个非零角有余弦和为 0,所以 $\gamma = 0$ 或 $\beta = 0$ 给出和的下方值为 1.

今考虑非负角 A, B, C,使 $A+B+C = 2\pi$,不失一般性,设 $A \geqslant B \geqslant C$,$C$ 是固定的. 显然,$\cos A + \cos B = -2\cos\dfrac{C}{2}\cos\dfrac{A-B}{2}$,其中 $\dfrac{C}{2} \leqslant \dfrac{\pi}{3}$ 或 $\cos A + \cos B + \cos C$ 在 $A = B$ 时有最小值. 类似地,$\dfrac{B}{2} \leqslant \dfrac{\pi}{2}$,当 $A = C$ 时,对已知 B 得出最小和,或 $\cos A + \cos B + \cos C \geqslant 3\cos\dfrac{2\pi}{3} = -\dfrac{3}{2}$. 注意,$A = B = \pi$(对 $\cos\dfrac{B}{2} = 0$)情形给出和的上方值.

今称 $x = \|\boldsymbol{x}\|, y = \|\boldsymbol{y}\|, z = \|\boldsymbol{z}\|$,称 A, B, C 分别为向量 $\boldsymbol{y}, \boldsymbol{z}$,向量 $\boldsymbol{z}, \boldsymbol{x}$,向量 $\boldsymbol{x}, \boldsymbol{y}$ 之间的非负角,定义

$$F_x = \dfrac{\|\boldsymbol{y}-\boldsymbol{z}\|}{\|\boldsymbol{x}\|} = \dfrac{\sqrt{y^2+z^2-2yz\cos A}}{x}$$

又循环地定义 F_y 与 F_z. 我们在叙述以下断言后继续解答.

断言 当向量 x,y,z 共面,同时 $F_x=F_y=F_z$ 时,最大值才出现.

证 显然 $A+B+C\leqslant 2\pi$,只在向量 x,y,z 共面时,等式才成立.不失一般性,设 $A\geqslant B\geqslant C$.若 $A\geqslant \pi$,则可把 A 换为 $2\pi-A$,使 F_x 不变,且有使 B 与 C 增加的可能性,于是增加 F_y 与 F_z,因此在 A,B,C 不大于 π 时,最大值出现了.于是可以用增加角或增加最小值表达式中出现的角或出现在 F_x,F_y,F_z 表达式中出现的角,来增加 F 的值.

因此如果没有 $A+B+C=2\pi$ 与 $F_x=F_y=F_z$,则最大值就不能出现(否则角将会增加,从而 F 的值会增加).

今考虑平面上的点 O 与点 X,Y,Z,使 $\overrightarrow{OX}=x, \overrightarrow{OY}=y, \overrightarrow{OZ}=z$,则 $YZ=\|y-z\|$, $ZX=\|z-x\|, XY=\|x-y\|$,或 $\dfrac{XY}{OZ}=\dfrac{YZ}{OX}=\dfrac{ZX}{OY}$,具有边长为 x,y,z 的三角形存在,与 $\triangle XYZ$ 相似,它在各自对边上的角表示为 α,β,γ,则

$$\frac{x^2(F_x^2-1)}{2yz}=\frac{y^2+z^2-x^2}{2yz}-\cos A=\cos\alpha-\cos A$$

对它的轮换是类似的.因此

$$\frac{3}{2}(F^2-1)=\frac{3}{2}((\min\{F_x,F_y,F_z\})^2-1)\leqslant$$

$$3\sqrt[3]{\frac{x^2(F_x^2-1)}{2yz}\frac{y^2(F_y^2-1)}{2zx}\frac{z^2(F_z^2-1)}{2xy}}\leqslant$$

$$\cos\alpha+\cos\beta+\cos\gamma-(\cos A+\cos B+\cos C)\leqslant 3$$

其中为使等式成立,当且仅当 $\alpha=\beta=\gamma=\dfrac{\pi}{3}, A=B=C=\dfrac{2\pi}{3}, F_x=F_y=F_z$ 与 $x=y=z$.

显然推出 $F\leqslant\sqrt{3}$,为使等式成立,当且仅当 x,y,z 是在相互成 $\dfrac{2\pi}{3}$ 角上相同长的向量.

U93 令 $x_0\in(0,1], x_{n+1}=x_n-\arcsin(\sin^3 x_n), n\geqslant 0$. 求 $\lim\limits_{n\to\infty}\sqrt{n}x_n$ 的值.

(美国)T. Andreescu 提供

解 因 $x>0$ 蕴涵 $0<\sin^3 x<\sin x$,故用简单归纳法对 $n>0$ 推出 $0<x_{n+1}<x_n$,特别地,这表示 $\lim\limits_{x\to\infty}x_n=l\geqslant 0$ 存在.求递推式的极限,可见这个极限满足 $l=l-\arcsin(\sin^3 l)$,从而 $l=0$. 我们计算 $\dfrac{1}{x_{n+1}^2}-\dfrac{1}{x_n^2}=f(x_n)$,其中

$$f(x)=\frac{\arcsin(\sin^3 x)[2x-\arcsin(\sin^3 x)]}{x^2[x-\arcsin(\sin^3 x)]^3}$$

$\arcsin(\sin^3 x)$ 的 Taylor 级数是 $x^3-\dfrac{1}{2}x^5+\cdots$,从而分子的 Taylor 级数开始是 $2x^4+\cdots$,分母的 Taylor 级数开始是 $x^4+\cdots$,因此

$$\lim_{x\to\infty}\left(\frac{1}{x_{n+1}^2}-\frac{1}{x_n^2}\right)=2$$

从而 Cesaro-Stolz 定理蕴涵

$$\lim_{x\to\infty}\frac{1}{nx_n^2}=\lim_{x\to\infty}\frac{\frac{1}{x_n^2}}{n}=\lim_{x\to\infty}\left(\frac{1}{x_{n+1}^2}-\frac{1}{x_n^2}\right)=2$$

因此 $\lim_{x\to\infty}\sqrt{n}x_n=\frac{1}{\sqrt{2}}$.

U94 令 Δ 是矩形 $ABCD$ 的内点与边界点组成的平面区域,它的边长为 a 与 b. 定义 $f:\Delta\to\mathbf{R}, f(P)=PA+PB+PC+PD$. 求 f 的值域.

(罗马尼亚)M. Becheanu 提供

解 显然 $PA+PC\geqslant AC$,为使等式成立,当且仅当 P 在线段 AC 上,类似地 $PB+PD\geqslant BD$,为使等式成立,当且仅当 P 在线段 BD 上. 因此 $f(P)\geqslant AC+BD=2\sqrt{a^2+b^2}$,为使等式成立,当且仅当 P 是矩形 $ABCD$ 的中心.

设 f 的最大值出现在点 P 上. 作两个椭圆 E_1 与 E_2,使它们通过点 P,焦点分别在 A, B 与 C, D 上. 矩形上任一点 X,一定有 $XA+XB\leqslant PA+PB$ 或 $XC+XD\leqslant PC+PD$,于是一定在这两个椭圆的至少 1 个椭圆内部或上面. 设 P 不在边 BC 或 AD 上. 令 P' 是 P 在这种对称下的对称点,该对称使 A 与 B 交换,C 与 D 交换,于是由对称性,P' 也在椭圆 E_1 与 E_2 上. 由椭圆的凸性,在任一椭圆内的直线 PP',一部分是线段 PP'. 但是这表示直线 PP' 与边 BC, AD 的交点在两椭圆外. 于是 P 一定在 BC 或 AD 上. 类似地讨论知,P 也一定在 AB 或 CD 上,从而 P 一定在顶点上. 因此 f 的最大值是 $a+b+\sqrt{a^2+b^2}$,在 P 是 A,B,C,D 之一时达到.

这个函数的三维图形是顶点在 $(M,0)$ 上的圆锥. 因圆锥内部是空间中的凸区域,故联结此圆锥边界上两点的任一线段完全在圆锥内,因此 g 是凸的. 因 f 是 4 个这样函数之和,故它也是凸的. 因 $\triangle$ 中任一点可用向量形式写成 $P=aA+bB+cC+dD$,其中 $a,b,c,d\geqslant 0, a+b+c+d=1$,故由凸性给出

$$f(P)\leqslant af(A)+bf(B)+cf(C)+df(D)=f(A)$$

因此 $f(P)$ 的最大值是 $a+b+\sqrt{a^2+b^2}$,当 P 是 A,B,C,D 之一时达到.

当 P 从矩形 $ABCD$ 中心连续移动到它的顶点时,f 连续地变动,则 f 的值域是 $[2\sqrt{a^2+b^2}, a+b+\sqrt{a^2+b^2}]$,其中正如上述,最大值出现在矩形 $ABCD$ 的顶点上,最小值出现在它的中心.

U95 求所有单一的实系数多项式 P 与 Q,使得对所有 $n\geqslant 1$

$$P(1)+P(2)+\cdots+P(n)=Q(1+2+3+\cdots+n)$$

(罗马尼亚)O. Furdui 提供

解 设 P 与 Q 分别有 u 次与 v 次. 显然

$$P(n) = Q\left(\frac{n(n+1)}{2}\right) - Q\left(\frac{n(n-1)}{2}\right)$$

因当 n 无穷大时,上式一定成立,故在等式两边,乘以 n 最高次数的系数一定相等,即 $n^u = \frac{n^v}{2^v} 2vn^{v-1}$,得出 $2v-1 = u, 2v = 2^v$. 第 2 个等式有解 $v = 1, v = 2$. 因为 $2v$ 与 2^v 对 v 的导数是 2 与 $2^v \ln 2$,所以第 2 个导数对 $v \geqslant 2$ 时较大. 对非负整数 v 不能求出附加解,$v = 1$ 与 $v = 2$ 分别得出 $u = 1$ 与 $u = 3$. 在第 1 种情形下,可以记 $P(n) = n + a, Q(n) = n + a$. 因为 $P(1) = Q(1)$ 与

$$n + a = P(n) = Q\left(\frac{n(n+1)}{2}\right) - Q\left(\frac{n(n-1)}{2}\right) = n$$

所以 $a = 0$. 于是在这种情形下,唯一解是 $P(x) = Q(x) = x$. 在第 2 种情形下,可以记 $P(n) = n^3 + an^2 + bn + c, Q(n) = n^2 + dn + e$,有

$$n^3 + an^2 + bn + c = P(n) = Q\left(\frac{n(n+1)}{2}\right) - Q\left(\frac{n(n-1)}{2}\right) = n^3 + dn$$

得出 $a = c = 0, d = b$. 此外因 $P(1) = Q(1)$,故断定 $e = 0$. 直接代换证明了,因为(或用归纳法容易证明)

$$\sum_{m=1}^{n} m^3 = \left(\frac{n(n+1)}{2}\right)^2$$

所以对所有实数 $b, P(x) = x^3 + bx, Q(x) = x^2 + bx$ 是正确的解.

U96 令 $f:(0, \infty) \to [0, \infty)$ 是有界函数. 证明:若

$$\lim_{x \to 0}\left(f(x) - \frac{1}{2}\sqrt{f\left(\frac{x}{2}\right)}\right) = 0$$

与

$$\lim_{x \to 0}(f(x) - 2f(2x)^2) = 0$$

则

$$\lim_{x \to 0} f(x) = 0$$

(罗马尼亚)D. Andrica, M. Piticari 提供

证 在第 1 个条件中把 x 换为 $2x$,得

$$\lim_{x \to 0}\left(f(2x) - \frac{1}{2}\sqrt{f(x)}\right) = 0$$

因由假设 $2f(2x) + \sqrt{f(x)}$ 是有界的,所以得

$$\lim_{x \to 0}\left(2f(2x)^2 - \frac{1}{2}f(x)\right) = 0$$

加上第 2 个条件,得出要求的结果.

U97 证明
$$f(x)=\begin{cases}1, x\geqslant 0\\ \operatorname{arccot}\dfrac{1}{x}, x<0\end{cases}$$
没有反导数.

(罗马尼亚)D. Dinu 提供

证 对 $x<0, f(x)=\operatorname{arccot}\dfrac{1}{x}\in\left(\dfrac{\pi}{2},\pi\right)$. 于是对 $x<0, f(x)>\dfrac{\pi}{2}$, 对 $x\geqslant 0$, $f(x)=1$. 可见 f 不满足 Darboux 条件, 于是 f 不能是某函数 F 的导数. 这由以下事实推出: 导数 F' 满足 Darboux 性质: 若 $a<b, m$ 在 $F'(a)$ 与 $F'(b)$ 之间, 例如 $F'(a)<m<F'(b)$, 则对 $c\in(a,b), m=F'(c)$.

U98 令 $f:[0,1]\to\mathbf{R}$ 是连续可微函数, 且 $\int_0^1 f(x)\mathrm{d}x=\int_0^1 xf(x)\mathrm{d}x$. 证明: 存在 $\xi\in(0,1)$, 使 $f(\xi)=f'(\xi)\int_0^\xi f(x)\mathrm{d}x$.

(罗马尼亚)C. Lupu 提供

证 把 $F:[0,1]\to\mathbf{R}$ 定义为 $F(x)=\int_0^x f(y)\mathrm{d}y$. 由定义, $F(0)=0$, 而显然 $F(1)=\int_0^1 f(x)\mathrm{d}x=\int_0^1 xf(x)\mathrm{d}x$, 得出
$$F(1)=\int_0^1 x\mathrm{d}(F(x))=F(1)-\int_0^1 F(x)\mathrm{d}x$$
与 $\int_0^1 F(x)\mathrm{d}x=0$. 考虑定义在 $[0,1]$ 上的函数 $\int_0^x F(y)\mathrm{d}y$. 显然它在 $x=0$ 与 $x=1$ 上为零, 从而由 Rolle 定理, 存在 $u\in(0,1)$, 使它的导数是 $F(u)=0$. 现在定义 $g(x)=F(x)\mathrm{e}^{-f(x)}$. 显然 $g(0)=g(u)=0$, 因为 $F(0)=F(u)=0$, 而 $\mathrm{e}^{-f(0)}$ 与 $\mathrm{e}^{-f(u)}$ 是有限实数, 或再由 Rolle 定理, 存在 $\xi\in(0,u)\subset(0,1)$, 使 $0=g'(\xi)=(f(\xi)-F(\xi)f'(\xi))\mathrm{e}^{-f(\xi)}$. 因右边第 2 因子不能是 0, 故 $f(\xi)=f'(\xi)F(\xi)$. 推出结论.

U99 令 a,b 是正实数, 且 $a+b=a^4+b^4$. 证明
$$a^a b^b\leqslant 1\leqslant a^{a^3}b^{b^3}$$

(罗马尼亚)V. Cartoaje 提供

证 若 $x=1$, 则等式是显然的, 不等式两边是 0. 若 $x>1$, 因为在开的积分区间中 $z>1$, 则 $\ln x=\int_1^x\dfrac{\mathrm{d}z}{z}<\int_1^x\mathrm{d}z=x-1$. 若 $x<1$, 因为在开的积分区间有 $z>1$, 则 $\ln x=-\int_x^1\dfrac{\mathrm{d}z}{z}>-\int_x^1\mathrm{d}z=x-1$.

取 $x=\dfrac{1}{a}$, 容易得出 $a^3\ln a\geqslant a^3-a^2$, 而取 $x=a$, 得出 $a\ln a\leqslant a^2-a$, 对 b 是类似的.

因问题等价于证明 $a\ln a+b\ln b\leqslant 0\leqslant a^3\ln a+b^3\ln b$,故只要证明,已知正实数使 $a+b=a^4+b^4$,则 $a^3+b^3\geqslant a^2+b^2$,$a^2+b^2\leqslant a+b$. 若证明最后这 2 个不等式,就完成了本题的证明. 首先定义 $f(x)=a^x+b^x$. 显然 $f'(x)=a^x\ln a+b^x\ln b$,因此 $f''(x)=a^x\ln^2 a+b^x\ln^2 b\geqslant 0$,或 f 是凸的严格的,除非 $a=b=1$,因 $f(1)=f(4)$,所以 $f(2)\leqslant f(1)$,得出 $a^2+b^2\leqslant a+b$,其中当且仅当 $a=b=1$ 时,等式成立. 最后注意,因 $8(a+b)=8(a^4+b^4)\geqslant (a+b)^4$,其中利用了算术平均 - 平方平均不等式,故由算术平均 - 几何平均不等式,有 $ab\leqslant \dfrac{(a+b)^2}{4}\leqslant 1$,其中当且仅当 $a=b=1$ 时,等式成立,且

$$(a+b+1)(a^3+b^3-a^2-b^2)=(a+b-a^2-b^2)(1-ab)\geqslant 0$$

其中当且仅当 $a=b=1$ 时,等式成立. 推出结论,两个所提出的不等式当且仅当 $a=b=1$ 时,变为等式.

U100 令 $f:[0,1]\to\mathbf{R}$ 是可积函数,使

(1) $|f(x)|\leqslant 1$,$\int_0^1 xf(x)\mathrm{d}x=0$;

(2) $F(x)\doteq\int_0^x f(y)\mathrm{d}y\geqslant 0$.

证明:$\int_0^1 f^2(x)\mathrm{d}x+5\int_0^1 F^2(x)\mathrm{d}x\geqslant 6\int_0^1 f(x)F(x)\mathrm{d}x$.

(意大利)P. Perfetti 提供

证 我们证明 $\int_0^1 f(x)F(x)\mathrm{d}x\geqslant 0$,并证明 1 个更好的不等式

$$\int_0^1 f^2(x)\mathrm{d}x+5\int_0^1 F^2(x)\mathrm{d}x\geqslant 10\int_0^1 f(x)F(x)\mathrm{d}x$$

因 f 在 $[0,1]$ 上是可积与有界的,故定义为

$$g(x,y)=f(y)$$
$$h(x,y)=f(x)f(y)$$

的函数 g 与 h 在条件 $0\leqslant y\leqslant x\leqslant 1$ 定义的三角形上是可积的,因此由 Fubini 公式有

$$\int_0^1\left(\int_0^x f(y)\mathrm{d}y\right)\mathrm{d}x=\int_0^1\left(\int_y^1 f(y)\mathrm{d}x\right)\mathrm{d}y$$

和

$$\int_0^1\left(\int_0^x f(x)f(y)\mathrm{d}y\right)\mathrm{d}x=\int_0^1\left(\int_y^1 f(x)f(y)\mathrm{d}x\right)\mathrm{d}y$$

即

$$\int_0^1 F(x)\mathrm{d}x=\int_0^1(1-y)f(y)\mathrm{d}y$$

与

$$\int_0^1 f(x)F(x)\mathrm{d}x=F^2(1)-\int_0^1 f(y)F(y)\mathrm{d}y$$

利用假设 $\int_0^1 xf(x)\mathrm{d}x = 0$，得出
$$\int_0^1 F(x)\mathrm{d}x = \int_0^1 f(x)\mathrm{d}x = F(1)$$
与
$$\int_0^1 f(x)F(x)\mathrm{d}x = \frac{1}{2}F^2(1) \geqslant 0$$

此外，因对实数 A 与 B，$A^2 + B^2 \geqslant 2AB$，得
$$\int_0^1 f^2(x)\mathrm{d}x + \int_0^1 F^2(x)\mathrm{d}x = \int_0^1 (f^2(x) + F^2(x))\mathrm{d}x \geqslant 2\int_0^1 f(x)F(x)\mathrm{d}x$$

由 Cauchy-Schwarz 不等式有
$$4\int_0^1 F^2(x)\mathrm{d}x = \int_2^1 2^2 \mathrm{d}x \int_0^1 F^2(x)\mathrm{d}x \geqslant \left(\int_0^1 2F(x)\mathrm{d}x\right)^2 = 4F^2(1) = 8\int_0^1 f(x)F(x)\mathrm{d}x$$

相加得
$$\int_0^1 f^2(x)\mathrm{d}x + 5\int_0^1 F^2(x)\mathrm{d}x \geqslant 10\int_0^1 f(x)F(x)\mathrm{d}x$$

U101 考虑正实数数列 $a_1, a_2, \cdots$，使得对数列中每一项，有 $Aa_n^k \leqslant a_{n+1} \leqslant Ba_n^k$，其中 $A, B, K \in \mathbf{R}_+$。证明：对所有项，$\mathrm{e}^{\alpha + \gamma k^n} \leqslant a_n \leqslant \mathrm{e}^{\beta + \gamma k^n}$，其中 $\alpha, \beta, \gamma \in \mathbf{R}$。

(美国) Z. Sunic 提供

证 首先设 $k > 1$。取对数，得 $k\log a_n + \log A \leqslant \log a_{n+1} \leqslant k\log a_n + \log B$，因此可记
$$\log a_{n+1} = k\log a_n + \mathrm{e}_n$$
其中 e_n 是有界的，且 $\log A \leqslant \mathrm{e}_n \leqslant \log B$。把这改写成
$$k^{-n-1}\log a_{n+1} = k^{-n}\log a_n + k^{-n-1}\mathrm{e}_n$$

求和得
$$\frac{\log a_n}{k^n} = \frac{1}{k}\log a_1 + \sum_{m=1}^{n-1} \frac{\mathrm{e}_m}{k^{m+1}}$$

因 e_m 有界，$k > 1$，故当 $n \to \infty$ 时，上式的右边收敛，称这个极限为 γ，则有
$$\frac{\log a_n}{k^n} = \gamma - \sum_{m=n}^{\infty} \frac{\mathrm{e}_m}{k^{m+1}}$$

或

$$\log a_n = \gamma k^n - \sum_{m=n}^{\infty} \frac{e_m}{k^{m-n+1}}$$

因 $\sum_{m=n}^{\infty} \frac{1}{k^{m-n+1}} = \frac{1}{k-1}$,故有

$$\frac{-\log B}{k-1} \leqslant \log a_n - \gamma k^n = -\sum_{m=n}^{\infty} \frac{e_m}{k^{m-n+1}} \leqslant -\frac{\log A}{k-1}$$

确定下界为 α,上界为 β,重排给出要求的结果.

设 $k < 1$,则以上论证给出

$$\log a_n = k^{n-1} \log a_1 + \sum_{m=1}^{n-1} e_m k^{n-m-1}$$

与

$$\frac{\log A}{1-k} \leqslant \log a_n - k^{n-1} \log a_1 = \sum_{m=1}^{n-1} e_m k^{n-m-1} \leqslant \frac{\log B}{1-k}$$

在这种情形下可取 $\gamma = \frac{1}{k} \log a_1$,在这个不等式中取 α 为上界,β 为下界.

U102 把实轴上的点涂成红色与蓝色.已知存在函数 $f: \mathbf{R} \to \mathbf{R}_+$,使得若 x, y 有不同颜色,则 $\min\{f(x), f(y)\} \leqslant |x - y|$.证明:所有开区间包含单色开区间.

(美国)I. Boreico 提供

证 设相反,存在开区间 (a, b),使所有子开区间包含了红点与蓝点之一.今作点列 $(x_n)_{n=0}^{\infty}$,它们轮流为红点,蓝点,并作闭区间套 $[x_k - \epsilon_k, x_k + \epsilon_k]$ 序列如下.

先在 (a, b) 内取 1 个红点,选 $\epsilon_0 > 0$,以致 $\epsilon_0 < f(x_0), a < x - \epsilon_0 < x + \epsilon_0 < b$. 设 $[x_k - \epsilon_k, x_k + \epsilon_k]$ 被选上. 因在 (a, b) 内所有开区间包含了红点与蓝点之一,故可以在 $(x_k - \epsilon_k, x_k + \epsilon_k)$ 内选出与 x_k 不同色的点 x_{k+1}.选 $\epsilon_{k+1} > 0$ 以致 $\epsilon_{k+1} < f(x_{k+1}), \epsilon_{k+1} < \frac{1}{k+1}, x_k - \epsilon_k < x_{k+1} - \epsilon_{k+1} < x_{k+1} + \epsilon_{k+1} < x_k + \epsilon_k$.

注意,由作法知,对所有 $k, \epsilon_k < f(x_k)$. 因此,若 y 是 $[x_{2k} - \epsilon_{2k}, x_{2k} + \epsilon_{2k}]$ 内蓝点,则有

$$\min(f(x_{2k}), f(y)) \leqslant |y - x_{2k}| \leqslant \epsilon_{2k} < f(x_{2k})$$

从而最小值一定是 $f(y)$,我们一定有 $f(y) < \epsilon_{2k} < \frac{1}{2k}$. 类似地,若 y 是 $[x_{2k+1} - \epsilon_{2k+1}, x_{2k+1} + \epsilon_{2k+1}]$ 内红点,则 $f(y) \leqslant \epsilon_{2k+1} < \frac{1}{2k+1}$. 得出矛盾,因为闭区间套 $[x_k - \epsilon_k, x_k + \epsilon_k]$ 的交点一定是点 y,依赖于它是红点或蓝点,我们得出,对所有 $k \geqslant 0, f(y) < \frac{1}{2k+1}$,或对 $k \geqslant 1, f(y) < \frac{1}{2k}$. 在任何一种情形下,这迫使 $f(y) \leqslant 0$,矛盾.

U103 令 $a_1, a_2, \cdots, a_n > 0$,使 $a_1 + a_2 + \cdots + a_n \leqslant n$. 证明

$$a_1^{\frac{1}{a_1}} a_2^{\frac{1}{a_2}} \cdots a_n^{\frac{1}{a_n}} \leqslant 1$$

(美国)T. Andreescu 提供

证 对 $n=1$,我们需要证明,若 $0 < a_1 \leqslant 1$,则 $a_1^{\frac{1}{a_1}} \leqslant 1$. 因为 $f(x) = x^a$ 是正数 x 与 a 的增函数,所以上式成立. 现在对 $n \geqslant 2$,令 $s = \frac{1}{a_1} + \frac{1}{a_2} + \cdots + \frac{1}{a_n}$. 由加权算术平均 - 几何平均不等式,有

$$\left(\prod_{k=1}^{n} a_k^{(a_k)^{-1}}\right)^{(s)^{-1}} \leqslant \sum_{k=1}^{n} \frac{1}{a_k s} \cdot a_k = \frac{n}{s} \qquad ①$$

但是 $\frac{n}{s}$ 恰是 $a_1, a_2, \cdots, a_n$ 的调和中项,则由算术平均 - 调和平均不等式与 $a_1 + a_2 + \cdots + a_n \leqslant n$,有

$$\frac{n}{s} \leqslant \frac{a_1 + a_2 + \cdots + a_n}{n} \leqslant 1 \qquad ②$$

由式 ① 与式 ② 推出

$$a_1^{\frac{1}{a_1}} a_2^{\frac{1}{a_2}} \cdots a_n^{\frac{1}{a_n}} \leqslant 1$$

为使等式成立,当且仅当 $a_1 = a_2 = \cdots = a_n$ 与 $a_1 + a_2 + \cdots + a_n = n$,即 $a_1 = a_2 = \cdots = a_n = 1$.

U104 令 x_0 是固定实数,$f: \mathbf{R} \to \mathbf{R}$ 是函数,且 f 是区间 $(-\infty, x_0), (x_0, \infty)$ 上的导数,f 在 x_0 上连续. 证明:f 是 $\mathbf{R}$ 上的导数.

(罗马尼亚)M. Piticari 提供

证 令 F 是 f 在 (x_0, ∞) 上的原函数. 因 f 在 x_0 上连续,故有 $\epsilon > 0$ 使得对 $|x - x_0| < \epsilon$,有 $|f(x) - f(x_0)| < 1$,从而 $|f(x)| < |f(x_0)| + 1 = M$. 固定点列 $(y_i) \in (x_0, \infty)$,使 $y_i \to x_0$,则对 $n > N$,有 $|y_n - x_0| < \epsilon$. 中值定理给出,对 y_n 与 y_{n+1} 之间的某 ξ,给出

$$F(y_{n+1}) - F(y_n) = f(\xi)(y_{n+1} - y_n)$$

从而对 $n > N$,有

$$|F(y_{n+1}) - F(y_n)| \leqslant M |y_{n+1} - y_n|$$

于是 $(F(y_n))$ 组成 Cauchy 数列,从而 $\lim_{y \to x_0^+} F(y)$ 存在. 从 F 中减去这个极限,可设极限是 0. 类似地,有 f 在 $(-\infty, x_0)$ 上的原函数在 x_0 上趋于 0. 把这些结合起来就给出了,连续函数 F 是 f 的原函数,除了可能在 x_0 上以外. 令 $f = F'$,有 $F(x) - F(x_0) = f(\xi_x)(x - x_0)$,则 $f(\xi_x) = \frac{F(x) - F(x_0)}{x - x_0}$. 若 $x \to 0$,因为 $x_0 < \xi_x < x$ 或 $x < \xi_x < x_0$,则也有 $\xi_x \to 0$. f 在 x_0 上连续给出 $\lim_{x \to x_0} f(\xi_x) = f(x_0) = F'(x_0)$,证毕.

U105 在 $\mathbf{C} \backslash \mathbf{R}$ 中所有 z 上,求 $\min\left(\dfrac{\operatorname{Im} z^5}{\operatorname{Im}^5 z}\right)$.

(美国)T. Andreescu 提供

解 利用极坐标形式 $z = r(\cos\varphi + \mathrm{i}\sin\varphi)$,其中 $\varphi \neq k\pi, k \in \mathbf{Z}$,得

$$\frac{\operatorname{Im} z^5}{\operatorname{Im}^5 z} = \frac{\sin 5\varphi}{\sin^5 \varphi} = \frac{16\sin^5\varphi - 20\sin^3\varphi + 5\sin\varphi}{\sin^5\varphi} =$$

$$\frac{5}{\sin^4\varphi} - \frac{20}{\sin^2\varphi} + 16 =$$

$$5\left(\frac{1}{\sin^2\varphi} - 2\right)^2 - 4 \geqslant -4$$

因为为使 $\dfrac{\operatorname{Im} z^5}{\operatorname{Im}^5 z}$ 的下界 -4 可以达到,当且仅当 $\sin^2\varphi = \dfrac{1}{2} \Leftrightarrow \varphi = \dfrac{(2n+1)\pi}{4}, n \in \mathbf{Z}$,所以 $\min\limits_{z \in C \backslash R}\left(\dfrac{\operatorname{Im} z^5}{\operatorname{Im}^5 z}\right) = -4$.

U106 令 x 是正实数. 证明: $x^x - 1 \geqslant \mathrm{e}^{x-1}(x-1)$.

(罗马尼亚)V. Cartoaje 提供

证 若 $x \leqslant \dfrac{1}{\mathrm{e}}$,则 $1 + \ln x \leqslant 0$,为使等式成立,当且仅当 $x = \dfrac{1}{\mathrm{e}}$,即 $f'(x)$ 是两项之和,1 项为非正的,另 1 项为非负的,或者对 $x \leqslant \dfrac{1}{\mathrm{e}}, f'(x) < 0$. 今考虑 $x > \dfrac{1}{\mathrm{e}}$,称 $x = \mathrm{e}^y$,其中显然 $y > -1$. $f'(x) = 0$ 等价于 $[\mathrm{e}^{(y-1)(\mathrm{e}^y-1)}(1+y) - 1]\mathrm{e}^{y+\mathrm{e}^y-1} = 0$,或 $(y-1)(\mathrm{e}^y - 1) = -\ln(1+y)$,称 $g(y) = (y-1)(\mathrm{e}^y - 1) + \ln(1+y)$. 显然,$f'(x)$ 的符号与 $g(y)$ 的符号相同,为使其中 1 个为 0,当且仅当另 1 个为 0. 首先注意 $g(0) = 0$,即 $f'(1) = 0$. $g'(y) = y\mathrm{e}^y - 1 + \dfrac{1}{1+y} = y\left(\mathrm{e}^y - \dfrac{1}{1+y}\right)$. 若 $y > 0$,则 $\mathrm{e}^y > 1 > \dfrac{1}{1+y}$,且当所有 $y > 0$ 时,$g'(y) > 0$,于是对所有 $y > 0, g(y) > g(0) = 0$,从而对所有 $x > 1, f'(x) > 0$. 若 $y < 0$,则 $\mathrm{e}^y < 1 < \dfrac{1}{1+y}$,再对所有 $0 > y > -1, g'(y) > 0$,于是对所有 $0 > y > -1, g(y) < g(0) = 0$,因此 $\dfrac{1}{\mathrm{e}} < x < 1$ 时,$f'(x) < 0$. 推出断言.

U107 令 $f:[0,\infty) \to [0,\infty)$ 是连续函数,它有正整数 a 使得对所有 x,$f(f(x)) = x^a$. 证明

$$\int_0^1 (f(x))^2 \mathrm{d}x \geqslant \frac{2a-1}{a^2 + 6a - 3}$$

(罗马尼亚)M. Piticari 提供

证 若 $f(x) = f(y)$,则

$$x = (x^a)^{\frac{1}{a}} = (f(f(x)))^{\frac{1}{a}} = (f(f(y)))^{\frac{1}{a}} = y$$

因此 f 是一对一的. 因 f 是连续的,故它是单调的. 也因 $f(f(x))$ 是满射的,故 f 也是满射的,于是一定有 $f(0)=0$, f 一定递增. 若 $f(1)=y\neq 1$, 则 $f(y)=1$, 这与以下事实矛盾:不管 $y<1$ 或 $y>1$, f 都是递增的,因此 $f(1)=1$.

对任何连续的增函数 $g:[0,1]\to[0,1]$, 其中 $g(0)=0$, $g(1)=1$, 有
$$\int_0^1 g(x)\mathrm{d}x + \int_0^1 g^{-1}(y)\mathrm{d}y = 1$$

因为第 1 个积分是曲线 $y=g(x)$ 下的面积,第 2 个积分是这条曲线左边(从而是曲线上面)的面积. 把这应用于 $g(x)=(f(x))^2$, 其中 $g^{-1}(y)=f(y^{\frac{1}{2a}})$, 并把 $y=x^{2a}$ 代入第 2 个积分,给出
$$1 = \int_0^1 (f(x))^2 \mathrm{d}x + 2a\int_0^1 x^{2a-1} f(x)\mathrm{d}x$$

注意, Cauchy-Schwarz 不等式给出
$$\frac{1}{\sqrt{4a-1}}\left(\int_0^1 (f(x))^2 \mathrm{d}x\right)^{\frac{1}{2}} = \left(\int_0^1 x^{4a-2}\mathrm{d}x\right)^{\frac{1}{2}}\left(\int_0^1 (f(x))^2\mathrm{d}x\right)^{\frac{1}{2}} \geq$$
$$\int_0^1 x^{2a-1} f(x)\mathrm{d}x$$

因此,令 $I=\int_0^1 (f(x))^2\mathrm{d}x$, 可见
$$I + \frac{2a}{\sqrt{4a-1}}I^{\frac{1}{2}} \geq 1$$

被看作 $I^{\frac{1}{2}}$ 中的二项多项式,可见这个方程有 2 个实根,其中 1 个是正的,当 I 恰好至少有这个根那么大时,不等式成立. 因此得
$$I \geq \left(-\frac{a}{\sqrt{4a-1}} + \sqrt{\frac{a^2+4a-1}{4a-1}}\right)^2 =$$
$$\frac{4a-1}{2a^2+4a-1+2a\sqrt{a^2+4a-1}}$$

当把平方根换为它的明显下界 $a+2$ 时, I 的下界将只减少,因此
$$I \geq \frac{4a-1}{4a^2+8a-1}$$

把 $x=u^a=f(f(u))$ 代入 I (注意 $f(x)=f(u)^a$), 并用 Hölder 不等式, 可以得出更强下界:
$$I = a\int_0^1 u^{a-1}(f(u))^{2a}\mathrm{d}u \geq a\frac{\left(\int_0^1 x^{2a-1}f(x)\mathrm{d}x\right)^{2a}}{\left(\int_0^1 x^{\frac{4a^2-3a+1}{2a-1}}\mathrm{d}x\right)^{2a-1}} =$$
$$a^{2a}\left(\frac{4a-1}{2a-1}\right)^{2a-1}\left(\int_0^1 x^{2a-1}f(x)\mathrm{d}x\right)^{2a}$$

因此

$$I + 2\Big(\frac{2a-1}{4a-1}\Big)^{1-\frac{1}{2a}} I^{\frac{1}{2a}} \geqslant 1$$

这个下界是渐近地比 a 给出的以下要求下界更强

$$I \geqslant \frac{\log a}{2a} - O\Big(\frac{\log \log a}{a}\Big)$$

它蕴涵对 $a \geqslant 102$ 的要求下界.

U108 求所有 $n \geqslant 3$,使有满同态 $\phi: S_n \to S_{n-1}$,其中 S_n 是关于 n 个元素的对称群.

(美国)I. Borsenco 提供

解 对所有 x,以 I_n 表示 S_n 中的恒等置换.设满同态 $\phi: S_n \to S_{n-1}$ 存在,称 $U \subset S_n$ 为 ϕ 的核,即 S_n 中元素集合,使当且仅当 $u \in U$ 时,$\phi(u) = I_{n-1}$. 众所周知,U 是 S_n 的正规子群. 以 $|X|$ 表示集合 X 的基数. 因 ϕ 是满射的,故对每个 $t \in S_{n-1}$,至少有 1 个 $s \in S_n$,使 $\phi(s) = t$. 现在 $sU = Us$ 是 S_n 中所有元素的集合,它的像是 $\phi(s) = t$. 因为若 $s' \in sU$, 则存在 $u \in U$,使 $s' = su$,或 $\phi(s') = \phi(s)\phi(u) = \phi(s)$. 而若 $\phi(s) = \phi(s') = \phi(s(s^{-1}s')) = \phi(s)\phi(s^{-1}s')$, 则 $s^{-1}s' \in U$,或 $s' = s(s^{-1}s') \in sU$. 因此对每个 t,s_n 中恰有 $|U|$ 个元素,使它的像是 t,且 $|S_n| = |U||S_{n-1}|$. 因对所有 n,$|S_n| = n!$,故 $|U| = n$. 设 $n \geqslant 5$, 满同态 $\phi: S_n \to S_{n-1}$ 存在. 众所周知,A_n 是关于 n 个元素的交错群,只是 S_n 的正常非平凡正规子群,即只是 S_n 的正规子群,它不是 S_n 或 I_n,因此 $U = A_n$. 但是 $|A_n| = \frac{n!}{2}$,$|U| = n$ 或 $(n-1)! = 2$ 与 $n = 3$, 不合理,因为 $n \geqslant 5$. 因此满同态 $\phi: S_n \to S_{n-1}$ 只对 $n \leqslant 4$ 存在.

对 $n = 3$,考虑下式定义的满同态 $\phi: S_3 \to S_2$:

$$\phi(\{1,2,3\}) = \phi(\{2,3,1\}) = \phi(\{3,1,2\}) = \{1,2\}$$
$$\phi(\{1,3,2\}) = \phi(\{2,1,3\}) = \phi(\{3,2,1\}) = \{2,1\}$$

对 $n = 4$,考虑下式定义的满同态 ϕ

$$\phi(\{1,2,3,4\}) = \phi(\{2,1,4,3\}) = \phi(\{3,4,1,2\}) = \phi(\{4,3,2,1\}) = \{1,2,3\}$$
$$\phi(\{1,2,4,3\}) = \phi(\{2,1,3,4\}) = \phi(\{3,4,2,1\}) = \phi(\{4,3,1,2\}) = \{2,1,3\}$$
$$\phi(\{1,3,2,4\}) = \phi(\{2,4,1,3\}) = \phi(\{3,1,4,2\}) = \phi(\{4,2,3,1\}) = \{1,3,2\}$$
$$\phi(\{1,3,4,2\}) = \phi(\{2,4,3,1\}) = \phi(\{3,1,2,4\}) = \phi(\{4,2,1,3\}) = \{3,1,2\}$$
$$\phi(\{1,4,2,3\}) = \phi(\{2,3,1,4\}) = \phi(\{3,2,4,1\}) = \phi(\{4,1,3,2\}) = \{2,3,1\}$$
$$\phi(\{1,4,3,2\}) = \phi(\{2,3,4,1\}) = \phi(\{3,2,1,4\}) = \phi(\{4,1,2,3\}) = \{3,2,1\}$$

推出断言.

U109 求所有整数对 (m,n),使 $m^2 + 2mn - n^2 = 1$.

(美国)T. Andreescu,(罗马尼亚)D. Andrica 提供

解 称 $m + n = l$,方程变为 Pell 方程 $l^2 - 2n^2 = 1$. 已知它有通解 $l = \dfrac{(\sqrt{2}+1)^{2k} + (\sqrt{2}-1)^{2k}}{2}$, $n = \dfrac{(\sqrt{2}+1)^{2k} - (\sqrt{2}-1)^{2k}}{2\sqrt{2}}$,其中 $k \geqslant 0$($k=0$ 得出平凡解 $l=1$,

$n=0$),或 $m=\dfrac{(\sqrt{2}+1)^{2k-1}+(\sqrt{2}-1)^{2k-1}}{2\sqrt{2}}$. 众所周知,没有另外的解.

U110 令 $a_1,a_2,\cdots,a_n$ 是实数,其中 $a_n,a_0 \neq 0$,且多项式 $P(X)=(-1)^n a_n X^n + (-1)^{n-1}a_{n-1}X^{n-1}+\cdots+a_2 X^2-a_1 X+a_0$ 在区间 $(0,\infty)$ 内有它的所有零点,令 $f:\mathbf{R} \to \mathbf{R}$ 是 n 次可微函数. 证明:若

$$\lim_{x\to\infty}(a_n f^{(n)}(x)+a_{n-1}f^{(n-1)}(x)+\cdots+a_1 f'(x)+a_0 f(x))=L \in \overline{\mathbf{R}}$$

则 $\lim\limits_{x\to\infty} f(x)$ 存在,且 $\lim\limits_{x\to\infty} f(x) = \dfrac{L}{a_0}$.

(罗马尼亚)R. Titiu 提供

证 首先,对 n 用归纳法在特殊情形 $L=0$ 下证明要求的结果. 对 $n=0$,结果显然成立,因为条件实际上是

$$\lim_{x\to\infty} a_0 f(x) = 0, a_0 \neq 0$$

对 $n=1$, $P(X)=-a_1 X+a_0$ 有正实根,即 a_0 与 a_1 同号,不失一般性可设 $a_0,a_1>0$. 条件 $\lim\limits_{x\to\infty}(a_1 f'(x)+a_0 f(x))=0$ 等价于说明,对任一正数 $\epsilon>0$,存在一实数 M,使得对所有 $x>M$,就有 $|a_1 f'(x)+a_0 f(x)|<\epsilon$. 定义(可能空)集合 X_0,使任一 $x_0 \in X_0$ 满足 $x_0 > M, f'(x_0)=0$. 显然,对所有 $x_0 \in X_0$, $|f(x_0)|<\dfrac{\epsilon}{a_0}$. 若 X_0 没有上界,则对大于某 x_0 的任一 x,可求出 $x_-<x_+ \in X_0$,使 $x \in (x_-,x_+)$. 若对大于 x_0 的某 x, $|f(x)|>\dfrac{\epsilon}{a_0}$,则显然在 (x_-,x_+) 中一定有局部最大值或最小值,其中 $|f(x)|>\dfrac{\epsilon}{a_0}$. 在这个局部最大值或最小值中, $f'(x)=0$,得出矛盾. 因此,若 $f(x)$ 不收敛于 0,则集合 X_0 有上界,存在某实数 N,使得对 $x>N$, $f'(x)$ 不变号,即 $f(x)$ 对 $x>N$ 是单调的. 因可以把 $f(x)$ 换为 $-f(x)$ 而不改变问题,故不失一般性,设 $f(x)$ 递增,从而对所有 $x>N, f'(x)>0$. 因此对所有 $x>N$,或者 $f(x)>0, f(x)<\dfrac{\epsilon-a_1 f'(x)}{a_0}<\dfrac{\epsilon}{a_0}$,或者 $f(x)$ 是负的. 在这 2 种情形下, $f(x)$ 是具有上界 ϵ 的增函数,从而它有极限,称 l 为这个极限,显然 $\lim\limits_{x\to\infty} f'(x)=-\dfrac{l a_0}{a_1}=0$,因为否则, $f(x)$ 将没有极限. 因此 $l=0$,对 $n=1$ 证明了结果.

今设对 $1,2,\cdots,n-1$ 证明了结果. 选出 $P(X)$ 的任一根 $r \in \mathbf{R}_+$. 显然 $P(X)=(X-r)Q(X)$,其中 $Q(x)$ 是 $n-1$ 次多项式,具有所有正实根. 定义算子 $\Delta=\dfrac{\mathrm{d}}{\mathrm{d}x}$,显然条件可写成

$$\lim_{x\to\infty}(P(-\Delta)f(x))=0$$

或等价于

$$\lim_{x\to\infty}(Q(-\Delta)(\Delta+r)f(x))=0$$

因此注意$(\Delta+r)f(x)=f'(x)+rf(x)$是实函数,且$n-1$次可微,使得对具有所有正实根的某多项式$Q(X)$,$\lim_{x\to\infty}(Q(-\Delta)f(x))=0$. 因此$(\Delta+r)f(x)$满足问题对$n-1$的条件. 由归纳假设$\lim_{x\to\infty}((\Delta+r)f(x))=0$,其中显然$-X-x$是具有正实根$r$的线性多项式的线性组合,$f(x)$至少1次可微,因此$f(x)$满足问题对$n=1$的条件,对$L=0$推出结果.

若$L\neq 0$,则定义$g(x)=f(x)-\dfrac{L}{a_0}$. 显然$g(x)$满足问题对$L=0$的条件,$\lim_{x\to\infty}g(x)=0$. 推出结论.

U111 令n是已知正整数,$a_k=2\cos\dfrac{\pi}{2^{n-k}}$,$k=0,1,\cdots,n-1$. 证明

$$\prod_{k=0}^{n-1}(1-a_k)=\dfrac{(-1)^{n-1}}{1+a_0}$$

(美国)T. Andreescu 提供

证 **引理 1** 对任何$t\in\mathbf{R}$,有

$$(2\cos t-1)(2\cos t+1)=2\cos(2t)+1$$

证 我们有

$$(2\cos t-1)(2\cos t+1)=4\cos^2 t-1=2\underbrace{(2\cos^2 t-1)}_{=\cos(2t)}+1=$$

$$2\cos(2t)+1$$

引理 1 证毕.

引理 2 对所有$k\in\{0,1,\cdots,n-1\}$,有

$$a_k-1=\dfrac{a_{k+1}+1}{a_k+1}$$

其中设$a_n=-2$(以致对所有$k\in\{0,1,\cdots,n\}$,$a_k=2\cos\dfrac{\pi}{2^{n-k}}$成立).

证 我们有$a_k+1\neq 0$(因为$a_k=2\cos\underbrace{\dfrac{\pi}{2^{n-k}}}_{\in[0,\frac{\pi}{2}]}\geqslant 0$)与

$$(a_k-1)(a_k+1)=\left(2\cos\dfrac{\pi}{2^{n-k}}-1\right)\left(2\cos\dfrac{\pi}{2^{n-k}}+1\right)=$$

$$2\cos\left(2\dfrac{\pi}{2^{n-k}}\right)+1=$$

$$2\cos\dfrac{\pi}{2^{n-(k+1)}}+1=$$

$$a_{k+1}+1$$

(由引理1),以致$a_k-1=\dfrac{a_{k+1}+1}{a_k+1}$. 引理 2 证毕.

由引理 2 得

$$\prod_{k=0}^{n-1}(1-a_k) = \prod_{k=0}^{n-1}(-(a_k-1)) = (-1)^n \prod_{k=0}^{n-1}(a_k-1) =$$

$$(-1)^n \prod_{k=0}^{n-1} \frac{a_{k+1}+1}{a_k+1} = (-1)^n \frac{\prod_{k=0}^{n-1}(a_{k+1}+1)}{\prod_{k=0}^{n-1}(a_k+1)} =$$

$$(-1)^n \frac{\prod_{k=1}^{n}(a_k+1)}{\prod_{k=0}^{n-1}(a_k+1)} = (-1)^n \frac{a_n+1}{a_0+1} =$$

$$(-1)^n \frac{-2+1}{a_0+1} = (-1)^n \frac{-1}{a_0+1} =$$

$$\frac{-(-1)^n}{1+a_0} = \frac{(-1)^{n-1}}{1+a_0}$$

U112 令 x, y, z 是大于 1 的实数. 证明

$$x^{x^3+2xyz} \cdot y^{y^3+2xyz} \cdot z^{z^3+2xyz} \geqslant (x^x y^y z^z)^{xy+yz+zx}$$

(罗马尼亚)C. Lupu 与(美国)V. Vornicu 提供

证 **引理 1** 令 x, y, z, a, b, c 是非负实数,使 $x \geqslant y \geqslant z, ax \geqslant by$,则

$$(x^3+2xyz)a + (y^3+2xyz)b + (z^3+2xyz)c \geqslant$$
$$(yz+zx+xy)(xa+yb+zc)$$

证 因 $x \geqslant y \geqslant z, ax \geqslant by$,故把 Vornicu-Schur 不等式[①]应用于 $A=x, B=y, C=z, X=ax, Y=by, Z=cz$,得出

$$ax(x-y)(x-z) + by(y-z)(y-x) + cz(z-x)(z-y) \geqslant 0$$

这改写为

$$(x^3+2xyz)a + (y^3+2xyz)b + (z^3+2xyz)c -$$
$$(yz+zx+xy)(xa+yb+zc) \geqslant 0$$

因此

$$(x^3+2xyz)a + (y^3+2xyz)b + (z^3+2xyz)c \geqslant$$
$$(yz+zx+xy)(xa+yb+zc)$$

---

① 这里利用的"Vornicn-Schur"不等式是以下事实:
令 A, B, C 是 3 个实数, X, Y, Z 是 3 个非负实数. 若 $A \geqslant B \geqslant C, X \geqslant Y$,则
$$X(A-B)(A-C) + Y(B-C)(B-A) + Z(C-A)(C-B) \geqslant 0$$
这是[1]中定理(a). 证明是相当容易的(只要证明 $X(A-B)(B-C) + Y(B-C)(B-A) \geqslant 0$, $Z(C-A)(C-B) \geqslant 0$).

证明了引理 1.

令 $a=\ln x, b=\ln y, c=\ln z$,则 a,b,c 为非负的(因为 $x,y,z \geqslant 1$).不失一般性设 $x \geqslant y \geqslant z$(可以这样设,是因为不等式是对称的),则 $ax \geqslant by$(因为 a,b,x,y 为非负的,$a \geqslant b, x \geqslant y$,其中 $a \geqslant b$ 是因为 $x \geqslant y$ 得出 $\underbrace{\ln x}_{=a} \geqslant \underbrace{\ln y}_{=b}$).因此引理 1 给出

$$(x^3+2xyz)a+(y^3+2xyz)b+(z^3+2xyz)c \geqslant$$
$$(yz+zx+xy)(xa+yb+zc)$$

因为

$$(x^3+2xyz)a+(y^3+2xyz)b+(z^3+2xyz)c=$$
$$(x^3+2xyz)\ln x+(y^3+2xyz)\ln y+$$
$$(z^3+2xyz)\ln z=$$
$$\ln(x^{x^3+2xyz}y^{y^3+2xyz}z^{z^3+2xyz})$$

与

$$(yz+zx+xy)(xa+yb+zc)=(yz+zx+xy)(x\ln x+y\ln y+z\ln z)=$$
$$(yz+zx+xy)\ln(x^x y^y z^z)=$$
$$\ln((x^x y^y z^z)^{yz+zx+xy})$$

故这变为

$$\ln(x^{x^3+2xyz}y^{y^3+2xyz}z^{z^3+2xyz}) \geqslant \ln((x^x y^y z^z)^{yz+zx+xy})$$

$\ln$ 函数严格递增,这给出

$$x^{x^3+2xyz}y^{y^3+2xyz}z^{z^3+2xyz} \geqslant (x^x y^y z^z)^{yz+zx+xy}$$

U113 求所有连续函数 $f: \mathbf{R} \to \mathbf{R}$,使 f 是没有最小周期的周期函数.

(罗马尼亚)R. Titiu 提供

解 没有最小周期就是说,对所有 $r>0$,存在 $T_r<r$,使得对所有 $x \in \mathbf{R}, f(x+T_r)=f(x)$.设 f 不是常值函数,这表示存在 $x_1>x_0$,使 $f(x_1)>f(x_0)$.不失一般性,可设 $f(x_0)=0, f(x_1)>0$.令 $d=x_1-x_0$. f 的连续性蕴涵,在 x_1 的开邻域中,比如 (a,b) 中,$f(x)>\dfrac{f(x_1)}{2}$ 成立.从 x_0 开始,我们向右移动,作长度为 $T_{\frac{d}{2}}<\dfrac{d}{2}$ 的跳跃.由周期性,f 在所有跳跃后取的值是 0,但后来不可避免地进入 (a,b),得出矛盾,因为 f 应取值 0 与大于 $\dfrac{f(x_1)}{2}$ 的值.

U114 令 a,b,c 是非负实数.求下式的值

$$\lim_{n \to \infty} \frac{1}{n} \sum_{i,j=1}^{n} \frac{1}{\sqrt{i^2+j^2+ai+bj+c}}$$

(罗马尼亚)O. Furdui 提供

解 令

$$F(n)=\sum_{1\leqslant i,j\leqslant n}\frac{1}{\sqrt{i^2+j^2+ai+bj+c}}$$

$$f_1(n)=\sum_{1\leqslant i\leqslant n-1}\frac{1}{\sqrt{n^2+i^2+ai+bn+c}}$$

与

$$f_2(n)=\sum_{1\leqslant j\leqslant n-1}\frac{1}{\sqrt{n^2+j^2+an+bj+c}}$$

$$g(n)=\frac{1}{\sqrt{2n^2+an+bn+c}}$$

则 $F(n)=F(n-1)+f_1(n)+f_2(n)+g(n)$.

断言 $\lim\limits_{n\to\infty}(f_1(n)+f_2(n)+g(n))=2\ln(1+\sqrt{2})$.

因 $g(n)$ 到达 0,故只需考虑 $f_1(n)$ 与 $f_2(n)$. 令 $x=\dfrac{i}{n}$,$\Delta x=\dfrac{1}{n}$,则可把 $f_1(n)$ 改写如下

$$f_1(n)=\sum_{1\leqslant i\leqslant n-1}\frac{1}{\sqrt{1+x^2+ax\Delta x+b\Delta x+c\Delta x^2}}\Delta x$$

因此

$$\lim_{x\to\infty}f_1(n)=\int_0^1\frac{1}{\sqrt{1+x^2}}\mathrm{d}x=$$

$$[\ln(x+\sqrt{1+x^2})]_0^1=$$

$$\ln(1+\sqrt{2})$$

对 $f_2(n)$ 的论证是相同的. 最后把 $F(n)$ 表示为 $F(n)=\sum\limits_{1\leqslant k\leqslant n}(f_1(k)+f_2(k)+g(k))$,可见 $\lim\limits_{x\to\infty}\dfrac{1}{n}F(n)=2\ln(1+\sqrt{2})$. 注意我们利用了数列 $a_n\to l\Rightarrow\dfrac{a_1+\cdots+a_n}{n}\to l$.

U115 令 $a_n=2-\dfrac{1}{n^2+\sqrt{n^4+\dfrac{1}{4}}}$,$n=1,2,\cdots$. 证明

$$\sqrt{a_1}+\sqrt{a_2}+\cdots+\sqrt{a_{119}}$$

是整数.

(美国)T. Andreescu 提供

证 变换 a_n,有

$$a_n=2-\frac{1}{n^2+\sqrt{n^4+\dfrac{1}{4}}}=2-\frac{\sqrt{n^4+\dfrac{1}{4}}-n^2}{\dfrac{1}{4}}=$$

$$2-4\left(\sqrt{n^4+\frac{1}{4}}-n^2\right)=$$
$$2-2\sqrt{4n^4+1}+4n^2=$$
$$2[(2n^2+1)-\sqrt{4n^4+1}]$$

于是
$$\sqrt{a_n}=\sqrt{2}\cdot\sqrt{(2n^2+1)-\sqrt{4n^4+1}}$$

应用恒等式
$$\sqrt{x-\sqrt{y}}=\sqrt{\frac{x+\sqrt{x^2-y}}{2}}-\sqrt{\frac{x-\sqrt{x^2-y}}{2}},x,y>0$$

我们有
$$\sqrt{a_n}=\sqrt{2}\cdot\sqrt{(2n^2+1)-\sqrt{4n^4+1}}=$$
$$\sqrt{2}\left(\sqrt{\frac{2n^2+2n+1}{2}}-\sqrt{\frac{2n^2-2n+1}{2}}\right)=$$
$$\sqrt{2n^2+2n+1}-\sqrt{2n^2-2n+1}$$

把 $n=1,2,3,\cdots,119$ 代入这个公式,有
$$\sqrt{a_1}=\sqrt{5}-1$$
$$\sqrt{a_2}=\sqrt{13}-\sqrt{5}$$
$$\sqrt{a_3}=5-\sqrt{13}$$
$$\vdots$$
$$\sqrt{a_{119}}=169-\sqrt{28\ 085}$$

把各项相加得
$$\sqrt{a_1}+\sqrt{a_2}+\sqrt{a_3}+\cdots+\sqrt{a_{119}}=-1+169=168$$

U116 令 G 是无边界的 K_4 完全图. 求 G 中长为 n 的闭通道数.

(美国)I. Borsenco 提供

解 给图的各顶点编号 $\{1,2,3,4\}$,使 1 号与 4 号不连通,称 $N_{i,j}(n)$ 为从顶点 i 开始到顶点 j 结束且长为 n 的路数,其中 $n\geqslant 0,i,j\in\{1,2,3,4\}$. 由对称性,可以交换顶点 1 与 4,或交换顶点 2 与 3,或对已知的从 i 到 j,反向从 j 到 i,导致 $N_{1,2}(n)=N_{1,3}(n)=N_{4,2}(n)=N_{4,3}(n)=N_{2,1}(n)=N_{2,4}(n)=N_{3,1}(n)=N_{3,4}(n),N_{2,3}(n)=N_{3,2}(n)$,$N_{1,4}(n)=N_{4,1}(n),N_{1,1}(n)=N_{4,4}(n),N_{2,2}(n)=N_{3,3}(n)$,它们分别表示为 a_n,b_n,c_n,x_n,y_n. 最后注意,因 1 与 4 只能从 2 或 3 到达,故对 $n\geqslant 1,c_n=x_n$,但是 $c_0=0,x_0=1$. 本题陈述要求 $2x_n+2y_n$.

顶点 1 只能从 2 或 3 一步到达,或长为 n 的从 1 到 1 的闭路只可以记为这样的路:长

为 $n-1$ 从 1 到 2, 从 2 回到 1 一步, 或长为 $n-1$ 从 1 到 3, 从 3 回到 1 一步, 即 $x_n=2a_{n-1}$. 因 2 可以从任一其他顶点一步到达, 除它本身外, 故可以求出长为 n 从 1 到 2 的路数正好是长为 $n-1$ 从 1 到 1,3,4 的路数和, 即 $a_n=a_{n-1}+2x_{n-1}$. 也要注意, 长为 n 从 2 到 1 的路数等于从 2 到本身与到 3, 随机一步到 1 的路数和, 即 $a_n=y_{n-1}+b_{n-1}$, 因此 $a_n+2x_n=b_n+y_n$. 类似地, 断定 $y_n=b_{n-1}+2a_{n-1}=3a_{n-1}+2x_{n-1}-y_{n-1}$. 以矩阵形式写出递推关系式

$$\begin{pmatrix} a_n \\ x_n \\ y_n \end{pmatrix} = \begin{pmatrix} 1 & 2 & 0 \\ 2 & 0 & 0 \\ 3 & 2 & -1 \end{pmatrix} \begin{pmatrix} a_{n-1} \\ x_{n-1} \\ y_{n-1} \end{pmatrix}$$

我们求出这个矩阵的特征多项式是 $(\rho+1)(\rho^2-\rho-4)$, 具有根 $-1, \dfrac{1\pm\sqrt{17}}{4}$. 初始条件显然是 $a_1=1, x_1=y_1=0$, 由此可推导出 $a_2=1, x_2=2, y_2=3, x_3=2, y_3=4$; 长为 n 的闭路数 $z_n=2(x_n+y_n)$ 满足 $z_1=0, z_2=10, z_3=12$, 一般地满足已知特征方程的根

$$z_n = A(-1)^n + B\left(\dfrac{1+\sqrt{17}}{2}\right)^n + C\left(\dfrac{1-\sqrt{17}}{2}\right)^n$$

代入 $n=1,2,3$, 得出具有 3 个未知数 A,B,C 的 3 个方程的线性方程组, 容易解得 $A=B=C=1$, 或长为 n 的闭路数是

$$(-1)^n + \left(\dfrac{1+\sqrt{17}}{2}\right)^n + \left(\dfrac{1-\sqrt{17}}{2}\right)^n$$

因为简化问题利用了 $c_n=x_n$, 故注意到, 这个结果对 $n=0$ 不成立; 显然 $z_0=4$ 是对应用于图每个顶点的闭路.

U117 令 n 是大于 1 的整数, $x_1,x_2,\cdots,x_n$ 是正实数, 且 $x_1+x_2+\cdots+x_n=n$. 证明

$$\sum_{k=1}^{n} \dfrac{x_k}{n^2-n+1-nx_k+(n-1)x_k^2} \leqslant \dfrac{1}{n-1}$$

并求所有等式情形.

(美国) I. Boreico 提供

解 引理 对任何 $a,b,c>0$, 使 $c\geqslant b, b^2<4ac$, 任何 $t\geqslant -1$, 不等式

$$\dfrac{c^2(t+1)}{at^2+bt+c} \leqslant (c-b)t+c$$

成立, 且等式成立的条件是 $t=0$.

证 注意, 对任一 t, 特别地对 $a+c-b>0$, 有 $at^2+bt+c>0$. 因为 $b^2<4ac, a>0$, 所以有

$$\dfrac{c^2(t+1)}{at^2+bt+c} \leqslant (c-b)t+c$$
$$\Leftrightarrow 0 \leqslant [(c-b)t+c](at^2+bt+c)-c^2(t+1)$$
$$\Leftrightarrow t^2[a(c-b)t+bc+ca-b^2] \geqslant 0$$

其中后 1 个不等式成立,因为
$$a(c-b)t + bc + ca - b^2 = a(c-b)(t+1) + bc + ab - b^2 =$$
$$a(c-b)(t+1) + b(a+c-b)$$
与 $c-b \geqslant 0, t+1 \geqslant 0, a+c-b > 0$. 应用引理于 $a = n-1, b = n-2, c = n^2 - n$,对此有 $a, b, c > 0, c \geqslant b, b^2 < 4ac$,得

$$\frac{t+1}{(n-1)t^2 + (n-2)t + n^2 - n} \leqslant \frac{(n^2 - 2n + 2)t + n(n-1)}{n^2(n-1)^2} \qquad ①$$

把 $t = x - 1$ 代入式 ①,给出要求的不等式

$$\frac{x}{n^2 - n + 1 - nx + (n-1)x^2} \leqslant \frac{(n^2 - 2n + 2)x + n - 2}{n^2(n-1)^2} \qquad ②$$

当且仅当 $x = 1$ 时,式 ② 变为等式.

利用式 ② 得出

$$\sum_{k=1}^{n} \frac{x_k}{n^2 - n + 1 - nx_k + (n-1)x_k^2} \leqslant \sum_{k=1}^{n} \frac{(n^2 - 2n + 2)x_k + n - 2}{n^2(n-1)^2} =$$
$$\frac{(n^2 - 2n + 2)\sum_{k=1}^{n} x_k + (n-2)n}{n^2(n-1)^2} =$$
$$\frac{(n^2 - 2n + 2)n + (n-2)n}{n^2(n-1)^2} =$$
$$\frac{1}{n-1}$$

U118 令 A, B 是具有实元素的 2×2 矩阵,f 是具有实系数的非常数多项式,使 $f(AB) = f(BA)$. 证明:$AB = BA$ 或存在实数 a,使 $f(AB) = aI_2$.

(法国)G. Dospinescu 提供

证 令 $g(X) = X^2 - \text{tr}(AB)X + \det(AB), f(X) = q(X)g(X) + ax + b$. 利用 Hamilton-Caylevs 关系式与事实,$\det(AB) = \det(BA), \text{tr}(AB) = \text{tr}(BA)$,我们有 $g(AB) = g(BA) = O_2$,于是 $f(AB) = aAB + bI_2, f(BA) = aBA + bI_2$. 因此,条件 $f(AB) = f(BA)$ 蕴涵 $a(AB - BA) = O_2$. 若 $a \neq 0$,则 $AB = BA$,证毕. 否则,$f(AB) = bI_2$,问题解毕.

U119 令 t 是大于 -1 的实数. 求下式的值

$$\int_0^1 \int_0^1 x^t y^t \left\{\frac{x}{y}\right\} \left\{\frac{y}{x}\right\} dx dy$$

其中 $\{a\}$ 表示 a 的小数部分.

(罗马尼亚)O. Furdui 提供

解 利用对称性与事实.

当 $y < x$ 时,$\left\{\frac{y}{x}\right\} = \frac{y}{x}$,当 $\frac{x}{n+1} < y < \frac{x}{n}$ 时

推出
$$\int_0^1\int_0^1 x^t y^t \left\{\frac{x}{y}\right\}\left\{\frac{y}{x}\right\}\mathrm{d}x\mathrm{d}y = 2\int_0^1\int_0^x x^t y^t \left\{\frac{x}{y}\right\}\left\{\frac{y}{x}\right\}\mathrm{d}y\mathrm{d}x =$$
$$2\sum_{n=1}^\infty \int_0^1 \int_{\frac{x}{n+1}}^{\frac{x}{n}} x^{t-1} y^{t+1}\left(\frac{x}{y}-n\right)\mathrm{d}y\mathrm{d}x =$$
$$\int_0^1\int_0^1 x^t y^t \mathrm{d}y\mathrm{d}x - 2\sum_{n=1}^\infty n\int_0^1\int_{\frac{x}{n+1}}^{\frac{x}{n}} x^{t-1} y^{t+1}\mathrm{d}y\mathrm{d}x \quad \text{①}$$

从 $\left\{\frac{x}{y}\right\} = \frac{x}{y} - n$

现在
$$\int_0^1\int_0^1 x^t y^t \mathrm{d}y\mathrm{d}x = \frac{1}{(t+1)^2} \quad \text{②}$$

此外
$$n\int_0^1\int_{\frac{x}{n+1}}^{\frac{x}{n}} x^{t-1} y^{t+1}\mathrm{d}y\mathrm{d}x = \frac{n}{2(t+1)(t+2)}\left[\frac{1}{n^{t+2}} - \frac{1}{(n+1)^{t+2}}\right]$$

于是
$$2\sum_{n=1}^\infty n\int_0^1\int_{\frac{x}{n+1}}^{\frac{x}{n}} x^{t-1} y^{t+1}\mathrm{d}y\mathrm{d}x = \frac{1}{(t+1)(t+2)}\zeta(t+2) \quad \text{③}$$

联合式①②与③,求出
$$\int_0^1\int_0^1 x^t y^t \left\{\frac{x}{y}\right\}\left\{\frac{y}{x}\right\}\mathrm{d}x\mathrm{d}y =$$
$$\frac{1}{(t+1)^2} - \frac{1}{(t+1)(t+2)}\zeta(t+2)$$

U120 令 $x_n = \frac{1}{n+a_1} + \frac{1}{n+a_2} + \cdots + \frac{1}{n+a_k}$, $y_n = \frac{\varphi(n)}{n}$, 其中 $a_1, a_2, \cdots, a_k$ 是小于 n 的不同的正整数, 且与 n 互素, φ 是 Euler 函数. 证明: 对所有实数 $a < 1$
$$\lim_{n\to\infty} n^a (x_n - y_n \log 2) = 0$$
这对 $a = 1$ 也成立吗?

(法国) G. Dospinescu 提供

证 令 $d \neq 1$, n 是 n 的任一因子, $b_1, b_2, \cdots$ 是小于 n 的正整数, n 可被 d 整除. 称 $q = \frac{n}{d}$, $\sigma_d = \frac{1}{n+b_1} + \frac{1}{n+b_2} + \cdots$, $\Delta_d = \sigma_d - \frac{\log 2}{d}$, 则
$$\Delta_d = \frac{1}{n+b_1} + \frac{1}{n+b_2} + \cdots - \frac{\log 2}{d} =$$
$$\frac{1}{d}\left(\frac{1}{q+1} + \frac{1}{q+2} + \cdots + \frac{1}{2q-1} - \log 2\right) =$$
$$\frac{H_{2q-1} - H_q - \log 2}{d} =$$

$$\frac{1}{d}\log\frac{2q-1}{2q}+\frac{1}{d}O\left(\frac{1}{q}\right)=$$
$$O\left(\frac{1}{n}\right)$$

因为 $\log\frac{2q-1}{2q}=-\frac{1}{2q}+o\left(\frac{1}{q}\right)$，其中利用 Landau 符号. 称 D_k 为 n 的因子集合，n 恰由 k 个不同素数之积组成(即，若 $n=72$，则 $D_1=\{2,3\}$，$D_2=\{6\}$，对 $k\geqslant 3$，$D_k=\varnothing$). 显然

$$\frac{1}{n+a_1}+\frac{1}{n+a_2}+\cdots+\frac{1}{n+a_k}=$$
$$H_{2n-1}-H_n-\sum_{d\in D_1}\sigma_d+\sum_{d\in D_2}\sigma_d-\cdots=$$
$$\log 2\left(1-\sum_{d\in D_1}\frac{1}{d}+\sum_{d\in D_2}\frac{1}{d}-\cdots\right)+$$
$$O\left(\frac{1}{n}\right)+\sum_{d\in\cup D_k}(-1)^k\Delta_d=$$
$$\log 2\,\frac{\varphi(n)}{n}+O\left(\frac{1}{n}\right)+\sum_{d\in\cup D_k}(-1)^k\Delta_d$$

最后称 $a=1-\delta$，其中当 $a<1$ 时，$\delta>0$，我们断定

$$n^a(x_n-\log 2 y_n)=O\left(\frac{1}{n^\delta}\right)+n^a\sum_{d\in\cup D_k}(-1)^k\Delta_d$$

当 $n\to\infty$ 时，右边第 1 项的极限显然为 0. 因当 $n\to\infty$ 时，n 的不同素数因子数比 $\log n$ 小得多，故右边第 2 项的上界小于 $\frac{o(\ln n)}{n^\delta}$，对任何 $\delta>0$，即对任何 $a<1$，当 $n\to\infty$ 时，它显然趋于 0. 推出结论.

对 $a=1$，提出的结果不成立. 考虑任一素数 p，显然

$$x_p=H_{2p-1}-H_p=\log\frac{2p-1}{p}+\frac{1}{2(2p-1)}-\frac{1}{2p}+O\left(\frac{1}{n^2}\right)$$
$$y_p=\frac{p-1}{p}$$
$$p(x_p-y_p\log 2)=\log 2+\frac{p}{2(2p-1)}-\frac{1}{2}+$$
$$p\log\frac{2p-1}{2p}+O\left(\frac{1}{p}\right)$$

显然，当 $p\to\infty$ 时，右边趋于 $\log 2-\frac{3}{4}$，不为 0. 因此，当 $n\to\infty$ 时，极限不能为 0，因为对所有无限素数，它至少不是 0.

U121 令 P 是素数，α 是 S_{p+1} 中 p 阶置换. 求集合 $C_\alpha=\{\sigma\in S_{p+1}\mid\sigma\alpha=\alpha\sigma\}$.

(罗马尼亚)D. Andrica, M. Piticari 提供

解 S_n 中任一置换分裂为总长为 n 的不相交轮换(把定点看作长为 1 的轮换),置换的阶恰好是轮换长的最小公倍数. 于是 p 阶 S_{p+1} 的元素一定由长为 p 的轮换与定点组成.

不失一般性,可设被置换的各元素是数 $0,1,\cdots,p-1 \bmod p$ 与 1 个特殊符号 x, α 固定 x,并以 $\alpha(k) \equiv k+1 \pmod p$ 来置换一个轮换中的元素 $0,1,\cdots,p-1$. 设 σ 可与 α 交换,则 $\sigma(x)=\sigma(\alpha(x))=\alpha(\sigma(x))$. 于是 $\sigma(x)$ 是 α 的定点,从而 $\sigma(x)=x$. 特别地,若 $k \neq x$,则 $\sigma(k) \neq x$. 于是把所有加法当作 $\bmod p$ 处理,我们有
$$\sigma(k+1)=\sigma(\alpha(k))=\alpha(\sigma(k))=\sigma(k)+1$$
从而对所有 $k \neq x$,重复 $\sigma(k)=k+\sigma(0)$. 注意,这恰是我们用 $\alpha s=\sigma(0)$ 次得出的结果. 于是 $\sigma=\alpha^s$. 因此一般地,与 α 可交换的唯一置换是 α 的幂(这些结果可以容易由与 α 可交换看出).

U122 令 $f:[0,1] \to \mathbf{R}$ 是 2 次可微函数,具有 2 阶连续导数,使 $\int_0^1 f(x)\mathrm{d}x = 3\int_{\frac{1}{3}}^{\frac{2}{3}} f(x)\mathrm{d}x$. 证明:存在 $x_0 \in (0,1)$,使 $f''(x_0)=0$.

(罗马尼亚)C. Lupu 提供

证 令 $F:[0,1] \to \mathbf{R}$ 是 $[0,1]$ 上的连续函数,在 $(0,1)$ 中 3 次可微,具有连续的 3 阶导数. 把 $g:[0,1] \to \mathbf{R}$ 定义为 $g(x)=x$,把 $u:\left[\frac{1}{3},\frac{2}{3}\right] \to \mathbf{R}$ 定义为 $u(x)=F\left(x+\frac{1}{3}\right)-2F(x)+F\left(x-\frac{1}{3}\right)$. 由中间值定理的 Cauchy 推广, $x_2 \in \left(\frac{1}{3},\frac{2}{3}\right)$ 存在,使
$$F'\left(x_2+\frac{1}{3}\right)-2F'(x_2)+F'\left(x_2-\frac{1}{3}\right)=\frac{u'(x_2)}{g'(x_2)}=\frac{u\left(\frac{2}{3}\right)-u\left(\frac{1}{3}\right)}{\frac{2}{3}-\frac{1}{3}}=$$
$$3F(1)-9F\left(\frac{2}{3}\right)+9F\left(\frac{1}{3}\right)-3F(0)$$

定义 $v:\left[\frac{1}{6},\frac{5}{6}\right] \to \mathbf{R}$ 为 $v(x)=F'\left(x+\frac{1}{6}\right)-F'\left(x-\frac{1}{6}\right)$. 再由中间值定理的 Cauchy 推广, $x_1 \in \left(x_2-\frac{1}{6}, x_2+\frac{1}{6}\right) \subset \left(\frac{1}{6},\frac{5}{6}\right)$ 存在,使
$$F''\left(x_1+\frac{1}{6}\right)-F''\left(x_1-\frac{1}{6}\right)=\frac{v'(x_1)}{g'(x_1)}=\frac{v\left(x_2+\frac{1}{6}\right)-v\left(x_2-\frac{1}{6}\right)}{x_2+\frac{1}{6}-x_2+\frac{1}{6}}=$$
$$3F'\left(x_2+\frac{1}{3}\right)-6F'(x_2)+3F'\left(x-\frac{1}{3}\right)$$

最后把 $w:[0,1] \to \mathbf{R}$ 定义为 $F''(x)$. 再次由中间值定理的 Cauchy 推广, $x_0 \in (x_1-\frac{1}{6},$

$x_1 + \frac{1}{6}) \subset (x_2 - \frac{1}{3}, x_2 + \frac{1}{3}) \subset (0,1)$ 存在,使

$$F'''(x_0) = \frac{w'(x_0)}{g'(x_0)} = \frac{w(x_1 + \frac{1}{6}) - w(x_1 - \frac{1}{6})}{x_1 + \frac{1}{6} - x_1 + \frac{1}{6}} =$$

$$3F''\left(x_1 + \frac{1}{6}\right) - 3F''\left(x_1 - \frac{1}{6}\right)$$

因此存在 $x_0 \in (0,1)$,使

$$F'''(x_0) = 27\left(F(1) - 3F\left(\frac{2}{3}\right) + 3F\left(\frac{1}{3}\right) - F(0)\right)$$

今称 $F(x) = \int_0^x f(x)\mathrm{d}x$,它显然在$[0,1]$上连续,3 次可微,在$(0,1)$上有连续的 3 阶导数. 因

$$F(1) - F(0) = \int_0^1 f(x)\mathrm{d}x = 3\int_{\frac{1}{3}}^{\frac{2}{3}} f(x)\mathrm{d}x =$$

$$3F\left(\frac{2}{3}\right) - 3F\left(\frac{1}{3}\right)$$

故 $F'''(x_0) = F''(x_0) = 0$. 推出结论.

U123 令 $\odot C_1, \odot C_2, \odot C_3$ 是半径分别为 1,2,3 的同心圆. 考虑 $\triangle ABC$, 使点 $A \in \odot C_1$,点 $B \in \odot C_2$,点 $C \in \odot C_3$. 证明:$\max K_{ABC} < 5$,其中 $\max K_{ABC}$ 表示 $\triangle ABC$ 的最大可能面积.

(古巴)R. B. Cabrera 提供

证 设已知 A, B 使 $\triangle ABC$ 的面积最大,以 h_C 表示从点 C 作出的高的长,以 P_C 表示从 P 到 AB 的高线足. 显然 $h_C \leqslant PC + PP_C$,其中为使等式成立,当且仅当 C, P, P_C 共线,其中 P 在线段 CP_C 内. 今对已知的点 $A, B, PC = 3, PP_C$ 是固定的,或当 P 在线段 CP_C 内时,面积最大,这里 $CP_C \perp AB$. 由循环对称性,P 是 $\triangle ABC$ 的垂心,它在 $\triangle ABC$ 内,或 $\triangle ABC$ 是锐角三角形. 推出结论.

容易证明,P 是锐角 $\triangle ABC$ 的垂心,则 $PA = 2R\cos A, PB = 2R\cos B, PC = 2R\cos C$,其中 R 是 $\triangle ABC$ 外接圆半径. 现在

$$3R = 2R^2 \cos C = 2R^2 \sin A \sin B - 2R^2 \cos A \cos B =$$

$$\sqrt{4R^2 - 1}\sqrt{R^2 - 1} - 1$$

或 $4R^2 - 14R - 6 = 0$. 同时利用这个关系式得出

$$a^2 b^2 c^2 = (4R^2 - 1)(4R^2 - 4)(4R^2 - 9) =$$

$$4(24R^3 + 49R^2 - 9)$$

$$S^2 = \frac{a^2 b^2 c^2}{16R^2} = 6R + \frac{49}{4} - \frac{9}{4R^2}$$

若 $S \geqslant 5$,则 $32R+12=8R^3 \leqslant 17R^2-3$ 或 $17R^2 \geqslant 32R+15=\frac{16}{7}(14R+6+\frac{9}{16}) \geqslant \frac{64R^3}{7}$,$R \leqslant \frac{119}{64} < 2$. 但是,若 $R \leqslant 2$,则 $4R^3-14R-6 \leqslant 16R-14R-6 \leqslant -2$,矛盾,因此 $\triangle ABC$ 的面积一定小于 5.

注 数值解方程 $4R^3-14R-6=0$,把结果代入 $\triangle ABC$ 的面积关系式(面积只是 R 的函数),可得出更好估计 $4.90482 < \max K_{ABC} < 4.90483$.

U124 令 $x_n, n \geqslant 1$ 是实数数列,使得对所有正整数 n,$\arctan x_n + nx_n = 1$. 求
$$\lim_{n \to \infty} n\ln(2-nx_n)$$
的值.

(维也纳)D. V. Thong 提供

解 首先注意,对任一正实数 x,$\arctan x < x$(这由不等式 $x < \tan x, x \in (0, \frac{\pi}{2})$,直接推出). 因函数 $f(x) = \arctan x + nx$ 是 **R** 上的奇函数,故由 $f(x)=1$ 推出 $x > 0$. 于是,由方程 $\arctan x_n + nx_n = 1$ 确定的数列 $\{x_n\}_{n \geqslant 1}$ 的所有项都是正的,且对任一自然数 n
$$\arctan x_n < x_n \Leftrightarrow 1-nx_n < x_n \Leftrightarrow \frac{1}{n+1} < x_n$$

另一方面,因 $x_n > 0$,故
$$\arctan x_n > 0 \Rightarrow 1-nx_n > 0 \Leftrightarrow x_n < \frac{1}{n}$$

于是 $\frac{1}{n+1} < x_n < \frac{1}{n}$,$n \in \mathbf{N}$,因此 $\lim_{x \to \infty} nx_n = 1$,$\lim_{x \to \infty} \arctan x_n = 0$. 此外
$$\lim_{n \to \infty} n\arctan x_n = \lim_{n \to \infty} \left(\frac{\arctan x_n}{x_n} \cdot nx_n\right) =$$
$$\lim_{n \to \infty} \frac{\arctan x_n}{x_n} \cdot \lim_{n \to \infty} nx_n =$$
$$1 \cdot 1 = 1$$

得出
$$\lim_{n \to \infty} n\ln(2-nx_n) = \lim_{n \to \infty} n\ln(1+\arctan x_n) =$$
$$\lim_{n \to \infty} \left[\frac{\ln(1+\arctan x_n)}{\arctan x_n} \cdot n\arctan x_n\right] =$$
$$\lim_{n \to \infty} \frac{\ln(1+\arctan x_n)}{\arctan x_n} \cdot \lim_{n \to \infty} n\arctan x_n = 1$$

U125 令 $u_1, u_2, \cdots, u_n$ 与 $v_1, v_2, \cdots, v_n$ 是不同实数. 令 **A** 是具有元素 $a_{ij} = \frac{u_i+v_j}{u_i-v_j}$ 的矩阵,**B** 是具有元素 $b_{ij} = \frac{1}{u_i-v_j}$ 的矩阵,其中 $1 \leqslant i, j \leqslant n$. 证明

$$\det \boldsymbol{A} = 2^{n-1}(u_1 u_2 \cdots u_n + v_1 v_2 \cdots v_n) \det \boldsymbol{B}$$

(德国)D. Grinberg 提供

证 以 $\boldsymbol{A}^{(n)}, \boldsymbol{B}^{(n)}$ 表示大小为 $n \times n$ 的矩阵 $\boldsymbol{A}, \boldsymbol{B}$, 以 $\boldsymbol{C}^{(n-1,k)}$ 与 $\boldsymbol{D}^{(n-1,k)}$ 表示矩阵 $\boldsymbol{A}^{(n)}$ 与 $\boldsymbol{B}^{(n)}$ 中分别消去第 1 行与第 k 列的结果, 其中 $k = 1, 2, \cdots, n$. 我们将对 n 用归纳法证明要求的结果, 其中基础情形 $n = 1$ 显然成立, 因为 $\det \boldsymbol{A}^{(1)} = \dfrac{u_1 + v_1}{u_1 - v_1} = (u_1 + v_1) \det \boldsymbol{B}^{(1)}$. 今对归纳步骤, 注意

$$\det \boldsymbol{A}^{(n)} = \sum_{k=1}^n (-1)^{k+1} \left(\frac{u_1 + v_k}{u_1 - v_k} \det \boldsymbol{C}^{(n-1,k)} \right)$$

$$\det \boldsymbol{B}^{(n)} = \sum_{k=1}^n (-1)^{k+1} \left(\frac{1}{u_1 - v_k} \det \boldsymbol{D}^{(n-1,k)} \right)$$

表示 $U_n = u_1 u_2 \cdots u_n, V_n = v_1 v_2 \cdots v_n$, 若提出的结果对大小为 $n-1 \times n-1$ 的矩阵 $\boldsymbol{A}^{(n-1)}$ 与 $\boldsymbol{B}^{(n-1)}$ 成立, 则显然有

$$\det \boldsymbol{C}^{(n,k)} = 2^{n-2} \left(\frac{U_n}{u_1} + \frac{V_n}{v_k} \right) \det \boldsymbol{D}^{(n-1,k)}$$

或

$$\det \boldsymbol{A}^{(n)} = 2^{n-2} \sum_{k=1}^n (-1)^{k+1} \cdot$$

$$\left\{ \left[2U_n + 2V_n + \frac{(u_1 - v_k)V_n}{v_k} - \frac{(u_1 - v_k)U_n}{u_1} \right] \frac{\det \boldsymbol{D}^{(n-1,k)}}{u_1 - v_k} \right\} =$$

$$2^{n-1}(U_n + V_n) \sum_{k=1}^n (-1)^{k+1} \left(\frac{1}{u_1 - v_k} \det \boldsymbol{D}^{(n-1,k)} \right) +$$

$$2^{n-2} \sum_{k=1}^n (-1)^{k+1} \left[\left(\frac{V_n}{v_k} - \frac{U_n}{u_1} \right) \det \boldsymbol{D}^{(n-1,k)} \right]$$

因此剩下的只要证明

$$0 = \sum_{k=1}^n (-1)^{k+1} \left[\left(\frac{V_n}{v_k} - \frac{U_n}{u_1} \right) \det \boldsymbol{D}^{(n-1,k)} \right] =$$

$$V_n \sum_{k=1}^n (-1)^{k+1} \frac{\det \boldsymbol{D}^{(n-1,k)}}{v_k} -$$

$$\frac{U_n}{u_1} \sum_{k=1}^n (-1)^{k+1} \det \boldsymbol{D}^{(n-1,k)}.$$

最后表达式是 2 个行列式的加权和, 具有权 V_n 与 $-\dfrac{U_n}{u_1}$. 这些行列式是在 $\boldsymbol{B}^{(n)}$ 行列式中把第 1 行换为向量 $\left(\dfrac{1}{v_1}, \dfrac{1}{v_2}, \cdots, \dfrac{1}{v_n} \right)$ 与向量 $(1, 1, \cdots, 1)$ 的代换结果. 第 1 个行列式在把第 1 行加到其余各行时不变. 因 $\dfrac{1}{v_k} + \dfrac{1}{u_i - v_i} = \dfrac{u_i}{v_k(u_i - v_i)}$, 故可从 $\dfrac{U_n}{n_1 V_n}$ 的全因子每行中消去公

因子 u_i，从每列中消去公因子 $\dfrac{U_n}{u_1 V_n}$，其中 $k=1,2,\cdots,n$，而结果得出的行列式等于第 2 个行列式.

U126 求所有连续的双射函数 $f:[0,1] \to [0,1]$，使得对所有连续函数 $g:[0,1] \to \mathbf{R}$

$$\int_0^1 g(f(x))\mathrm{d}x = \int_0^1 g(x)\mathrm{d}x$$

（罗马尼亚）D. Andrica，M. Piticari 提供

解 设 $0 \leqslant a < b \leqslant 1$ 存在，使 $f(a), f(c) \leqslant f(b)$. 显然 $f(a), f(b) \neq f(b)$，因为 f 是双射的. 因 f 是连续的，故由中间值定理，有 $x_1 \in (a,b), x_2 \in (b,c)$，使 $f(x_1) = f(x_2) = \dfrac{f(b) + \max\{f(a), f(c)\}}{2}$，矛盾. 因此 f 是严格递增或严格递减的，其中在第 1 种情形下 $f(0)=0, f(1)=1$，在第 2 种情形下 $f(0)=1, f(1)=0$. 也注意，对任一连续函数 $h:[0,1] \to \mathbf{R}$，取 $g(x) = h(1-x)$，则有

$$\int_0^1 h(x)\mathrm{d}x = \int_0^1 g(1-x)\mathrm{d}x = \int_0^1 g(x)\mathrm{d}x =$$
$$\int_0^1 g(f(x))\mathrm{d}x =$$
$$\int_0^1 h(1-f(x))\mathrm{d}x$$

其中第 2 个等式是在变量 x 变为 $1-x$ 后得出的. 因此为使 $f(x)$ 是解，当且仅当 $1-f(x)$ 是解，或不失一般性，可设 f 递增，并由考虑对每个严格递增解 $f(x)$，另外的解 $1-f(x)$ 存在.

对任何 $0 < a < 1$，令 $f(a) = b$，当 $0 \leqslant x \leqslant b$ 时，令 $g(x) = \dfrac{b-x}{b}$，当 $b \leqslant x \leqslant 1$ 时，令 $g(x) = 0$. 显然 $g:[0,1] \to [0,1]$ 是连续的，或

$$\dfrac{b}{2} = \int_0^b \dfrac{b-x}{b}\mathrm{d}x = \int_0^1 g(x)\mathrm{d}x = \int_0^1 g(f(x))\mathrm{d}x =$$
$$\int_0^a \dfrac{b-f(x)}{b}\mathrm{d}x = a - \dfrac{1}{b}\int_0^a f(x)\mathrm{d}x$$

于是对所有 $0 < a < 1$

$$\int_0^a f(x)\mathrm{d}x = af(a) - \dfrac{(f(a))^2}{2}$$

把 $F:[0,1] \to \mathbf{R}$ 定义为 $F(x) = \int_0^x f(y)\mathrm{d}y$. 显然 $F(x)$ 关于连续的一阶导数 $f(x)$ 是可微的，$F(x) = xF'(x) - \dfrac{(F'(x))^2}{2}$. 今定义 $F(x) = \dfrac{x^2}{2} + \Delta(x)$，其中 $\Delta(x)$ 是要求确定的函数，但是它显然关于连续的一阶导数是可微的. 把 $F(x)$ 的形式代入它的微分方程，

得出 $\Delta(x) = -\dfrac{(\Delta'(x))^2}{2}$，或对所有 $x \in [0,1], \Delta(x) \leqslant 0$，在 $\Delta(x) \neq 0$ 时

$$1 = \frac{\Delta'(x)}{\sqrt{-2\Delta(x)}} = -\frac{\mathrm{d}\sqrt{-2\Delta(x)}}{\mathrm{d}x}$$

对某 $x_0 \in (0,1)$，设 $\Delta(x_0) \neq 0$. 因 $\Delta(x_0)$ 有连续的一阶导数，故有区间 (u,v) 使 $x_0 \in (u,v)$，且对所有 $x \in (u,v), \Delta(x) \neq 0$ 存在. 因此常数 k 存在，使得对所有 $x \in (u,v)$ 有 $\sqrt{-2\Delta(x)} = K - x$，因此 $F(x) = Kx - \dfrac{K^2}{2}$，或对所有 $x \in (u,v), F'(x) = f(x) = K$. 因此 $F(x) = Kx - \dfrac{K^2}{2}$，或对所有 $x \in (u,v), F'(x) = f(x) = K$，$f$ 不是双射的，得出矛盾. 因此 $\Delta(x)$ 在任一区间中不能是非零的，$F(x) = \dfrac{x^2}{2}$，或 $f(x) = x$ 只是严格的增函数. 我们断定，所有可能解是 $f(x) = x, f(x) = 1-x$，它们使问题的条件显然成立.

U127 令 $a_n, n \geqslant 1$ 是收敛数列. 求下式的值

$$\lim_{n \to \infty}\left(\frac{a_1}{n+1} + \frac{a_2}{n+2} + \cdots + \frac{a_n}{2n}\right)$$

(罗马尼亚) D. Andrica, M. Piticari 提供

解 令 $A = \lim\limits_{n \to \infty} a_n$. 和 $\sum\limits_{k=1}^{n} \dfrac{1}{n+k}$ 是 $\int_0^1 \dfrac{\mathrm{d}x}{1+x}$ 的 Riemann 和，从而 $\lim\limits_{n \to \infty} \sum\limits_{k=1}^{n} \dfrac{1}{n+k} = \ln 2$. 于是我们预测并将证明

$$\lim_{n \to \infty}\left(\frac{a_1}{n+1} + \frac{a_2}{n+2} + \cdots + \frac{a_n}{2n}\right) = A\ln 2$$

把 a_n 换为 $a_n - A$，并利用以上极限，只要证明这在 $A = 0$ 的情形下成立即可. 固定 $\epsilon > 0$. 因 $\lim\limits_{n \to \infty} a_n = 0$，故有 N 使得对 $n > N$，有 $|a_n| < \epsilon$. 也注意，因 a_n 收敛，故数列有界，例如：对所有 n，有 $|a_n| < M$. 因此分解这个和，得

$$\left|\sum_{k=1}^{n} \frac{a_k}{n+k}\right| \leqslant \sum_{k=1}^{N}\left|\frac{a_k}{n+k}\right| + \sum_{k=N+1}^{n}\left|\frac{a_k}{n+k}\right| \leqslant$$

$$M\sum_{k=1}^{N} \frac{1}{n+k} + \epsilon \sum_{k=N+1}^{n} \frac{1}{n+k} \leqslant$$

$$\frac{MN}{n} + \epsilon$$

其中在最后不等式中，和中所有项以 $\dfrac{1}{n}$ 为界. 因此对充分大的 n（特别是 $n > \dfrac{MN}{\epsilon}$），和以 2ϵ 为界. 因 $\epsilon > 0$ 是任意的，故极限为 0，正是所求的.

另一解法：令 $A = \lim\limits_{n \to \infty} a_n, H_n = \sum\limits_{k=1}^{n} \dfrac{1}{k} = \ln n + \gamma + o(1), \gamma$ 是 Euler 常数. 它是标准结

果 $\lim\limits_{n\to\infty}\sum\limits_{k=1}^{n}\dfrac{1}{n+k}=\ln 2$. 利用 Abel"部分求和"法得

$$\sum_{k=1}^{n}a_k b_k = a_n B_n + \sum_{k=1}^{n-1}(a_k - a_{k+1})B_k$$

$$B_k \doteq \sum_{i=1}^{k}b_i.$$

记

$$\sum_{k=1}^{n}\frac{a_k}{n+k} = a_n\sum_{k=1}^{n}\frac{1}{n+k} + \sum_{k=1}^{n-1}(a_k - a_{k+1})\sum_{j=1}^{k}\frac{1}{n+j}$$

即

$$\sum_{k=1}^{n}\frac{a_k}{n+k} = a_n\sum_{k=1}^{n}\frac{1}{n+k} + \sum_{k=1}^{n-1}(a_k - a_{k+1})(H_{n+k} - H_n) \qquad ①$$

显然 $\lim\limits_{n\to\infty}a_n\sum\limits_{k=1}^{n}\dfrac{1}{n+k}=A\ln 2$, $-H_n\sum\limits_{k=1}^{n-1}(a_k-a_{k+1})=-H_n(a_1-a_n)$.

现在再用 Abel"部分求和"法于 $\sum\limits_{k=1}^{n-1}(a_k-a_{k+1})H_{n+k}$,得

$$H_{2n-1}\sum_{k=1}^{n-1}(a_k - a_{k+1}) + \sum_{k=1}^{n-2}(H_{n+k} - H_{n+k+1})\sum_{j=1}^{k}(a_j - a_{j+1})$$

压缩后有

$$H_{2n-1}\sum_{k=1}^{n-1}(a_k - a_{k+1}) = H_{2n-1}(a_1 - a_n)$$

$$\sum_{j=1}^{k}(a_j - a_{j+1}) = a_1 - a_{k+1}$$

与

$$a_1\sum_{k=1}^{n-2}(H_{n+k} - H_{n+k+1}) = a_1(H_{n+1} - H_{2n-1})$$

式 ① 是以下式 ② 与式 ③ 之和

$$a_n(H_{2n} - H_n) - H_n(a_1 - a_n) + H_{2n-1}(a_1 - a_n) + \\ a_1(H_{n+1} - H_{2n-1}) \qquad ②$$

与

$$-\sum_{k=1}^{n-2}(H_{n+k} - H_{n+k+1})(a_{k+1} - A) - A\sum_{k=1}^{n-2}(H_{n+k} - H_{n+k+1}) \qquad ③$$

式 ② 在 $n\to\infty$ 时的极限为 0,于是剩下式 ③.

$$-A\sum_{k=1}^{n-2}(H_{n+k} - H_{n+k+1}) = -A(H_{n+1} - H_{2n-1}) \to A\ln 2$$

$$\sum_{k=1}^{n-2}(H_{n+k} - H_{n+k+1})(a_{k+1} - A) = \sum_{k=1}^{n-2}\frac{1}{n+k+1}(a_{k+1} - A)$$

当 $n \to \infty$ 时上式 $\to 0$,因为由定义,对任一 $k > k_\varepsilon$ 有 $|a_k - A| < \varepsilon$,于是分解

$$\sum_{k=1}^{n-2} \frac{a_{k+1}-A}{n+k+1} = \sum_{k=1}^{k_\varepsilon} \frac{a_{k+1}-A}{n+k+1} + \sum_{k=k_\varepsilon}^{n-2} \frac{a_{k+1}-A}{n+k+1}$$

与

$$\left|\sum_{k=1}^{n-2} \frac{a_{k+1}-A}{n+k+1}\right| \leqslant k_\varepsilon \max_{1 \leqslant k \leqslant k_\varepsilon} \frac{|a_{k+1}-A|}{n+2} \to 0$$

$$\left|\sum_{k=k_\varepsilon}^{n-2} \frac{a_{k+1}-A}{n+k+1}\right| \leqslant \varepsilon \sum_{k=k_\varepsilon}^{n-2} \frac{1}{n+k+1} \leqslant \varepsilon \frac{n-1-k_\varepsilon}{n+1+k_\varepsilon}$$

解毕.

U128 令 f 是定义在 $[0,1]$ 上的 2 次可微连续实值函数,且 $f(0)=f(1)=f'(1)=0, f'(0)=1$.证明

$$\int_0^1 (f''(x))^2 dx \geqslant 4$$

(越南)D. V. Thong 提供

证 由 Cauchy 不等式,有

$$\int_0^1 (3x-2)^2 dx \cdot \int_0^1 (f''(x))^2 dx \geqslant \left(\int_0^1 (3x-2)f''(x) dx\right)^2$$

因为

$$\int_0^1 (3x-2)^2 dx = \left(\frac{(3x-2)^3}{9}\right)\Big|_0^1 = \frac{1}{9} + \frac{8}{9} = 1$$

所以

$$\int_0^1 (3x-2)f''(x) dx = \begin{bmatrix} u' = f''(x); u = f'(x) \\ v = 3x-2; v' = 3 \end{bmatrix} =$$

$$((3x-2)f'(x))\big|_0^1 - 3\int_0^1 f'(x) dx =$$

$$[|1 \cdot f'(1) - (-2) \cdot f'(0)|] - 3(f(1) - f(0)) = 2$$

因此 $\int_0^1 (f''(x))^2 dx \geqslant 4$.当 $f(x) = x(x-1)^2$ 时,等式成立.

U129 令 $a_1, a_2, \cdots, a_n > 0, b_1, b_2, \cdots, b_n > 0$,使得对 **R** 中所有 x

$$a_1^x + a_2^x + \cdots + a_n^x \geqslant b_1^x + b_2^x + \cdots + b_n^x$$

证明:函数 $f: \mathbf{R} \to (0, \infty)$

$$f(x) = \left(\frac{a_1}{b_1}\right)^x + \left(\frac{a_2}{b_2}\right)^x + \cdots + \left(\frac{a_n}{b_n}\right)^x$$

是递增的.

(罗马尼亚)C. Lupu 提供

证 首先设 $n=1$. 假设对所有实数 x, $a_1^x \geqslant b_1^x$. 依次取 $x=1$ 与 $x=-1$, 推出 $a_1=b_1$, 于是 f 是常值函数 $x \to 1$.

若 $n=2$, 取 $a_1=e, a_2=e^2, b_1=e^2, b_2=e$, 则对所有 x, 有 $a_1^x+a_2^x=b_1^x+b_2^x$, $f(x)=2\cos hx$. 因此 f 在 $(-\infty, 0]$ 上递减, 在 $[0, \infty)$ 上递增, 上述结果不成立. 实际上, 我们证明了, 刚才关于 f 的变化求出的结果是一般结果. f 的前 2 阶导数是

$$f'(x) = \left(\frac{a_1}{b_1}\right)^x \ln\left(\frac{a_1}{b_1}\right) + \left(\frac{a_2}{b_2}\right)^x \ln\left(\frac{a_2}{b_2}\right) + \cdots + \left(\frac{a_n}{b_n}\right)^x \ln\left(\frac{a_n}{b_n}\right)$$

$$f''(x) = \left(\frac{a_1}{b_1}\right)^x \left[\ln\left(\frac{a_1}{b_1}\right)\right]^2 + \left(\frac{a_2}{b_2}\right)^x \left[\ln\left(\frac{a_2}{b_2}\right)\right]^2 + \cdots + \left(\frac{a_n}{b_n}\right)^x \left[\ln\left(\frac{a_n}{b_n}\right)\right]^2$$

因对所有 x, $f''(x) \geqslant 0$, 故可见函数 $f'(x)$ 在 $\mathbf{R}$ 上递增. 我们将证明 $f'(0)=0$. 它将推出, 当 $x \leqslant 0$ 时 $f'(x) \leqslant 0$, 当 $x \geqslant 0$ 时 $f'(x) \geqslant 0$, 因此 f 在 $(-\infty, 0]$ 上递减, 在 $[0, \infty)$ 上递增, 正如以上所述. 由假设导出, 对所有 x

$$b_1^x\left[\left(\frac{a_1}{b_1}\right)^x-1\right] + b_2^x\left[\left(\frac{a_2}{b_2}\right)^x-1\right] + \cdots + b_n^x\left[\left(\frac{a_n}{b_n}\right)^x-1\right] \geqslant 0 \qquad ①$$

对在 0 的邻域中的 x, 有

$$\left(\frac{a_k}{b_k}\right)^x - 1 = x\ln\left(\frac{a_k}{b_k}\right) + x\varepsilon_k(x)$$

其中 $\lim\limits_{x \to 0}\varepsilon_k(x)=0$, $k=1,2,\cdots,n$. 代入式 ①, 除以 x, 得出, 若 $x>0$, 则

$$b_1^x\ln\left(\frac{a_1}{b_1}\right) + \varepsilon_1(x) + b_2^x\ln\left(\frac{a_2}{b_2}\right) + \varepsilon_2(x) + \cdots + b_n^x\ln\left(\frac{a_n}{b_n}\right) + \varepsilon_n(x) \geqslant 0$$

若 $x<0$, 则

$$b_1^x\ln\left(\frac{a_1}{b_1}\right) + \varepsilon_1(x) + b_2^x\ln\left(\frac{a_2}{b_2}\right) + \varepsilon_2(x) + \cdots + b_n^x\ln\left(\frac{a_n}{b_n}\right) + \varepsilon_n(x) \leqslant 0$$

在这两种情形下, 令 $x \to 0$, 可见

$$\ln\left(\frac{a_1}{b_1}\right) + \ln\left(\frac{a_2}{b_2}\right) + \cdots + \ln\left(\frac{a_n}{b_n}\right)$$

一定 $\geqslant 0$ 与 $\leqslant 0$, 因此等于 0. 但是这表示 $f'(0)=0$, 正是要求的.

U130 令 f 是定义在 $\mathbf{R}$ 上的 3 次可微实值函数, 使得对所有 $x \in \mathbf{R}$, $|f'''(x)| \geqslant 1$. 考虑集合

$$M = \{x \in \mathbf{R}: |f'(x)| \leqslant 2\}$$

证明: 集合 M 的测度不大于 $4\sqrt{2}$.

(乌兹别克斯坦)O. Ibrogimov 提供

证 因为 f''' 作为导数,有中间值性质,所以在不取小于 1 的值时,它不能变号.于是如有必要,把 f 换为 $-f$,可设 $f'''(x) \geqslant 1$,这蕴涵 f'' 取所有实值.特别地,它取 0,对适当的 a,把 $f(x)$ 换为 $f(x-a)$,可设 $f''(0) = 0$.于是 f' 在 $[0, \infty)$ 上递增.令 $a = \inf\{x \in [0, \infty): |f'(x)| \leqslant 2\}$,令 $b = f''(a)$,则 2 次求不等式 $f'''(x) \geqslant 1$ 的积分(利用 $f'(x) \geqslant -2$),得

$$f'(a+t) \geqslant -2 + bt + \frac{1}{2}t^2$$

因此不等式 $f'(a+t) \leqslant 2$ 重排成 $8 \geqslant 2bt + t^2$,然后变成 $8 + b^2 \geqslant (b+t)^2$,最后变成

$$t \leqslant \sqrt{8+b^2} - b = \frac{8}{\sqrt{8+b^2}+b} \leqslant 2\sqrt{2}$$

因此具有 $|f'(x)| \leqslant 2$ 的正数 x 集合至多是具有宽为 $2\sqrt{2}$ 的区间 $[a, a+2\sqrt{2}]$.因同一论证适用负的 x(把 $f(x)$ 换为 $-f(-x)$),故总测度至多是 $4\sqrt{2}$.

U131 证明

$$\lim_{n \to \infty} \sum_{k=1}^{n} \frac{\arctan \frac{k}{n}}{n+k} \cdot \frac{\varphi(k)}{k} = \frac{3\log 2}{4\pi}$$

其中 φ 是 Euler 函数.

(罗马尼亚)C. Lupu 提供

证 利用以下事实

$$S_n = \sum_{k=1}^{n} \frac{\varphi(k)}{k} = \frac{6n}{\pi^2} + O(\ln n)$$

于是我们推测,把 $\frac{\varphi(k)}{k}$ 换为 $\frac{6}{\pi^2}$ 将得出可忽略的误差.这留给我们处理(直到乘性常数)$f(x) = \frac{\arctan x}{1+x}$ 的积分的 Riemann 和,可以求出这个和的值.这本质上是正确的,但是因 $\frac{\varphi(k)}{k}$ 的渐近结果要求和,故首先一定要分部求和.

分部求和得

$$\sum_{k=1}^{n} \frac{\arctan(\frac{k}{n})}{n+k} \cdot \frac{\varphi(k)}{k} = \frac{\arctan(1)}{2n} S_n + \sum_{k=1}^{n-1} \left[\frac{\arctan(\frac{k}{n})}{n+k} - \frac{\arctan(\frac{k+1}{n})}{n+k+1} \right] S_k$$

由中值定理给出,对 $\frac{k}{n}$ 与 $\frac{k+1}{n}$ 之间某 x_k,有

$$\frac{\arctan(\frac{k}{n})}{n+k} - \frac{\arctan(\frac{k+1}{n})}{n+k+1} = \frac{1}{n}\Big(f\Big(\frac{k}{n}\Big) - f\Big(\frac{k+1}{n}\Big)\Big) = -\frac{1}{n^2}f'(x_k)$$

因此和等于

$$\frac{f(1)S_n}{n} - \sum_{k=1}^{n-1}\frac{1}{n^2}f'(x_k)S_k$$

把 S_k 换为 $\frac{6k}{\pi^2}$ 时的误差将是 $O(\ln k)$,这只对和(n 项,每项至多为 $O(\frac{\ln n}{n^2})$)提供可忽略的值.因此这个极限与下式的极限相同

$$\frac{6f(1)}{\pi^2} - \frac{6}{\pi^2}\sum_{k=1}^{n-1}\frac{k}{n^2}f'(x_k)$$

现在这个和是 Riemann 和(在方法上应首先讨论,可以把 $\frac{k}{n}$ 的因子换为 x_k 时具有可忽略的误差),因此要求的极限是

$$\frac{6f(1)}{\pi^2} - \frac{6}{\pi^2}\int_0^1 xf'(x)\mathrm{d}x$$

为求这个极限的值,首先用分部积分(本质上不做我们原来的分别求和)得出

$$\frac{6}{\pi^2}\int_0^1 f(x)\mathrm{d}x = \frac{6}{\pi^2}\int_0^1 \frac{\arctan x}{1+x}\mathrm{d}x$$

这个积分是以下广义反正切积分在 $a=1$ 时的特殊情形

$$\int_0^{\frac{1}{a}} \frac{\arctan x}{x+a}\mathrm{d}x = \frac{\arctan(\frac{1}{a})}{2}\ln\frac{1+a^2}{a}$$

因此这个极限的最后结果是

$$\frac{6}{\pi^2} \cdot \frac{\arctan 1}{2}\ln 2 = \frac{3\ln 2}{4\pi}$$

U132 令 $P \in \mathbf{R}[X]$ 是非常数多项式,$f:\mathbf{R}\to\mathbf{R}$ 是具有中间值性质的函数,使 $P \circ f$ 是连续的.证明: f 是连续的.

(罗马尼亚)D. Andrica,(法国)G. Dospinescu 提供

证 令 x 是实数,考虑收敛于 x 的数列 x_n,则 $P \circ f$ 的连续性蕴涵 $P(f(x_n))$ 收敛于 $P(f(x))$,于是 $f(x_n)$ 有界(因为非常数多项式是正常映射).我们要求 $f(x_n)$ 收敛.若不收敛,则有两个实数 $a<b$ 与 x_n 的两个子数列 y_n,z_n,使 $f(y_n)$ 收敛于 a,$f(z_n)$ 收敛于 b.现取任一 $c \in (a,b)$,则对充分大 n,有 $f(y_n)<c<f(z_n)$.因 f 有中间值性质,故在 y_n 与 z_n 之间存在 t_n,使 $c=f(t_n)$.但因 y_n 与 z_n 都收敛于 x,故 t_n 也如此.此外,由 $P \circ f$ 的连续性,$P(c)=P(f(t_n))$ 一定收敛于 $P(f(x))$.因此求出,对所有 $c \in (a,b)$,$P(c)=$

$P(f(x))$,这蕴涵 P 是常数多项式,矛盾.

于是对收敛数列的所有选择,数列 $f(x_n)$ 收敛.这直接蕴涵,若 $x_n \to x$,则 $f(x_n) \to f(x)$,因为我们可以考虑收敛于 x 的数列 $x_1, x, x_2, x, \cdots$(这使应用 f 后得出的数列无限多项等于 $f(x)$),这显然蕴涵 f 的连续性.

U133 令 f 是定义在 $[0,1]$ 上的连续实值函数,使 $\int_0^1 f(x) \mathrm{d}x = \int_0^1 x f(x) \mathrm{d}x$. 证明:有实数 $c \in (0,1)$,使 $2\int_c^0 f(x) \mathrm{d}x = c f(c)$.

(越南)D. V. Thong 提供

证 定义 $H(x) = \int_0^x \left(\int_0^y f(z) \mathrm{d}z \right) \mathrm{d}y$

$$H(1) = \int_0^1 \left(\int_0^y f(z) \mathrm{d}z \right) \mathrm{d}y =$$

$$\int_0^1 \left(\int_z^1 f(z) \mathrm{d}y \right) \mathrm{d}z =$$

$$\int_0^1 (1-z) f(z) \mathrm{d}z = 0$$

因为由 Rolle 定理,显然有 $H(0) = 0$,所以利用 $f(x)$ 的连续性,有 $x_0 \in (0,1)$ 存在,使 $H'(x_0) = 0$,即 $\int_0^{x_0} f(x) \mathrm{d}x = 0$. 今定义函数 $F(x) = x^2 \int_0^x f(y) \mathrm{d}y$,观察到 $F(0) = F(x_0) = 0$. Rolle 定理再保证,对某 $c \in (0, x_0)$,$F'(c) = 0$,即

$$2c \cdot \int_0^c f(x) \mathrm{d}x + c^2 f(c) = 0$$

证毕.

U134 令 $f: [0, \infty) \to \mathbf{R}$ 是函数,使得对所有 $x_1, x_2 \geqslant 0$,$f(x_1) + f(x_2) \geqslant 2 f(x_1 + x_2)$. 证明:对所有 $x_1, x_2, \cdots, x_n \geqslant 0$

$$f(x_1) + f(x_2) + \cdots + f(x_n) \geqslant n f(x_1 + x_2 + \cdots + x_n)$$

(罗马尼亚)M. Piticari 提供

证 要证明,对 $m \geqslant 1$

$$\sum_{1 \leqslant i \leqslant m} f(x_i) \geqslant m f\left(\sum_{1 \leqslant i \leqslant m} x_i \right)$$

这对 $m=1$ 成立,我们知道它对 $m=2$ 成立. 设它对 $m=n-1$(其中 $n \geqslant 3$)成立,则对 $1 \leqslant j \leqslant n$,有以下不等式(否则指出,所有求号指标从 1 延伸到 n)

$$\sum_i f(x_i) \geqslant f(x_j) + (n-1) f\left(\sum_{i \neq j} x_i \right)$$

把这 n 个不等式相加给出

$$n \sum_i f(x_i) \geqslant \sum_j f(x_j) + (n-1) \sum_j f\left(\sum_{i \neq j} x_i \right)$$

减去公共和,再除以 $(n-1)$,得
$$\sum_i f(x_i) \geqslant \sum_j f\left(\sum_{i\neq j} x_i\right) \quad \text{①}$$

再对 $1 \leqslant j \leqslant n$,也有以下不等式
$$f(x_j) + f\left(\sum_{i\neq j} x_i\right) \geqslant 2f\left(\sum_i x_i\right)$$

把这 n 个不等式相加,得
$$\sum_j f(x_j) + \sum_j f\left(\sum_{i\neq j} x_i\right) \geqslant 2nf\left(\sum_i x_i\right) \quad \text{②}$$

把不等式 ① 与 ② 相加得
$$2\sum_i f(x_i) + \sum_j f\left(\sum_{i\neq j} x_i\right) \geqslant 2nf\left(\sum_i x_i\right) + \sum_j f\left(\sum_{i\neq j} x_i\right)$$

两边消去公共项,并除以 2,有 $\sum_i f(x_i) \geqslant nf\left(\sum_i x_i\right)$,它建立了 $m = n$ 时的结果.因此由归纳法,这个结果对所有 $m \geqslant 1$ 成立,正是要求证明的.

U135 设 $f, g : (0, \infty) \to (a, \infty)$ 是连续凸函数,使 f 是递增与连续可微的函数.证明:若对所有 $x > 0$
$$f'(x) \geqslant \frac{f(g(x)) - f(x)}{x}$$
则对所有 $x > 0$, $g(x) \leqslant 2x$.

(法国)G. Dospinescu 提供

证 若对所有 $x_0 \in \mathbf{R}_+$,$g(x_0) \leqslant x_0 < 2x_0$,则要求的结果显然成立.因此,设 $x_0 \in \mathbf{R}_+$ 存在,使 $g(x_0) > x_0$.因 $f(x)$ 是凸的,故 $f'(x)$ 为非减函数,于是应用题目条件于任一这样的 x_0,求出
$$x_0 f'(x_0) \geqslant f(g(x_0)) - f(x_0) = \int_{x_0}^{g(x_0)} f'(x) \mathrm{d}x \geqslant$$
$$\int_{x_0}^{g(x_0)} f'(x_0) \mathrm{d}x = f'(x_0)(g(x_0) - x_0)$$

此外由 f 递增有 $f'(x_0) > 0$,故 $x_0 \geqslant g(x_0) - x_0$.推出结论.

U136 令 P 是非常数多项式.证明:有无限多个正整数 n,使 $(p(n))^n$ 不是素数幂.

(罗马尼亚)C. Lupu 提供

证 设有多项式 $P(x)$,使得对所有但有限多个正整数 n,$P(n)^n$ 是素数幂.设这有限多个例外是所有值小于 N,令 d 是 P 的次数,则 $P(N)^N, P(N+1)^{N+1}, \cdots, P(N+d)^{N+d}$ 是所有素数幂,从而 $P(N), P(N+1), \cdots, P(N+d)$ 都是代数数.由 Lagrange 内插定理,可以从它在 $d+1$ 个点 $x_0, \cdots, x_d$ 的值,用以下公式,恢复 d 次多项式有
$$P(x) = \sum_{k=0}^{d} P(x_k) \frac{\prod_{j\neq k}(x - x_j)}{\prod_{j\neq k}(x_k - x_j)}$$

取 $x_k = N+k_1$，可见 P 的所有系数是代数数. 令 k 是由 P 的系数在 $\mathbf{Q}$ 上产生的域，设 K 在 $\mathbf{Q}$ 上的次数是 M.

令 $q > \max(N, M+1)$ 是素数，则 $P(q)^q$ 是素数幂，例如 P^m，$P(q)$ 在域 K 中. 若 q 不整除 m，则有整数 a 与 b 使 $am = bq+1$，因此 $\dfrac{P(q)^a}{P^b}$ 是 P 的第 q 个根，在 K 中. 但是，由 Eisenstein 准则，多项式 $x^q - P$ 是不可约的，因此在 $\mathbf{Q}$ 上任何根有次数 $q > M$，从而不能在 K 中，因此 q 一定整除 m. 记 $m = cq$，可见 $P(q) = \omega P^c$，其中 ω 是 q 次单位根，在 K 中. 但是，它是 Eisenstein 准则的标准推论，多项式 $\dfrac{x^q-1}{x-1}$ 是不可约的（代入 $x = y+1$）. 因此在 $\mathbf{Q}$ 上，非平凡 q 次单位根有次数 $q-1 > M$. 于是 $\omega = 1$，因此 $P(q)$ 事实上有素数幂，是 1 个整数. 由 lagrange 内插公式，其中 x_k 是 $d+1$ 个这样的素数，可见 $P(x)$ 有有理系数. 因 $P(x)$ 有有理系数，故 $P(n)$ 是有理多项式. 因此，使 $P(n)^n$ 可以是素数幂的唯一方法，是使 $P(n)$ 本身是素数幂. 于是对 $n \geqslant N$，$P(n)$ 取整数值. 应用 Lagrange 内插公式，其中 $x_k = N+k$，得

$$P(x) = \frac{1}{d!} \sum_{k=0}^{d} (-1)^{d-k} \begin{bmatrix} d \\ k \end{bmatrix} P(N+k) \prod_{j \neq k}(x-N-j)$$

可见 $d! P(x)$ 的系数是整数.

对整系数多项式 $Q(x)$，容易检验，$x-y$ 整除 $Q(x) - Q(y)$. 对 P，这说明对任何 n，a 整除 $P(n+d! a) - P(n)$. 今设 $P(N) = P^r$，对 $a > 0$ 看 $P(N+d! aP^{r+1})$. 由以上陈述，我们看出 aP^{r+1} 整除 $P(N+d! aP^{r+1}) - P(N) = P(N+d! aP^{r+1})$，从而 $P(N+d! aP^{r+1}) \equiv P^r \pmod{P^{r+1}}$. 因 $P(N+d! aP^{r+1})$ 是素数幂，可被 P 整除，故一定是 P 的幂. 但是因它与 P^r 同余（mod P^{r+1}），故它一定是 P^r. 于是对所有 $a > 0$，$P(N+d! aP^{r+1}) = P^r$. 因此 P 无限多次取值 P^r，$P(x) = P^r$ 一定是常数.

U137 设 k 与 n 是正整数，$n > 1$，$\boldsymbol{A}_1, \boldsymbol{A}_2, \cdots, \boldsymbol{A}_k, \boldsymbol{B}_1, \boldsymbol{B}_2, \cdots, \boldsymbol{B}_k$ 是具有实元素的 $n \times n$ 矩阵，使得对满足 $\boldsymbol{X}^2 = \boldsymbol{O}_n$ 的具有实元素的每个矩阵 $\boldsymbol{X}$，矩阵 $\boldsymbol{A}_1 \boldsymbol{X} \boldsymbol{B}_1 + \boldsymbol{A}_2 \boldsymbol{X} \boldsymbol{B}_2 + \cdots + \boldsymbol{A}_k \boldsymbol{X} \boldsymbol{B}_k$ 是幂零的. 证明：对某实数 a，$\boldsymbol{B}_1 \boldsymbol{A}_1 + \boldsymbol{B}_2 \boldsymbol{A}_2 + \cdots + \boldsymbol{B}_k \boldsymbol{A}_k$ 具有形式 $a\boldsymbol{I}_n$.

（法国）G. Dospinescu 提供

证 令 $\boldsymbol{C} = \boldsymbol{B}_1 \boldsymbol{A}_1 + \cdots + \boldsymbol{B}_k \boldsymbol{A}_k$. 若 $\boldsymbol{X}$ 是实矩阵，使 $\boldsymbol{X}^2 = \boldsymbol{0}$，则由假设有 $\operatorname{tr}(\boldsymbol{C}\boldsymbol{X}) = \operatorname{tr}(\boldsymbol{A}_1 \boldsymbol{X} \boldsymbol{B}_1 + \cdots + \boldsymbol{A}_k \boldsymbol{X} \boldsymbol{B}_k) = 0$（这利用了事实：对所有矩阵 $\boldsymbol{X}, \boldsymbol{Y}$，$\operatorname{tr}(\boldsymbol{X}\boldsymbol{Y}) = \operatorname{tr}(\boldsymbol{Y}\boldsymbol{X})$，也利用事实：幂零矩阵的迹是零）. 今考虑矩阵 $\boldsymbol{X}$ 使 $\operatorname{tr}(\boldsymbol{X}) = 0$. 用归纳法容易证明，$\boldsymbol{X}$ 与对角线为 0 的矩阵共轭. 另一方面，可见具有零对角线的任一矩阵是这样矩阵的和，后者的平方为 0. 总之，$\boldsymbol{X}$ 本身是各矩阵 $\boldsymbol{Y}$ 之和，使 $\boldsymbol{Y}^2 = 0$. 我们推导出，当 $\operatorname{tr}(\boldsymbol{X}) = 0$ 时，$\operatorname{tr}(\boldsymbol{C}\boldsymbol{X}) = 0$. 最后，使 $\operatorname{tr}(\boldsymbol{X}) = 0$ 的矩阵 $\boldsymbol{X}$ 的集合是 $Mn(\mathbf{R})$ 中的超平面，线性型 $\boldsymbol{X} \to \operatorname{tr}(\boldsymbol{C}\boldsymbol{X})$ 在这个超平面上变为 0，因此这个线性型是常数时 $\boldsymbol{X} \to \operatorname{tr}(\boldsymbol{X})$，我们容易断定 $\boldsymbol{C}$ 是标量矩阵.

U138 令 q 是费马素数，$n \leqslant q$ 是正整数. 令 p 是 $1+n+\cdots+n^{q-1}$ 的素因子. 以 $\lambda(x)=x-\dfrac{x^2}{2}+\cdots-\dfrac{x^{p-1}}{p-1}$ 定义实数 x 的函数. 证明：当分式写成最低项时，p 整除

$$\sum_{j=0}^{\log_2 \frac{q-1}{2}} \frac{\lambda(n^{2^j})(n^{pq-p}-1)}{(n^p-1)(n^{2^j p}+1)}$$

(美国) D. B. Rush 提供

证 令 $q=2^{2^m}+1$. 注意，条件 p 整除 $1+n+\cdots+n^{q-1}=\dfrac{n^q-1}{n-1}$ 说明了，在数 $\bmod p$ 的乘法群中，n 有阶 q. 因 Fermat 小定理说明任何元素有整除 $p-1$ 的阶，故有 $p\equiv 1\pmod q$. 特别地，这就是说 $n\not\equiv 1\pmod p$，从而 $n^p-1\equiv n-1\not\equiv 0\pmod p$. 于是可以省略分母中第 1 个因子，只要证明

$$S=\sum_{j=0}^{2^m-1}\frac{n^{p(q-1)}-1}{n^{2^j p}+1}\sum_{s=1}^{p-1}\frac{(-1)^s}{s}n^{2^j s}$$

的分子是 p 的倍数. 因

$$\frac{n^{p(q-1)}-1}{n^{2^j p}+1}=\sum_{r=0}^{2^{2^{m-j}} p-1}(-1)^{r-1}n^{2^j pr}$$

是整数，故内和中仅有的分数是 $\dfrac{1}{s}$. 把这看作 $s \bmod p$ 的倒数，我们可以把 S 看作整数，以 $\bmod p$ 计算.

注意，记 $k=pr+s$，其中 $1\leqslant s\leqslant p-1$，给出

$$\sum_{k=1,p\nmid k}^{2^{2^{m-j}} p-1}\frac{(-1)^k}{k}n^{2^j k}\equiv\sum_{r=0}^{2^{2^{m-j}}-1}(-1)^{r-1}n^{2^j pr}\sum_{s=1}^{p-1}\frac{(-1)^{s-1}}{s}n^{2^j s}=$$

$$\frac{n^{p(q-1)}-1}{n^{2^j p}+1}\sum_{s=1}^{p-1}\frac{(-1)^s}{s}n^{2^j s}\pmod p$$

因此

$$S\equiv\sum_{j=0}^{2^m-1}\sum_{k=1,p\nmid k}^{2^{2^{m-j}} p-1}\frac{(-1)^k}{k}n^{2^j k}\pmod p$$

对 $1\leqslant t\leqslant p(q-1)-1$，看 n^t 的右边和的系数不是 p 的倍数（即对出现的值）. 记 $t=2^u v$，其中 v 是奇数. 若 $u<2^m$，则系数是

$$\sum_{j=0}^{u}\frac{(-1)^{\frac{t}{2^j}}}{\frac{t}{2^j}}=\frac{-2^u+2^{u-1}+\cdots+1}{t}=-\frac{1}{t}$$

若 $u\geqslant 2^m$，则系数是

$$\sum_{j=0}^{2^m-1} \frac{(-1)^{\frac{t}{2^j}}}{\frac{t}{2^j}} = \frac{2^{2^m-1}+\cdots+1}{t} = \frac{2^{2^m}-1}{t}$$

注意,最后这种情形恰好发生在 t 是 2^{2^m} 的倍数时,因此对 $t=2^{2^m}$ 与某 $1 \leqslant s \leqslant p-1$,在这种情形下,系数是 $\frac{1}{s} - \frac{1}{t}$. 于是有

$$S \equiv -\sum_{\substack{t=1, p \nmid t}}^{p(q-1)-1} \frac{1}{t} n^t + \sum_{s=1}^{p-1} \frac{1}{s} n^{2^{2^m} s} \pmod{p}$$

因 $n^q \equiv 1 \pmod{p}$,按 mod p 计算,故只要考虑指数 mod q. 于是,若把 $s=pq-t$ 代入第 2 个和,则有 $pq-p+1 \leqslant t \leqslant pq-1, 2^{2^m} s = (q-1)s \equiv pq-s = t \pmod{q}$. 因此

$$S \equiv -\sum_{\substack{t=1, p \nmid t}}^{pq-1} \frac{1}{t} n^t \pmod{p}$$

若 p 在 $1, \cdots, pq-1$ 中取值,则当 t 在所有非 p 倍数范围中取值时,中国剩余定理指出,$t (\bmod p)$ 在所有非 0 剩余 mod p 范围中取值,$t (\bmod q)$ 在所有剩余 mod q 范围中取值,并且所有各对恰好出现 1 次. 因此

$$S \equiv -\sum_{k=1}^{p-1} \frac{1}{k} \cdot \sum_{j=0}^{q-1} n^j \equiv 0 \pmod{p}$$

这里由假设,第 2 个和是 p 的倍数,也容易看出第 1 个和是 p 的倍数(不易看出是 p^2 的倍数).

注意,以上解法实际上没有利用条件 $n \leqslant q$,因此这个结果对任何正整数 $n \geqslant 2$ 成立.

U139 求包含以下表达式所有值的最小区间

$$E(x,y,z) = \frac{x}{x+2y} + \frac{y}{y+2z} + \frac{z}{z+2x}$$

其中 x, y, z 是正实数.

(罗马尼亚)D. Andrica 提供

解 应用第 2 形式的 Cauchy-Schwarz 不等式有

$$\frac{a^2}{x} + \frac{b^2}{y} + \frac{c^2}{z} \geqslant \frac{(a+b+c)^2}{x+y+z}$$

给出

$$\frac{x}{x+2y} + \frac{y}{y+2z} + \frac{z}{z+2x} = \frac{x^2}{x^2+2xy} + \frac{y^2}{y^2+2yz} + \frac{z^2}{z^2+2zx} \geqslant$$

$$\frac{(x+y+z)^2}{x^2+y^2+z^2+2xy+2yz+2zx} = 1$$

与

$$\frac{2y}{x+2y} + \frac{2z}{y+2z} + \frac{2x}{z+2x} = \frac{2y^2}{xy+2y^2} + \frac{2z^2}{yz+2z^2} + \frac{2x^2}{2zx+2x^2} \geqslant$$

$$\frac{2(x+y+z)^2}{2x^2+2y^2+2z^2+xy+yz+zx} >$$
$$\frac{2(x+y+z)^2}{2(x^2+y^2+z^2+2xy+2yz+2zx)} = 1$$

把第 2 个不等式的左边看作 $3-E(x,y,z)$,我们看出 $2 > E(x,y,z) \geqslant 1$. 下界是在 $x=y=z=1$ 时达到的,上界接近于极限

$$\lim_{x\to\infty} E(x,1,x^2) = \lim_{x\to\infty}\left(\frac{2x}{x+2} + \frac{1}{1+2x^2}\right) = 2$$

因此,因 E 是连续的,故对正的 (x,y,z),它取 $[1,2)$ 中所有值.

U140 令 $a_n, n \geqslant 1$ 是递减的正实数数列. 对所有 $n \geqslant 1$,令 $s_n = a_1 + a_2 + \cdots + a_n$,$b_n = \frac{1}{a_{n+1}} - \frac{1}{a_n}$. 证明:若数列 $s_n, n \geqslant 1$ 收敛,则数列 $b_n, n \geqslant 1$ 无界.

(罗马尼亚)B. Enescu 提供

证 众所周知,若正项递减数列 $a_n, n \geqslant 1$ 使 $s_n = a_1 + \cdots + a_n$ 趋于极限,则 $\lim\limits_{n\to\infty} na_n = 0$,即对任何 $n \geqslant n_\varepsilon$,有 $na_n < \varepsilon$(ε 可以选择我们需要的那样小),于是有 $\frac{1}{a_{N+1}} > \frac{N+1}{\varepsilon}$. 设 $b_n > 0$ 是有界的,即 $0 < b_n \leqslant B$. 我们有 $\frac{1}{a_{n+1}} \leqslant \frac{1}{a_n} + B$,得

$$\sum_{n=1}^{N} \frac{1}{a_{n+1}} \leqslant \sum_{n=1}^{N} \frac{1}{a_n} + BN$$

或

$$\frac{1}{a_{N+1}} < \frac{1}{a_1} + BN$$

但这与 $\frac{1}{a_{N+1}} \geqslant \frac{N+1}{\varepsilon}$ 矛盾,即 $\varepsilon < \frac{a_1(N+1)}{1+a_1 NB}$,完成了证明.

U141 求所有的正整数对 (x,y),使 $13^x + 3 = y^2$.

(意大利)A. Munaro 提供

解 我们有 $(4-\sqrt{3})^x(4+\sqrt{3})^x = 13^x = (y-\sqrt{3})(y+\sqrt{3})$. 易见 $\mathbf{Z}(\sqrt{3})$ 是具有以下范数 N 的 Euclidean 整环

$$N(a+b\sqrt{3}) = |a^2 - 3b^2|$$

因此 $\mathbf{Z}[\sqrt{3}]$ 是多项式恒等式整环,因此是唯一因子分解整环.

设存在素数 $p \in \mathbf{Z}[\sqrt{3}]$,它整除 $y-\sqrt{3}$ 与 $y+\sqrt{3}$,则

$$N(p) \mid N(y+\sqrt{3}) = |y^2-3| = 13^x$$

另一方面,因 $p \mid 2\sqrt{3}$,故有 $N(p) \mid N(2\sqrt{3}) = 12$. 于是 $N(p) \mid (12, 13^x) = 1$,因此 $N(p) = 1$,矛盾. 从而 $(y-\sqrt{3}, y+\sqrt{3}) = 1$,于是 $y+\sqrt{3}$ 是 x 幂. 特别地,因 $4-\sqrt{3}$ 与 $4+$

$\sqrt{3}$ 都是素数,故 $(4+\sqrt{3})^x = y+\sqrt{3}$,在比较两边中 $\sqrt{3}$ 的系数后得出
$$1 = \sum \begin{bmatrix} x \\ 2k+1 \end{bmatrix} 3^k 4^{x-(2k+1)} = x 4^{x-1} + (各项 \geqslant 1)$$
因此 $x=1$. 于是唯一解是 $(1,4)$.

U142 令 $f:[0,1] \to \mathbf{R}$ 是连续可微函数. 证明:若 $\int_0^{\frac{1}{2}} f(x)\mathrm{d}x = 0$,则
$$\int_0^1 (f'(x))^2 \mathrm{d}x \geqslant 12 \Big(\int_0^1 f(x)\mathrm{d}x\Big)^2$$

(越南)D. V. Thong 提供

证 定义函数 $g(x) = \begin{cases} ax & 0 \leqslant x \leqslant \dfrac{1}{2} \\ -a(x-1) & \dfrac{1}{2} \leqslant x \leqslant 1 \end{cases}$,我们有

$$\int_0^1 f(x)g'(x)\mathrm{d}x = f(x)g(x)\Big|_0^1 - \int_0^1 f'(x)g(x)\mathrm{d}x = -\int_0^1 f'(x)g(x)\mathrm{d}x$$

但由于 $f(x)$ 的条件,也有
$$\int_0^1 f(x)g'(x)\mathrm{d}x = a\int_0^{\frac{1}{2}} f(x)\mathrm{d}x - a\int_{\frac{1}{2}}^1 f(x)\mathrm{d}x = -a\int_0^1 f(x)\mathrm{d}x$$

Cauchy-Schwarz 不等式给出
$$\Big(\int_0^1 f'(x)g(x)\mathrm{d}x\Big)^2 \leqslant \int_0^1 (f'(x))^2 \mathrm{d}x \int_0^1 (g(x))^2 \mathrm{d}x$$

于是
$$a^2 \Big(\int_0^1 f(x)\mathrm{d}x\Big)^2 \leqslant a^2 \Big(\int_0^1 (f'(x))^2 \mathrm{d}x\Big) \cdot \Big(\int_0^{\frac{1}{2}} x^2 \mathrm{d}x + \int_{\frac{1}{2}}^1 (x-1)^2 \mathrm{d}x\Big)$$

最后
$$\Big(\int_0^1 f(x)\mathrm{d}x\Big)^2 \leqslant \frac{1}{12}\int_0^1 (f'(x))^2 \mathrm{d}x$$

U143 对正整数 $n > 1$,求下式的值
$$\lim_{x \to 0} \frac{\sin^2 x \sin^2 nx}{n^2 \sin^2 x - \sin^2 nx}$$

(哥伦比亚)N. J. Buitrago A. 提供

解 我们将用 $u(x) \sim v(x)$ 表示 $\lim\limits_{x \to 0} \dfrac{u(x)}{v(x)} = 1$,用 $o(x^n)$ 表示形如 $x^n \varepsilon(x)$ 的任一函数,其中 $\lim\limits_{x \to 0} \varepsilon(x) = 0$.

由 $\sin x \sim x$, 推导出
$$\sin^2(x)\sin^2(nx) \sim n^2 x^4 \qquad ①$$

另一方面,从 $\sin x = x - \dfrac{x^3}{6} + o(x^4)$,首先得
$$\sin^2 x = x^2 - \dfrac{x^4}{3} + o(x^4)$$

其次
$$n^2 \sin^2(x) - \sin^2(nx) = n^2 x^2 \left(1 - \dfrac{x^2}{3} + o(x^2)\right) - n^2 x^2 \left(1 - \dfrac{n^2 x^2}{3} + o(x^2)\right) =$$
$$n^2 x^2 \left(\dfrac{(n^2 - 1)x^2}{3} + o(x^2)\right)$$

因此
$$n^2 \sin^2(x) - \sin^2(nx) \sim \dfrac{n^2(n^2-1)x^4}{3} \qquad ②$$

最后,由 ① 与 ② 容易得出
$$\lim_{x \to 0} \dfrac{\sin^2(x)\sin^2(nx)}{n^2 \sin^2(x) - \sin^2(nx)} = \dfrac{3}{n^2 - 1}$$

U144 令 F 是所有连续函数 $f:[0,\infty) \to [0,\infty)$ 的集合,对所有 $x \in [0,\infty)$,满足关系式
$$f\left(\int_0^x f(t)\mathrm{d}t\right) = \int_0^x f(t)\mathrm{d}t$$

(1) 证明: F 有无限多个元素;
(2) 求集合 F 中的所有凸函数 f.

(罗马尼亚) M. Piticari 提供

解 (1) 对 $x \in [0, a]$ 定义 $f(x) = x$,对 $x \in [a, 2a]$ 定义 $f(x) = 2a - x$,对所有 $x \geqslant 2a$ 定义 $f(x) = 0$. 显然 $f(x)$ 是连续的, $\int_0^x f(t)\mathrm{d}t$ 的最大值是 a^2 或 $f \in F$,只要 $a^2 \leqslant a$,即只要 $a \leqslant 1$. 因此集合 F 至少包含对无限值 $a \in [0,1]$ 这样定义的所有函数 $f(x)$.

(2) 定义 $g(x) = \int_0^x f(t)\mathrm{d}t$. 显然 $f(g(x)) = g(x)$, $g(x)$ 是连续的, $g(0) = 0$. 若 $g(x)$ 是无界的,则由中间值定理,对任何正实数 x,实数 y 存在,使得对所有 $x \in [0,\infty)$, $g(y) = x$ 或 $f(g(y)) = g(y) = x$ 与 $f(x) = x$. 注意 $f(x) = x$ 是凸的(非严格的). 设 $g(x)$ 是有界的,则 $s = \sup\limits_{x \in [0,\infty)} g(x)$ 存在,由中间值定理,对所有 $x \in [0, S]$, $f(x) = x$. 设 $y > x$ 存在使 $f(y) < y$,则点 $\left(\dfrac{S}{2}, \dfrac{S}{2}\right)$ 在 $f(x)$ 的图像上,在通过点 $(0,0)$ 与 $(y, f(y))$ 的直线上方,它也在 $f(x)$ 的图像上, $f(x)$ 将是凹的,矛盾,因此对所有 $x > S$, $f(x) \geqslant x$, $g(x)$ 是无界的,矛盾. 因此,若 $g(x)$ 是有界的,它的最大值 S 是正的,或 $f(x) = x$,或 $f \notin F$,或 f

不是凸的. 此外,若 $S=0$,则对所有 x 显然有 $f(x)=0$,再在 F 中得出(非严格的)凸函数. 我们断定在 F 中只有凸函数是, 对所有 $x \in [0,\infty), f(x)=x$, 对所有 $x \in [0,\infty)$, $f(x)=0$;二者是严格凸的,但 F 中任一其他函数必定是凹的.

2.4 奥林匹克问题解答

O73 令 a,b,c 是正实数. 证明
$$\frac{a^2}{b}+\frac{b^2}{c}+\frac{c^2}{a}+a+b+c \geqslant \frac{2(a+b+c)^3}{3(ab+bc+ca)}$$

(澳大利亚)P. H. Duc 提供

证
$$3\left(\sum ab\right)(\text{LHS}) = 3\left(\sum ab\right)\left(\frac{a^2}{b}+\frac{b^2}{c}+\frac{c^2}{a}+a+b+c\right) =$$
$$3\left(\sum a^3+\frac{ab^3}{c}+\frac{ca^3}{b}+\frac{bc^3}{a}+a^2c+c^2b+b^2a+\sum a^2b+3abc\right)=$$
$$3\sum a^3 + 3\left(\frac{ab^3}{c}+\frac{ca^3}{b}+\frac{bc^3}{a}\right)+3(a^2c+c^2b+b^2a)+$$
$$3\sum a^2b+9abc$$

于是
$$3\left(\sum ab\right)(\text{LHS}) - 2\left(\sum a\right)^3 =$$
$$\sum a^3 - 3abc + 3\left(\frac{ab^3}{c}+\frac{ca^3}{b}+\frac{bc^3}{a}\right)-$$
$$3(a^2b+b^2c+c^2a)$$

现在由算术平均 - 几何平均不等式,有
$$\frac{ab^3}{c}+\frac{ca^3}{b} \geqslant 2\sqrt{\frac{ab^3}{c}\cdot\frac{ca^3}{b}}=2a^2b$$

与类似不等式. 把这些不等式相加,有
$$\frac{ab^3}{c}+\frac{ca^3}{b}+\frac{bc^3}{a} \geqslant a^2b+b^2c+c^2a$$

只剩下证明 $\sum a^3 \geqslant 3abc$. 由算术平均 - 几何平均不等式,有 $\sum a^3 \geqslant 3abc$ 成立.

O74 考虑非等腰锐角 $\triangle ABC$,使 $AB^2+AC^2=2BC^2$. 令 H 与 O 分别为 $\triangle ABC$ 的垂心与外心. 令 M 是 BC 的中点,D 是 MH 与外接圆的交点,使 H 在 M 与 D 之间. 证明: AD,BC 与 $\triangle ABC$ 的欧拉线共点.

(哥斯达黎加)D. C. Salas 提供

证 众所周知 MH 与外接圆的交点 N 与 AO 与外接圆的交点相同,从而 AN 是外接

圆的直径,$AD \perp MH$. 令 Q 是 AD 与 BC 的交点,则有 $AH \perp MQ, MH \perp AQ$. 因此 H 是 $\triangle AMQ$ 的垂心,于是 $QH \perp AM$. 若证明了 $OH \perp AM$,则证毕. 令 $OA = \boldsymbol{a}, OB = \boldsymbol{b}, OC = \boldsymbol{c}$,则显然有 $\boldsymbol{a}^2 = \boldsymbol{b}^2 = \boldsymbol{c}^2 = r^2$,于是

$$2\overrightarrow{OH} \cdot \overrightarrow{AM} = 2(\boldsymbol{a}+\boldsymbol{b}+\boldsymbol{c}) \cdot \left(\frac{\boldsymbol{b}+\boldsymbol{c}}{2} - \boldsymbol{a}\right) =$$
$$-2\boldsymbol{a}^2 + \boldsymbol{b}^2 + \boldsymbol{c}^2 - \boldsymbol{a} \cdot \boldsymbol{c} - \boldsymbol{a} \cdot \boldsymbol{b} + 2\boldsymbol{b} \cdot \boldsymbol{c} =$$
$$\frac{3}{2}(\boldsymbol{b}^2 + \boldsymbol{c}^2 - 2\boldsymbol{a}^2) +$$
$$\frac{1}{2}[(\boldsymbol{a}-\boldsymbol{b})^2 + (\boldsymbol{a}-\boldsymbol{c})^2 - 2(\boldsymbol{b}-\boldsymbol{c})^2] =$$
$$0$$

O75 令 $a, b, c, d > 0$,使 $a^2 + b^2 + c^2 + d^2 = 1$. 证明

$$\sqrt{1-a} + \sqrt{1-b} + \sqrt{1-c} + \sqrt{1-d} \geqslant$$
$$\sqrt{a} + \sqrt{b} + \sqrt{c} + \sqrt{d}$$

(罗马尼亚)V. Cartoaje 提供

证 只要证明

$$g(x) = \sqrt{1-x} - \sqrt{x} - \sqrt{2}\left(\frac{1}{4} - x^2\right)$$

是在 $[0,1]$ 上的非负函数即可,因为要求的不等式将由 $g(a) + g(b) + g(c) + g(d) \geqslant 0$ 推出. 为看出这一点,我们计算

$$g'(x) = \frac{-1}{2\sqrt{1-x}} - \frac{1}{2\sqrt{x}} + 2\sqrt{2}\, x$$
$$g''(x) = \frac{-1}{4(1-x)^{\frac{3}{2}}} + \frac{1}{4x^{\frac{3}{2}}} + 2\sqrt{2}$$
$$g'''(x) = \frac{-3}{8(1-x)^{\frac{5}{2}}} - \frac{3}{8x^{\frac{5}{2}}} < 0$$

因 $g'''(x) < 0$,故 g 在 $[0,1]$ 上至多有 3 个根. 由前 2 个公式看出 $g\left(\frac{1}{2}\right) = g'\left(\frac{1}{2}\right) = 0$,$g''\left(\frac{1}{2}\right) = 2\sqrt{2} > 0$. 从而 g 在 $x = \frac{1}{2}$ 上有二重根,它是局部最小值. 计算 $g(0) = 1 - \frac{1}{2-\sqrt{2}} > 0, g(1) = \frac{3}{2\sqrt{2}} - 1 > 0$. 因此,若 g 在 $\left[0, \frac{1}{2}\right)$ 或 $\left(\frac{1}{2}, 1\right]$ 上有别的根,则它一定有 2 个根(或二重根). 因此 g 在 $[0,1]$ 上没有别的根,在 $[0,1]$ 上 $g \geqslant 0$.

O76 具有 n 个元素的集合的不同子集 S_i, S_j, S_k 三元组,称为"三角形". 以 $|(S_i \cap S_j) \cup (S_j \cap S_k) \cup (S_k \cap S_i)|$ 表示它的周长. 证明:具有周长 n 的"三角形"个数是

$\frac{1}{3}(2^{n-1}-1)(2^n-1)$.

(美国)I. Borsenco 提供

证 称 $s_m, m=1,2,\cdots,n$，为 n 个元素集合 S 中的元素，从中选出子集合 S_1, S_2, S_3. 每个三角形可以用 $n\times 3$ 矩阵表示，其中在位置 (m,l) 上的元素当 S_m 在 S_l 中时为 1，在相反情形下为 0，其中 $l=1,2,3$. 问题的条件要求：1) 没有 2 列相等，否则相应的子集合相等，2) 每行至少包含 21 个元素，否则 S 的 1 个元素不在任一交集中，并集的基数将小于 n. 如果这两个条件满足，那么各集合是不同的，并集的基数等于 S 的基数 n.

因此每行可以取 4 个不同值，$(0,1,1)$，$(1,0,1)$，$(1,1,0)$，$(1,1,1)$，因为总数为 4^n 个可能组合. 但是，某些组合是不可能的，因为它们得出两列是相等的. 事实上，为使第 1 列与第两列相等，当且仅当各行取的值是 $(1,1,0)$ 与 $(1,1,1)$，从中有总数为 2^n 个可能的组合. 可以用相同方法计算我们需要抛弃的置换数，以便避免这样的组合，使第 1 列与第 3 列相等，第 2 列与第 3 列相等. 但是要注意，在有 2 列相等的 2^n 个组合中，1 列对应于整个矩阵是元素 1，于是出现在 3 次计算中，4^n 中不容许的组合总数是 $3(2^n-1)+1 = 3\cdot 2^n-2$，因此容许的组合总数是 $4^n-3\cdot 2^n+2$. 最后注意到，在求这些组合数时，每个三角形计算了 6 次，因为 3 列的置换留下三角形不变，但是产生不同矩阵. 因此具有周长 n 的三角形总数是

$$\frac{4^n-3\cdot 2^n+2}{6}=\frac{2(2^{n-1})^2-3\cdot 2^{n-1}+1}{3}=$$
$$\frac{(2\cdot 2^{n-1}-1)(2^{n-1}-1)}{3}$$

O77 考虑多项式 $f,g \in \mathbf{R}[X]$. 证明：有非零多项式 $P\in \mathbf{R}[X,Y]$，使 $P(f,g)=0$.

(美国)I. Boreico 提供

证 对非负整数 a,b，定义多项式 $P_{a,b}(x)=f(x)^a g(x)^b$. 首先对 2 个不同的整数对 a,b 与 c,d，设 2 个多项式 $P_{a,b}(x)$ 与 $P_{c,d}(x)$ 是相同的，则有 $f(x)^a g(x)^b - f(x)^c g(x)^d = 0$，于是可以选择 $P(x,y)=x^a y^b - x^c y^d$ 与 $P(f,g)=0$，正是要求的. 今设所有多项式 $P_{a,b}(x)$ 是不同的. 令 $f(x)$ 有次数 $k,g(x)$ 有次数 l. 考虑形如 $P_{a,b}(x)$ 的所有多项式，它们的次数至多为 $4kl$. 我们可以计算出，至少应该有 $8kl$ 个这样的多项式；多项式 $P_{a,b}(x)$ 有次数 $ka+lb$，于是这样的多项式个数等于整数对 (a,b) 的个数，使 $ka+lb \leqslant 4kl$. 考虑直角坐标系的象限，其中 x 与 y 的坐标都是非负的. 对 a,b 为整数的每个格点 (a,b)，指定它的值为 $ka+lb$. 具有 $ka+lb\leqslant 4kl$ 的对 (a,b) 个数等于在直线 $ka+lb=4kl$ 下或上的格点数，此直线通过 $(0,4k)$ 与 $(4l,0)$. 这样的格点数至少是位于维数 $4k\cdot 4l$ 矩形中格点数的一半，即 $8kl$. 于是至少有 $8kl$ 个多项式 $P_{a,b}(x)$，次数至多是 $4kl$. 考虑多项式向量空间 $P(\mathbf{R},4kl)$，它的次数至多是 $4kl$. 这个向量空间有基 $(1,x,x^2,\cdots,x^{4kl})$，于是有维数 $4kl+$

1,它是线性代数学中众所周知的结果,在任一有限维向量空间中,任一线性无关多项式系列长至多是基长,因此在向量空间 $P(\mathbf{R}, 4kl)$ 中任何 $4kl+2$ 个多项式不能是线性无关的,从而我们的形如 $P_{a,b}(x)$ 的 $8kl$ 个不同多项式系列不能线性无关. 于是可以求出不全为 0 的适当常数 $\lambda_{i,j}$,其中 $0 \leqslant ki+ej \leqslant 4kl$,使 $\Sigma_{i,j}\lambda_{i,j} \cdot P_{i,j}(x)=0$. 今选择多项式 $P(x,y)=\Sigma_{i,j}\lambda_{i,j} \cdot x^i \cdot y^j$. 由此得 $P(f,g)=0$,因 P 为非 0 多项式,故证毕.

O78 在 $\triangle ABC$ 中,令 M,N,P 分别为边 BC,CA,AB 的中点. 以 X,Y,Z 分别表示从顶点 A,B,C 作出的高的中点. 证明:三圆 AMX,BNY,CPZ 的根中心是 $\triangle ABC$ 的九点圆圆心.

(罗马尼亚)C. Pohoata 提供

证 令 ω 是九点圆圆心. 我们的目的是证明 ω 关于 $\triangle AMX$,$\triangle BNY$,$\triangle CPZ$ 的每个外心的幂是常数. 令 $\odot \Gamma(T,x)$ 是 $\triangle AMX$ 的外接圆. 我们来计算 ω 关于 $\odot \Gamma$ 的幂,$P(\omega,\Gamma)=TM^2-T\omega^2$. 现在我们来计算 $T\omega^2$. 利用众所周知的事实 $OG:G\omega=2:1$,并对 $\triangle T\omega O$ 与 Ceva 线 TG 利用 Stewart 定理,得

$$3TG^2 = 2T\omega^2 + TO^2 - \frac{2}{3}O\omega^2$$

我们的目的是证明 $TM^2-T\omega^2$ 是常数,或者忽略了 $\frac{2}{3}O\omega^2$(因为它与 $\triangle AMX$ 的选择无关),我们必须证明

$$E_A = 2TM^2 - 3TG^2 + TO^2$$

与开始选择的 $\triangle AMX$ 无关. 注意 $\rho(O,\Gamma)=TM^2-TO^2$. 令 R 是平面上一点,使四边形 $RAXM$ 是等腰梯形,则 $R \in \odot \Gamma$, $RM \parallel AX \perp BC$,从而 $O \in RM$. 设通过点 A 作出 BC 的平行线交 OR 于点 S,则 $\triangle ARS \cong \triangle MXA'$,其中 A' 是从点 A 作出的高线足. 从而 $SR=XA'=\dfrac{h}{2}$, $OS=h-OM$. 令 $t=OM$,则

$$TM^2-TO^2 = \rho(O,\Gamma) = OM \cdot OR = t\left(\frac{3h}{2}-t\right)$$

则

$$TO^2 = TM^2 - t\left(\frac{3h}{2}-t\right)$$

因此

$$E_A = 2TM^2 - 3TG^2 + TM^2 - t\left(\frac{3h}{2}-t\right) =$$
$$3TM^2 - 3TG^2 - t\left(\frac{3h}{2}-t\right)$$

由莱布尼兹定理有

$$3TG^2 = TA^2 + TB^2 + TC^2 - \frac{1}{3}(a^2+b^2+c^2)$$

因此只要证明

$$3TM^2 - TA^2 - TB^2 - TC^2 - t\left(\frac{3h}{2} - t\right)$$

是常数. 注意, $TM = TA$ 与 $2TM^2 = TB^2 + TC^2 - \frac{1}{2}BC^2$, 于是我们必须证明

$$P_A = \frac{1}{2}BC^2 + t\left(\frac{3h}{2} - t\right)$$

是常数. 现在要去掉 T, 留下三角形中的恒等式, 即要证明

$$P_A = \frac{1}{2}BC^2 + t\left(\frac{3h}{2} - t\right) =$$
$$\frac{3(a^2+b^2+c^2)}{8} - R^2$$

因此它是常数, 证毕. 为看出这一点, 注意

$$t = R\cos A$$
$$t^2 = R^2 - \frac{a^2}{4}$$

与

$$h = \frac{2S}{a} = \frac{bc\sin A}{a} = \frac{bc}{2R}$$

因此

$$P_A = \frac{1}{2}BC^2 + t\left(\frac{3h}{2} - t\right) =$$
$$\frac{a^2}{2} + \frac{3}{4}bc\cos A - \left(R^2 - \frac{a^2}{4}\right)$$

因 $bc\cos A = \frac{1}{2}(b^2+c^2-a^2)$, 故最后得出

$$P_A = \frac{3(a^2+b^2+c^2)}{8} - R^2$$

O79 令 $a_1, a_2, \cdots, a_n$ 是整数, 不全为 0, 使 $a_1 + a_2 + \cdots + a_n = 0$. 证明: 对某 $k \in \{1, 2, \cdots, n\}$, 有

$$|a_1 + 2a_2 + \cdots + 2^{k-1}a_k| > \frac{2^k}{3}$$

(罗马尼亚)B. Enescu 提供

证 设 $|a_1 + 2a_2 + \cdots + 2^{k-1}a_k| \leqslant \frac{2^k}{3}, k \in \{1, 2, \cdots, n\}, a_i$ 是整数. 将用归纳法证明 $a_1 = a_2 = \cdots = a_n = 0$. 对 $k = 1$, 结果是显然的, 因为 $|a_1| \leqslant \frac{2}{3} < 1$ 直接得出 $a_1 = 0$. 若结

果对 $i=1,2,\cdots,k-1$ 成立,则
$$\frac{2^k}{3} \geqslant |a_1+2a_2+\cdots+2^{k-1}a_k|=2^{k-1}|a_k|$$
得出 $|a_k| \leqslant \frac{2}{3} < 1$,再得出 $a_k=0$.于是所有 $a_i=0$,这不成立.推出结果.

O80 令 n 是大于 1 的整数.求国际象棋车的最少个数,使它们无论怎样放在 $n \times n$ 的棋盘上,有 2 个车不互相攻击,但它们同时受第 3 个车攻击.

(孟加拉国)S. Riasat 提供

解 我们将证明,使性质在 $m \times n$ 棋盘上成立的最小车数是 $m+n-1$.

若车少于 $m+n-1$ 个,则可以把它们放在第 1 列,第 1 行,但不放在左上角(有 $m+n-2$ 个位置).性质对这种位移不成立.

当 $m+n \leqslant 6, n>1, m>1$ 时,这个论题显然成立.今考虑具有 $m+n>6, n>1$, $m>1$ 的 $m \times n$ 棋盘.设我们的论题对任一 $m'+n'$ 棋盘成立,使 $m'+n'<m+n, m'>1$, $n'>1$.不失一般性设 $n \geqslant m$,因此 $n>3$.因我们至少有 $m+n-1 \geqslant m+1$ 个车,故有 1 行至少具有 2 个车.若在相应列中至少有另 1 个车,则性质成立.否则可消去这 2 列,以得出具有至少 $m+(n-2)-1$ 个车的 $m \times (n-2)$ 棋盘.因 $m+n>m+(n-2), m>1$, $n-2>1$,故由归纳假设,性质在这个较小棋盘上成立,因此它在原来棋盘上也成立.

O81 令 $a,b,c,x,y,z \geqslant 0$.证明
$$(a^2+x^2)(b^2+y^2)(c^2+z^2) \geqslant (ayz+bzx+cxy-xyz)^2$$

(美国)T. Andreescu 提供

证 为使不等式成立,只要 x,y,z 中任一个为 0.设 $xyz \neq 0$,因此除以 $(xyz)^2$ 推出不等式等价于
$$(m^2+1)(n^2+1)(p^2+1) \geqslant (m+n+p-1)^2$$
其中 $(m,n,p)=\left(\frac{a}{x},\frac{b}{y},\frac{c}{z}\right)$.在展开与重排一些项后推出,这个不等式等价于
$$m^2n^2p^2+(m^2n^2+m+n)+(n^2p^2+n+p)+(p^2m^2+p+m) \geqslant 2mn+2np+2pm$$
由算术平均-几何平均不等式得 $m^2n^2+m+n \geqslant 3mn \geqslant 2mn$,由此容易断定这个结果.

O82 令 $ABCD$ 是内接于 $\odot C(O,R)$ 的圆内接四边形,E 是它的对角线的交点.设 P 是四边形 $ABCD$ 内的点,$\triangle ABP \backsim \triangle CDP$.证明:$OP \perp PE$.

(美国)A. Anderson 提供

证 因 $\frac{PA}{PC}=\frac{PB}{PD}=\frac{AB}{CD}$,故点 P 是两个不同的 Apollonius 圆的交点,第一个圆取到 A 与 B 的距离之比作图,第 2 个圆取到 B 与 D 的距离之比作图.若 $AB=CD$,则两圆退化

为两条直线,只相交于一点.否则,不失一般性,设 $AB < CD$,则两个圆圆心分别在以 C,B 作出的射线 CA,DB 上,但分别不在 CA 与 DB 上.因两个圆的两个交点关于联结两个圆圆心的直线对称,这条直线在四边形 $ABCD$ 外部,故两个点不能同时在四边形 $ABCD$ 中,因此 P 是唯一的.

若 $AB \parallel CD$,则四边形 $ABCD$ 是等腰梯形,$P=E$,或直线 PE 不能确定.于是设 AB 与 CD 不平行,称 $F=AB \cap CD$.此外不失一般性,设 $BC < DA$(若 $BC = DA$,则四边形 $ABCD$ 还是等腰梯形,$AB \parallel CD$,我们设它不成立).显然 EF 包含所有点 Q,使从 Q 到直线 AB 与 CD 的距离分别为 $d(Q,AB)$ 与 $d(Q,CD)$,满足 $\dfrac{d(Q,AB)}{d(Q,CD)}=\dfrac{AB}{CD}$.因为它包含 E 并通过两条直线的交点,显然 $\triangle AEB \backsim \triangle DEC$,或从 E 到 AB,CD 的距离与边 AB,CD 的长成比例.因此,因 $\triangle APB \backsim \triangle CPD$,故从 D 到 AB,CD 的高也与 AB,CD 成比例,或 $P \in EF$.

现在将证明 P 是 $\triangle ABE$ 与 $\triangle CDE$ 的外接圆交点,这两个圆与直线 EF 相交.首先称 P 是 $\triangle ABE$ 外接圆与直线的第 2 个交点.F 关于 $\triangle ABE$ 外接圆的幂(也是 F 关于四边形 $ABCD$ 的幂)就是 $FE \cdot FP = FA \cdot FB = FC \cdot FD$.因此 $CDPE$ 也是联圆四边形,P 也在 $\triangle CDE$ 的外接圆上.因 $ABEP$ 与 $CDPE$ 是联圆四边形,故 $\angle PAB = \angle BEF = \angle PED = \angle PCD$,类似地 $\angle ABP = \angle AEP = \angle CEF = \angle CDP$,或者实际上 $\triangle PAB \backsim \triangle PCD$.最后注意,若 $\triangle ABE$ 与 $\triangle CDE$ 的外接圆相切,则 $\angle ABE = \angle BEF = \pi - \angle DEF = \angle DCE = \angle ABE$,$\triangle ABE$ 与 $\triangle CDE$ 是等腰的,且相似,或 $AB \parallel CD$.

今称 A',B',C',D' 是 PD,PC,PB,PA 与四边形 $ABCD$ 外接圆的第 2 个交点.显然 $\angle ACB' = \angle ECP = \angle EDP = \angle BDA'$,或 $AB' = BA'$,类似地 $AC' = CA'$,$AD' = DA'$,或四边形 $AA'BB'$,$AA'CC'$,$AA'D'D$ 是等腰梯形,$AA' \parallel BB' \parallel CC' \parallel DD'$.显然,四边形 $AA'D'D$ 的对角线 AD' 与 DA' 相交于点 P,它们就是 AA',BB',CC',DD' 公共的中垂线,显然通过点 O.四边形 $A'B'C'D'$ 是四边形 $ABCD$ 关于 OP 作反射的结果,因此 OP 是 $\angle APA',\angle BPB',\angle CPC',\angle DPD'$ 的内平分线.现在 $\angle BPE = \angle BAE = \angle CDE = \angle CPE$,$PE$ 是 $\angle BPC = \pi - \angle BPB'$ 的内平分线,或 PE 是 $\angle BPB'$ 与 $\angle CPC'$ 的外平分线,因此是它们内平分线的垂线,即 OP 的垂线.完成证明.

附注:注意,这个解法也包含作点 P 的方法,即 P 是 $\triangle ABE$ 与 $\triangle CDE$ 的第 2 交点.若两个圆相切,则正如证明的,$P=E$,四边形是等腰梯形,并且 $AB \parallel CD$.

O83 令 $P(x) = a_0 x^n + a_1 x^{n-1} + \cdots + a_n, a_n \neq 0$ 是复系数多项式,使得有 m 满足

$$\left|\frac{a_m}{a_n}\right| > \binom{n}{m}$$

证明:P 至少有 1 个零点使绝对值小于 1.

(美国)T. Andreescu 提供

证 多项式
$$Q(x) = a_n x^n + a_{n-1} x^{n-1} + \cdots + a_0$$
的零点是 $\{\dfrac{1}{w_k}, k=1,\cdots,n\}$(注意 $w_k \neq 0$, 因为 $a_n \neq 0$).

由 Vieta 公式,有
$$\left|\dfrac{a_m}{a_n}\right| = \sum_{I \in I_{n-m}} \prod_{k \in I} \dfrac{1}{|w_k|}$$

其中 I_{n-m} 是 $\{1,2,\cdots,n\}$ 的所有子集组成的集合,使 $|I_{n-m}| = n-m$. 若 P 的所有零点有大于或等于 1 的绝对值,对 $\dfrac{1}{|w_k|} \leqslant 1$,且对任一整数 $m \in [0, n-1]$

$$\left|\dfrac{a_m}{a_n}\right| \leqslant \sum_{I \in I_{n-m}} 1 = \binom{n}{n-m} = \binom{n}{m}$$

这与假设矛盾.

O84 令 $ABCD$ 是圆内接四边形,P 是它的对角线的交点. $\angle APB, \angle BPC, \angle CPD, \angle DPA$ 的角平分线分别交边 AB, BC, CD, DA 于点 $P_{ab}, P_{bc}, P_{cd}, P_{da}$, 分别交相同边的延长线于点 $Q_{ab}, Q_{bc}, Q_{cd}, Q_{da}$. 证明: $P_{ab}Q_{ab}, P_{bc}Q_{bc}, P_{cd}Q_{cd}, P_{da}Q_{da}$ 的中点共线.

(罗马尼亚)M. Miculita 提供

证 $\angle APB$ 与 $\angle CPD$ 的内平分线是同一条直线,它通过点 $P, P_{ab}, P_{cd}, Q_{bc}, Q_{da}$. 显然 $\angle BPC$ 与 $\angle DPA$ 的内平分线通过点 $P, P_{bc}, P_{da}, Q_{ab}, Q_{cd}$. 显然 2 条内平分线在点 P 上垂直. 因为 $\angle APB + \angle BPC = \pi$, 所以 $\triangle P_{ab}PQ_{ab}, \triangle P_{bc}PQ_{bc}, \triangle P_{cd}PQ_{cd}, \triangle P_{da}PQ_{da}$ 是直角三角形, $P_{ab}Q_{ab}, P_{bc}Q_{bc}, P_{cd}Q_{cd}, P_{da}Q_{da}$ 各自的中点 $O_{ab}, O_{bc}, O_{cd}, O_{da}$ 是它们各自的外心.

不失一般性,有
$$\angle BPQ_{ab} = \dfrac{\pi - \angle APB}{2}$$
$$\angle APQ_{ab} = \dfrac{\pi + \angle APB}{2}$$

或
$$\dfrac{AQ_{ab} \sin \angle AQ_{ab}P}{AP} = \sin \angle APQ_{ab} = \sin \angle BPQ_{ab} = \dfrac{BQ_{ab} \sin \angle BQ_{ab}P}{BP}$$

与
$$\dfrac{AQ_{ab}}{BQ_{ab}} = \dfrac{AP}{BP} = \dfrac{AP_{ab}}{BP_{ab}}$$

$\triangle P_{ab}PQ_{ab}$ 的外接圆定义为 Apollonius 圆,使 $\dfrac{AX}{BX} = \dfrac{AP}{BP}$.

注意以 r_{ab} 表示 $\triangle P_{ab}PQ_{ab}$ 的外接圆半径,求出
$$\frac{O_{ab}A - r_{ab}}{r_{ab} - O_{ab}B} = \frac{P_{ab}A}{P_{ab}B} = \frac{Q_{ab}A}{Q_{ab}B} = \frac{O_{ab}A + r_{ab}}{O_{ab}B + r_{ab}}$$
导致 $O_{ab}A \cdot O_{ab}B = r_{ab}^2$,$A$ 是 B 关于 $\triangle P_{ab}PQ_{ab}$ 作反演的结果.

以 O 与 R 表示四边形 $ABCD$ 的外接圆圆心与外接圆半径,则 O_{ab} 关于四边形 $ABCD$ 的幂是 $OO_{ab}^2 - R^2 = O_{ab}A \cdot O_{ab}B = r_{ab}^2$,四边形 $ABCD$ 的外接圆与 $\triangle P_{ab}PQ_{ab}$ 正交. 用完全类似的方式,导出四边形 $ABCD$ 的外接圆与 $\triangle P_{ab}PQ_{ab}$,$\triangle P_{bc}PQ_{bc}$,$\triangle P_{cd}PQ_{cd}$,$\triangle P_{da}PQ_{dc}$ 的各外接圆正交. 对这些圆的每一对圆,O 就在它们的根轴上,因为每对圆相交于点 P,它们或者相交于第 2 点 P' 上,也在 OP 上,或者两两相切于点 P. 在第 1 种情形下,四周的圆心 O_{ab},O_{bc},O_{cd},O_{da} 在 PP' 的中垂线上,在第 2 种情形下,在通过 P 的 OP 上. 推出结论.

O85 令 a,b,c 是非负实数,使 $ab + bc + ca = 1$. 证明
$$4 \leq \left(\frac{1}{\sqrt{1+a^2}} + \frac{1}{\sqrt{1+b^2}} + \frac{1}{\sqrt{1+c^2}}\right)(a+b+c-abc)$$

(美国)A. Alt 提供

证 称 $x = b+c, y = c+a, z = a+b$,则有 $a+b+c = \dfrac{x+y+z}{2}$. 此外可记
$$1 + a^2 = ab + bc + ca + a^2 = (a+b)(c+a) = yz$$
类似地
$$1 + b^2 = zx, \quad 1 + c^2 = xy$$
而且
$$(1 - ab) = bc + ca = cz$$
导致
$$c - abc = c^2 z = z(xy - 1) = xyz - z$$
类似地
$$a - abc = xyz - x, \quad b - abc = xyz - y$$
于是
$$a + b + c - abc = \frac{2(a+b+c) + (a-abc) + (b-abc) + (c-abc)}{3} = xyz$$
可以把提出的不等式改写为
$$4 \leq \left(\frac{1}{\sqrt{yz}} + \frac{1}{\sqrt{zx}} + \frac{1}{\sqrt{xy}}\right) xyz =$$
$$\sqrt{xy}\sqrt{yz} + \sqrt{yz}\sqrt{zx} + \sqrt{zx}\sqrt{xy}$$
现在利用算术平均 - 平方平均不等式,有

$$\sqrt{yz} = \sqrt{1+a^2} = \frac{2}{\sqrt{3}}\sqrt{\frac{1+1+1+3a^2}{4}} \geqslant$$

$$\frac{2}{\sqrt{3}} \cdot \frac{3+a\sqrt{3}}{4} = \frac{a+\sqrt{3}}{2}$$

当且仅当 $a = \frac{1}{\sqrt{3}}$ 时,等式成立,对其他两个乘积是类似的,导致 $\sqrt{zx} \cdot \sqrt{xy} \geqslant \frac{3+\sqrt{3}(b+c)+bc}{4}$ 对其他两个组合是类似的. 于是只要证明

$$4 \leqslant \frac{9+2\sqrt{3}(a+b+c)+1}{4}$$

或等价地证明 $a+b+c \geqslant \sqrt{3}$ 即可. 但是,这是成立的,因为利用数量积的 Cauchy-Schwarz 不等式,有

$$2 = 2(ab+bc+ca) = (a+b+c)^2 - (a^2+b^2+c^2) \leqslant$$
$$(a+b+c)^2 - (ab+bc+ca)$$

与

$$(a+b+c)^2 \geqslant 2+(ab+bc+ca) = 3$$

当且仅当 $a=b=c$ 时,等式成立,推出结果,其中当且仅当 $a=b=c=\frac{1}{\sqrt{3}}$ 时,等式成立.

另一证法:令 $a=\tan\alpha, b=\tan\beta, c=\tan\gamma, \alpha,\beta,\gamma \in (0,\frac{\pi}{2})$,则约束 $ab+bc+ca=1$ 变为 $\alpha+\beta+\gamma = \frac{\pi}{2}$. 注意

$$\frac{1}{\sqrt{1+a^2}} + \frac{1}{\sqrt{1+b^2}} + \frac{1}{\sqrt{1+c^2}} = \cos\alpha + \cos\beta + \cos\gamma =$$
$$4\cos\left(\frac{\alpha+\beta}{2}\right)\cos\left(\frac{\beta+\gamma}{2}\right)\cos\left(\frac{\gamma+\alpha}{2}\right) - \cos(\alpha+\beta+\gamma) =$$
$$4\cos\left(\frac{\alpha+\beta}{2}\right)\cos\left(\frac{\beta+\gamma}{2}\right)\cos\left(\frac{\gamma+\alpha}{2}\right)$$

与

$$a+b+c-abc = \frac{\sin(\alpha+\beta+\gamma)}{\cos\alpha\cos\beta\cos\gamma} = \sec\alpha\sec\beta\sec\gamma$$

因此要求的不等式等价于

$$\cos\left(\frac{\alpha+\beta}{2}\right)\cos\left(\frac{\beta+\gamma}{2}\right)\cos\left(\frac{\gamma+\alpha}{2}\right) \geqslant \cos\alpha\cos\beta\cos\gamma$$

这由以下不等式与对称类似不等式相乘,显然成立

$$\cos\alpha\cos\beta = \frac{1}{2}(\cos(\alpha-\beta)+\cos(\alpha+\beta)) \leqslant$$

$$\frac{1+\cos(\alpha+\beta)}{2}=\cos^2\left(\frac{\alpha+\beta}{2}\right)$$

O86 数列 $\{x_n\}$ 定义为 $x_1=1, x_2=3, x_{n+1}=6x_n-x_{n-1}$,其中 $n\geqslant 1$. 证明:对所有 $n\geqslant 1, x_n+(-1)^n$ 是完全平方数.

(美国)B. Bradie 提供

证 令 $y_n=x_n+(-1)^n, n\geqslant 1$,则 $y_1=0, y_2=4, y_3=16$ 与对 $n\geqslant 3$
$$y_{n+1}=5y_n+5y_{n-1}-y_{n-2}$$
也令 $z_1=0, z_2=2$,对 $n\geqslant 3$,令 $z_n=2z_{n-1}+z_{n-2}$. 我们将证明,对所有 $n, y_n=z_n^2$,当 $n=1$, 2,3 时成立. 设对 $y_1, y_2, \cdots, y_n$,断言成立,我们有
$$y_{n+1}=5z_n^2+5z_{n-1}^2-z_{n-2}^2=$$
$$5z_n^2+5z_{n-1}^2-(z_n-2z_{n-1})^2=$$
$$4z_n^2+4z_{n-1}z_n+z_{n-1}^2=$$
$$(2z_n+z_{n-1})^2=z_{n+1}^2$$

因此由归纳法推出这个断言,完成了证明.

O87 令 G 是具有 n 个顶点的图,$n\geqslant 5$. 图的各边涂上两种颜色,使它没有长为3,4, 5 的单色圈. 证明:图有不多于 $\lfloor\frac{n^2}{3}\rfloor$ 条边.

(美国)I. Borsenco 提供

证 只要证明具有 $n\geqslant 5$ 顶点与没有长为3,4,5 的圈的任一图至多有 $\frac{n^2}{6}$ 条边即可, 因为应用这个结果于由所有单色边组成的子图,可以证明要求的结果.

具有 n 个顶点与至少 n 条边的图总是包含1个圈. (用归纳法证明. 若所有顶点至少有次数2,则总能取1条通道,从我们进入的不同边离开1个顶点. 显然我们一定重复1个顶点,所得的闭通道是1个圈. 若有次数为1的顶点,则可删去这个顶点,化为具有 $n-1$ 个顶点的图.)

设 $n=5, G$ 有5(或更多) 条边,则由以上说明,G 有1个圈,它一定至多有长5,矛盾.

设 $n=6, G$ 有7(或更多) 条边. 由以上说明,G 包含1个圈,它一定有长6,从而通过所有顶点,但是第7条边将把这个圈切成2个较小的圈,长至多是5.

设 $n=7, G$ 有8(或更多) 条边. 若 G 有次数为1的顶点,则化成以上情形,于是可以设所有顶点次数至少为2. 由以上说明,G 有1个圈,它一定有长6或7. 若圈长为7,则第8条边切它为2个总长为9的较小圈,因此1个较小圈的长一定至多为5. 若圈长为6,则不在此圈上的顶点次数至多为2,从而它一定把圈上2个顶点连接起来. 这把圈分为2个总长为10的较小圈,我们又一定有较小圈至多长为5.

今设 $n > 7$. 看 G 的 7 个顶点的所有子集,有 $\binom{n}{7}$ 个这样的子集,且每个这样的顶点子集中至多有 7 条边. 在所有这些子集上求和,得出至多 $7\binom{n}{7}$ 条边. 每条边在 $\binom{n-2}{5}$ 个这样的子集中,因为我们需要选择 5 个顶点,而且使各端点包括在这个子集中,因此边数 e 满足

$$\binom{n-2}{5} e \leqslant 7 \binom{n}{5}$$

或

$$e \leqslant \frac{n(n-1)}{6} < \frac{n^2}{6}$$

O88 求所有的数对 (z, n),其中 $z \in \mathbf{C}$, $|z| \in \mathbf{Z}_+$,使

$$z + z^2 + \cdots + z^n = n|z|$$

(罗马尼亚)D. Andrica, M. Piticari 提供

解 对 $n = 1$,求出 $z = |z|$,为使 $(z, 1)$ 是解,当且仅当 $z \in \mathbf{Z}_+$. 对 $|z| = 1$,求出 $n = |z + z^2 + \cdots + z^n| \leqslant |z| + |z|^2 + \cdots + |z|^n = n$,其中为使等式成立,当且仅当所有 z^k 共线,即当且仅当 $z \in \mathbf{R}$,$(1, n)$ 是具有 $|z| = 1$ 的唯一可能解,但它对任何正整数 n 成立. 可以把这些解看作"平凡"解. 现在来看非平凡解.

对 $n = 2$,方程变为 $z + z^2 = 2|z|$,它在表示为 $z = |z| e^{i\theta}$ 并分出实部与虚部后,得出 $\cos\theta + |z|\cos(2\theta) = 2$,$\sin\theta + |z|\sin(2\theta) = 0$. 后者得出 $\sin\theta = 0$ 或 $\cos\theta = -\frac{1}{2|z|}$,第 2 种选择得出 $\cos(2\theta) = 2\cos^2\theta - 1 = \frac{1 - 2|z|^2}{2|z|^2}$. 代入前者给出 $|z| = -2$,显然不合理. 于是对平凡解 $(1, 2)$ 与附加解 $(-3, 2)$,$\sin\theta = 0$ 在 $\cos\theta = -1$ 时,得 $|z| = 2 + 1 = 3$. 在 $\cos\theta = 1$ 时,得 $|z| = 2 - 1 = 1$. 若 $|z| > 1$,$n \geqslant 3$,则乘以 $z - 1$ 并重排,得出 $z^{n+1} = n|z|(z-1) + z$. 除以 z,取范数,得

$$|z|^n \leqslant n|z| + n + 1$$

把这写成 $1 \leqslant n|z|^{1-n} + (n+1)|z|^{-n}$,看出右边是 $|z|$ 的减函数. 于是可以把 $|z|$ 换为 $|z|$ 的下界,不等式仍成立. 对 $|z| \geqslant 3$,有

$$3^n \leqslant 4n + 1$$

这个不等式对 $n = 3$ 不成立,当把 n 增加到 $n + 1$ 时,左边乘以 3,右边乘以 $\frac{4n+5}{4n+1} = 1 + \frac{4}{4n+1} < 3$,于是它对所有 $n \geqslant 3$ 不成立. 因此可设 $|z| = 2$. 在这种情形下得出不等式

$$2^n \leqslant 3n + 1$$

这个不等式对 $n=3$ 成立,但对 $n=4$ 不成立,正如以上讨论证明了,它对 $n \geq 4$ 不成立. 因此唯一剩下的情形是 $|z|=2, n=3$. 在这种情形下,方程变为 $z^3+z^2+z-6=0$. 容易检验 $z=\pm 2$ 不是这个方程的根. 因此范数 2 的根一定作为复共轭对部分出现. 这 2 个根要乘以 4,于是由 Viete 关系式知,第 3 个根必须是 $\frac{3}{2}$. 但是容易检验,这不是根. 于是这个立方数不是范数 2 的根. 因此唯一可能解是 $(-3,2)$,对所有正整数 n,平凡解是 $(1,n)$,对所有正整数 z,平凡解是 $(z,1)$.

O89 令 P 是 $\triangle ABC$ 内任一点,P' 是它的等角共轭点. 令 I 是 $\triangle ABC$ 的内心,X,Y,Z 是劣弧 $\overset{\frown}{BC},\overset{\frown}{CA},\overset{\frown}{AB}$ 的中点,以 A_1,B_1,C_1 分别表示直线 AP,BP,CP 与边 BC,CA,AB 的交点,令 A_2,B_2,C_2 分别是线段 IA_1,IB_1,IC_1 的中点. 证明:直线 XA_2,YB_2,ZC_2 在直线 IP' 上相交于一点.

(罗马尼亚)C. Pohoata 提供

证 利用重心坐标. 照例以 a,b,c 分别表示顶点 A,B,C 所对的三角形边长,以 s 表示三角形半周长.

显然 $I=(a:b:c)$,设 $P=(p:q:r)$,则 $P'=(a^2qr:b^2rp:c^2pq)$,$A_1=(0:q:r)$ 与轮换. 为求出 X,Y,Z 的坐标,考虑外接圆与角平分线的交点,该圆有方程 $a^2yz+b^2zx+c^2xy=0$,得出 $X=(-a^2:b(b+c):c(b+c))$ 与轮换.

为求出 IA_1 的中点,可以利用 I 与 A_1 的绝对重心坐标,得出 $A_2=\left(\dfrac{a}{a+b+c}:\dfrac{q}{q+r}+\dfrac{b}{a+b+c}:\dfrac{r}{q+r}+\dfrac{c}{a+b+c}\right)$ 与轮换. 于是直线 XA_2,YB_2,ZC_2,IP' 的方程分别为

$$(bcr+b^2r-bcq-c^2q)x+(car+caq+a^2r)y+(-a^2q-abr-abq)z=0$$
$$(bcr+b^2r+bcp)x+(car-cap-c^2p+a^2r)y+(-b^2p-abr-abp)z=0$$
$$(c^2q+bcp+bcq)x+(-c^2p-cap-caq)y+(-b^2p+a^2q-abp+abq)z=0$$
$$(bc^2pq-b^2crp)x+(ca^2qr-ac^2pq)y+(ab^2rp-a^2bqr)z=0$$

最后,计算行列式后,看出,例如 XA_2,YB_2,IP' 共点,YB_2,ZC_2,IP' 共点.

O90 求具有最多 4 个不同素因子的所有 $n \in \mathbf{N}_+$,使

$$n \mid 2^{\phi(n)}+3^{\phi(n)}+\cdots+n^{\phi(n)}$$

(美国)T. Andreescu,(法国)G. Dospinescu 提供

解 对某素数 p,令 p 整除 n,n 具有重数 a. 显然 p 一定整除 $2^{\phi(n)}+3^{\phi(n)}+\cdots+n^{\phi(n)}$,称 $n=p^aq,\phi(n)=p^{a-1}(p-1)\phi(q)$. 现在若 k 是具有 p 的素数,因为由 Fermat 小定理 $k^{p-1} \equiv 1(\bmod\ p)$,故求出 $k^{\phi(n)} \equiv 1(\bmod\ p)$. 在 $\{2,3,\cdots,n\}$ 中,有 p 的 $\dfrac{n}{p}$ 个倍数,$n-\dfrac{n}{p}-1$ 个具有 p 的素数. 因此,$2^{\phi(n)}+3^{\phi(n)}+\cdots+n^{\phi(n)} \equiv -\dfrac{n}{p}-1(\bmod\ p)$,已知条件等价于以

下"更简单"的条件:n 是不同素因子乘积,对 n 的任一素因子 p,p 整除 $\frac{n}{p}+1$. 在这个条件中包含事实,因 $\frac{n}{p}\equiv -1\pmod{p}$,故 p 不能整除 $\frac{n}{p}$.

现在考虑 $\sum_{p\mid n}\frac{n}{p}$,其中在可整除 n 的素数 p 上求和. 对可除 n 的每个素数 q,除这个和中的 1 项外,其余各项都是 q 的倍数,1 个例外是 $p=q$ 的项,p,q 都与 -1 同余 $\pmod{q}$. 于是对所有可整除 n 的 q,$\sum_{p\mid q}\frac{n}{p}\equiv -1\pmod{q}$. 因 n 是非平方数,故 $\sum_{p\mid n}\frac{n}{p}\equiv -1\pmod{n}$. 因 n 至少有 4 个素因子,故和至多是 $n(\frac{1}{2}+\frac{1}{3}+\frac{1}{5}+\frac{1}{7})<\frac{6n}{5}$,因此它一定是 $n-1$. 于是除以 n 给出

$$F(n)=\frac{1}{n}+\sum_{p\mid q}\frac{1}{p}=1$$

注意,当把 n 的任一素因子换为较大素因子时(保持素因子的个数不变),$F(n)$ 递减. 也注意到,若把新素因子 q 加到 n 上,则

$$F(qn)-F(n)=\frac{1}{qn}+\frac{1}{q}-\frac{1}{n}=\frac{n+1-q}{qn}$$

于是加上素因子 $q=n+1$ 的时候,F 不变. 从 $F(2)=1$ 开始,这给出一系列解 $F(2\cdot 3)=1$,$F(2\cdot 3\cdot 7)=1$,$F(2\cdot 3\cdot 7\cdot 43)=1$.(这个系列在这里结束了,因为 $2\cdot 3\cdot 7\cdot 43+1\,807=13\cdot 139$ 不是素数.)

因为当我们增加素因子时,F 减少了,所以对所有奇素数 p,有 $1=F(2)>F(p)$,对素数 $\{p,q\}\neq\{2,3\}$,有 $1=F(2\cdot 3)>F(pq)$. 于是只有含 1 个或 2 个素因子的解. 对 3 个素因子,类似地看出,对 3 个素数 p,q,r 的所有集合除了 $2,3,5$ 与 $2,3,7$ 以外

$$F(2\cdot 3\cdot 5)>1=F(2\cdot 3\cdot 7)>F(pqr)$$

因此对 3 个素因子没有其他的解.

设 n 有 4 个素因子,$F(n)=1$. 因 $\frac{1}{2}+\frac{1}{3}+\frac{1}{5}>1$,故这些素因子不能包含 $2,3,5$ 全部. 因 $F(2\cdot 5\cdot 7\cdot 11)=\frac{72}{77}<1$,故它们一定包含 2 与 3(从而省略了 5). 若 n 的素因子包含 7,则对 $p<43$,有 $F(2\cdot 3\cdot 7\cdot p)>1=F(2\cdot 3\cdot 7\cdot 43)$,对 $p>43$,有反向不等式. 于是对 7 只得出以上唯一解. 因 $F(2\cdot 3\cdot 11\cdot 17)=\frac{184}{187}<1$,故看出 4 个素数的任一集合包含 2 与 3,但不包含 5 与 7,除 $2,3,11,13$ 外,有 $F(n)<1$. 因 $F(2\cdot 3\cdot 11\cdot 13)=\frac{430}{429}>1$,故看出具有 4 个素因子的唯一解是以上求出的 1 个解.

因此直到具有 4 个素因子的唯一解是 $2,6,42,1\,806$.(对含 5 个素因子的唯一解如

$47\,058 = 2 \cdot 3 \cdot 11 \cdot 23 \cdot 31$.)

O91 令 $\triangle ABC$ 是锐角三角形. 证明
$$\tan A + \tan B + \tan C \geqslant \frac{s}{r}$$
其中 s 与 r 分别是 $\triangle ABC$ 的半周长与内径.

(罗马尼亚) M. Becheanu 提供

证 除了有用的三角公式外,我们将利用以下 2 个著名结果
$$\tan A + \tan B + \tan C = \tan A \tan B \tan C$$
与
$$\sin 2A + \sin 2B + \sin 2C = 4\sin A \sin B \sin C$$
现在
$$\tan A + \tan B + \tan C = \frac{\sin A \sin B \sin C}{\cos A \cos B \cos C} = \frac{1}{4} \cdot \frac{\sin 2A + \sin 2B + \sin 2C}{\cos A \cos B \cos C} =$$
$$\frac{1}{2}\left(\frac{\sin A}{\cos B \cos C} + \frac{\sin B}{\cos C \cos A} + \frac{\sin C}{\cos A \cos B}\right) =$$
$$\frac{\sin A}{\cos(B-C) - \cos A} + \frac{\sin B}{\cos(C-A) - \cos B} +$$
$$\frac{\sin C}{\cos(A-B) - \cos C} \geqslant$$
$$\frac{\sin A}{1 - \cos A} + \frac{\sin B}{1 - \cos B} + \frac{\sin C}{1 - \cos C} =$$
$$\cot \frac{A}{2} + \cot \frac{B}{2} + \cot \frac{C}{2} =$$
$$\frac{s-a}{r} + \frac{s-b}{r} + \frac{s-c}{r} = \frac{s}{r}$$
推出结果.

O92 令 n 是正整数. 证明:

(1) 有无限多个不同整数三元组 (a,b,c), 使 $\min(a,b,c) \geqslant n$ 与 $abc+1$ 整除 $(a-b)^2$, $(b-c)^2$, $(c-a)^2$ 之一;

(2) 没有不同正整数三元组 (a,b,c), 使 $abc+1$ 整除 $(a-b)^2$, $(b-c)^2$, $(c-a)^2$ 中一个数以上.

(美国) T. Andreescu 提供

证 对任一正整数 n, 以下关系式成立
$$(n^3 + 6n^2 + 10n + 4)(n^2 + 4n + 3)n + 1 =$$
$$n^6 + 10n^5 + 37n^4 + 62n^3 + 46n^2 + 12n + 1 =$$
$$(n^3 + 5n^2 + 6n + 1)^2 =$$

$$[(n^3+6n^2+10n+4)-(n^2+4n+3)]^2$$

取 $a=n^3+6n^2+10n+4, b=n^2+4n+3, c=n$,显然 $\min(a,b,c)=c=n$ 与 $abc+1$ 整除 $(a-b)^2=abc+1$. 推出(1)部分结论.

不失一般性,设 $a>b>c$. 若 $abc+1$ 整除 $(b-c)^2$,则 $a>b>b-c, abc+1 \leqslant (b-c)^2 < ab$,显然不可能. 若 $abc+1$ 整除 $(a-b)^2$ 与 $(a-c)^2$,则它整除 $(a-c)^2-(a-b)^2=(2a-b-c)(b-c)<2ab$. 因 $2a>2a-b-c>0, b>b-c>0$,故 $2ab>(2a-b-c)(b-c) \geqslant abc+1$,得出 $c=1, (2a-b-1)(b-1)=ab+1$,或 $a=\dfrac{b^2}{b-2}=b+2+\dfrac{4}{b-2}$. 因 $b-2$ 整除 4,故 $b=3,4,6$,分别得出 $a=9,8,9$. 但是在这些情形中没有 1 种情形下,使 $abc+1$ 整除 $(a-b)^2$ 或 $(a-c)^2$. 推出(2)部分结论.

O93 令 k 是正整数. 求所有函数 $f:\mathbf{N} \to \mathbf{N}$,使得对所有 $x,y \in \mathbf{N}, f(x)+f(y)$ 整除 x^k+y^k.

(越南)N. T. Tung 提供

解 为了下面解答,提出以下引理.

引理 设 p 是素数,a,k 是正整数,p^a+1 整除 p^k+1,则 a 整除 k,$\dfrac{k}{a}$ 是奇数.

证 设 p^a+1 整除 p^k+1. 若 $k>2a$,则 p^a+1 整除 $(p^a+1)(p^a-1)p^{k-2a}=p^k-p^{k-2a}$. 于是 p^a+1 整除 $p^{k-2a}+1$. 因此可以化为 $k \leqslant 2a$ 的情形. 若 $k<a$,则得出矛盾,因为 $p^k+1<p^a+1$. 若 $2a \geqslant k>a$,则 p^a+1 整除 $(p^a+1)p^{k-a}=p^k+p^{k-a}$,从而 p^{a+1} 整除 $p^{k-a}-1$. 但是又有 $p^{k-a}-1 \leqslant p^a-1<p^a+1$,矛盾. 因此唯一可能性是 $k=a$,正是要求的结果.

取 $y=x$,可见 $2f(x)$ 整除 $2x^k$,从而对所有 $x, f(x)$ 整除 x^k. 特别地,这给出 $f(1)=1$,对 p 是素数,有 $f(p)=p^a$,其中 $0 \leqslant a \leqslant k$. 取 $x=p, y=1$,可见 p^a+1 整除 p^k+1. 由以上引理,或 $a=0$ 或 $\dfrac{k}{a}$ 是奇数. 因此 $f(p)=1$ 或对可整除 k 的某奇数 $t, f(p)=p^{\frac{k}{t}}$. 特别地,若 $p=2$,则 $f(2)=1$ 的情形不能出现,因为 2^k+1 是奇数. 因此对可整除 k 的某奇数 $s, f(2)=2^{\frac{k}{s}}$.

令 $x=p>2^{k^2}$ 是大素数与 2 同余 $(\bmod\ 2^{\frac{k}{s}}+1), y=2$. 若 $f(p)=1$,则 $p^k+2^k \equiv 2^k+2^k=2^{k+1} (\bmod\ 2^{\frac{k}{s}}+1)$. 因此 p^k+2^k 不是 $f(2)+f(p)=2^{\frac{k}{s}}+1$ 的倍数,矛盾. 于是对可整除 k 的某奇数 $t, f(p)=p^{\frac{k}{t}}$. 其次

$$p^k+2^k \equiv (-2^{\frac{k}{s}})^t+2^k=-2^{\frac{tk}{s}}+2^k (\bmod\ p^{\frac{k}{t}}+2^{\frac{k}{s}})$$

但是因 $p>2^{k^2}$,故有

$$p^{\frac{k}{t}}+2^{\frac{k}{s}}>p>2^{k^2}>|2^{\frac{tk}{s}}-2^k|$$

因此对所有这样的素数 p,一定有 $2^{\frac{tk}{s}}=2^k$ 或 $t=s$.

令 y 是大于 1 的任意正整数,$x=p>y^{k^2}$ 是上段讨论过那种类型的大素数,则
$$p^k+y^k=(p^{\frac{k}{s}})^s+y^k\equiv -(f(y))^s+y^k(\bmod\ p^{\frac{k}{s}}+f(y))$$
与
$$p^{\frac{k}{s}}+f(y)>p>y^{k^2}>|(f(y))^s-y^k|$$

因此,一定有
$$(f(y))^s-y^k=0$$
或
$$f(y)=y^{\frac{k}{s}}$$

于是对可整除 k 的某奇数 s,这样的唯一函数是 $f(y)=y^{\frac{k}{s}}$.

O94 令 $\odot\omega$ 的圆心为 O,A 是 $\odot\omega$ 外一定点.在 $\odot\omega$ 上选出点 B 与点 C,使 $AB\neq AC$,AO 是 $\triangle ABC$ 的类似中线,但不是中线.证明:$\triangle ABC$ 的外接圆通过第 2 个定点.

(美国)A. Anderson 提供

证 令 P,Q 分别为 AB,AC 与 $\odot w$ 的交点.令 $\odot w'$ 为 $\triangle ABC$ 的外接圆,圆心为 O',令 M 是 BC 的中点,N 是 $\angle BAC$ 内平分线与 $\triangle ABC$ 外接圆的第 2 个交点.因 BC 是 $\odot w$ 与 $\odot w'$ 二者的弦,它的中点 M 显然在直线 OO' 上.点 N 显然是 $\overset{\frown}{BC}$ 的中点,或它也在直线 OO' 上,因此 M,N,O,O' 共线.

断言.PQ 是 $\odot w$ 的直径.

证 显然 $\triangle ABC\backsim\triangle AQP$,从而 $\angle BAC$ 与 $\angle QAP$ 的内平分线相同.因 AB,AC 分别为 AQ,AP 关于这条内平分线的对称直线,AO 是 $\triangle BAC$ 的类似中线,故它是 $\triangle APQ$ 的中线.今设 PQ 是 $\odot w$ 的弦,不是直径.因 AO 通过它的中点与 $\odot w$ 的圆心,故 AO 是 PQ 的中垂线.因它也是中线,故 $\triangle APQ$ 是在 A 上的等腰三角形,$\triangle ABC$ 也是等腰三角形.得出矛盾,因此 PQ 是直径.

O95 证明:有整数数列 $x_1,x_2,\cdots$ 使:

(1) 对每个 $n\in\mathbf{Z}$,存在 i 使 $x_i=n$;

(2) $\prod\limits_{d\mid n}d^{\frac{n}{d}}\mid\sum\limits_{i=1}^n x_i$.

(加拿大)J. I. Restrepo 提供

证 令 $m_n=\prod\limits_{d\mid n}d^{\frac{n}{d}}$.注意 $\gcd(m_k,m_{k+1})=1$,因为 m_n 与 n 有相同素因子,作数列如下:设所作数列直至 x_{2k}(若不这样做,则这个假设无意义).令 x_{2k+2} 是我们仍然不用的整数,它的绝对值还是最小(于是特别地,$x_2=0$).若有 2 个具有这种性质的整数,则预先给出正值(这对定义算法其实不重要).考虑方程组
$$x\equiv x_1+\cdots+x_{2k}(\bmod\ m_{2k+1})$$
$$x\equiv x_1+\cdots+x_{2k}+x_{2k+2}(\bmod\ m_{2k+2})$$

由中国剩余定理,以上方程组有解 b_k. 令 x_{2k+1} 是我们仍然不用的最小正整数,它与 $-b_k$ 同余 $(\bmod\ m_{2k+1}m_{2k+2})$. 因此有
$$x_1 + \cdots + x_{2k} + x_{2k+1} \equiv x_1 + \cdots + x_{2k} - b_k \equiv 0 (\bmod\ m_{2k+1})$$
与
$$x_1 + \cdots + x_{2k} + x_{2k+1} + x_{2k+2} \equiv x_1 + \cdots + x_{2k} - b_k + x_{2k+2} \equiv 0 (\bmod\ m_{2k+2})$$
于是数列满足第 2 个性质,直至 x_{2k+2}. 此外,由作法,我们详细研究所有整数恰好一次,因此数列满足 2 个性质.

O96 令 p 与 q 是素数. 证明: pq 整除 $\binom{p+q}{p} - \binom{q}{p} - 1$.

(罗马尼亚) D. Andrica 提供

解 引理. 若 p 是素数,则
$$\binom{p}{1}, \binom{p}{2}, \cdots, \binom{p}{p-1}$$
可被 p 整除.

证 考虑 $\binom{p}{i}$ 的二项式系数,其中 $1 \leqslant i \leqslant p-1$,则有
$$\binom{p}{i} = p \cdot \frac{(p-1)(p-2)\cdots(p-i+1)}{i!}$$
因为 p 与 $i!$ 没有公因子,故推出结论.

(1) 由引理若 $p = q$,则
$$\binom{p+q}{p} - \binom{q}{p} - 1 = \binom{2p}{p} - 2 \equiv 0 (\bmod\ p)$$
利用二项式系数性质 $\binom{n}{k} = \binom{n}{n-k}$ 与众所周知的组合恒等式
$$\binom{m+n}{k} = \sum_{l=0}^{\max(k,n)} \binom{m}{k-l}\binom{n}{l}$$
对 $m = n = p$ 有
$$\binom{2p}{p} = \binom{p}{0}^2 + \binom{p}{1}^2 + \cdots + \binom{p}{p-1}^2 + \binom{p}{p}^2 \equiv 2 (\bmod\ p)$$

(2) 若 $q > p$,则
$$\binom{p+q}{p} = \binom{p}{p}\binom{q}{0} + \binom{p}{p-1}\binom{q}{1} + \cdots + \binom{p}{0}\binom{q}{p}$$
因为 $\binom{p}{p} = \binom{p}{0} = \binom{q}{0} = 1$,证毕.

O97 求所有奇素数 p，使 $1+p+p^2+\cdots+p^{p-2}+p^{p-1}$ 与 $1-p+p^2+\cdots-p^{p-2}+p^{p-1}$ 都是素数.

(中国)Mou Xiaoshen 提供

解 这样的唯一素数是 $p=3$，对它有 $n_1=7, n_2=13$，其中 $n_1=\dfrac{p^p-1}{p-1}, n_2=\dfrac{p^p+1}{p+1}$，设 $p\geqslant 5, q=(-1)^{\frac{p-1}{2}}p$. 对任一 p 次单位原根 ζ，记

$$S(\zeta)=\sum_{i=1}^{p-1}\left(\frac{i}{p}\right)\zeta^i$$

则有 $S(\zeta)=\pm\sqrt{q}$. 显然 $S(\zeta^i)=\left(\dfrac{i}{p}\right)S(\zeta)$. 因此可以选 ζ 使 $S(\zeta)=\sqrt{q}$. 令 $a_i=\zeta^{\frac{p-1}{2}}S(\zeta^i)$ $=\left(\dfrac{i}{p}\right)\zeta^i\sqrt{q}$，则对 $1\leqslant k\leqslant p-1$，有 $\sum_{i=1}^{p-1}a_i^k\in\mathbf{Q}$. 于是由 Newton 恒等式，$p_1(x)=\prod_{i=1}^{p-1}(x-a_i), p_2(x)=\prod_{i=1}^{p-1}(x+a_i)$ 是有理系数多项式. 今 p_1p_2 是 $2(p-1)$ 次首一多项式，零点在 $\pm\zeta^i\sqrt{q}$ 上，那么有 $p_1(x)p_2(x)=\dfrac{x^{2p}-q^p}{x^2-q}$. 于是 $p_1(1)p_2(1)$ 是 n_1 或 n_2，依赖于 $p\pmod 4$ 的值，只要对 $p\geqslant 5$ 证明 $p_1(1)p_2(1)$ 是复合多项式. 因 p_1 与 p_2 是首一多项式，它们的积有整系数，由 Gauss 引理，每个多项式都有整系数，于是 $p_1(1)$ 与 $p_2(1)$ 是整数. 但是，若 $p\geqslant 5$，则有 $|1\pm a_i|\leqslant|a_i|-1=\sqrt{p}-1>1$，于是，$|p_1(1)|>1,|p_2(1)|>1$，因此它们的积是合数.

O98 令 a,b,c 是正实数，且 $abc=1$. 证明

$$\sqrt[3]{a}+\sqrt[3]{b}+\sqrt[3]{c}\leqslant\sqrt[3]{3(3+a+b+c+ab+bc+ca)}$$

(罗马尼亚)C. Lupu 提供

证 令 $\sqrt[3]{a}=x,\sqrt[3]{b}=y,\sqrt[3]{c}=z$，于是有 $x,y,z>0,xyz=1$. 我们要求证明的不等式呈现形式

$$3[3+x^3+y^3+z^3+(xy)^3+(yz)^3+(zx)^3]\geqslant(x+y+z)^3$$

今回忆 Schur 不等式

$$A^3+B^3+C^3+5ABC\geqslant(A+B)(B+C)(C+A)$$

设 $A=xy, B=yz, C=zx$，则求出 $(xy)^3+(yz)^3+(zx)^3+5\geqslant(x+y)(y+z)(z+x)$，因为 $xyz=1$. 于是只要证明

$$3[3+x^3+y^3+z^3+(x+y)(y+z)(z+x)-5]\geqslant$$
$$x^3+y^3+z^3+3(x+y)(y+z)(z+x)$$

或等价地证明 $x^3+y^3+z^3\geqslant 3$，由算术平均 - 几何平均不等式知这个不等式成立.

O99 令 AB 是 $\odot\omega$ 中的弦，但不是直径. 令 T 是 AB 上的动点. 作 $\odot\omega_1$ 与 $\odot\omega_2$ 外切于点 T，且分别与 $\odot\omega$ 内切于点 T_1 与点 T_2. 令 AT_1, TT_2 交于点 X_1, AT_2, TT_1 交于点

X_2. 证明: X_1X_2 通过一定点.

(美国)A. Anderson 提供

证 称 P 为直线 AB 上任一点, 定义 $Y_1 \in PT_1 \cap TT_2, Y_2 \in PT_2 \cap TT_1$. 我们将证明更一般的结果: Y_1Y_2 通过与 P 选择无关的定点. 显然提出的问题是 $P = A$ 时特殊情形 $Y_1 = X_1$ 与 $Y_2 = X_2$.

称 O, O_1, O_2 分别为 $\odot w, \odot w_1, \odot w_2$ 的圆心, D 与 E 分别为 TT_1 与 TT_2 交 $\odot w$ 的第 2 个交点, M 为 AB 的中点. 显然 $\triangle T_1O_1T$ 与 $\triangle T_1OD$ 分别在 O_1 与 O 上是等腰三角形, 而直线 T_1O_1 与 T_1O 重合, 直线 T_1T 与 T_1D 重合. 显然 $OD \parallel O_1T \perp AB$, 类似地, $OE \perp AB$, 或 DE 是 $\odot w$ 的直径, 它是 AB 的中垂线. 今称 $F \in ET_1 \cap DT_2$. 因 $DT_1 \perp EF$, $ET_2 \perp DT_1$ (这由于 DE 是 $\odot w$ 的直径), 故 $T = DT_1 \cap ET_2$ 是 $\triangle DEF$ 的垂心, DE 通过 T 的垂线 AB 是从 F 到 DE 的高. 此外, M 是这条高线的足, O 是 DE 中点, 或四边形 OMT_1T_2 是圆内接四边形, 它的外接圆是 $\triangle DEF$ 的九点圆. 称 $N = T_1T_2 \cap DE$. 显然 N 关于 $\triangle DEF$ 九点圆的幂是 $NM \cdot NO = NT_1 \cdot NT_2$, 关于 $\odot w$ 的幂是 $ND \cdot NE = NT_1 \cdot NT_2$, 或称 ρ 是 $\odot w$ 的半径, 我们求出 $(ON - OM)ON = MN \cdot NO = ND \cdot NE = (ON + \rho)(ON - \rho)$, 或 $OM \cdot ON = \rho^2$, N 是 M 关于 $\odot w$ 的反演点, 与 T 选择无关. 现在将证明 Y_1Y_2 通过点 N, 与 T, P 的选择无关.

定义平面上任一已知点的三线坐标 (α, β, γ), 使得对任一正比例常数, 这些坐标分别与这点到边 EF, FD, DE 的有向距离成比例. 显然, D, E, F, T_1, T_2, M 的三线坐标分别为 $(1, 0, 0), (0, 1, 0), (0, 0, 1), (0, \cos F, \cos E), (\cos F, 0, \cos D), (\cos E, \cos D, 0)$. 此外, 对某实数 κ, 直线 $FM = AB$ 上任一点 P 有坐标 $(\cos E, \cos D, \kappa)$. 直线 DE 与 T_1T_2 上的点分别满足方程 $Y = 0$ 与

$$0 = \begin{vmatrix} \alpha & \beta & \gamma \\ 0 & \cos F & \cos E \\ \cos F & 0 & \cos D \end{vmatrix} = \cos F(\alpha \cos D + \beta \cos E - \gamma \cos F)$$

或 $N \equiv (\cos E, -\cos D, 0)$. 类似地, 直线 PT_1 与 $TT_2 = ET_2$ 上的点分别满足 $\gamma \cos F = \beta \cos E + \alpha \left(\dfrac{\kappa \cos F}{\cos E} - \cos D \right), \gamma \cos F = \alpha \cos D$, 因为

$$Y_1 \equiv \left(1, \frac{2\cos D}{\cos E} - \frac{\kappa \cos F}{\cos^2 E}, \frac{\cos D}{\cos F} \right)$$

类似地

$$Y_2 \equiv \left(\frac{2\cos E}{\cos D} - \frac{\kappa \cos F}{\cos^2 D}, 1, \frac{\cos E}{\cos F} \right)$$

现在因

$$\begin{vmatrix} \cos E & -\cos D & 0 \\ 1 & \dfrac{2\cos D}{\cos E} - \dfrac{\kappa\cos F}{\cos^2 E} & \dfrac{\cos D}{\cos F} \\ \dfrac{2\cos E}{\cos D} - \dfrac{\kappa\cos F}{\cos^2 D} & 1 & \dfrac{\cos E}{\cos F} \end{vmatrix} =$$

$$\cos E\left(\dfrac{\cos D}{\cos F}-\dfrac{\kappa}{\cos E}\right)-\cos D\left(\dfrac{\kappa}{\cos D}-\dfrac{\cos E}{\cos F}\right)=0$$

故点 Y_1, Y_2, N 共线. 因 N 是只依赖于 M 的定点,且当 T 与 P 在 AB 上移动时,N 不移动,故推出结论.

O100 令 p 是素数. 证明:$p(x)=x^p+(p-1)!$ 在 $\mathbf{Z}[X]$ 上是不可约的.

(美国)I. Borsenco 提供

证 我们将证明 $x^p+(p-1)!$ 在 $\mathbf{Q}[x]$ 中是不可约的. 对 $p=2,x^2+1=(x+i)(x-i)$ 在 $\mathbf{Q}[x]$ 中是不可约的. 对任一奇素数 p,把 x 换为 $-x$,求出为使 $x^p+(p-1)!$ 在 $\mathbf{Q}[x]$ 中不可约,当且仅当 $x^p-(p-1)!$ 在 $\mathbf{Q}[x]$(或在 $\mathbf{R}[x]$) 中不可约. $x^p-(p-1)!$ 的根是 $\sqrt[p]{(p-1)!}\,u_k$,其中 $k=0,1,\cdots,p-1,u_0,u_1,\cdots,u_{p-1}$ 是 p 次单位根. 每个单位根有形式 $\cos\left(\dfrac{2k\pi}{p}\right)+\mathrm{i}\sin\left(\dfrac{2k\pi}{p}\right)$,其中使 $x^p-(p-1)!$ 在 $\mathbf{R}[x]$ 中的任一因子分解中,复共轭根出现在同一因子中. 与 2 个复共轭单位根对应的二项式乘积是 $x^2-2\cos\left(\dfrac{2k\pi}{p}\right)+1$,即 $x^p-(p-1)!$ 的 2 个多项式在 $\mathbf{R}[x]$ 中任一因子分解一定有形如 $\pm(\sqrt[p]{(p-1)!})^q$ 与 $\mp(\sqrt[p]{(p-1)!})^{p-q}$ 的独立项,这给出或取 1 个实常数,它也总乘上最高次项. 若证明了 $(\sqrt[p]{(p-1)!})^q$ 是无理数,则实际上证明了 $x^p+(p-1)!$ 在 $\mathbf{Q}[x]$ 中是不可约的,但是因 p,q 互素,故这个条件等价于 $(\sqrt[p]{(p-1)!})$ 是无理数,这显然成立,因为为使整数的 p 次方根是有理数,当且仅当它是整数,即当且仅当整数本身是完全 p 次幂. 令 m 是任一小于 p 的素数幂,若 $(p-1)!$ 是完全 p 次幂,则 m 在 $(p-1)!$ 中的重数至少是 p,或

$$p\leqslant\left\lfloor\dfrac{p-1}{m}\right\rfloor+\left\lfloor\dfrac{p-1}{m^2}\right\rfloor+\cdots\leqslant(p-1)\sum_{k=1}^{\infty}\dfrac{1}{m^k}=$$

$$\dfrac{p-1}{m-1}\leqslant p-1$$

不成立. 由此得出 $x^p+(p-1)!$ 在 $\mathbf{Q}[x]$ 中是不可约的.

O101 令 $a_0,a_1,\cdots,a_6$ 是大于 -1 的实数. 证明:当

$$\dfrac{a_0^3+1}{\sqrt{a_1^5+a_1^4+1}}+\dfrac{a_1^3+1}{\sqrt{a_2^5+a_2^4+1}}+\cdots+\dfrac{a_6^3+1}{\sqrt{a_0^5+a_0^4+1}}\leqslant 9$$

时总有

$$\frac{a_0^2+1}{\sqrt{a_1^5+a_1^4+1}}+\frac{a_1^2+1}{\sqrt{a_2^5+a_2^4+1}}+\cdots+\frac{a_6^2+1}{\sqrt{a_0^5+a_0^4+1}}\geqslant 5$$

(美国)T. Andreescu 提供

证 显然$(x^3-x+1)(x^2+x+1)=x^5+x^4+1$,或对所有非负实数$x$用算术平均-几何平均不等式,有$x^3+x^2+2\geqslant 2\sqrt{x^5+x^4+1}$.这对所有$x_i$成立,因此

$$\left(\frac{a_0^2+1}{\sqrt{a_1^5+a_1^4+1}}+\cdots+\frac{a_6^2+1}{\sqrt{a_0^5+a_0^4+1}}\right)+$$

$$\left(\frac{a_0^3+1}{\sqrt{a_1^5+a_1^4+1}}+\cdots+\frac{a_6^3+1}{\sqrt{a_0^5+a_0^4+1}}\right)\geqslant$$

$$2\left[\frac{\sqrt{a_0^5+a_0^4+1}}{\sqrt{a_1^5+a_1^4+1}}+\cdots+\frac{\sqrt{a_6^5+a_6^4+1}}{\sqrt{a_0^5+a_0^4+1}}\right]\geqslant 14$$

因为中项括号是积 1 的 7 个元素之和,再用算术平均-几何平均不等式.因此 2 个元素之和不小于 14,若其中 1 个元素不大于 9,则另 1 个元素至少是 5.推出结果.

注意,以后对所有$x\geqslant -1$可以利用算术平均-几何平均不等式,我们有$x^3-x+1>0, x^2+x+1>0$.事实上,不仅对$a_i\geqslant -1$,而且对大于x^3-x+1负实根的所有a_i,提出的结果都成立.也注意 5 与 9 可以换为任何一对非负实数,使它们之和是 14.

O102 把一个蜂箱放在直角坐标系平面上,它的蜂房是正六边形,有 2 条单位边平行于y轴.蜂住在以原点为中心的蜂房中.它要去探望住在坐标为(2 008,2 008)的蜂房中的另一只蜂.从 1 个蜂房移动到 6 个相邻蜂房中任一个蜂房要用 1 秒钟. 1 只蜂到达另 1 只蜂需要的最小秒数是多少?求存在最佳时间的多少条不同路线.

(美国)I. Boreico,I. Borsenco 提供

解 显然,从 1 个蜂房中心到它相邻的 6 个蜂房中心的向量具有形式$(\pm\sqrt{3},0)$或$(\pm\frac{\sqrt{3}}{2},\pm\frac{3}{2})$,所有蜂房的中心具有形式$(\frac{\sqrt{3}}{2}m,\frac{3}{2}n)$,其中$m$与$n$是相同奇偶性的整数.

特别地,点(2 008,2 008)在具有中心$(\frac{\sqrt{3}}{2}m,\frac{4\,017}{2})$的蜂房内.因

$$3\times 2\,319^2=16\,133\,283=4\times 2\,008^2+5\,027$$

与

$$3\times 2317^2=4\,036\,800=2\,008^2-22\,789$$

故包含点(2 008,2 008)的蜂房中心是$(2\,319\frac{\sqrt{3}}{2},1\,339\frac{3}{2})$.蜂的 6 种移动形式是可以移动到$(\sqrt{3},0),(-\sqrt{3},0),(\frac{\sqrt{3}}{2},\frac{3}{2}),(\frac{\sqrt{3}}{2},-\frac{3}{2}),(-\frac{\sqrt{3}}{2},\frac{3}{2}),(-\frac{\sqrt{3}}{2},-\frac{3}{2})$. 定义$F(\frac{\sqrt{3}}{2}m,\frac{3}{2}n)=\frac{m+n}{2}$.注意,这些移动的任一次移动至多使$F$增加 1,只对移动到$(\sqrt{3},0)$

与 $\left(\dfrac{\sqrt{3}}{2}, -\dfrac{3}{2}\right)$ 才达到这个界限. 因要求的最后位置有 $F = \dfrac{2\,319 + 1\,339}{2} = 1\,829$,故得出要求至少 1 829 次移动. 此外易见,得出 $(\sqrt{3}, 0)$ 型 490 次移动与 $\left(\dfrac{\sqrt{3}}{2}, -\dfrac{3}{2}\right)$ 型 1 339 次移动的任一组合(只有这样的分离将这样做). 因此,这样的路线数是 1 829 次移动选择第 1 型的方法数,即 $\binom{1\,829}{490} = \binom{1\,829}{1\,339}$.

O103   令 a, b, c 是正实数,且 $abc = 1$. 证明
$$\sqrt[3]{(1+a)(1+b)(1+c)} \geqslant \sqrt[4]{4(1+a+b+c)}$$

(澳大利亚) P. H. Duc 提供

证   把两边作 12 次乘方后,不等式等价于
$$(1+a)^4(1+b)^4(1+c)^4 \geqslant 64(1+a+b+c)^3$$

利用
$$(1+a)(1+b)(1+c) = 1 + a + b + c + ab + bc + ca + abc =$$
$$1 + a + b + c + 1 + ab + bc + ca$$

得出不等式等价于
$$(1 + a + b + c + 1 + ab + bc + ca)^4 \geqslant$$
$$64(1 + a + b + c)^3$$

从算术平均 - 几何平均不等式推导出
$$(1 + a + b + c + 1 + ab + bc + ca)^4 \geqslant$$
$$[2\sqrt{(1+a+b+c)(1+ab+bc+ca)}]^4 =$$
$$16(1+a+b+c)^2(1+ab+bc+ca)^2$$

于是只要证明
$$16(1+a+b+c)^2(1+ab+bc+ca)^2 \geqslant 64(1+a+b+c)^3$$
$$\Leftrightarrow (1+ab+bc+ca)^2 \geqslant 4(1+a+b+c)$$

因
$$2abc(a+b+c) = 2(a+b+c)$$

故不等式等价于
$$a^2b^2 + b^2c^2 + c^2a^2 + 2(ab+bc+ca) \geqslant 2(a+b+c) + 3$$

因从算术平均 - 几何平均不等式知道 $ab + bc + ca \geqslant 3\sqrt[3]{(abc)^2} = 3$,故只要证明
$$a^2b^2 + b^2c^2 + c^2a^2 + 3 \geqslant 2(a+b+c)$$

代入 $a = x^3, b = y^3, c = z^3$. 利用事实 $xyz = 1$,不等式等价于
$$x^6y^6 + y^6z^6 + z^6x^6 + 3x^4y^4z^4 \geqslant$$

$$2(x^6y^3z^3 + x^3y^6z^3 + x^3y^3z^6)$$

将 Schur 不等式应用于数 x^2y^2, y^2z^2 与 z^2x^2，有

$$x^2y^2(x^2y^2 - y^2z^2)(x^2y^2 - z^2x^2) + y^2z^2(y^2z^2 - x^2y^2)(y^2z^2 - z^2x^2) +$$
$$z^2x^2(z^2x^2 - x^2y^2)(z^2x^2 - y^2z^2) \geqslant 0$$
$$\Leftrightarrow x^6y^6 + y^6z^6 + z^6x^6 + 3x^4y^4z^4 \geqslant$$
$$x^6y^4z^2 + x^6y^2z^4 + x^2y^6z^4 + x^4y^6z^2 + x^4y^2z^6 + x^2y^4z^6$$

于是只需证明

$$x^6y^4z^2 + x^6y^2z^4 + x^2y^6z^4 + x^4y^6z^2 + x^4y^2z^6 + x^2y^4z^6 \geqslant$$
$$2(x^6y^3z^3 + x^3y^6z^3 + x^3y^3z^6)$$

这个不等式的证明是简单的,正如从 Muirhead 不等式知道 $(6,4,2) > (6,3,3)$,因此推出结论.

O104 在凸四边形 $ABCD$ 中,令 K,L,M,N 分别为边 AB,BC,CD,DA 的中点. 直线 KM 分别交对角线 AC,BD 于点 P,Q,直线 LN 分别交对角线 AC,BD 于点 R,S. 证明: 若 $AP \cdot PC = BQ \cdot QD$,则 $AR \cdot RC = BS \cdot SD$.

(亚美尼亚) N. Sedrakian 提供

证 众所周知四边形 $KLMN$ 是平行四边形,其中 $KL \parallel MN \parallel AC, LM \parallel NK \parallel BD$. 此外,从 B 到 AC 的距离是在 KL 与 AC 之间距离的 2 倍,对凸四边形 $ABCD$ 其他顶点是类似的. 其次考虑原点 O 在 $\square KLMN$ 中心的(不一定正交的)坐标系与单位向量 $\boldsymbol{u}$, $\boldsymbol{v}$,使 K,L,M,N 的坐标分别为 $(-1,-1),(1,-1),(1,1),(-1,1)$. 今设 $T = AC \cap BD$ 有坐标 (x_0,y_0). 显然 T 在 $\square KLMN$ 内,因从 A 到 BD 的距离是从 KN 到 BD 的距离的 2 倍,A 在 KL 通过 T 的平行线上,故求出 A 有坐标 $(-2-x_0, y_0)$. 类似地,B,C,D 的坐标分别为 $(x_0, -2-y_0), (2-x_0, y_0), (x_0, 2-y_0)$. 因在这个坐标系中,直线 KM 有方程 $y = x$,故 P,Q 分别有坐标 $(y_0, y_0), (x_0, x_0)$,由于直线 AC 与 BD 显然分别有方程 $y = y_0$, $x = x_0$. 因此 $AP = (2+x_0+y_0)|\boldsymbol{u}|, PC = (2-x_0-y_0)|\boldsymbol{u}|$. 类似地,$BQ = (2+x_0+y_0)|\boldsymbol{v}|, QD = (2-x_0-y_0)|\boldsymbol{v}|$. 因 T 在 $\square KLMN$ 内,故 $-2 < x_0+y_0 < 2$,当且仅当 $|\boldsymbol{u}| = |\boldsymbol{v}|$ 时,$AP \cdot PC = BQ \cdot QD$. 也可用完全类似方法证明,当且仅当 $|\boldsymbol{u}| = |\boldsymbol{v}|$ 时,$AR \cdot RC = BS \cdot SD$. 因为直线 LN 有方程 $y = -x$,R,S 分别有坐标 $(-y_0, y_0), (x_0, -x_0)$,所以适合于 $AR \cdot RC = (2+x_0-y_0)(2-y_0-x_0)|\boldsymbol{u}|^2, BS \cdot SD = (2-x_0+y_0)(2+x_0-y_0)|\boldsymbol{v}|^2$. 推出结论.

注意,条件 $|\boldsymbol{u}| = |\boldsymbol{v}|$ 等价于说明 $KLMN$ 是菱形,即因 $\triangle ABC \backsim \triangle KBC, AC = 2KL = 2MN$,故为使 $AP \cdot PC = BQ \cdot QD$,当且仅当 $AR \cdot RC = BS \cdot SD$,并且当且仅当四边形 $ABCD$ 的对角线 $AC = BD$.

O105 令 $P(t)$ 是整系数多项式,使 $P(1) = P(-1)$. 证明:有整系数多项式 $Q(x,y)$,使 $P(t) = Q(t^2-1, t(t^2-1))$.

(罗马尼亚)M. Becheanu, T. Dumitrescu 提供

证 对 P 的次数用归纳法证明,对偶次数与奇次数情形分开处理.因没有 1 次的 P,使 $P(1)=P(-1)$(若 $P(x)=ax+b$,则 $P(1)=P(-1)$ 蕴涵 $a=0$),故以 2 次与 3 次多项式 P 开始.

若 $P(x)=ax^2+bx+c$,则 $P(1)=P(-1)$ 蕴涵 $b=0$,于是有 $P(x)=ax^2+c$.取 $Q(x,y)=ax+a+c$,可见 $Q(t^2-1,t^3-t)=at^2-a+a+c=P(t)$.

若 $P(x)=ax^3+bx^2+cx+d$,则 $P(1)=P(-1)$ 蕴涵 $a+c=0$,于是有 $P(x)=-cx^3+bx^2+cx+d$. 取 $Q(x,y)=-cy+bx+b+d$,可见 $Q(t^2-1,t^3-t)=-ct^3+ct+bt^2-b+b+d=P(t)$.

今对第 1 步归纳,对 $n>1$,设 P 有 $2n$ 次:
$$P(x)=ax^{2n}+(较低次项)$$
考虑多项式 $R(x)=P(x)-a(x^2-1)^n$:R 的次数小于 $2n$,满足 $R(1)=R(-1)$.因此由归纳法,有多项式 $S(x,y)$,使 $R(t)=S(t^2-1,t^3-t)$. 取 $Q(x,y)=ax^n+S(x,y)$,可见
$$Q(t^2-1,t^3-t)=a(t^2-1)^n+R(t)=$$
$$a(t^2-1)^n+P(t)-a(t^2-1)^n=$$
$$P(t)$$

对第 2 步归纳,对 $n>1$,设 P 有 $2n+1$ 次
$$P(x)=ax^{2n+1}+(较低次项)$$
考虑多项式 $R(x)=P(x)-a(x^2-1)^{n-1}(x^3-x)$:$R$ 的次数小于 $2n+1$,满足 $R(1)=R(-1)$.因此由归纳法有多项式 $S(x,y)$,使 $R(t)=S(t^2-1,t^3-t)$. 取
$$Q(x,y)=ax^{n-1}y+S(x,y)$$
可见
$$Q(t^2-1,t^3-t)=a(t^2-1)^{n-1}(t^3-t)+R(t)=$$
$$a(t^2-1)^{n-1}(t^3-t)+P(t)-a(t^2-1)^{n-1}(t^3-t)=$$
$$P(t)$$

完成了证明.

O106 整系数多项式称为好多项式,如果它可以写成一些整系数多项式的立方和.例如 $9x^3-3x^2+3x+7=(x-1)^3+(2x)^3+2^3$ 是好多项式.

(1)$3x^7+3x$ 是好多项式吗?

(2)$3x^{2008}+3x^7+3x$ 是好多项式吗?

(亚美尼亚)N. Sedrakian 提供

解 整系数多项式称为"佳"多项式,如果它的次数不是 3 的倍数,而各项系数是 3 的倍数,它们的和是 6 的倍数.显然,佳多项式之和是佳多项式,好多项式之和是好多项式.

断言. 为使多项式是好多项式,当且仅当它是佳多项式.

证 考虑整系数多项式 $P(x)$ 的立方,其中 $P(x)=\sum_{i=0}^{n}a_i x^i$. $P^3(x)$ 所有的项具有形式 $a_i x^{3i}$ 或 $3a_i^2 a_j x^{2i+j}$,其中 $i\neq j$,或具有形式 $6a_i a_j a_k x^{i+j+k}$,其中 i,j,k 是不同的. 于是次数不为 3 的倍数的所有项是 3 的倍数. 注意,因 $(2i+j)+(2j+i)=3(i+j)$,故为使 $2i+j$ 是 3 的倍数,当且仅当 $2j+i$ 是 3 的倍数. 若 $a_i a_j$ 是奇数,则 a_i+a_j 一定是偶数,因此 $a_i a_j(a_i+a_j)$ 是偶数,从而次数不是 3 的倍数的各项系数和一定是 6 的倍数. 因此,整系数多项式的立方总是佳多项式,因佳多项式之和是佳多项式,故好多项式总是佳多项式.

相反地,考虑佳多项式 $P(x)$,我们对 n 用归纳法证明它也是好多项式,其中 n 是整数,使 $P(x)$ 的次数不大于 $3n$,但大于 $3n-3$. 对基础情形 $n=1$,$P(x)=a_3 x^3+3a_2 x^2+3a_1 x+a_0$,其中 a_1,a_2 有相同奇偶性. 但是这时

$$P(x)=\frac{a_1+a_2}{2}(x+1)^3+\frac{a_1-a_2}{2}(x-1)^3+(a_3-a_1)x^3+(a_0-a_2)1^3$$

因 $\frac{a_1+a_2}{2},\frac{a_1-a_2}{2},a_3-a_1,a_0-a_2$ 是整数,故 $P(x)$ 是形如 $\pm(x+1),\pm(x-1),\pm x,\pm 1$ 的多项式立方和,$P(x)$ 是好多项式. 对下一步,设结果对 $n-1$ 成立. 若 $P(x)=a_{3n}x^{3n}+3a_{3n-1}x^{3n-1}+3a_{3n-2}x^{3n-2}+Q(x)$ 是佳多项式,其中 $Q(x)$ 的次数至多是 $3n-3$,则或者 $a_{3n-1}+a_{3n-2}$ 是偶数,$Q(x)$ 是好多项式,或者 $a_{3n-1}+a_{3n-2}$ 是奇数,$Q(x)-3x^{3n-4}$ 是好多项式. 在第 1 种情形下

$$P(x)=\frac{a_{3n-2}+a_{3n-1}}{2}(x^n+x^{n-1})^3+$$
$$\frac{a_{3n-2}-a_{3n-1}}{2}(x^n-x^{n-1})^3+$$
$$(a_{3n}-a_{3n-2})(x^n)^3+Q(x)-a_{3n-1}(x^{n-1})^3$$

$P(x)$ 是形如 $\pm(x^n+x^{n-1}),\pm(x^n-x^{n-1}),\pm x^n,\pm x^{n-1}$ 的多项式立方与好多项式 $Q(x)$ 之和,因此它是好多项式. 在第 2 种情形下

$$P(x)=\frac{a_{3n-2}+a_{3n-1}-1}{2}(x^n+x^{n-1})^3+$$
$$\frac{a_{3n-2}-a_{3n-1}-1}{2}(x^n-x^{n-1})^3+$$
$$(x^n+x^{n-2})^3+(a_{3n}-a_{3n-2})(x^n)^3+$$
$$(Q(x)-3x^{3n-4})-a_{3n-1}(x^{n-1})^3-(x^{n-2})^3$$

$P(x)$ 是形如 $\pm(x^n+x^{n-1}),\pm(x^n-x^{n-1}),\pm x^n,\pm x^{n-1},-x^{n-2},x^n+x^{n-2}$ 的多项式立方与好多项式 $Q(x)-3x^{3n-4}$ 之和,因此它是好多项式. 推出断言.

显然,$3x^7+3x$ 是佳多项式,但是,$3x^{2\,008}+3x^7+3x$ 不是佳多项式,于是 $3x^7+3x$ 是

好多项式,$3x^{2008}+3x^7+3x$ 不是好多项式. 事实上
$$3x^7+3x=(x^3+x)^3+(-x^3)^3+(-x^2-x)^3+$$
$$(x^2+1)^3+(x-1)^3+(-x)^3$$

O107 令 q_1,q_2,q_3 是不同素数,n 是正整数. 求函数 $f:\{1,2,\cdots,2n\}\to\{q_1,q_2,q_3\}$ 的个数,使 $f(1)f(2)\cdots f(2n)$ 是完全平方数.

(罗马尼亚)D. Andrica,M. Piticari 提供

解 令 a_1,a_2,a_3 是值 x 的个数,使分别有 $f(x)=p_1,f(x)=p_2,f(x)=p_3$,则为使 $f(1)f(2)\cdots f(2n)=p_1^{a_1}\cdot p_2^{a_2}\cdot p_3^{a_3}$ 是完全平方数,我们一定有 a_1,a_2,a_3 是偶数. 已知 a_1,a_2,a_3 具有 $a_1+a_2+a_3=2n$,则有选择 x 的 a_1,a_2,a_3 个值的 $\begin{bmatrix}2n\\a_1,a_2,a_3\end{bmatrix}$ 种方法,使 x 的像分别是 p_1,p_2,p_3,从而定义了 f. f 的可能性个数是
$$\sum_{a_1+a_2+a_3=2n,a_1,a_2,a_3\text{是偶数}}\begin{bmatrix}2n\\a_1,a_2,a_3\end{bmatrix}$$
或是 $(x+y+z)^{2n}$ 展开式中所有偶指数项系数和. 令
$$g(x,y,z)=\frac{1}{8}\sum_{(i,j,k)\in\{-1,1\}^3}(ix+iy+kz)^{2n}$$
注意,因 g 是偶多项式,故在它的所有变量中,没有出现具有奇指数的项. 此外,只具有偶指数项的系数等于 $(x+y+z)^{2n}$ 中对应系数. 因此我们要求的 $g(x)$ 的系数和等于 $g(1,1,1)=\dfrac{3^{2n}+3}{4}$.

O108 证明:不能写成 4 个非零平方数之和的正整数集合有密度 0.

(美国)I. Boreico 提供

证 首先证明,若对 $k,m\in\mathbf{N}_0$,自然数 r 具有形式 $2^k(8m+3)$ 或 $4^k(8m+6)$,则 r 可以写成 3 个非零完全平方数之和. 实际上,除了形如 $4^j(8m+7)$ 的数以外的所有数都可以写成 3 个完全平方数之和,r 当然没有这种形式,于是 r 可以写成 3 个完全平方数之和. 若其中一数为 0,则 r 实际上可以写成 2 个完全平方数之和. 但是因 $8m+3$ 对模 4 同余于 3,$\dfrac{8m+6}{2}=4m+3$ 也对模 4 同余于 3,故 r 一定有奇素因子,它对模 4 同余于 3,在 r 中有奇指数. 这与以下定理矛盾:为使一数是 2 个完全平方数之和,当且仅当所有对模 4 同余于 3 的素数,以偶指数出现在这个数的素数分解式中.

回到问题. 选择数 n. 若可以求出非零整数 a,使 $n-a^2$ 具有形式 $2^k(8m+3)$ 或 $4^k(8m+6)$,则按照以上证明,可以把 n 写成 4 个非零平方数之和. 今对怎样的 n 找这样的 a 存在. 例如:$n=4^p\cdot q$,其中 q 不可被 4 整除. 现在研究 q 对模 8 的剩余.

若 $q\equiv 1\pmod 8$,则数 $q-1^2,q-3^2,q-5^2,q-7^2,\cdots,q-15^2$ 都可被 8 整除,但对

模 64 给出不同剩余,这样可以选出 $b \leqslant 15$,使 $q-b^2=8(8r+3)$,因此若 $q>15^2$,则 $a=2^p \cdot b$.

若 $q \equiv 2(\bmod 8)$,则 $q-4 \equiv 6(\bmod 8)$,因此 $a=2^{p+1}$.

若 $q \equiv 3(\bmod 8)$,则 $q-16 \equiv 3(\bmod 8)$,因此 $a=2^{p+2}$.

若 $q \equiv 5(\bmod 8)$,则 $q-1^2,q-3^2,q-5^2,q-7^2$ 都可被 4 整除,但不可被 8 整除,给出对模 32 的不同剩余,从而其中之一对模 32 与 12 同余,于是得 $q-b^2=4(8m+3)$,因此 $a=2^p \cdot b$.

若 $q \equiv 6(\bmod 8)$,则 $q-16 \equiv 6(\bmod 8)$,因此 $a=2^{p+2}$.

最后,若 $q \equiv 7(\bmod 8)$,则 $q-4 \equiv 3(\bmod 8)$,因此 $a=2^{p+1}$.

因此,若 $q>225$,则总可以求出非零的 a,使 $n-a^2$ 是正数,是 3 个非零平方数之和.

于是对 $1 \leqslant q \leqslant 225$,不能写成 4 个非零完全平方数之和的数只能具有形式 $q \cdot 4^p$. 对任何 N,至多有 $225 \cdot \log_4 N$ 个这样的数小于 N. 因为,若 $q \cdot 4^p \leqslant N$,则 $p \leqslant \log_4 N$. 因极限 $\lim\limits_{N \to \infty} \dfrac{225 \log_4 N}{N} = 0$,故这样的数的密度是 0,正是要求的.

O109 令 a,b,c 是正实数,使 $abc=1$. 证明

$$\frac{a+b+1}{a+b^2+c^3} + \frac{b+c+1}{b+c^2+a^3} + \frac{c+a+1}{c+a^2+b^3} \leqslant \frac{(a+1)(b+1)(c+1)+1}{a+b+c}$$

(美国)T. Andreescu 提供

证 由 Cauchy-Schwarz 不等式,并因为 $abc=1$,得出

$$(a+b^2+c^3)(a+1+ab) \geqslant (a+b+c)^2 \Leftrightarrow \frac{1}{a+b^2+c^3} \leqslant \frac{1+a+ab}{(a+b+c)^2}$$

因此得

$$\frac{a+b+1}{a+b^2+c^3} \leqslant \frac{(a+b+1)(1+a+ab)}{(a+b+c)^2}$$

用类似方法得出以下不等式

$$\frac{b+c+1}{b+c^2+a^3} \leqslant \frac{(b+c+1)(1+b+bc)}{(a+b+c)^2}$$

与

$$\frac{c+a+1}{c+a^2+b^3} \leqslant \frac{(c+a+1)(1+c+ca)}{(a+b+c)^2}$$

于是只要证明

$$\frac{(a+b+1)(1+a+ab)+(b+c+1)(1+b+bc)+(c+a+1)(1+c+ca)}{(a+b+c)^2} \leqslant \frac{(a+1)(b+1)(c+1)+1}{a+b+c}$$

最后的不等式等价于
$$\sum_{cyc}(a+b+1)(1+a+ab) \leqslant (a+b+c)(a+1)(b+1)(c+1)+a+b+c$$
$$\Leftrightarrow 3\sum a+3+\sum a^2+2\sum ab+\sum ab(a+b) \leqslant$$
$$abc \cdot \sum a+3abc+\sum ab(a+b)+\sum a^2+2\sum ab+2\sum a$$
此式成立.

O110 六边形 $A_1A_2A_3A_4A_5A_6$ 内接于 $\odot C(O,R)$,同时外切于 $\odot \omega(I,r)$. 证明:若
$$\frac{1}{A_1A_2}+\frac{1}{A_3A_4}+\frac{1}{A_5A_6}=\frac{1}{A_2A_3}+\frac{1}{A_4A_5}+\frac{1}{A_6A_1}$$
则它的一条对角线与 OI 重合.

(美国)I. Borsenco 提供

证 我们将证明,或者 $I=O$,六边形是正六边形,它的 3 条对角线相交于 $I=O$,或者 $I\neq O$,IO 是六边形对角线之一,它也是对称轴. 在整个问题中将利用循环记号,即对所有 $i,A_{i+6}=A_i$,首先证明以下引理.

引理 令 $A_1A_2A_3A_4A_5A_6$ 是外切六边形,使内切圆与边 A_iA_{i+1} 相切于点 $T_{i,i+1}$. 表示 $d_i=A_iT_{i,i+1}=A_iT_{i-1,i}$,其中显然 $A_iA_{i+1}=d_i+d_{i+2}$,则以下所说等价于(1) 六边形是正六边形,从而它的 3 条对角线相交于 $I=O$,(2) $I=O$,(3) 至少有 3 个 d_i 相等,(4) 每 2 条对边有相同长度.

证 若六边形是正六边形,则由对称性,它的 3 条对角线显然相交于 $I=O$. 若(1)成立,则(2),(3),(4) 显然也成立. 因 $IA_i^2=d_i^2+r^2$,故若(3)成立,则 3 个距离 IA_i 相等与 $I=O$,或(2)成立. 若(2)成立,则对所有 $i,d_i^2=IA_i^2-r^2=R^2-r^2$,六边形是正六边形,有边长 $2\sqrt{R^2-r^2}$. 因六边形允许有内切圆,故 Brinchon 定理保证它的对角线 A_iA_{i+3} 相交于点 P,其中显然 $\angle A_iA_{i+1}P=\angle PA_{i+3}A_{i+4}$,$\angle A_{i+1}A_iP=\angle PA_{i+4}A_{i+3}$,因为六边形是联圆六边形,且 $\triangle A_iPA_{i+1}\backsim\triangle A_{i+3}PA_{i+4}$. 因此,若(4)成立,则 $\triangle A_iPA_{i+1}\cong\triangle A_{i+3}PA_{i+4}$,$A_iA_{i+1}A_{i+4}A_{i+3}$ 是矩形,其中心 $P=O$,对角线长为 $2R$,使内切圆与它的边 A_iA_{i+1},$A_{i+3}A_{i+4}$ 相切. 因此对所有 $i,A_{i+1}A_{i+4}=A_iA_{i+3}=2r$,$A_iA_{i+1}=A_{i+3}A_{i+4}=2\sqrt{R^2-r^2}$. 引理证毕.

因 $\triangle A_iPA_{i+1}\backsim\triangle A_{i+3}PA_{i+4}$,故
$$\frac{d_i+d_{i+1}}{d_{i+3}+d_{i+4}}=\frac{PA_i}{PA_{i+1}}=\frac{PA_{i+1}}{PA_{i+3}}$$
或
$$1=\frac{PA_1}{PA_5}\cdot\frac{PA_5}{PA_3}\cdot\frac{PA_3}{PA_1}=\frac{(d_1+d_2)(d_3+d_4)(d_5+d_6)}{(d_2+d_3)(d_4+d_5)(d_6+d_1)}$$
可以称
$$p=(d_1+d_2)(d_3+d_4)(d_5+d_6)=(d_2+d_3)(d_4+d_5)(d_6+d_1)$$

现在
$$\frac{d_6-d_2}{(d_1+d_2)(d_1+d_6)}=\frac{1}{A_1A_2}-\frac{1}{A_6A_1}=\frac{1}{A_2A_3}+\frac{1}{A_4A_5}-\frac{1}{A_3A_4}-\frac{1}{A_5A_6}=$$
$$\frac{d_2+d_3+d_4+d_5}{(d_2+d_3)(d_4+d_5)}-\frac{d_3+d_4+d_5+d_6}{(d_3+d_4)(d_5+d_6)}=$$
$$\frac{(d_3+d_4+d_5-d_1)(d_6-d_2)}{p}$$

若 $d_2\neq d_6$,则 $0=(d_6+d_1)(d_1+d_2)(d_3+d_4+d_5-d_1)-p=(d_3-d_1)(A_1A_2-A_4A_5)$,对它的轮换是类似的. 因此,若六边形不是正六边形,则不失一般性设 $A_1A_2\neq A_4A_5$,得出 $d_2=d_6\neq d_4$;类似地,d_1,d_3,d_5 不能都不同. 若 $d_1=d_3$,则 $(d_2-d_4)(d_5-d_1)=0$,六边形是正六边形,或 $d_1\neq d_3$,类似地 $d_1\neq d_5$. 因此 $d_3=d_5\neq d_1$,得出 $A_2A_3A_5A_6$, $A_1A_2=A_1A_6$, $A_3A_4=A_4A_5$,或者 $\triangle A_6A_1A_2$ 与 $\triangle A_3A_4A_5$ 分别在 A_1 与 A_4 上是等腰三角形,而 $A_3A_5A_6A_2$ 是等腰梯形,其中 $A_3A_5 \parallel A_6A_2$. 于是这 3 个多边形的外心在 A_1A_4 上,A_1A_4 是 A_2A_6 与 A_3A_5 的共同中垂线. 六边形显然关于 A_1A_4 对称,I 与 O 在它上面. 推出结果.

O111 证明:对每个正整数 n,数
$$\left[\binom{n}{0}+2\binom{n}{2}+2^2\binom{n}{4}+\cdots\right]^2\left[\binom{n}{1}+2\binom{n}{3}+2^2\binom{n}{5}+\cdots\right]^2$$
是三角形数.

(美国)T. Andreescu 提供

证 表示
$$f(n)=\left[\binom{n}{0}+2\binom{n}{2}+2^2\binom{n}{4}+\cdots\right]^2\cdot\left[\binom{n}{1}+2\binom{n}{3}+2^2\binom{n}{5}+\cdots\right]^2$$

对每个实数 x,由二项式定理给出
$$(x+1)^n=\binom{n}{0}+\binom{n}{1}x+\binom{n}{2}x^2+\cdots \qquad ①$$
$$(x-1)^n=\binom{n}{0}-\binom{n}{1}x+\binom{n}{2}x^2-\cdots \qquad ②$$

式①+式②,得
$$\frac{1}{2}[(x+1)^n+(x-1)^n]=\binom{n}{0}+\binom{n}{2}x^2+\binom{n}{4}x^4+\cdots \qquad ③$$
$$\frac{1}{2x}[(x+1)^n-(x-1)^n]=\binom{n}{1}+\binom{n}{3}x^2+\binom{n}{5}x^4+\cdots \qquad ④$$

由式③与式④,取 $x=\sqrt{2}$,得

$$\frac{1}{2}[(\sqrt{2}+1)^n+(\sqrt{2}-1)^n]=\binom{n}{0}+\binom{n}{2}2+\binom{n}{4}2^2+\cdots \quad ⑤$$

$$\frac{1}{2\sqrt{2}}[(\sqrt{2}+1)^n-(\sqrt{2}-1)^n]=\binom{n}{1}+\binom{n}{3}2+\binom{n}{5}2^2+\cdots \quad ⑥$$

于是

$$f(n)=\left(\frac{a^n+b^n}{2}\right)^2\cdot\left(\frac{a^n-b^n}{2\sqrt{2}}\right)^2=\frac{1}{2}\left(\frac{a^n+b^n}{2}\right)^2\cdot\left(\frac{a^n-b^n}{2}\right)^2 \quad ⑦$$

其中 $a=\sqrt{2}+1, b=\sqrt{2}-1$. 令 $k=\left(\dfrac{a^n-b^n}{2}\right)^2$, 因 $ab=1$, 故有

$$k+1=\left(\frac{a^n-b^n}{2}\right)^2+1=\frac{a^{2n}+b^{2n}-2a^nb^n}{4}+1=$$

$$\frac{a^{2n}+b^{2n}-2+4}{4}=\frac{a^{2n}+b^{2n}+2a^nb^n}{4}=$$

$$\left(\frac{a^n+b^n}{2}\right)^2$$

因此

$$f(n)=\frac{k(k+1)}{2}=\binom{k+1}{2}$$

证毕.

O112 令 a,b,c 是正实数. 证明

$$\frac{a^3+abc}{(b+c)^2}+\frac{b^3+abc}{(c+a)^2}+\frac{c^3+abc}{(a+b)^2}\geqslant\frac{3}{2}\cdot\frac{a^3+b^3+c^3}{a^2+b^2+c^2}$$

（罗马尼亚）C. Lupu,（澳大利亚）P. H. Duc 提供

证 称 $u=(a-b)(a-c), v=(b-c)(b-a), w=(c-a)(c-b)$. 在一些代数运算后有

$$(2a+b+c)u+(2b+c+a)v+(2c+a+b)w=$$
$$2(a^3+b^3+c^3)-(a^2b+a^2c+b^2c+b^2a+c^2a+c^2b)=$$
$$3(a^3+b^3+c^3)-(a+b+c)(a^2+b^2+c^2)$$

而同时有

$$\frac{a^3+abc}{(b+c)^2}-\frac{a}{2}=\frac{a(2a-b-c)}{2(b+c)}+\frac{au}{(b+c)^2}$$

现在

$$\frac{a(2a-b-c)}{2(b+c)}+\frac{b(2b-c-a)}{2(c+a)}+\frac{c(2c-a-b)}{2(a+b)}=$$
$$(a+b+c)\frac{3(a^3+b^3+c^3)-(a+b+c)(a^2+b^2+c^2)}{2(a+b)(b+c)(c+a)}=$$

$$(a+b+c)\frac{(2a+b+c)u+(2b+c+a)v+(2c+a+b)w}{2(a+b)(b+c)(c+a)}$$

对于

$$\frac{a+b+c}{(a+b)(b+c)(c+a)}-\frac{1}{a^2+b^2+c^2}=\frac{a^3+b^3+c^3-2abc}{(a+b)(b+c)(c+a)(a^2+b^2+c^2)}$$

显然是正的,由于 $a^3+b^3+c^3\geqslant 3abc$,并且

$$(2a+b+c)u+(2b+c+a)v+(2c+a+b)w=$$
$$(a+b+c)(u+v+w)+au+bv+cw$$

显然为非负的,由于对任何 $m\geqslant 0$,作为 Shur 不等式的结果 $a^m u+b^m v+c^m w\geqslant 0$,故只需证明

$$\frac{au}{(b+c)^2}+\frac{bv}{(c+a)^2}+\frac{cw}{(a+b)^2}\geqslant 0$$

最后

$$a(a+b)^2(a+c)^2 u=a^5+2a^3(ab+bc+ca)+a(ab+bc+ca)^2$$

只要再由 Schur 定理证明

$$(a^5 u+b^5 v+c^5 w)+2(ab+bc+ca)(a^3 u+b^3 v+c^3 w)+$$
$$(ab+bc+ca)^2(au+bv+cw)\geqslant 0$$

再由 Schur 不等式,上式显然成立,推出结论. 又当且仅当 $a=b=c$ 时,达到等式.

O113 令 P 是 $\triangle ABC$ 外接 $\odot \Gamma$ 上一点. 从 P 到 $\triangle ABC$ 内切圆作出的切线再分别交外接圆于点 X,Y. 证明:为使直线 XY 平行于 $\triangle ABC$ 的一边,当且仅当 P 是 $\odot \Gamma$ 与 $\triangle ABC$ 某伪内切圆的切点.

(罗马尼亚)C. Pohoata 提供

证 **断言1** 若 XY 是与 $\odot \gamma$ 相切的弦,P 是 $\odot \Gamma$ 上的点,且 $IP'\perp X'Y'$,其中 P',X',Y' 分别为 P,X,Y 关于 $\odot \gamma$ 的反演点,则 $\odot \gamma$ 是 $\triangle PXY$ 的内切圆.

证 令 $\odot \gamma(I,\gamma)$ 是 $\triangle ABC$ 的内切圆. 不失一般性设 P 在 $\odot \Gamma$ 的 $\overset{\frown}{BC}$ 上,则平行于 XY 的 $\triangle ABC$ 一边一定是 BC. 令 D 是 $\odot \gamma$ 与 BC 的切点. 由 Poncelet 不定命题定理,有以 P 为顶点的三角形内接于 $\odot \Gamma$,且具有内切圆 $\odot \gamma$. 因此这个三角形一定是 $\triangle PXY$,XY 与 $\odot \gamma$ 相切. 因 $XY // BC$,故 XY 一定与 $\odot \gamma$ 相切于点 D',D' 是 $\odot \gamma$ 上点 D 的对径点. 这唯一地确定了 P.

令 M 是 $\odot \gamma$ 对边上 $\overset{\frown}{XY}$ 的中点. 众所周知 M 是 $\triangle IXY$ 的外心. 直线 IP 是 $\angle XPY$ 的平分线,因此通过 M,从而与 $\triangle IXY$ 的外接圆正交. 今作关于 $\odot \gamma$ 的反演,令 P',M',X',Y',$\odot \Gamma'$ 分别为 $P,M,X,Y,\odot \Gamma$ 的反演. 直线 IP 在这个反演下变为本身,$\triangle IXY$ 的外接圆变为直线 $X'Y'$. 因此 M' 与 P' 是 2 个点,其中 $X'Y'$ 通过 I 的垂线与 $\odot \Gamma'$ 相切.

令 $\gamma_A(I_A,r_A)$ 是伪内切圆,它与 $\odot \Gamma$,AB,AC 相切,称 Q 是 $\odot \gamma_A$ 与 $\odot \Gamma$ 的切点,Q' 是

它关于 $\odot\gamma$ 的反演点. 只要证明 $IQ' \perp X'Y'$. 因 Q 不能是 M, 故以上讨论给出 $Q'=P'$, 因此 $Q=P$, 解答了问题.

断言 2 令 A' 是 A 关于 $\odot\gamma$ 的反演点, 则 $\odot\gamma'_A(A',r)$ 是伪内切圆 $\odot\gamma_A(I_A,r_A)$ 关于 $\odot\gamma$ 的反演圆, $\odot\gamma_A(I_A,r_A)$ 与 $\odot\Gamma, AB, AC$ 相切. 此外, 称 Q 为 γ_A 与 $\odot\Gamma$ 的切点. Q' 是它关于 $\odot\gamma$ 的反演点, 则具有直径 $A'Q'$ 且通过 A' 的 $\odot\Gamma'(O',\frac{r}{2})$ 与 $\odot\gamma_A$ 内切, 是 $\odot\Gamma$ 关于 r 的反演圆.

证 众所周知, A, A', I, I_A 共线, 它们在 $\angle BAC$ 的内平分线上. 又(或容易证明)$r = r_A\cos^2\frac{A}{2}$. 以 S,T 表示伪内切圆 r_A 与 AI 的交点, 则 $IS = II_A - r_A$, $IT = IA_A + r_A$, 其中

$$II_A = AI_A - AI = \frac{r}{\sin\frac{A}{2}\cos^2\frac{A}{2}} - \frac{r}{\sin\frac{A}{2}} = \frac{r\sin\frac{A}{2}}{\cos^2\frac{A}{2}}$$

此外, S', T' 分别表示 S, T 关于 $\odot\gamma$ 的反演点, $IS' \cdot IS = r^2$, $IT' \cdot IT = r^2$. 因为 $IA' \cdot IA = r^2$, 所以

$$A'S' = IS' - IA' = \frac{r\cos^2\frac{A}{2}}{1-\sin\frac{A}{2}} - r\sin\frac{A}{2} = r$$

类似地 $A'T' = IT' + IA' = r$. 我们断定, 具有直径 ST 的 $\odot\gamma_A$ 在反演下变为具有直径 $S'T'$ 的 $\odot\gamma'_A$.

因 $\odot\gamma_A$ 与 $\odot\Gamma$ 内切于点 Q, 它的反演 $\odot\Gamma'$ 与 $\odot\gamma'_A$ 内切于点 Q', 或直线 $A'Q'$ 包含 $\odot\Gamma'$ 的直径. 但是 $\odot\Gamma'$ 通过 A', 或 $A'Q'$ 是 $\odot\Gamma'$ 的直径, $\odot\Gamma'$ 的半径长是 $\frac{r}{2}$. 推出断言.

今称 D 为 BC 与 $\odot\gamma$ 的切点, D' 是 $\odot\gamma$ 上点 D 的对径点. 令 BC 通过 D' 的平行线交 $\odot\Gamma$ 于点 X,Y. 直线 XY 关于 $\odot\gamma$ 的反演显然是具有直径 ID' 的 $\odot\Gamma_{xy}(N,\frac{r}{2})$, 其中 N 是 ID' 的中点.

断言 3 四边形 $A'O'IN$ 是平行四边形.

证 由第 2 个断言有 $A'O' = \frac{r}{2}$ 是 $\odot\Gamma'$ 的半径, 而 $NI = \frac{r}{2}$ 是 $\odot\Gamma_{xy}$ 的半径. 因 IA' 是 $\angle BAC$ 的内平分线, $IN = ID \perp BC$, 故 $\angle A'ID' = \frac{B-C}{2}$, 或由余弦定理得

$$A'N^2 = IA'^2 + IN'^2 - 2IA' \cdot IN'\cos\frac{B-C}{2} =$$

$$r^2\sin^2\frac{A}{2}+\frac{r^2}{4}-r^2\sin\frac{A}{2}\cos^2\frac{B-C}{2}+$$
$$\frac{r^2}{4}-r^2\sin\frac{A}{2}\left(\cos\frac{B-C}{2}-\cos\frac{B+C}{2}\right)=$$
$$\frac{r^2(R-2r)}{4R}$$

或 $A'N=\dfrac{rOI}{2R}$,其中利用了 $r=4R\sin\dfrac{A}{2}\sin\dfrac{B}{2}\sin\dfrac{C}{2}$,$OI^2=R^2-2Rr$. 最后,直径 OI 与 $\odot\Gamma$ 的交点 J,K 到 I 的距离是 $R-OI,R+OI$,或者它们的反演 J',K' 到 I 的距离是 $\dfrac{r^2}{R-OI},\dfrac{r^2}{R+OI}$. 它们的中点显然是 O',或

$$IO'=\frac{IJ'-IK'}{2}=\frac{r^2 OI}{R^2-OI^2}=\frac{rOI}{2R}=A'N$$

推出断言.

今考虑 $\odot\Gamma$ 上任一点 P,作出点 X,Y 为提出问题所述的点. 由 Poncele 不定命题定理,XY 是 $\odot\gamma$ 的切线. 因此,若 $XY\parallel BC$,则 XY 一定与通过点 D' 的 BC 平行,它不含糊地确定了点 P. 此外,第 3 个断言的假设成立,四边形 $A'O'IN$ 是平行四边形,或 A',O,O' 共线,I,N,D' 也共线,具有 $A'O=O'Q'=IN=ND'=\dfrac{r}{2}$. 因此 $IO'\parallel O'N\parallel A'D'$. 现在 $X'Y'$ 是 $\odot\Gamma$ 与 $\odot\Gamma_{XY}$ 的公共弦,或 $X'Y'\perp O'N$,$IQ'\perp X'Y'$. 于是可以应用第 1 个断言,$\triangle QXY$ 是内接于 $\odot\Gamma$ 与外切于 $\odot r$ 的三角形,且 $XY\parallel BC$. 由 Poncelet 不定命题定理,不能有其他这样的点. 由轮换,为使 $XY\parallel CA$,$XY\parallel AC$,当且仅当 P 分别为 $\odot\Gamma$ 与 2 个伪内切圆的切点,其中 1 个伪内切圆与 AB,BC 相切,另 1 个伪内切圆与 BC,CA 相切,推出结果.

O114 证明:对所有实数 x,y,z,以下不等式成立
$$(x^2+xy+y^2)(y^2+yz+z^2)(z^2+zx+x^2)\geqslant$$
$$3(x^2y+y^2z+z^2x)(xy^2+yz^2+zx^2)$$

(法国)G. Dospinescu 提供

证 若 $xyz=0$,例如说 $z=0$,则不等式 $x^2y^2(x-y)^2\geqslant 0$,显然成立. 设 $xyz\neq 0$. 不等式两边除以 $(xyz)^2$,我们必须证明

$$\left[\left(\frac{x}{y}\right)^2+\frac{x}{y}+1\right]\left[\left(\frac{y}{z}\right)^2+\frac{y}{z}+1\right]\left[\left(\frac{z}{x}\right)^2+\frac{z}{x}+1\right]\geqslant$$
$$3\left(\frac{x}{z}+\frac{y}{x}+\frac{z}{y}\right)\left(\frac{x}{y}+\frac{y}{z}+\frac{z}{x}\right)$$

设
$$\frac{x}{y}=a,\frac{y}{z}=b,\frac{z}{x}=c$$

则 $abc = 1$，我们证明
$$(a^2+a+1)(b^2+b+1)(c^2+c+1) \geqslant 3(a+b+c)(ab+bc+ca)$$
相乘后，得
$$[ab+bc+ca-(a+b+c)]^2 \geqslant 0$$

O115 在黑板上写出从 1 到 24 的数．在任何时候，数 a,b,c 可以换为 $\dfrac{2b+2c-a}{3}$，$\dfrac{2c+2a-b}{3}$，$\dfrac{2a+2b-c}{3}$．黑板上最后能出现大于 70 的数吗？

(美国) T. Andreescu 提供

解 令 $S_n = \{x_1^{(n)}, \cdots, x_{24}^{(n)}\}$ 是黑板上在 n 次迭代后写出的数．对任何 3 个实数 a, b, c，有
$$\left(\frac{2b+2c-a}{3}\right)^2 + \left(\frac{2c+2a-b}{3}\right)^2 + \left(\frac{2a+2b-c}{3}\right)^2 = a^2+b^2+c^2$$
因此函数
$$I(n) = \max\{a^2+b^2+c^2 \mid a,b,c \in S_n\}$$
是不变的，即 $I(n)$ 在整个过程中都不变．因大于 70 的数
$$I(1) = 22^2 + 23^2 + 24^2 = 1\,589$$
在 n 步后不出现在黑板上，由于
$$I(n) \geqslant 70^2 = 4\,900 > 1\,589$$
故这是矛盾的，推出结果．

O116 考虑 $n \times n$ 地板用 T—型四格拼板花砖铺上．令 a, b, c, d 分别为 A, B, C, D 型四格拼板花砖数，如图 2.2 所示．证明：$4 \mid a+b-c-d$．

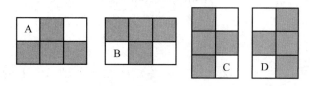

图 2.2

(乌克兰) O. Dobosevych 提供

证 因每块四格拼板覆盖地板的 4 个方格，故一定有 $4 \mid n^2$，从而 n 一定是偶数．给 $n \times n$ 地板的所有方格染色．因 n 是偶数，故得出黑方格与白方格一样多．中心在白方格上的四格拼板覆盖 3 个黑方格与 1 个白方格．因地板上每种颜色的方格数相同，故中心在白方格上的四格拼板数一定等于中心在黑方格上的四格拼板数．于是在铺砌时一定有偶数块四格拼板，因此 $8 \mid n^2$，n 是 4 的倍数．其次设给地板另一列染上黑色与白色．于是每个 A 型或 B 型四格拼板总是覆盖 2 个黑方格与 2 个白方格，而每个 C 型或 D 型四格拼板或

覆盖 3 个黑方格与 1 个白方格,或覆盖 1 个黑方格与 3 个白方格.因有相等的黑方格数与白方格数,若从地板中排除 A 型与 B 型四格拼板,则仍有相等的黑方格数与白方格数,这表示一定有相等的 C 型或 D 型四格拼板数,它们覆盖 3 个黑方格与 1 个白方格,或覆盖 3 个白方格与 1 个黑方格.由此得 $c+d$ 是偶数,如 $c+d=2k$.因此

$$4(a+b+c+d) = n^2 = 16m^2$$
$$a+b+c+d = 4m^2$$
$$a+b-c-d = 4m^2 - 2(c+d) = 4m^2 - 4k$$

这证明了 $a+b-c-d$ 可被 4 整除.

O117 考虑四边形 $ABCD$,$\angle B = \angle D = 90°$.在线段 AB 上选一点 M,使 $AD = AM$.射线 DM 与 CB 相交于点 N.令 H 与 K 分别为从点 D 与 C 向直线 AC 与 AN 作出的垂足.证明:$\angle MHN = \angle MCK$.

(亚美尼亚)N. Sedrakian 提供

证 $ABCD$ 显然是联圆四边形,AC 是直径,它的中点 O 是四边形的外心.于是选择原点在 O 上的直角坐标系,使 $A \equiv (1,0)$,$C \equiv (-1,0)$.角 $0 < \beta, \delta < \pi$ 存在,使 $B \equiv (\cos\beta, \sin\beta)$,$D \equiv (\cos\delta, -\sin\delta)$.点 M 显然是圆心为 A,半径为 $AD = 2\sin\dfrac{\delta}{2}$ 的圆 $(x-1)^2 + y^2 = 4\sin^2\dfrac{\delta}{2}$ 与直线 $AB \equiv y = \cot\dfrac{\beta}{2}(1-x)$ 的交点,得出 $M \equiv (1 - 2\sin\dfrac{\beta}{2}\sin\dfrac{\delta}{2}, 2\cos\dfrac{\beta}{2}\sin\dfrac{\delta}{2})$.直线 DM 与 BC 分别有方程

$$y + \sin\delta = \dfrac{\cos\dfrac{\beta}{2} + \cos\dfrac{\delta}{2}}{\sin\dfrac{\beta}{2} - \sin\dfrac{\delta}{2}}(\cos\delta - x)$$

$$y = \tan\dfrac{\beta}{2}(x+1)$$

得出 $N \equiv (2\cos\dfrac{\beta}{2}\cos\dfrac{\delta}{2} - 1, 2\sin\dfrac{\beta}{2}\cos\dfrac{\delta}{2})$.$D$ 在水平轴 AC 上的投影显然是 $H \equiv (\cos\delta, 0)$,即

$$\overrightarrow{HM} \equiv 2\sin\dfrac{\delta}{2}\left(\sin\dfrac{\delta}{2} - \sin\dfrac{\beta}{2}, \cos\dfrac{\beta}{2}\right)$$

$$\overrightarrow{HN} \equiv 2\cos\dfrac{\delta}{2}\left(\cos\dfrac{\beta}{2} - \cos\dfrac{\delta}{2}, \sin\dfrac{\beta}{2}\right)$$

由数量积定义

$$\cos\angle MHN = \dfrac{\sin\dfrac{\beta+\delta}{2} - \dfrac{1}{2}\sin\delta}{\sqrt{\left(1 + \sin^2\dfrac{\delta}{2} - 2\sin\dfrac{\beta}{2}\sin\dfrac{\delta}{2}\right)\left(1 + \cos^2\dfrac{\delta}{2} - 2\cos\dfrac{\beta}{2}\cos\dfrac{\delta}{2}\right)}}$$

注意 K 将在四边形 $ABCD$ 上,因 $\angle AKC = 90°$,即满足方程 $x^2 + y^2 = 1$. 称 m 为 AN 的斜率,显然有方程 $AN \equiv y = m(x-1)$. 因 AN 与四边形 $ABCD$ 外接圆的交点为 A 与 K,满足 $(1+x)(1-x) = y^2 = m^2(1-x)^2$,故 $K \equiv \left(\dfrac{m^2-1}{m^2+1}, -\dfrac{2m}{m^2+1}\right)$,因为 $x=1$ 产生点 A.

现在 $m = \dfrac{\sin\dfrac{\beta}{2}\cos\dfrac{\delta}{2}}{\cos\dfrac{\beta}{2}\cos\dfrac{\delta}{2} - 1}$ 是负的,或者

$$\overrightarrow{CK} \equiv 2m\left(\dfrac{m}{m^2+1}, -\dfrac{1}{m^2+1}\right)$$

$$\overrightarrow{CM} \equiv 2\left(1 - \sin\dfrac{\beta}{2}\sin\dfrac{\delta}{2}, \cos\dfrac{\beta}{2}\sin\dfrac{\delta}{2}\right)$$

$$\cos\angle MCK = \dfrac{\cos\dfrac{\beta}{2}\sin\dfrac{\delta}{2} - m\left(1 - \sin\dfrac{\beta}{2}\sin\dfrac{\delta}{2}\right)}{\sqrt{(m^2+1)\left(1 + \sin^2\dfrac{\delta}{2} - 2\sin\dfrac{\beta}{2}\sin\dfrac{\delta}{2}\right)}}$$

在代入 m 的值与作一些代数运算后,求出的结果与 $\cos\angle MHN$ 相同. 推出结论.

O118 求以下方程的正整数解

$$x^2 + y^2 + z^2 - xy - yz - zx = w^2$$

(美国)T. Andreescu,(罗马尼亚)D. Andrica 提供

解 利用以下的引理.

引理 Diophatine 方程

$$x^2 + xy + y^2 = z^2$$

的所有整数解为

$$\begin{cases} x = k(n^2 + 2mn) \\ y = k(m^2 - n^2) \\ z = k(m^2 + n^2 + mn) \end{cases}$$

$$\begin{cases} x = k(m^2 - n^2) \\ y = k(n^2 + 2mn) \\ z = k(m^2 + n^2 + mn) \end{cases}$$

其中 $k, m, n \in \mathbf{Z}$.

证 可以在以下图书中找到证明:T. Audreescu 与 D. Andrica, *An Introduction to Diophantine Equations*.

回到本题. 已知方程可以写成

$$(x-y)^2 + (y-z)^2 + (z-x)^2 = 2w^2 \qquad ①$$

设 $X = x-z, Y = y-z$,把方程 ① 改写为

$$X^2 + Y^2 + (X+Y)^2 = 2w^2$$
$$X^2 + XY + Y^2 = w^2$$

由引理,有 $k, m, n \in \mathbf{Z}$ 使

$$\begin{cases} X = k(n^2 + 2mn) \\ Y = k(m^2 - n^2) \\ w = k(m^2 + n^2 + mn) \end{cases}$$

$$\begin{cases} X = k(m^2 - n^2) \\ Y = k(n^2 + 2mn) \\ w = k(m^2 + n^2 + mn) \end{cases}$$

解方程组

$$\begin{cases} x - y = X \\ y - z = Y \\ z - x = -X - Y \end{cases}$$

得 $x = X + Y + h, y = Y + h, z = h$,其中 $h \in \mathbf{Z}$,因此方程的正整数解(直到 x, y, z 的置换)由下式给出

$$\begin{cases} x = k(m^2 + 2mn) + h \\ y = k(m^2 - n^2) + h \\ z = h \\ w = k(m^2 + n^2 + mn) \end{cases}$$

$$\begin{cases} x = k(m^2 - n^2) + h \\ y = k(n^2 + 2mn) + h \\ z = h \\ w = k(m^2 + n^2 + mn) \end{cases}$$

其中 $h, k, m, n \in \mathbf{N}_0, m > n$.

O119 令 a 与 b 是非零整数,$|a| \neq |b|$,令 P 是有限素数集合,m 是正整数,考虑数列 $x_n = m(a^n + b^n)$. 证明:有无限多个正整数 n,使得对 P 中每个 p_k,x_n 不是整数的 p_k 次幂.

(越南)T. N. Tho 提供

证 因我们只需要求出无限多个 n,故对任一正数 k,不要局限于注意到 n 的值是 k 的倍数.这有 (a,b) 换为 (a^k, b^k) 的效应.用这种方法把 a 与 b 换为 a^2 与 b^2,可设 $a > b > 0$. 设 $\gcd(a, b) = g \geq 1$. 令 $M = \operatorname{lcm}(P_k : P_k \in P)$,则 $x_{M_n} = mg^{M_n}((\frac{a}{g})^{M_n} + (\frac{b}{g})^{M_n})$ 是 p_k 次幂,当且仅当 $m((\frac{a}{g})^{M_n} + (\frac{b}{g})^{M_n})$ 是 p_k 次幂. 于是由第 2 种这样的代换,可以进

一步设 $\gcd(a,b)=1$. 注意,这蕴涵 $\gcd(a+b,a^2+b^2)=1$ 或 2. 因 $a^2+b^2>a+b\geqslant 3$,故 $a+b$ 与 a^2+b^2 至少有 1 个一定有奇素因子. 于是由第 3 种(最后 1 种)代换,对某奇素数 q,可以设 $q\mid a+b$. 对整数 m, 令 $v_q(m)$ 是 q 整除 m 的精确次数. 于是 $q^{v_q(m)}$ 整除 m, 但是 $q^{v_q(m)+1}$ 不整除 m.

我们想起以下标准结果(指数提升引理):若 $q>2$, $\gcd(q,cd)=1$, $c\equiv d\pmod q$, 则 $v_q(c^n-d^n)=v_q(c-d)+v_q(n)$. 把这应用于 $c=a$ 与 $d=-b$, 得出 $v_q(x_qN)=v_q(m(a^{q^N}+b^{q^N}))=v_q(m(a+b))+N$. 因此,若选出 N,以致模为 P 的元素之积时,$N=1$,则对任一 $P\in P$, x_{q^N} 不能是 P 次幂.

O120 令 $ABCDEF$ 是具有面积为 S 的凸六边形. 证明
$$AC(BD+BF-DF)+CE(BD+DF-BF)+$$
$$AE(BF+DF-BD)\geqslant 2\sqrt{3}S$$

(亚美尼亚)N. Sedrakian 提供

证 引理:令 $\triangle BDF$ 的内切圆分别与 DF,FB,BD 相切于点 X,Y,Z, 则存在点 O, 使 $OB\leqslant\frac{2}{\sqrt{3}}BY$, $OD\leqslant\frac{2}{\sqrt{3}}DZ$, $OF\leqslant\frac{2}{\sqrt{3}}FX$.

证 令 $u=DZ$, $v=FX$, $t=BY$. 考虑分别有圆心 B,D,F 与半径 rt,ru,rv 的各圆. 当 r 从 1 增大时,各圆也增大,于是显然在 $\triangle XYZ$ 边界上或在所有三圆内部有一点. 取最小的 r, 使这成立. 于是,若所有三圆没有公共点,则有点 P 严格地在所有三圆内部. 在 r 减少了充分小量后,P 将在所有三圆内部,与 r 的最小性矛盾. 于是具有圆心 B,D,F 与半径 rt,ru,rv 的三圆有公共点 O. 我们要求 $r\leqslant\frac{2}{\sqrt{3}}$. 因 $\angle BOD+\angle DOF+\angle FOB=360°$, 故这些角之一最小为 $120°$, 例如不失一般性,设这个角是 $\angle FOD$. 于是在 $\triangle FOD$ 中用余弦定理有
$$-\frac{1}{2}=\cos 120°\geqslant\cos\angle FOD=\frac{OF^2+OD^2-FD^2}{2OF\cdot OD}=$$
$$\frac{r^2v^2+r^2u^2-(u+v)^2}{2uvr^2}$$

两边乘以 $2uvr^2$ 得
$$-uvr^2\geqslant r^2(v^2+u^2)-(u+v)^2$$
$$u^2+2uv+v^2\geqslant r^2(u^2+uv+v^2)$$

若 $r>\frac{2}{\sqrt{3}}$, 则 $r^2>\frac{4}{3}$ 与
$$u^2+2uv+v^2>\frac{4}{3}(u^2+uv+v^2)$$
$$2uv>u^2+v^2$$

与算术平均-几何平均不等式矛盾,因此 $r \leqslant \dfrac{2}{\sqrt{3}}$,$O$ 满足条件.

令 P 是 BO 与 AC 的交点,则利用公式 $BZ = \dfrac{BD + BF - DF}{2}$ 与 [四边形 $ABCD$] = $\dfrac{1}{2}AC \cdot BO \cdot \sin\angle BPC \leqslant \dfrac{1}{2}AC \cdot BO$,得出

$$AC \cdot (BD + BF - DF) = 2AC \cdot BZ \geqslant 2AC \cdot \dfrac{\sqrt{3}}{2} BO \geqslant 2\sqrt{3}[ABCO]$$

类似地

$$CE \cdot (BD + DF - BF) \geqslant 2\sqrt{3}[CDEO]$$
$$AE \cdot (BF + DF - BD) \geqslant 2\sqrt{3}[EFAO]$$

把这些不等式相加,得

$$AC \cdot (BD + BF - DF) + CE \cdot (BD + DF - BF) +$$
$$AE \cdot (BF + DF - BD) \geqslant 2\sqrt{3}S$$

O121 解以下方程 $F_{a_1} + F_{a_2} + \cdots + F_{a_k} = F_{a_1 + a_2 + \cdots + a_k}$,其中 F_i 是第 i 个 Fibonacci 数.

(美国) R. B. Cabrera 提供

解 不失一般性,可设 $a_1 \leqslant a_2 \leqslant \cdots \leqslant a_k$.

引理 为使具有等式的 $F_n + F_m \leqslant F_{n+m}$ 成立,当且仅当 $(m,n) = (1,2)$ 或 $(m,n) = (1,3)$.

证 利用众所周知的恒等式 $F_{n+m} = F_m F_{n+1} + F_n F_{m-1}$,显然有 $F_{n+m} - F_n - F_m = F_m(F_{n+1} - 1) + F_n(F_{m-1} - 1) \geqslant 0$,为使等式成立,当且仅当 $F_{n+1} = 1, F_{m-1} = 1$,即 $n = 0$ 或 $n = 1$ 与 $m = 2$,或 $m = 3$. 注意,实际上 $F_1 + F_2 = 1 + 1 = 2 = F_3, F_1 + F_3 = 1 + 2 = 3 = F_4$. 因此当 $m, n \geqslant 2$ 时,$F_m + F_n < F_{m+n}$.

若 $2 \leqslant a_1 \leqslant a_2 \leqslant \cdots \leqslant a_k$,则由引理 $F_{a_1} + F_{a_2} + \cdots + F_{a_k} < F_{a_1 + a_2 + \cdots + a_k}$,设 $1 = a_1 = a_2 = \cdots = a_t, 2 \leqslant a_{t+1} \leqslant a_{k+2} \leqslant \cdots \leqslant a_k$. 代入,我们有

$$t + F_{a_{t+1} + \cdots + a_k} \geqslant t + F_{a_{t+1}} + \cdots + F_{a_k} =$$
$$F_{t + a_{t+1} + \cdots + a_k} \geqslant F_t + F_{a_{t+1} + \cdots + a_k}$$

由此得 $t \geqslant F_t$,于是 $t = 1, 2, 3, 4, 5$. 因 $F_6 = 8 > 6, F_7 = 13 > 7$,利用 2 步的归纳法,得出,对 $t \geqslant 6, F_t = F_{t-1} + F_{t-2} > t - 1 + t - 2 = 2t - 3 > t$. 看不同情形,令 $s = a_{t+1} + \cdots + a_k \geqslant 2$.

(1) 当 $t = 1$ 时

$$F_{1+s} = F_s + F_{s-1} \leqslant 1 + F_s \Rightarrow F_{s-1} = 1 \Rightarrow s = 2, s = 3$$

这说明 $(a_1, a_2) = (1, 2)$ 或 $(a_1, a_2) = (1, 3)$.

(2) 当 $t = 2$ 时

$$F_{2+s} = F_{s+1} + F_s \leqslant 2 + F_s \Rightarrow F_{s+1} \leqslant 2 \Rightarrow s = 2$$

这说明$(a_1,a_2,a_3)=(1,1,2)$.

(3) 当$t=3$时
$$F_{3+s}=F_3F_{s+1}+F_2F_s=2F_{s+1}+F_s\leqslant 3+F_s\Rightarrow F_{s+1}=1\Rightarrow s=0,s=1$$
不可能,因为$s\geqslant 2$.

(4) 当$t=4$时
$$F_{4+s}=F_4F_{s+1}+F_3F_s=3F_{s+1}+2F_s\leqslant 4+F_s\Rightarrow 3F_{s+1}+F_s\leqslant 4\Rightarrow F_{s+1}=1$$
不可能,因为$s\geqslant 2$.

(5) 当$t=5$时
$$F_{5+s}=F_5F_{s+1}+F_4F_s=5F_{s+1}+3F_s\leqslant 5+F_s\Rightarrow 5F_{s+1}+2F_s\leqslant 5$$
不可能.

最后只有解$F_1+F_2=F_3,F_1+F_3=F_4,F_1+F_1+F_2=F_4$.

O122 令p与q是奇素数,使$q\nmid p-1$,令$a_1,a_2,\cdots,a_n$是不同整数,使得对所有数对$(i,j),q\mid(a_i-a_j)$. 证明:对$n\geqslant 2$
$$P(x)=(x-a_1)(x-a_2)\cdots(x-a_n)-p$$
在$\mathbf{Z}[X]$中是不可约的.

(美国)I. Borsenco 提供

证 设$P(x)$在$\mathbf{Z}[x]$中不可约,则存在首一多项式$Q(x),R(x)\in\mathbf{Z}[x]$,使$Q(x)R(x)=P(x),1\leqslant\deg(Q(x))\leqslant\deg(R(x))$,特别地,$\deg(Q(x))\leqslant\dfrac{n}{2}$. 显然对$1\leqslant i\leqslant n,Q(a_i)R(a_i)=-p$,且$Q(a_i),R(a_i)$是整数. 因此对$1\leqslant i\leqslant n,Q(a_i),R(a_i)\in\{-1,1,-p,p\}$. 对任一常数$c$,多项式$Q(x)-c$至多有$\deg(Q(x))\leqslant\dfrac{n}{2}$个根. 因此$Q(a_i)$一定至少取2个这样的值(当$\deg(Q(x))<\dfrac{n}{2}$时至少有3个这样的值). 但是因$Q$是具有整系数$a_i-a_j$(从而有$q$)的多项式,故一定整除$Q(a_i)-Q(a_j)$. 因$q$是奇素数,故$Q(a_i)$不能取值1与$-1$(因为这会给出$q\mid(1-(-1))=2$). 类似地,$Q(a_i)$不能取值$p$与$-p$,因为这时$R(a_i)$会取值$-1$与$1$. 因由假设$q\nmid p-1$,故$Q(a_i)$不能取值1与$p$或$-1$与$-p$. 因此$Q(a_i)$至多可以取2个不同值,它们一定是1与$-p$,$-1$与$p$. 设前一情形成立,则后一情形的论证是相同的.

因$Q(a_i)$只取2个值,故一定有$\deg(Q(x))=\dfrac{n}{2}$,Q一定恰有$\dfrac{n}{2}$次取每个值. 于是可以把$(a_i)_{i=1}^{n}$分成2个集合$(b_i)_{i=1}^{\frac{n}{2}}$与$(c_i)_{i=1}^{\frac{n}{2}}$,使$Q(b_i)=1,Q(c_i)=-p$. 因此
$$Q(x)=(x-b_1)(x-b_2)\cdots(x-b_{\frac{n}{2}})+1=$$
$$(x-c_1)(x-c_2)\cdots(x-c_{\frac{n}{2}})-p$$

因为当 $Q(a_i)=1$ 时,$\deg(R(x))=n-\deg(Q(x))=\frac{n}{2}$,$R(a_i)=-p$,所以一定有
$$R(x)=(x-b_1)(x-b_2)\cdots(x-b_{\frac{n}{2}})-p=$$
$$(x-c_1)(x-c_2)\cdots(x-c_{\frac{n}{2}})+1$$
但在这种情形下,第 1 个公式给出 $Q(x)-R(x)=1+p$,第 2 个公式给出 $Q(x)-R(x)=-p-1$.这将迫使 $p=-1$,由假设,这是不可能的.

O123 在 $\triangle ABC$ 中,令 A_1,A_2,A_3 是它的内切 $\odot \omega$ 与三角形三边的切点.$\triangle A_1B_1C_1$ 的中线 A_1M,B_1N,C_1P 分别交 $\odot \omega$ 于点 A_2,B_2,C_2.证明:AA_2,BB_2,CC_2 相交于 Gergonne 点的等角共轭点.

(美国)I. Borsenco 提供

证 显然,M 是 A 关于 $\odot \omega$ 的反演点.因为 IM 是 $\angle A$ 的内平分线与 B_1C_1 的中垂线,所以直线 A_1A_2 关于 $\odot \omega$ 的反演是 $\triangle A_1IA_2$ 的外接圆,此圆也通过点 A.因四边形 A_1IA_2A 是联圆四边形,$A_1I=A_2I$ 是 $\odot \omega$ 的半径,故 $\angle IAA_2=\angle IAA_1$,$AA_2$ 与 AA_1 关于角平分线 IA 对称.因此,因 Gergonne 点在 AA_1 上,故它的等角共轭点在 AA_2 上,由轮换,也在 BB_2 与 CC_2 上.推出结论.

O124 令 $S(n)$ 是正整数对 (x,y) 的个数,使 $xy=n$,$\gcd(x,y)=1$.证明:$\sum\limits_{d|n}S(d)=\tau(n^2)$,其中 $\tau(s)$ 是 s 的因子数.

(罗马尼亚)D. Andrica,M. Piticari 提供

证 令 $m=p_1^{a_1}\cdots p_k^{a_k}$ 是 n 的素数分解.众所周知 $\tau(n)=(a_1+1)\cdots(a_k+1)$,于是 $\tau(n^2)=(2a_1+1)\cdots(2a_k+1)$.另一方面,若对 $\{p_1^{a_1},\cdots,p_k^{a_k}\}$ 的每个子集,设 $x=\prod\limits_{m\in M}m$,$y=\frac{n}{x}$,则 $xy=n$,$\gcd(x,y)=1$.显然所有这样的数对 (x,y) 可以用这种方法得出,因此 $S(n)=2^k$.

n 的因子是以下乘积展开式中的被加项
$$(1+p_1+p_1^2+\cdots+p_1^{a_1})(1+p_2+\cdots+p_2^{a_2})\cdots(1+p_k+\cdots+p_k^{a_k})$$
现在,若以 2 代替以上展开式中每个 $p_i^{a_i}$(具有 $a_i>0$),则展开式将包括被加项 2^r,此项对应于 n 的每个因子,这些因子恰有 r 个不同素因子,即结果将是 $\sum\limits_{d|n}S(d)$.因此
$$\sum\limits_{d|n}S(d)=(1+\underbrace{2+2+\cdots+2}_{a_1\ 2's})\cdots(1+\underbrace{2+2+\cdots+2}_{a_k\ 2's})=$$
$$(1+2a_1)(1+2a_2)\cdots(1+2a_k)=\tau(n^2)$$

O125 令 a,b,c 是正实数,证明
$$4\leqslant \frac{a+b+c}{\sqrt[3]{abc}}+\frac{8abc}{(a+b)(b+c)(c+a)}$$

(澳大利亚)P. H. Duc 提供

证 注意,把算术平均 - 几何平均不等式应用于 $a+b, b+c, c+a$,得

$$(a+b)(b+c)(c+a) \leqslant \frac{[2(a+b+c)]^3}{27}$$

因此只要证明

$$\frac{a+b+c}{\sqrt[3]{abc}} + \frac{27abc}{(a+b+c)^3} \geqslant 4$$

即可. 规定 $S = \frac{a+b+c}{\sqrt[3]{abc}}$,这等价于

$$S + \frac{27}{S^3} \geqslant 4 \text{ 或 } S^4 - 4S^3 + 27 \geqslant 0 \text{ 或} (S-3)^2(S^2+2S+3) \geqslant 0$$

证毕.

O126 令 $\triangle ABC$ 是不等边三角形,$\odot K_a$ 是伪内切圆(此圆与边 AB, AC 相切,且与 $\triangle ABC$ 外接圆 Γ 内切). 以 A' 表示 $\odot K_a$ 与 $\odot \Gamma$ 的切点,令点 A'' 是点 A' 关于 $\odot K_a$ 的对径点. 类似地定义点 B'' 与点 C''. 证明:直线 AA'', BB'', CC'' 共点.

(罗马尼亚)C. Pohoata 提供

证 众所周知 AA', BB', CC' 相交于外相似中心,它的三线坐标是 $\sin^2 \frac{A}{2} : \sin^2 \frac{B}{2} : \sin^2 \frac{C}{2}$. 因此点 A' 是直线 AA'(在三线坐标中 $\beta \sin^2 \frac{C}{2} = \gamma \sin^2 \frac{B}{2}$) 与 $\triangle ABC$ 外接圆(在三线坐标中 $a\beta\gamma + b\gamma\alpha + c\alpha\beta = 0$)的第 2 个交点. 把 β 与 γ 之间的关系式代入外接圆方程,得

$$\beta \left(a\beta \sin^2 \frac{C}{2} + b\alpha \sin^2 \frac{C}{2} + c\alpha \sin^2 \frac{B}{2} \right) = 0$$

$$\alpha = -\alpha = \frac{a \sin^2 \frac{C}{2}}{b \sin^2 \frac{C}{2} + c \sin^2 \frac{B}{2}} \beta = -\frac{2a \sin^2 \frac{C}{2}}{b+c-a} \beta =$$

$$-\frac{\sin \frac{A}{2} \sin \frac{C}{2}}{\sin \frac{B}{2}} \beta$$

解 $\beta = 0$ 舍去,因为它对应于 A,其中利用了 $a = b\cos C + c\cos B, b+c-a = 8R\cos \frac{A}{2}$ · $\sin \frac{B}{2} \sin \frac{C}{2}$. 利用了正弦定理与三角恒等式,$R$ 是 $\triangle ABC$ 外接圆的半径. 利用附加条件 $a\alpha + b\beta + c\gamma = 2S$,其中 S 是 $\triangle ABC$ 的面积,在三线坐标中得

$$4S = 2\frac{b\sin^2\frac{B}{2} + c\sin^2\frac{C}{2} - a\sin\frac{A}{2}\sin\frac{B}{2}\sin\frac{C}{2}}{\sin^2\frac{B}{2}}\beta =$$

$$(a+b+c)\frac{\sin^2\frac{B}{2} + \sin^2\frac{C}{2} - 2\sin\frac{A}{2}\sin\frac{B}{2}\sin\frac{C}{2}}{\sin^2\frac{B}{2}}\beta$$

其中利用了

$$b\sin^2\frac{B}{2} = b\sin\frac{B}{2}\cos\frac{C+A}{2} = \frac{a+b+c}{2}\sin^2\frac{B}{2} -$$

$$b\sin\frac{A}{2}\sin\frac{B}{2}\sin\frac{C}{2}$$

对 $c\sin^2\frac{C}{2}$ 是类似的,因为 $a+b+c = 8R\cos\frac{A}{2}\cos\frac{B}{2}\cos\frac{C}{2}$. 因此称 $\rho_A = \frac{r}{\cos^2\frac{A}{2}}$ 为 $\odot K_A$ 的半径,r 是 $\triangle ABC$ 的内径,在精确三线坐标中得出

$$\frac{\beta}{2\rho_A} = \frac{(a+b+c)\cos^2\frac{A}{2}}{4S}\beta =$$

$$\frac{\sin^2\frac{B}{2}\cos^2\frac{A}{2}}{\sin^2\frac{B}{2} + \sin^2\frac{C}{2} - 2\sin\frac{A}{2}\sin\frac{B}{2}\sin\frac{C}{2}}$$

现在 $\odot K_A$ 圆心的精确三线坐标是 $\frac{2S-(b+c)\rho_A}{a} : \rho_A : \rho_A$,或称 $\alpha' : \beta' : \gamma'$ 为 A'' 的三线坐标,我们求出 $\beta' + \beta = 2\rho_A$,因为 $\odot K_A$ 的圆心是 $A'A''$ 的中点,并且

$$\frac{\beta'}{2\rho_A} = 1 - \frac{\beta}{2\rho_A} = \frac{\sin^2\frac{A}{2}\sin^2\frac{B}{2} + \sin^2\frac{C}{2} - 2\sin\frac{A}{2}\sin\frac{B}{2}\sin\frac{C}{2}}{\sin^2\frac{B}{2} + \sin^2\frac{C}{2} - 2\sin\frac{A}{2}\sin\frac{B}{2}\sin\frac{C}{2}}$$

以 $f(A,B,C)$ 表示以上表达式的分子,以 $g(A,B,C)$ 表示分母,注意 $f(A,B,C) = f(B,A,C)$,$g(A,B,C) = g(A,C,B)$. 类似地,将 B 与 C 置换,$\frac{\gamma'}{2\rho_A} = \frac{f(A,C,B)}{g(A,C,B)}$ 或 $\frac{\beta'}{\gamma'} = \frac{f(A,B,C)}{f(A,C,B)}$. 现在称点 D 为 AA'' 与 BC 的交点,点 D 到 AC 与 AB 的距离的比是 $\frac{\beta'}{\gamma'}$,而 $BD\sin B$ 等于从点 D 到 AB 的距离,$CD\sin C$ 等于从点 D 到 AC 的距离,因此

$$\frac{BD}{DC} = \frac{\sin C\gamma'}{\sin B\beta'} = \frac{cf(A,C,B)}{bf(A,B,C)}$$

由轮换,称 E,F 分别为 BB'',CC'' 与 CA,AB 的交点,求出

$$\frac{CE}{EA} = \frac{af(B,A,C)}{cf(B,A,C)}$$

$$\frac{AF}{FB} = \frac{bf(C,B,A)}{af(C,A,B)}$$

或者显然,因 $f(B,A,C) = f(A,B,C), f(B,C,A) = f(C,B,A), f(A,C,B) = f(C,A,B)$,故 $\frac{BD}{DC} \cdot \frac{CE}{EA} \cdot \frac{AF}{FB} = 1$,由 Menelaus 定理的互易定理,推出结论.

O127 令 n 是大于 1 的整数. 集合 A 称为稳定集,如果在 A 中至少有 1 个正实数,当 $x_1, x_2, \cdots, x_n$ 是未必不同的实数时,使 $x_1^2 + x_2^2 + \cdots + x_n^2 \in A$,那么 $x_1 + x_2 + \cdots + x_n \in A$. 求 $\mathbf{R}$ 的所有子集 A,使 A 是稳定集,且对 $\mathbf{R}$ 的任一子集 B,有 $A \subseteq B$.

(法国)G. Dospinescu 提供

解 首先注意到,作为 Cauchy-Schwartz 不等式的明显推论,集合 $X = (-n, n)$ 是稳定的. 于是本题的任一解是 X 的子集. 其次我们要求,若 $a^2 \leqslant nb$,则可以求出实数 $x_1, x_2, \cdots, x_n$,使 $x_1 + x_2 + \cdots + x_n = a, x_1^2 + x_2^2 + \cdots + x_n^2 = b$. 这不难:只要寻找具有形式 $(x, y, \cdots, y)$ 的 $(x_1, x_2, \cdots, x_n)$,并注意到,在这种情形下,以下方程有实数解

$$n(n_1)x^2 - 2(n-1)ax + a^2 - b = 0$$

这是显然的,因为 $a^2 \leqslant nb$. 今考虑本题的解 A,选择正数 $u \in A$. 由以上讨论与 A 的稳定性,知区间 $[-\sqrt{nu}, \sqrt{nu}]$ 是 A 的子集. 以 $\sqrt{nu}$ 代替 u,推导出 $[-\sqrt{n\sqrt{nu}}, \sqrt{n\sqrt{nu}}]$ 也是 A 的子集. 继续这个过程与归纳法,给出

$$I_k = [-n^{\frac{1}{2}+\frac{1}{2^2}+\cdots+\frac{1}{2^k}} u^{\frac{1}{2^k}}, n^{\frac{1}{2}+\frac{1}{2^2}+\cdots+\frac{1}{2^k}} u^{\frac{1}{2^k}}]$$

是 A 的子集,这对所有 k 都成立. 由于任一 $x \in (-n, n)$,存在 k 使 $x \in I_k$,故推出 $(-n, n)$ 是 A 的子集,因此 $A = (-n, n)$ 是本题的唯一解.

O128 令 n 是正整数,$a_1, a_2, \cdots, a_n$ 是实数,它们的和是 1. 令 $b_k = \sqrt{1 - \frac{1}{4^k}} \times \sqrt{a_1^2 + a_2^2 + \cdots + a_k^2}$. 求 $b_1 + b_2 + \cdots + b_{n-1} + 2b_n$(作为 n 的函数)的最小值.

(美国)A. Anderson 提供

解 设 $n \geqslant 2$,有

$$1 - \frac{1}{4^k} = \frac{3}{4}\left(\frac{1}{4^{k-1}} + \frac{1}{4^{k-2}} + \cdots + \frac{1}{4} + 1\right)$$

由 Cauchy-Schwarz 不等式有

$$b_k = \sqrt{\frac{3}{4}} \sqrt{\frac{1}{4^{k-1}} + \frac{1}{4^{k-2}} + \cdots + \frac{1}{4} + 1} \sqrt{a_1^2 + a_2^2 + \cdots + a_k^2} \geqslant$$

$$\sqrt{\frac{3}{4}}\left(\frac{a_1}{2^{k-1}} + \frac{a_2}{2^{k-2}} + \cdots + \frac{a_{k-1}}{2} + a_k\right)$$

以致

$$\sum_{k=1}^{n} b_k \geqslant \sqrt{\frac{3}{4}} \left[a_1 \cdot \sum_{k=1}^{n} \frac{1}{2^{k-1}} + a_2 \cdot \sum_{k=1}^{n-1} \frac{1}{2^{k-1}} + \cdots + a_{n-1}\left(1 + \frac{1}{2}\right) + a_n \right] =$$

$$\sqrt{\frac{3}{4}} \left[a_1 \cdot 2\left(1 - \frac{1}{2^n}\right) + \cdots + a_{n-1} \cdot 2\left(1 - \frac{1}{2^2}\right) + a_n \cdot 2\left(1 - \frac{1}{2}\right) \right] =$$

$$\sqrt{\frac{3}{4}} [2(a_1 + a_2 + \cdots + a_n)] - \sqrt{\frac{3}{4}} \left(\frac{a_1}{2^{n-1}} + \frac{a_2}{2^{n-2}} + \cdots + \frac{a_{n-1}}{2} + a_n \right) \geqslant$$

$$\sqrt{3} - b_n$$

由此得 $b_1 + b_2 + \cdots + b_{n-1} + 2b_n \geqslant \sqrt{3}$.

另外,若取 $a_1 = \frac{1}{2^n - 1}, a_2 = \frac{2}{2^n - 1}, a_3 = \frac{2^2}{2^n - 1}, \cdots, a_n = \frac{2^{n-1}}{2^n - 1}$,则有 $a_1 + a_2 + \cdots + a_n = 1$,容易计算首先得 $b_k = \left(2^k - \frac{1}{2^k}\right) \times \frac{1}{(2^n - 1)\sqrt{3}}, k = 1, 2, \cdots, n$,其次得 $b_1 + b_2 + \cdots + b_{n-1} + 2b_n = \sqrt{3}$.

我们可以断定,对所有 n,要求的最小值是 $\sqrt{3}$.

O129 在 $\triangle ABC$ 中,令点 P 与点 Q 分别在边 AB 与 AC 上. 令 M 与 N 分别为 BP 与 CQ 的中点. 证明: $\triangle ABC, \triangle APQ, \triangle AMN$ 的各九点圆圆心共线.

(美国)I. Borsenco 提供

证 令 O, H, N(相应地 $O_1, H_1, N_1; O_2, H_2, N_2$)表示 $\triangle ABC$(相应地 $\triangle APQ$, $\triangle AMN$)的九点圆圆心. 令 $P = \alpha A + (1-\alpha)B, Q = \beta A + (1-\beta)C$,其中 $\alpha, \beta \in [0,1]$. 由关系式 $\overrightarrow{OH} = \overrightarrow{OA} + \overrightarrow{OB} + \overrightarrow{OC}$,得

$$\overrightarrow{OA} + \overrightarrow{OP} + \overrightarrow{OQ} = \overrightarrow{OH} + \alpha \overrightarrow{BA} + \beta \overrightarrow{CB}$$

也有

$$\overrightarrow{OA} + \overrightarrow{OP} + \overrightarrow{OQ} = 3\overrightarrow{OO_1} + \overrightarrow{O_1 H_1}$$

故得

$$2\overrightarrow{OO_1} + \overrightarrow{HH_1} = \vec{U} \qquad \text{①}$$

其中 $\vec{U} = \alpha \overrightarrow{BA} + \beta \overrightarrow{CA}$. 用类似方法,因 $M = \frac{\alpha}{2}A + \left(1 - \frac{\alpha}{2}\right)B, N = \frac{\beta}{2}A + \left(1 - \frac{\beta}{2}\right)B$,所以

$$2\overrightarrow{OO_2} + \overrightarrow{HH_2} = \frac{1}{2}\vec{U} \qquad \text{②}$$

因为 N 是 OH 的中点(N_1 是 $O_1 H_1$ 的中点),由 ① 得 $2\overrightarrow{NN_1} + \overrightarrow{OO_1} = \vec{U}$. 类似地, $2\overrightarrow{NN_2} + \overrightarrow{OO_2} = \frac{1}{2}\vec{U}$,因此

$$2\overrightarrow{NN_2} - \overrightarrow{NN_1} = \frac{1}{2}\overrightarrow{OO_1} - \overrightarrow{OO_2} \qquad \text{③}$$

令 J, J_1, J_2 分别为 AB, AP, AM 的中点,K, K_1, K_2 分别为 AC, AQ, AN 的中点. 注意

到直线 OJ, O_1J_1, O_2J_2 也与 OK, O_1K_1, O_2K_2 一样,是平行的,并且 $\overrightarrow{JJ_2} = \frac{1}{2}\overrightarrow{JJ_1}, \overrightarrow{KK_2} = \frac{1}{2}\overrightarrow{KK_1}$,我们导出,具有中心 O 与因子 $\frac{1}{2}$ 的位似一定自动地把直线 O_1J_1 与 O_1K_1 变为 O_2J_2 与 O_2K_2,因此把 O_1 变为 O_2. 作为结果,$\overrightarrow{OO_2} = \frac{1}{2}\overrightarrow{OO_1}$ 与 ③ 给出 $2\overrightarrow{NN_2} = \overrightarrow{NN_1}$. 推出结果.

O130 令 $a_1, a_2, \cdots, a_{2009}$ 是不大于 10^6 的不同正整数. 证明:有指标 i, j,使
$$|\sqrt{ia_i} - \sqrt{ja_j}| \geqslant 1$$

(孟加拉国) S. Riasat 提供

证 令
$$f(x) = \frac{(\sqrt{x}+1)^2}{2006} - \frac{(\sqrt{x}-1)^2}{2009} = \frac{3(x+1) + 8030\sqrt{x}}{2006 \cdot 2009}$$

则 f 是 $x > 0$ 的增函数,从而 $f(a_1) \leqslant f(10^6) < 3$,因此区间 $I = \left[\frac{(\sqrt{a_1}-1)^2}{2009}, \frac{(\sqrt{a_1}+1)^2}{2006}\right]$ 至多包含 3 个整数. 由鸽笼原理,有 $i \in \{2006, \cdots, 2009\}$,使 $a_i \notin I$,即 $|\sqrt{ia_i} - \sqrt{a_1}| > 1$,完成了证明.

更强的结果. 首先设 $a_1 \geqslant 174^2$. 令
$$f(x) = \frac{(\sqrt{x}+174)^2}{1201} - \frac{(\sqrt{x}-174)^2}{2009}$$

则 f 是 $x > 0$ 的增函数. 从而 $f(a_1) \leqslant f(10^6) < 808$,因此区间 $I = \left[\frac{(\sqrt{a_1}-174)^2}{2009}, \frac{(\sqrt{a_1}+174)^2}{1201}\right]$ 至多包含 808 个整数. 由鸽笼原理,有 $i \in \{1201, 1202, \cdots, 2009\}$,使 $a_i \notin I$,这蕴涵 $|\sqrt{ia_i} - \sqrt{a_1}| > 174$.

其次考虑 $a_1 < 174^2$,则有 $j \in \{1836, 1837, \cdots, 2009\}$,使 $a_j \geqslant 174$. 因此
$$\sqrt{ja_j} - \sqrt{a_1} > \sqrt{1836 \cdot 174} - \sqrt{174^2} > 174$$

O131 令 G 是在 n 个顶点上的图,使在它中没有 K_4 个子图. 证明:G 至多包含 $\left(\frac{n}{3}\right)^3$ 个三角形.

(美国) I. Borsenco 提供

证 对 $n = 2, 3, 4$,结果是显然的. 令 G 是具有 n 个顶点的图,没有 4 团图. 注意,可以把边加到 G 上,直到它包含 $\triangle ABC$. 令 $G \setminus \triangle ABC$ 是由剩余 $n-3$ 个顶点组成的子图.

利用 Turan 定理,不含 K_4 个子图的 $G \setminus \triangle ABC$ 至多有 $\frac{(n-3)^2}{3}$ 条边. 由归纳假设,它

至多包含 $\left(\dfrac{n-3}{3}\right)^3$ 个三角形. G 中剩余的三角形由 $\triangle ABC$ 的 1 个顶点与 $G\setminus\triangle ABC$ 的边结合而成,或由 $\triangle ABC$ 的 1 条边与 $G\setminus\triangle ABC$ 的 1 个顶点结合而成.

$G\setminus\triangle ABC$ 的所有边组成的三角形,至多有 $\triangle ABC$ 的 1 个顶点. $G\setminus\triangle ABC$ 的每个顶点组成的三角形,至多有 $\triangle ABC$ 的 2 个顶点. 否则,在这两种情形下,得出构成的 K_4 子图. 因此三角形总数至多是

$$\left(\dfrac{n-3}{3}\right)^3+\dfrac{(n-3)^2}{3}+(n-3)+1=\left(\dfrac{n-3}{3}+1\right)^3=\left(\dfrac{n}{3}\right)^3$$

归纳完成. 在 3 分图 $K_{\frac{n}{3},\frac{n}{3},\frac{n}{3}}$ 情形下,等式成立.

O132 令 m 与 n 是大于 1 的整数. 证明

$$\sum_{\substack{k_1+k_2+\cdots+k_n=m \\ k_1,k_2,\cdots,k_n\geq 0}} \dfrac{1}{k_1!\ k_2!\cdots k_n!}\cos(k_1+2k_2+\cdots+nk_n)\dfrac{2\pi}{n}=0$$

(美国)T. Andreescu 与(罗马尼亚)D. Andrica 提供

证 令 L 表示提出的恒等式左边. 注意,L 是以下复数的实部

$$Z=\sum_{\substack{k_1+k_2+\cdots+k_n=m \\ k_1,k_2,\cdots,k_n\geq 0}} \dfrac{\mathrm{e}^{\frac{2\pi i}{n}(k_1+2k_2+\cdots+nk_n)}}{k_1!\ k_2!\cdots k_n!}=$$

$$\sum_{\substack{k_1+k_2+\cdots+k_n=m \\ k_1,k_2,\cdots,k_n\geq 0}} \dfrac{\omega^{k_1}(\omega^2)^{k_2}\cdots(\omega^n)^{k_n}}{k_1!\ k_2!\cdots k_n!}$$

其中 $\omega=\mathrm{e}^{\frac{2\pi i}{n}}$.

现在利用多项式定理

$$m!\ Z=(\omega+\omega^2+\cdots+\omega^{n-1}+1)^m=\left(\dfrac{\omega^n-1}{\omega-1}\right)^m=0$$

因为 $\omega^n=1$,因此 $L=\mathrm{Re}(Z)=0$.

O133 令 a,b,c 与 x,y,z 是正实数,使 $\sqrt[3]{a}+\sqrt[3]{b}+\sqrt[3]{c}=\sqrt[3]{m}$ 与 $\sqrt{x}+\sqrt{y}+\sqrt{z}=\sqrt{n}$. 证明:$\dfrac{a}{x}+\dfrac{b}{y}+\dfrac{c}{z}\geq\dfrac{m}{n}$.

(美国)T. Andreescu 提供

证 表示 $A=\sqrt[3]{a}$,$B=\sqrt[3]{b}$,$C=\sqrt[3]{c}$,$A+B+C=\sqrt[3]{m}$,规定 $u=\dfrac{A}{\sqrt{x}}$,$v=\dfrac{B}{\sqrt{y}}$,$w=\dfrac{C}{\sqrt{z}}$. 显然 $\sqrt{n}=\dfrac{A}{u}+\dfrac{B}{v}+\dfrac{C}{w}$,或者我们需要证明的结果等价于证明,对所有正实数 A,B,C,u,v,w,以下不等式成立

$$\sqrt{\dfrac{Au^2+Bv^2+Cw^2}{A+B+C}}\geq\dfrac{A+B+C}{\dfrac{A}{u}+\dfrac{B}{v}+\dfrac{C}{w}}$$

这是 u,v,w 的加权平均-调和平均且分别有权 A,B,C 的不等式,众所周知它总是成立的,为使等式成立,当且仅当 $u=v=w$,即当且仅当

$$\frac{\sqrt[3]{a}}{\sqrt{x}}=\frac{\sqrt[3]{b}}{\sqrt{y}}=\frac{\sqrt[3]{c}}{\sqrt{z}}$$

成立.

O134 令 p 是素数,n 是大于 4 的整数. 证明:若 a 是不可被 p 整除的整数,则多项式 $ax^n-px^2+px+p^2$ 在 $\mathbf{Z}[X]$ 中是不可约的.

(罗马尼亚)M. Becheanu 提供

证 设相反,从而非常数多项式 $B(x)=\sum_{i=0}^{m}b_ix^i$ 与 $C(x)=\sum_{j=0}^{n-m}c_jx^j$ 存在,使 $p(x)=ax^n-px^2+px+p^2=B(x)C(x)$,其中显然 $1\leqslant m\leqslant n-1$. 因 $b_0c_0=p^2$ 是整数,不失一般性设 $b_0,c_0>0$,因为可以同时改变 $B(x),C(x)$ 的符号而不改变这个问题,因此 $b_0=c_0=p$ 或 $b_0=p^2,c_0=1$.

在第 1 种情形下,显然 $b_0c_1+b_1c_0=p$ 或 $b_1+c_1=1$,从而 b_1,c_1 不能同时是 p 的倍数. 现在 $b_0c_2+b_1c_1+b_2c_0=-p$,或 b_1c_1 是 p 的倍数,从而不失一般性,我们可以改变 $B(x)$ 与 $C(x)$ 的作用而不改变问题,b_1 是 p 的倍数,而 c_1 不是 p 的倍数. 今对所有整数 j,使 $n>j>3,b_0c_j+b_1c_{j-1}+\cdots+b_jc_0=0$,从而对所有 $n>j>3,b_1c_{j-1}+b_2c_{j-2}+\cdots+b_{j-1}c_1$ 是 p 的倍数,其中 b_1 是 p 的倍数,而 c_1 不是 p 的倍数. 取 $j=3,b_2c_1$ 一定是 p 的倍数,从而 p 整除 b_2. 由平凡归纳法,若 $b_1,b_2,\cdots,b_k$ 是 p 的倍数,取 $j=k+2$,则 $b_{k+1}c_1$ 一定是 p 的倍数,从而 b_{k+1} 也是 p 的倍数. 因我们可以选择 j 与 $n-1$ 一样大,故 $b_0,b_1,\cdots,b_{n-2}$ 显然是 p 的倍数(其中当 $m<n-1$ 时,$b_{m+1}=b_{m+2}=\cdots=b_{n-2}=0$). 因 $a=b_mc_{n-m}$ 不是 p 的倍数,故 $m=n-1,c(x)=c_1x+p$. 称 $-c_1=q$,于是 $b_{n-1}=-\dfrac{a}{q}$,对所有 $n-1\geqslant j\geqslant 3,0=b_{j-1}c_1+b_jc_0=-qb_{j-1}+pb_j$,或用平凡归纳法后,$b_2=-\dfrac{p^{n-1}a}{q^{n-2}}$. 现在 $b_1c_1+b_2c_0=-p$ 或 $b_1=\dfrac{(b_2+1)p}{q}=\dfrac{p^{n-2}a+pq^{n-2}}{q^{n-1}}$. 因 p,q 是互素数(否则 a 是 p 的倍数),故 q^{n-1} 整除 a. 同样,$\dfrac{p}{q}$ 是 $ax^n-px^2+px+p^2$ 的根,或 $0=\dfrac{p^2}{q}(p^{n-2}\dfrac{a}{q^{n-1}}-\dfrac{p}{q}+1+q)$,$\dfrac{p}{q}=p^{n-2}\dfrac{a}{q^{n-1}}+q+1$ 是整数,得出 $q=1$,或 p 是原多项式的根. 我们断定 $p^4<|ap^n|=|p^2(p-2)|<p^3$,矛盾.

在第 2 种情形下,因对 $j=0,1,\cdots,n-1,c_0$ 不是 p 的倍数,但 $b_0c_j+b_1c_{j-1}+\cdots+b_jc_0$ 是 p 的倍数(注意,当 $j=0$ 时和是 p^2,当 $j=1$ 时和是 p,当 $j=2$ 时和是 $-p$,当 $n-1\geqslant j\geqslant 3$ 时和是 0),故用平凡归纳法后断定,对 $j=0,1,2,\cdots,n-1,b_jc_0$ 从而 b_j 一定是 p 的倍数,因 $m\leqslant n-1$,故 $a=b_mc_{n-m}$ 是 p 的倍数,矛盾.

O135 在凸四边形 $ABCD$ 中,$AC \cap BD = \{E\}$,$AB \cap CD = \{F\}$,EF 交边 AD,BC 于点 X,点 Y. 令 M,N 分别为 AD,BC 的中点. 证明:当且仅当四边形 $ADNY$ 圆内接四边形时,四边形 $BCMX$ 是圆内接四边形.

(罗马尼亚)A. Ciupan 提供

证 应用 Menelaus 定理于 $\triangle CDG$,$\triangle ACD$ 与 $\triangle ACG$,得

$$\frac{CF}{FD} \cdot \frac{DA}{AG} \cdot \frac{GB}{BC} = 1$$

$$\frac{AX}{XD} \cdot \frac{DF}{FC} \cdot \frac{CE}{EA} = 1$$

$$\frac{AE}{EC} \cdot \frac{CB}{BG} \cdot \frac{GD}{DA} = 1$$

把这 3 个等式相乘,得 $\frac{GA}{GD} = \frac{AX}{DX} = \frac{GX - GA}{GD - GX}$ 或 $GX = \frac{2GA \cdot GD}{GA + GD}$. 因 M 是 AD 的中点,所以 $2GM = GA + GD$,得出 $GX \cdot GM = GA \cdot GD$. 因此注意,为使四边形 $BCMX$ 是圆内接四边形,当且仅当 $GX \cdot GM = GB \cdot GC$,$GB \cdot GC = GA \cdot GD$,四边形 $ABCD$ 是圆内接四边形. 类似地求出,为使四边形 $ADNY$ 是圆内接四边形,当且仅当四边形 $ABCD$ 是圆内接四边形. 推出结论.

O136 对正整数 n 与素数 p,以 $v_p(n)$ 表示非负整数,使 $p^{v_p(n)}$ 整除 n,但 $p^{v_p(n)+1}$ 不整除 n. 证明:$v_5(n) = v_5(F_n)$,其中 F_n 是第 n 个 Fibonacci 数.

(美国)B. David 提供

证 断言. 若数列由下式给出:$x_0 = 0$,x_1 不可被 5 整除,对所有 $n \geq 0$,$a_{n+2} = ax_{n+1} + bx_n$,其中 $a \equiv b \equiv 1 \pmod 5$,则为使 5 整除 x_n 当且仅当 5 整除 n,$v_5(x_5) = 1$,此外,对所有非负整数 k,r,$x_{5k+10+r} = a'x_{5k+5+r} + b'x_{5k+r}$,其中 $a' \equiv b' \equiv 1 \pmod 5$.

证 计算

$$(x_n) = (0, x_1, ax_1, (a^2+b)x_1, (a^3+2ab)x_1, (a^4+3a^2b+b^2)x_1, \cdots)$$

因 $a \equiv b \equiv 1 \pmod 5$,故有

$$(x_n) \equiv (0, x_1, x_1, 2x_1, 3x_1, 5x_1, 8x_1, 13x_1, 21x_1, 34x_1, 55x_1, \cdots) \pmod 5$$

或进一步化简,得出

$$(x_n) \equiv (0, x_1, x_1, 2x_1, 3x_1, 0, 3x_1, 3x_1, x_1, 4x_1, 0, \cdots) \pmod 5$$

注意 $x_0 = 0$,$x_5 = (a^4+3a^2b+b^2)x_1$,x_{10} 是表示可被 5 整除的唯一项,因为 x_1 不是 5 的倍数. 此外,可以容易检验,对 $a = 1+5k$,$b = 1+5m$,有

$$a^4 + 3a^2b + b^2 \equiv 1 + 20k + 3(1+10k)(1+5m) + 1 + 10m \equiv$$
$$5 \pmod{25}$$

因此 x_5 不是 25 的倍数. 知 $x_{n+2m} = a'x_{n+m} + bx_n$,其中对任一正整数 m 或取 $m = 5$,$\lambda^2 = a'\lambda + b'$ 有根 λ_+^m, λ_-^m,由 Cardan-Vieta 定理,有

$$a' = \lambda_+^5 + \lambda_-^5 = (\lambda_+ + \lambda_-)^5 - 5(\lambda_+\lambda_-)(\lambda_+ + \lambda_-)^3 + 5(\lambda_+\lambda_-)^2(\lambda_+ + \lambda_-) =$$
$$a^5 + 5ab(a^2 + b) \equiv a^5 \equiv 1 \pmod{5}$$
$$b' = -\lambda_+^5 \lambda_-^5 = -(\lambda_+ \lambda_-)^5 = b^5 \equiv 1 \pmod{5}$$

此外,因我们已经计算了数列(x_n)直至$n=10$的所有项,故可以计算数列(x_{5n}),(x_{5n+1}),(x_{5n+2}),(x_{5n+3}),(x_{5n+4})中相邻项的余项,其中$n \geqslant 0$在每种情形下是非负整数.因为由上述具有$n=5k+r$的结果的直接应用,$x_{5k+10+r}=x_{5k+5+r}+x_{5k+r}$.这5个数列容易产生模周期数列,分别具有余项$(0,0,0,\cdots)$,$(x_1,3x_1,4x_1,2x_1,x_1,3x_1,\cdots)$,$(x_1,3x_1,4x_1,2x_1,x_1,3x_1,\cdots)$,$(2x_1,x_1,3x_1,4x_1,2x_1,x_1,\cdots)$,$(3x_1,4x_1,2x_1,x_1,3x_1,4x_1,\cdots)$.注意,因$x_1$不可被5整除,故在数列$(x_{5n+1})$,$(x_{5n+2})$,$(x_{5n+3})$,$(x_{5n+4})$中没有一项可被5整除,但是在数列$(x_{5n})$中所有项可被5整除.推出结论.

从满足以上断言的假设(与显然适合Fibonacci数列)的任一数列(x_n)开始,注意,我们这时可以用$x'_n = \dfrac{x_{5n}}{5}$定义新数列(x'_n).由断言,这个新数列由整数组成,满足断言的假设.因此对5的任一整倍数,从而有形式$n = b5^a$,其中a是正整数,b是不可被5整除的正整数,由平凡归纳法,$\dfrac{x_n}{5^a} = x'_b$是整数,是由整数组成的数列的第b项,满足断言的假设,因此不是5的倍数,因为b不是5的倍数,或者每当n是5的倍数时,总是$v_5(x_n) = v_5(n) = a$.由断言的直接应用,每当n不是5的倍数时,$v_5(x_n) = v_5(n) = 0$.推出结论.

O137 求内接于已知正方形的等边三角形中心的轨迹.

(保加利亚)O. Mushkarov 提供

解 不失一般性,设正方形的各边是在以正方形中心为原点的已知坐标系中的直线$x = \pm 1$与$y = \pm 1$.若内接三角形的中心与外接圆半径分别为(x,y)与R,对已知角α,三角形顶点是$(x + R\cos\alpha, y + R\sin\alpha)$,$(x + R\cos(\alpha + 120°), y + R\sin(\alpha + 120°))$,$(x + R\cos(\alpha - 120°), y + \sin(\alpha - 120°))$.注意,三角形有2种可能位置:两个顶点在正方形两条对边上,第3个顶点在其他两条对边之一,或者1个顶点与正方形1个顶点重合,另两个顶点在正方形两条边上,它们不共用正方形顶点.情形显然如此,因为三角形的高小于它的边,从而三角形的边不能在正方形的边上.不失一般性,设三角形的各顶点在直线$y = \pm 1$与$x = 1$上(总可以在坐标原点周围旋转正方形与三角形$90°$,而不改变问题),我们求出条件$y + R\sin(\alpha + 120°) = -y - R\sin(\alpha - 120°) = 1$,$x + R\cos\alpha = 1$由第1个条件断定$R\cos\alpha\sin 120° = 1$,从而$x = 1 - \dfrac{1}{\sin 120°} = -\dfrac{2 - \sqrt{3}}{\sqrt{3}}$,与$R, \alpha$无关.注意,当三角形一个顶点在正方形顶点$(-1, 1)$上时,可求出附加条件

$$2 - \dfrac{2}{\sqrt{3}} = 1 + x = -R\cos(\alpha + 120°) = \dfrac{\sqrt{3}}{2}R\sin\alpha + \dfrac{1}{\sqrt{3}}$$

$$y = \frac{1}{2}R\sin\alpha = \frac{2-\sqrt{3}}{\sqrt{3}} = -x$$

因为我们可以旋转图形 90°，而不改变问题，所以可以看出，三角形中心的轨迹是由直线 $x = \pm\frac{2-\sqrt{3}}{\sqrt{3}}, y = \pm\frac{2-\sqrt{3}}{\sqrt{3}}$ 确定的正方形，使得当三角形与原来正方形邻接于它的 1 个顶点时，轨迹在这个新正方形的 1 个顶点上. 因此指出，轨迹是原来正方形收缩的结果，使新正方形中心在原来正方形中心，为 $\frac{2-\sqrt{3}}{\sqrt{3}} = \frac{1}{3+2\sqrt{3}}$.

O138 考虑边长为 1 的正六边形. 只有 2 种方法用边长为 1 的菱形覆盖这个六边形. 这 2 种覆盖方法的每一种包括 3 种不同形状的菱形. 证明：无论怎样用边长为 1 的菱形覆盖边长为 n 的正六边形，每种菱形个数是相同的.

(美国)I. Borsenco，I. Boreico 提供

证 以反时针方向给六边形的各边编号为 1,2,3,4,5,6. 分别称为 A, B, C 型菱形，它们的边平行于 2,3,5,6,1,3,4,6 与 1,2,4,5. 现在旋转六边形，使边 1,4 为水平边，边 1 在底部上，边 4 在顶部上. 对边 1 被分成的每条长为 1 的线段，B 或 C 型菱形一定被用来覆盖，使它的底部水平边与所说的线段重合. 今考虑这 n 个菱形中每个菱形新的底部水平边. 显然，这条线段一定也是另一个 B 型或 C 型菱形的底部水平边，等等，直到六边形顶部水平边达到 n 条长为 1 的线段. 显然至少有 $2n^2$ 个 B 型或 C 型菱形一定被用来沿这条路线覆盖. 旋转六边形，使边 2 与 3 是水平边，在底部，显然一定也有至少 $2n^2$ 个 C 型或 A 型菱形一定被用来覆盖边 2 的长为 1 的水平线段，至少有 $2n^2$ 个 A 型或 B 型菱形一定被用来覆盖边 3 的长为 1 的水平线段. 因每个菱形用这种方法至多计算 2 次（即每个 A 型菱形可以在覆盖边 2 与 3 时被计算过，但在覆盖边 1 时未被计算），故菱形总数至少是 $\frac{3 \cdot 2n^2}{2} = 3n^2$.

现在这表示被这些菱形覆盖的总面积至少是单位三角形面积的 $6n^2$ 倍，六边形面积恰好是 $6n^2$ 个单位三角形面积；只考虑被分为 6 个边长为 n 的全等三角形的六边形，其中这 6 个三角形的边长是六边形边长加上主对角线长. 因此所有不等式一定是等式，即每个菱形恰好被计算 2 次，或 $2n^2 = a+b = b+c = c+a$，显然得出 $a = b = c = n^2$. 推出结论.

O139 通过 $\triangle ABC$ 外接圆上的点 M，作出边 BC, CA, AB 的平行线，第 2 次交圆于 A', B', C' ($A' \in \overset{\frown}{BC}, B' \in \overset{\frown}{CA}, C' \in \overset{\frown}{AB}$). 若 $\{D\} = A'B' \cap BC, \{E\} = A'B' \cap CA, \{F\} = B'C' \cap CA, \{D'\} = B'C' \cap AB, \{E'\} = A'C' \cap AB, \{F'\} = A'C' \cap BC$，证明：直线 DD', EE', FF' 共点.

(罗马尼亚)C. Barbu 提供

证 令 P, Q, R 分别为通过 M 的 BC, CA, AB 的平行线与 $\triangle ABC$ 外接圆的交点. 显然 $\angle PMQ = \angle ACB, \angle QMR = \angle BAC, \angle RMP = \angle CBA$，或者因为它们是同一圆的所有

弦,故 $PQ=AB,QR=BC,RP=CA$. 我们断定 $\triangle ABC \cong \triangle PQR$,或者 $\triangle ABC$ 外接圆直径关于 $\triangle ABC$ 与 $\triangle PQR$ 对称.以 r 表示这个直径.显然这个直径交 $\triangle ABC$ 于两个点,它们也是 $\triangle PQR$ 上的点,不失一般性,设为 D 与 D' (按照 M 在外接圆上的位置,它们可以是其他的点,但可以给点 D,E,F,D',E',F' 改名,对它们作循环旋转而不改变问题).现在点 E 与 F' 显然关于 DD' 对称,点 F 与 F' 也如此,或者四边形 $EF'E'R$ 是等腰梯形,它的平行边是 DD' 的中垂线,因此对角线 EE' 与 FF' 相交于 DD' 上. 推出结论.

O140 令 n 是正整数,$x_k \in [-1,1]$,$1 \leqslant k \leqslant 2n$,使 $\sum_{k=1}^{2n} x_k$ 是奇整数.证明

$$1 \leqslant \sum_{k=1}^{2n} |x_k| \leqslant 2n-1$$

(罗马尼亚)B. Enescu 提供

证 因 $\sum_{k=1}^{2n} x_k$ 是奇数,故有 $\left|\sum_{k=1}^{2n} x_k\right| \geqslant 1$. 因此由三角形不等式

$$\sum_{k=1}^{2n} |x_k| \geqslant \left|\sum_{k=1}^{2n} x_k\right| \geqslant 1$$

给出下界.

对上界,当 $x \geqslant 0$ 时,令 $f(x)=x-1$,当 $x<0$ 时,令 $f(x)=x+1$. 因 $x-f(x)=\pm 1$,故

$$\sum_{k=1}^{2n} (x_k - f(x_k)) = \sum_{k=1}^{2n} (\pm 1)$$

是偶数.因此 $\sum_{k=1}^{2n} f(x_k)$ 也是奇数.注意到,对 $-1 \leqslant x \leqslant 1$,有 $|f(x)|=1-|x|$. 因此三角形不等式给出

$$2n - \sum_{k=1}^{2n} |x_k| = \sum_{k=1}^{2n} (1-|x_k|) = \sum_{k=1}^{2n} |f(x_k)| \geqslant$$
$$\left|\sum_{k=1}^{2n} f(x_k)\right| \geqslant 1$$

这个重排给出了上界.

O141 令 S_n 是 $3n$ 个数字的数集合,这些数由 $n1^s, n2^s, n5^s$ 组成.证明:对每个 n,在 S_n 中至少有 4^{n-1} 个数可以写成某 $n+1$ 个不同正整数的立方和.

(美国)T. Andreescu 提供

证 我们将对 n 用归纳法进行证明.设可以求出 4^k 个数的集合,每个数有 $3k$ 个数字,数字 $1,2,5$ 中每个恰好出现 k 次,每个数是 k 个不同立方数的和.其次,归纳步骤容易证明这个数明细表,其中对 n 的结果蕴涵对 $n+k$ 的结果.特别地,设我们的 4^k 个数是 $x_1,\cdots,x_{4^k}$,每个数写成 k 个不同立方数之和 $x_i = a_{j,1}^3 + \cdots + a_{j,k}^3$. 对 S_n 中 4^{n-1} 个数 $y=$

$b_1^3 + \cdots + b_{n+1}^3$ 的每个数,有 $b_i \leqslant y^{\frac{1}{3}} < 10^n$. 因此可以组成数
$$y + 10^{3n}x_j = b_1^3 + \cdots + b_{n+1}^3 + (10^n a_{j,1})^3 + \cdots + (10^n a_{j,k})^3$$
这些数将是具有要求数字的 $n+k+1$ 个不同立方数之和. 不幸的是,使这个集合存在的最小 k 是 $k=3$(对这个 k 有 69 个这样的数存在). 这些数可以用计算机搜索来求出. 对基础情形,我们只需要举出例子. 对 $n=1$,有 $152 = 125 + 27 = 5^3 + 3^3$ 作为要求的例子. 对 $n=2$,可以把这与例子 $125 = 5^3$ 与 $512 = 8^3$ 结合,得出 4 个例子 125 152,152 125,152 512, 512 152. 对 $n=3$,当我们有 69 个数的长明细表与其中 $25 \pmod{100}$(有 10 个这样的数)的例子时,可以把 $27 = 3^3$ 加到它上面,得出另 1 个立方数与 $52 \pmod{100}$ 的例子. 类似地,可以把 $2700 = (30)^3$ 或 $27\,000\,000 = (300)^3$ 加到在千位或百万位上有 25 的数上. 这给出 S_3 的总数为 29 个元素.

O142 若 m 是正整数,证明:$5^m + 3$ 既没有形如 $p = 30k + 11$ 的素因子,也没有形如 $p = 30k - 1$ 的素因子.

(意大利)A. Munaro 提供

证 在下文中以 $\left(\dfrac{a}{p}\right)$ 表示 Legendre 符号.

首先设 m 是偶数,则 $(5^{\frac{m}{2}})^2 \equiv -3 \pmod{p}$,于是 $\left(\dfrac{-3}{p}\right) = 1$. 但是 $\left(\dfrac{-3}{p}\right) = \left(\dfrac{-1}{p}\right)\left(\dfrac{3}{p}\right)$,由二次互反律,有
$$\left(\dfrac{3}{p}\right)\left(\dfrac{p}{3}\right) = (-1)^{\frac{p-1}{3}}$$
也有 $\left(\dfrac{p}{3}\right) \equiv p \equiv -1 \pmod{3}$,$\left(\dfrac{-1}{p}\right) = (-1)^{\frac{p-1}{2}}$. 于是 $\left(\dfrac{-3}{p}\right) = -1$,不合理.

若 m 是奇数,则有 $(5^{\frac{m+1}{2}})^2 \equiv -15 \pmod{p}$,于是 $\left(\dfrac{-15}{p}\right) = 1$. 但是 $\left(\dfrac{-15}{p}\right) = \left(\dfrac{-3}{p}\right)\left(\dfrac{5}{p}\right) = -\left(\dfrac{5}{p}\right)$,$\left(\dfrac{p}{5}\right) \equiv p^2 \equiv 1 \pmod{5}$. 再由二次互反律,有
$$\left(\dfrac{5}{p}\right)\left(\dfrac{p}{5}\right) = (-1)^{p-1} = 1$$
于是 $\left(\dfrac{5}{p}\right) = 1$. 最后 $\left(\dfrac{-15}{p}\right) = -1$,不合理.

O143 令 $ABCDEF$ 是凸六边形,使从每个内点到六边的距离之和等于 AB 与 DE,BC 与 EF,CD 与 FA 的各中点间距离之和. 证明:六边形 $ABCDEF$ 是圆内接六边形.

(亚美尼亚)N. Sedrakyan 提供

证 令 AD 与 CF,CF 与 BE,BE 与 AD 分别相交于点 M, N, P. 令 O 是 $\triangle MNP$ 的内心. 在 M, N, P 重叠的情形下,O 是点 M. 令 $A_1, B_1, C_1, D_1, E_1, F_1$ 分别为边 AB, BC, CD, DE, EF, FA 的中点. 令 $d_a, d_b, d_c, d_d, d_e, d_f$ 分别为从点 O 到直线 $AB, BC, CD, DE,$

EF,FA 的距离. 最后,令 A_0,B_0,C_0,D_0,E_0,F_0 分别为直线 MO,NO,PO 与直线 AB,BC,CD,DE,DF,EF,FA 的交点. 注意 $A_0D_0 \geqslant d_a+d_b$,$B_0E_0 \geqslant d_b+d_c$,$C_0F_0 \geqslant d_c+d_f$,因此

$$A_0D_0 + B_0E_0 + C_0F_0 \geqslant d_a+d_b+d_c+d_d+d_e+e_f \qquad ①$$

另一方面,我们有 $\angle A_1A_0D_0 \geqslant 90°$,$\angle D_1D_0A_0 \geqslant 90°$,因为在任何三角形中,如果中线与高线是从同一个顶点作出的,那么角平分线在中线与高之间. 于是线段 A_1D_1 在 A_0D_0 上的投影包含 A_0D_0,则 $A_1D_1 \geqslant A_0D_0$. 类似地得出 $B_1E_1,B_0E_0,C_1F_1 \geqslant C_0F_0$. 由最后 3 个不等式与式 ① 得

$$A_1D_1 + B_1E_1 + C_1F_1 \geqslant d_a+d_b+d_c+d_d+d_e+d_f \qquad ②$$

由已知条件知不等式 ② 变成等式. 注意,最后情形只发生于点 A_1,B_1,C_1,D_1,E_1,F_1 与点 A_0,B_0,C_0,D_0,E_0,F_0 相同时. 因此我们得出直线 B_0E_0,C_0F_0,A_0D_0 分别为线段 BC 与 EF,CD 与 AF,DE 与 AB 的中线与垂线. 最后,点 O 到点 A,B,C,D,E,F 等距离,因此 $ABCDEF$ 内接于圆.

O144 求所有正整数 a,b,c,使 $(2^a-1)(3^b-1)=c!$.

(法国) G. Dospinescu 提供

解 断言:对任何正整数 m,$\emptyset(3^m)=2 \cdot 3^{m-1}$ 是最小指数,且 3^m 整除 2^{k-1}.

证 容易用 $m=1,2$ 来检验这个结果. 由 Euler-Fermat 定理,$3^m \mid 2^{\emptyset(3^m)}-1$. 令 k 是最小正整数,使得对某 $m \geqslant 3$,$3^m \mid 2^k-1$,记 $\emptyset(3^m)=qk+r$,其中 $r \in \{0,1,\cdots,k-1\}$. 显然 $2^{\emptyset(3^m)}=(2^k)^q \cdot 2^r \equiv 2^r \equiv 1 (\bmod 3^m)$,$3^m \mid 2^r-1$,或 $r=0$. 因为 k 是最小值,所以 k 整除 $\emptyset(3^m)$. 若 $k<\emptyset(3^m)$,则 $k=3^u$(不可能,因为对任何奇数 k),$2^k \equiv -1(\bmod 3)$,或者 $k=2 \cdot 3^u$. 在后一种情形下

$$2^{2 \cdot 3^u}-1 = (2^6-1)(2^{12}+2^6+1)(2^{36}+2^{18}+1)\cdots(2^{4 \cdot 3^{u-1}}+2^{2 \cdot 3^{u-1}}+1)$$

注意,因 $2^6 \equiv 1(\bmod 9)$,故右边所有括号除第 1 个括号外,都与 3 对模 9 同余,或它们可被 3 整除,而不被 9 整除. 因 2^6-1 可被 9 整除,而不可被 27 整除,故整除右边的 3 的最大指数就是 $u-1+2=u+1$ 或 $u \geqslant m-1$. 推出结论.

设对 $c \geqslant 9$ 可能有某个解. 整除 $c!$ 的 3 的最大指数是 $\lfloor \frac{c}{3} \rfloor + \lfloor \frac{c}{3^2} \rfloor + \lfloor \frac{c}{3^3} \rfloor + \cdots$,当 $c \geqslant 9$ 时,因为 $\lfloor \frac{c}{3^3} \rfloor \geqslant 1$,这个最大指数显然大于 $\frac{c}{3}$. 由断言,$a > 2 \cdot 3^{\frac{c}{3}-1}$,$\ln(2^a-1) > 3^{\frac{c}{3}-1}$. 因 $\ln(c!) < \ln(c^c) = c\ln(c)$,故只要 $c > 3+3\log_3(c\ln c)$,就没有解. 设对 $c=15$ 有解. 显然它一定是 $4 < \log_3(15\ln 15)$ 或 $\ln 15 > \frac{81}{15} > 5$,这不成立. 因此对 $c=15$ 没有解. 此外,因 c 比 $3+3\log_3(c\ln 3)$ 增加得快(只要比较它们的导数即可),故对 $c \geqslant 15$ 没有解. 设对 $9 \leqslant c \leqslant 14$ 有解. 显然 3^4 整除 2^a-1 或 $a \geqslant 54$. 现在 $2^{54}-1 > 2^{44} = 16^6 \cdot 8^4 \cdot 4^4 >$

14!,或对 $c \geqslant 9$ 没有解. 其次设对 $c = 8$ 有解. 因此 3^2 整除 $2^a - 1$,或 6 整除 a. 若 $a \geqslant 12$,则 $2^a - 1 \geqslant 4\,095 > 315 = \dfrac{8!}{2^7}$(因为 $2^a - 1$ 不可被 2 整除),没有解,从而 $a = 6$ 或 $3^b - 1 = \dfrac{8!}{63} = 640$. 但 641 不是 3 的幂,我们断言,对 $c \geqslant 8$ 没有解. 最后设对 $c = 6$ 有解;同前,$a = 6$,不合理,因为 $2^6 - 1$ 可被 7 整除,而 6! 不可被 7 整除. 显然 $c = 1$ 不能是任一解,因为 $3^b - 1$ 至少是 2,或只对 $c = 2, 3, 4, 5, 7$ 可以有解. 实际上对 c 所有这些值有解

$$2! = 2 = (2^1 - 1)(3^1 - 1)$$
$$3! = 6 = (2^2 - 1)(3^1 - 1)$$
$$4! = 24 = (2^2 - 1)(3^2 - 1)$$
$$5! = 120 = (2^4 - 1)(3^2 - 1)$$
$$7! = 5\,040 = (2^6 - 1)(3^4 - 1)$$

于是 (a, b, c) 的可能值是 $(1, 1, 2), (2, 1, 3), (2, 2, 4), (4, 2, 5), (6, 4, 7)$. 对 c 的已知值没有其他解,同前,$c = 7$ 的情形立即迫使 $a = 6$,由此用直接计算得出 $b = 4$;$c = 5$ 的情形迫使 $3 \mid 2^a - 1$ 与 $8 \mid 3^b - 1$,第 2 个条件导致 b 是偶数,$b \geqslant 4$ 被排除,因为 $3 \cdot 80 = 240 > 5!$,由此 $2^a - 1 = 15$,最后,$a \leqslant 4$ 的所有情形导致 $c! = 2^u 3^v$,它迫使 $2^u = 3^b - 1$ 与 $3^v = 2^a - 1$,具有唯一解.

3 论　　文

3.1　意想不到的有用不等式

T. Audreescu 与 G. Dospinescu 提出的不平常不等式原来可用来解答问题与获得许多有趣结果.

3.1.1　引言

T. Andreescu 与 G. Dospinescu 提出的以下不等式以如下解法发表在[1]中.

定理 1　令 a,b,c 与 x,y,z 是正实数,则
$$\frac{x(b+c)}{y+z}+\frac{y(c+a)}{z+x}+\frac{z(a+b)}{x+y} \geqslant \sqrt{3(ab+bc+ca)}$$

证　不等式对 a,b,c 是齐次的,于是可设 $a+b+c=1$. 把不等式改写为下式
$$\frac{x}{y+z}+\frac{y}{z+x}+\frac{z}{x+y} \geqslant \frac{ax}{y+z}+\frac{by}{z+x}+\frac{cz}{x+y}+\sqrt{3(ab+bc+ca)}$$

应用 Cauchy-Schwarz 不等式,得出
$$\frac{ax}{y+z}+\frac{by}{z+x}+\frac{cz}{x+y} \leqslant \sqrt{\left(\frac{x}{y+z}\right)^2+\left(\frac{y}{z+x}\right)^2+\left(\frac{z}{x+y}\right)^2}\sqrt{a^2+b^2+c^2}$$

再次应用 Cauchy-Schwarz 不等式,得出
$$\sqrt{\left(\frac{x}{y+z}\right)^2+\left(\frac{y}{z+x}\right)^2+\left(\frac{z}{x+y}\right)^2}\sqrt{a^2+b^2+c^2}+$$
$$\frac{\sqrt{3}}{2}\sqrt{ab+bc+ca}+\frac{\sqrt{3}}{2}\sqrt{ab+bc+ca} \leqslant$$
$$\sqrt{\left(\sum_{\text{cyc}}\left(\frac{x}{y+z}\right)^2+\frac{3}{4}+\frac{3}{4}\right)\left(\sum_{\text{cyc}}a^2+\sum_{\text{cyc}}bc+\sum_{\text{cyc}}bc\right)}=$$
$$\sqrt{\left(\frac{x}{y+z}\right)^2+\left(\frac{y}{z+x}\right)^2+\left(\frac{z}{x+y}\right)^2+\frac{3}{2}}$$

于是只要证明以下不等式
$$\left(\frac{x}{y+z}\right)^2+\left(\frac{y}{z+x}\right)^2+\left(\frac{z}{x+y}\right)^2+\frac{3}{2} \leqslant$$
$$\left(\frac{x}{y+z}+\frac{y}{z+x}+\frac{z}{x+y}\right)^2$$

它等价于
$$\frac{3}{4} \leqslant \frac{yz}{(x+y)(x+z)} + \frac{xz}{(y+z)(y+x)} + \frac{xy}{(z+x)(z+y)}$$
去分母,上式化为
$$3(x+y)(y+z)(x+z) \leqslant 4(x^2y + y^2x + y^2z + z^2y + x^2z + z^2x)$$
或
$$6xyz \leqslant x^2y + y^2x + y^2z + z^2y + x^2z + z^2x$$
由算术平均 - 几何平均不等式知上式成立,证毕.

这个不等式值得注意的特点是,x,y,z 的表达式可能无论怎样复杂,它们的右边都等于 0. 利用以上证明中的方法,还可以导出另一个有用的著名结果.

定理 2 令 a,b,c 与 x,y,z 是非负实数,则
$$x(b+c) + y(c+a) + z(a+b) \geqslant 2\sqrt{(xy + yz + zx)(ab + bc + ca)}$$

这个不等式的证明可以在[2]中找到. 下节举例说明定理 1 与定理 2 在解答许多已知不等式中的应用. 此外,我们还提出这些结果中某些结果的加强与一些新的不等式.

3.1.2 应用

1. 令 x,y,z 是正实数. 证明
$$xy(x+y-z) + yz(y+z-x) + zx(z+x-y) \geqslant \sqrt{3(x^3y^3 + y^3z^3 + z^3x^3)}$$

证 注意到
$$xy(x+y-z) + yz(y+z-x) + zx(z+x-y) =$$
$$\frac{x(y^3 + z^3)}{y+z} + \frac{y(z^3 + x^3)}{z+x} + \frac{z(x^3 + y^3)}{x+y}$$
设 $a = x^3, b = y^3, c = z^3$,利用定理 1,有
$$\frac{x(y^3 + z^3)}{y+z} + \frac{y(z^3 + x^3)}{z+x} + \frac{z(x^3 + y^3)}{x+y} \geqslant \sqrt{3(x^3y^3 + y^3z^3 + z^3x^3)}$$
证毕.

2. 令 a,b,c 是正实数,使 $ab + bc + ca = 3$. 证明
$$\frac{a(b^2 + c^2)}{a^2 + bc} + \frac{b(c^2 + a^2)}{b^2 + ca} + \frac{c(a^2 + b^2)}{c^2 + ab} \geqslant 3$$

证 令 $x = a(b^2 + c^2), y = b(c^2 + a^2), z = c(a^2 + b^2)$,则
$$\frac{x(b+c)}{y+z} = \frac{a(b^2 + c^2)(b+c)}{b(c^2 + a^2) + c(a^2 + b^2)} = \frac{a(b^2 + c^2)}{a^2 + bc}$$
利用定理 1,有
$$\frac{a(b^2 + c^2)}{a^2 + bc} + \frac{b(c^2 + a^2)}{b^2 + ca} + \frac{c(a^2 + b^2)}{c^2 + ab} \geqslant \sqrt{3(ab + bc + ca)} = 3$$

3. 令 a, b, c 是正实数. 证明

$$\frac{b^2+c^2}{a(b+c)}+\frac{c^2+a^2}{b(c+a)}+\frac{a^2+b^2}{c(a+b)} \geq \frac{3}{2}\left(\sqrt{\frac{(a+b+c)(a^2+b^2+c^2)}{abc}}-1\right)$$

证 注意

$$1+\frac{b^2+c^2}{a(b+c)}=\frac{bc}{ab+ca}\left(\frac{c+a}{b}+\frac{a+b}{c}\right)$$

对 $x=bc, y=ca, z=ab$ 应用定理 1, 有

$$3+\sum_{\text{cyc}}\frac{b^2+c^2}{a(b+c)} \geq \sqrt{3}\sqrt{\frac{(a+b)(a+c)}{bc}+\frac{(b+c)(b+a)}{ca}+\frac{(c+a)(c+b)}{ab}}$$

此外

$$\sum_{\text{cyc}}\frac{(a+b)(a+c)}{bc}=\sum_{\text{cyc}}\left(1+\frac{a(a+b+c)}{bc}\right)=$$

$$3+\frac{(a+b+c)(a^2+b^2+c^2)}{abc}$$

因此

$$3+\sum_{\text{cyc}}\frac{b^2+c^2}{a(b+c)} \geq \sqrt{9+\frac{3(a+b+c)(a^2+b^2+c^2)}{abc}} \geq$$

$$\frac{3}{2}\left(1+\sqrt{\frac{(a+b+c)(a^2+b^2+c^2)}{abc}}\right)$$

其中最后不等式由算术平均 - 几何平均不等式推出, 两边减去 3 得出要求的结果.

4. 令 n 是大于等于 2 的实数, a, b, c 是正实数. 证明

$$\frac{a^n+b^n}{a+b}+\frac{b^n+c^n}{b+c}+\frac{c^n+a^n}{c+a} \geq \sqrt{\frac{3(a^{n-1}+b^{n-1}+c^{n-1})(a^n+b^n+c^n)}{a+b+c}}$$

证 应用定理 3, 得出

$$\sum_{\text{cyc}}\frac{b^n+c^n}{b+c}=\sum_{\text{cyc}}\frac{b^n c^n}{b+c}\left(\frac{1}{b^n}+\frac{1}{c^n}\right)$$

$$2\sqrt{\left[\frac{a^{2n}b^n c^n}{(a+b)(a+c)}+\frac{b^{2n}c^n a^n}{(b+c)(b+a)}+\frac{c^{2n}a^n b^n}{(c+a)(c+b)}\right]\left(\frac{a^n+b^n+c^n}{a^n b^n c^n}\right)}=$$

$$2\sqrt{\left[\frac{a^n}{(a+b)(a+c)}+\frac{b^n}{(b+c)(b+a)}+\frac{c^n}{(c+a)(c+b)}\right](a^n+b^n+c^n)}$$

剩下只要证明

$$\frac{a^n}{(a+b)(a+c)}+\frac{b^n}{(b+c)(b+a)}+\frac{c^n}{(c+a)(c+b)} \geq$$

$$\frac{3}{4} \cdot \frac{a^{n-1}+b^{n-1}+c^{n-1}}{a+b+c}$$

不等式化为

$$a^n(b+c) + b^n(a+c) + c^n(a+b) \geqslant$$
$$\frac{3}{4}\left(\frac{a^{n-1} + b^{n-1} + c^{n-1}}{a+b+c}\right)(a+b)(b+c)(c+a)$$

或
$$4[(a^{n-1} + b^{n-1} + c^{n-1})(ab + bc + ca) - abc(a^{n-2} + b^{n-2} + c^{n-2})](a+b+c) \geqslant$$
$$3(a^{n-1} + b^{n-1} + c^{n-1})[(a+b+c)(ab+bc+ca) - abc]$$

只要证明
$$(a^{n-1} + b^{n-1} + c^{n-1})(a+b+c)(ab+bc+ca) \geqslant$$
$$abc[4(a^{n-2} + b^{n-2} + c^{n-2})(a+b+c) - 3(a^{n-1} + b^{n-1} + c^{n-1})]$$

利用算术平均 - 几何平均不等式，$(a+b+c)(ab+bc+ca) \geqslant 9abc$，因此只需证明
$$3(a^{n-1} + b^{n-1} + c^{n-1}) \geqslant (a^{n-2} + b^{n-2} + c^{n-2})(a+b+c)$$

由 Chebyshev 不等式，上式成立.

3.1.3 结论

我们已经指出了定理 1 与定理 3 为许多有趣不等式提供了优美证法中的用途，这些不等式很难用其他方法证明.

我们用几个进一步的不等式来结束本文，这些问题可以用以上提出的方法来证明.

1. 令 a, b, c 是正实数. 证明
$$\frac{ab(a^3+b^3)}{a^2+b^2} + \frac{bc(b^3+c^3)}{b^2+c^2} + \frac{ca(c^3+a^3)}{c^2+a^2} \geqslant$$
$$\sqrt{3abc(a^3+b^3+c^3)}$$

2. 令 a, b, c 是正实数. 证明
$$ab\frac{a+c}{b+c} + bc\frac{b+a}{c+a} + ca\frac{c+b}{a+b} \geqslant \sqrt{3abc(a+b+c)}$$

3. 令 a, b, c 是正实数，则对任一实数，以下不等式成立
$$\frac{a^k+b^k}{a+b} + \frac{b^k+c^k}{b+c} + \frac{c^k+a^k}{c+a} \geqslant \sqrt{\frac{8(a+b+c)(a^k b^k + b^k c^k + c^k a^k)}{(a+b)(b+c)(c+a)}}$$

参考文献

[1] Andreescu T., Cirtoaje V., Dospinescu G., Lascu M., *Old and New Inequalities*, GIL Publishing House, 2004

[2] Vedula N. Murty, problem 3076, *Crux Mathematicorum*, vol. 31, no. 7.

(澳大利亚) P. H. Duc

3.2 向量征服六边形问题

很多几何问题(包括六边形)的证明常常是非常困难的. 这是由于以下事实:寻找综合证法经常很复杂. 在本文中, 我们提出用向量解答这类问题的一些有效方法.

我们从广泛应用于许多问题(包括六边形)的一些基本向量技巧开始. 前 2 个例题说明一些标准的向量计算.

问题 1 如图 3.1 所示, $ABCDEF$ 是凸六边形, $M_1, M_2, M_3, M_4, M_5, M_6$ 分别为 AB, BC, CD, DE, EF, FA 的中点. 证明: 为使 $M_1M_4 \perp M_3M_6$, 当且仅当
$$M_5M_2^2 = M_1M_4^2 + M_3M_6^2$$

证 令 $\overrightarrow{AB} = \boldsymbol{a}, \overrightarrow{BC} = \boldsymbol{b}, \cdots, \overrightarrow{FA} = \boldsymbol{f}$, 则 $\overrightarrow{M_1M_4} = \dfrac{\boldsymbol{a}}{2} + \boldsymbol{b} + \boldsymbol{c} + \dfrac{\boldsymbol{d}}{2}, \overrightarrow{M_1M_4} = -\dfrac{\boldsymbol{d}}{2} - \boldsymbol{e} - \boldsymbol{f} - \dfrac{\boldsymbol{a}}{2}$, 因此 $\overrightarrow{M_1M_4} = \dfrac{\boldsymbol{b} + \boldsymbol{c} - \boldsymbol{e} - \boldsymbol{f}}{2}$. 类似地, $\overrightarrow{M_5M_2} = \dfrac{\boldsymbol{a} + \boldsymbol{f} - \boldsymbol{c} - \boldsymbol{d}}{2}$, $\overrightarrow{M_3M_6} = \dfrac{\boldsymbol{d} + \boldsymbol{e} - \boldsymbol{a} - \boldsymbol{b}}{2}$.

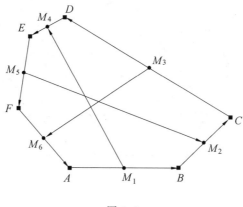

图 3.1

注意
$$\overrightarrow{M_1M_4} + \overrightarrow{M_3M_6} + \overrightarrow{M_5M_2} = \mathbf{0}$$
于是这些向量可以组成三角形(称它为 T). 只要注意到, 条件 $M_5M_2^2 = M_1M_4^2 + M_3M_6^2$ 与 $M_1M_4 \perp M_3M_6$ 中每个条件等价于事实: $\triangle T$ 是直角三角形, 即可推出结论.

问题 2 令 $A_1A_2A_3A_4A_5A_6$ 是凸六边形, 以 B_i 表示边 A_iA_{i+1} 的中点(指标取模 6). 证明: $\triangle B_1B_3B_5$ 与 $\triangle B_2B_4B_6$ 有共同的形心.

证 以 G_1 表示 $\triangle B_1B_3B_5$ 的形心, 以 G_2 表示 $\triangle B_2B_4B_6$ 的形心. 从四边形 $G_2G_1B_1B_2, G_2G_1B_3B_4, G_2G_1B_5B_6$ 得

$$3\overrightarrow{G_2G_1} = \overrightarrow{G_2B_2} + \overrightarrow{B_2B_1} - \overrightarrow{G_1B_1} + \overrightarrow{G_2B_4} + \overrightarrow{B_4B_3} -$$
$$\overrightarrow{G_1B_3} + \overrightarrow{G_2B_6} + \overrightarrow{B_6B_5} - \overrightarrow{G_1B_5} \qquad ①$$

为简化这个表达式的项,我们需要一个简单(但是著名)的结果.

引理 若 G 是 $\triangle ABC$ 的形心,则对任一点 X 有
$$\overrightarrow{XA} + \overrightarrow{XB} + \overrightarrow{XC} = 3\overrightarrow{XG}$$

证 令 M 是 BC 的中点,则从 $\triangle XBC$ 得出 $\overrightarrow{XB} + \overrightarrow{XC} = 2\overrightarrow{XM}$. 此外,从 $\triangle XAM$ 得 $\overrightarrow{XA} = \overrightarrow{XM} + \overrightarrow{MA} = \overrightarrow{XM} + 3\overrightarrow{MG}$. 求最后 2 个关系式的和,得
$$\overrightarrow{XA} + \overrightarrow{XB} + \overrightarrow{XC} = 3(\overrightarrow{XM} + \overrightarrow{MG}) = 3\overrightarrow{XG}$$

注意,对 $X = G$,有 $\overrightarrow{GA} + \overrightarrow{GB} + \overrightarrow{GC} = \mathbf{0}$. 引理得证.

回到问题,如图 3.2,按照引理,得出
$$\overrightarrow{G_1B_1} + \overrightarrow{G_1B_3} + \overrightarrow{G_1B_5} = \mathbf{0} = \overrightarrow{G_2B_2} + \overrightarrow{G_2B_4} + \overrightarrow{G_2B_6}$$

式 ① 变为
$$3\overrightarrow{G_2G_1} = \overrightarrow{B_2B_1} + \overrightarrow{B_4B_3} + \overrightarrow{B_6B_5} = \frac{1}{2}(\overrightarrow{A_3A_1} + \overrightarrow{A_5A_3} + \overrightarrow{A_1A_5}) = \mathbf{0}$$

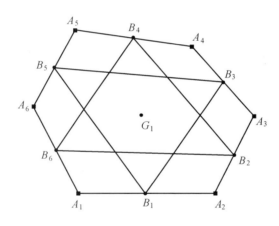

图 3.2

这显然蕴涵 $G_1 = G_2$,证毕.

在解答这些问题后,应该是转到更困难的问题上的时候了.

定理 在 $\triangle ABC$ 中,考虑 3 个向量 $\boldsymbol{u}, \boldsymbol{v}, \boldsymbol{w}$,它们的和为 $\mathbf{0}$(于是组成三角形),则以下命题中任一个蕴涵,由 $\boldsymbol{u}, \boldsymbol{v}, \boldsymbol{w}$ 组成的三角形与 $\triangle ABC$ 相似:

(1) $\dfrac{|\boldsymbol{u}|}{AB} = \dfrac{|\boldsymbol{v}|}{BC} = \dfrac{|\boldsymbol{w}|}{CA}$;

(2) $\boldsymbol{u} \parallel \overrightarrow{AB}, \boldsymbol{v} \parallel \overrightarrow{BC}, \boldsymbol{w} \parallel \overrightarrow{CA}$.

反之,(1) 与 (2) 蕴涵,向量 $\boldsymbol{u}, \boldsymbol{v}, \boldsymbol{w}$ 组成一个三角形.

证 两个命题由两个三角形相似准则推出. 注意,(1) 由边相似准则,(2) 由角相似

准则推出(即具有平行各边的两个三角形相似). 逆命题由向量 $u, v, w' = -u - v$ 组成 $\triangle T$ 的作法推出. 我们有 $\frac{|u|}{AB} = \frac{|v|}{BC}$, u 与 v 之间的角等于 $\overrightarrow{AB}$ 与 $\overrightarrow{AC}$ 之间的角. 因此 $\triangle T \backsim \triangle ABC$, 这蕴涵 $\frac{|w'|}{CA} = \frac{|u|}{AB} = \frac{|w|}{CA}$, $w \parallel \overrightarrow{CA} \parallel w'$, 于是 w, w' 有相同长度与相同方向, 因此 $w = w' = -u - v$ 蕴涵 $u + v + w = 0$.

虽然定理如此简单, 但是它十分有用. (1) 部分从长度关系得出角关系, (2) 部分从角关系(由平行性导出)给出长度关系(由相似性导出). 这个结果是基本三角形相似性质的简单推论; 但是它比三角形相似性更有用. 这个定理的有用性发生于用向量语言表示它的命题, 因此它有更一般的应用, 因为事实是: 3 个向量组成三角形不蕴涵它们的对应线段组成三角形.

问题 3　如图 3.3 所示, 等边 $\triangle ABC$ 中, 在边 BC, CA, AB 上分别选择点 $A_1, A_2, B_1, B_2, C_1, C_2$, 使它们组成所有边相等的凸六边形. 证明: A_1B_2, B_1C_2, C_1A_2 共点.

(IMO, 2 005)

证　这里不能看出任何三角形的相似性(它隐藏在我们看不见的作法中). 但是可以用它的结论. 向量 $\overrightarrow{A_1A_2}, \overrightarrow{B_1B_2}, \overrightarrow{C_1C_2}$ 的长相等, 且平行于 $\triangle ABC$ 的各边($\triangle ABC$ 的边长也相等), 于是由定理之逆, 可以导出它们的和为 $\mathbf{0}$. 显然 $\overrightarrow{A_1A_2} + \overrightarrow{A_2B_1} + \overrightarrow{B_1B_2} + \overrightarrow{B_2C_1} + \overrightarrow{C_1C_2} + \overrightarrow{C_2A_1} = \mathbf{0}$, 因此 $\overrightarrow{A_2B_1} + \overrightarrow{B_2C_1} + \overrightarrow{C_2A_1} = \mathbf{0}$.

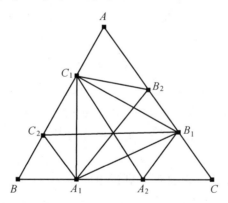

图 3.3

但是这些向量有相同长度. 于是再用定理可看出它们组成等边三角形, 这样它们彼此旋转($120°$ 与 $240°$), 正如我们知道 $\overrightarrow{A_1A_2}, \overrightarrow{B_1B_2}, \overrightarrow{C_1C_2}$ 彼此旋转一样. 因此 $\triangle A_1A_2B_1$, $\triangle B_1B_2C_1, \triangle C_1C_2A_1$ 也彼此旋转, 于是它们全等. 因此 $A_1B_1 = B_1C_1 = C_1A_1$, 这样 $\triangle A_1B_1C_1$ 是等边三角形. 当 $C_1B_2 = B_2B_1$ 时, 点 A_1, B_2 在 B_1C_1 的中垂线上, 于是 A_2B_2 是 B_1C_1 的中垂线. 类似地, B_1C_2 与 C_1B_2 也是 $\triangle A_1B_1C_1$ 中的中垂线, 因此 3 条直线共点.

关于向量众所周知的一个概念是它们的标量积, 它广泛应用于几何学中. 这里我们将提出另一个乘积,较少人知道,但很有用. 2 个向量 u,v 的向量积(这里将用 $u \times v$ 表示)是它们的长与它们向反时针方向角正弦的乘积(于是 u 与 v 间的角和 v 与 u 间的角不相等,它们的和实际上是 360°). 显然, $u \times v$ 是由 u 与 v 组成的三角形面积的 2 倍,若为反时针方向旋转 u 直到它平行于 v 时,需要的角大于 π,则 $u \times v$ 可取负号. 在解析几何学中,若 $u = (x, y), v = (x_1, y_1)$,则 $u \times v = xy_1 - y_1 x$.

向量积与标量积一样,对加法有分配律,但它是不可交换的. 事实上 $a \times b + b \times a = 0$. 显然为使两个向量 $u \parallel v$,当且仅当 $u \times v = 0$. 其次我们证明这个概念的简单应用.

问题 4 在五边形 $ABCDE$ 中,它的 4 条边与它们所对对角线平行. 证明:第 5 条边也与它所对的对角线平行.

证 如图 3.4 所示,设 $AB \parallel CE, BC \parallel DA, CD \parallel EB, DE \parallel AC$. 我们应该证明 $EA \parallel BD$. 令 $a = \overrightarrow{AB}, b = \overrightarrow{BC}, c = \overrightarrow{CD}, d = \overrightarrow{DE}, e = \overrightarrow{EA}$.

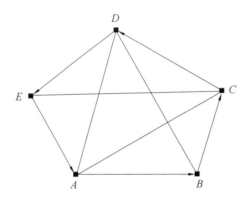

图 3.4

用向量积,问题变为:证明 $a \times (c+d) = b \times (d+e) = c \times (e+a) = d \times (a+b) = 0$ 蕴涵 $e \times (b+c) = 0$. 这可由恒等式 $a \times (c+d) + b \times (d+e) + c \times (e+a) + d \times (a+b) + e \times (b+c) = 0$ 直接证明. 可以用去括号,把各项分为形如 $a \times c + c \times a$ 的各对,由定义,它们是 0.

评注 这个恒等式的另一种证明是利用事实:$a \times (c+d) = 2S_{\triangle ABC} - 2S_{\triangle ABE}$,与其他类似关系式求和,所有面积将彼此消去,实际上,当 $a+b+c+d+e=0$ 时,$a \times (c+d) = -a \times (a+b+e) = (b+e) \times a = b \times a + e \times a = 2S_{\triangle ABC} - 2S_{\triangle ABE}$(当 a, b, c, d, e 是反时针方向时,符号相反). 这个事实导致不用向量积来证明,因为 $AB \parallel DE$ 等价于 $S_{\triangle ABC} = S_{\triangle ABE}$. 但是,我们原来的证明即使没有假设五边形是凸多边形也能很好地进行,这给综合法证明造成重大困难. 以下问题是向量积的另一个(较难)应用.

问题 5 如图 3.5 所示,在凸六边形 $ABCDEF$ 中,它各边的中点分别为 M, N, P, Q, R, S(M 是 AB 的中点,N 是 BC 的中点等). 证明:为使 MQ, NR, PS 共点,当且仅当 $\triangle ACE$ 与 $\triangle BDF$ 的面积相等.

证 取点 O，设 $\overrightarrow{OA}=a, \overrightarrow{OB}=b, \overrightarrow{OC}=c, \overrightarrow{OD}=d, \overrightarrow{OE}=e, \overrightarrow{OF}=f$，则 $\overrightarrow{OM}=\dfrac{a+b}{2}$ 等．

$\triangle ACE$ 与 $\triangle BDF$ 的面积条件容易表述如下：把它改述为 $(a-e)\times(c-e)=(b-f)\times(d-f)$，去括号后，把它写成 $a\times c+c\times e+e\times a=b\times d+d\times f+f\times b$.

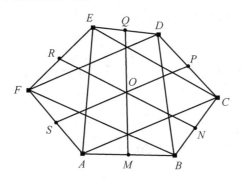

图 3.5

现在难以表述 MQ, NR, PS 共点的条件．为了简化它，我们可以回忆，任意选择点 O，特别地，把 O 选择为 MQ 与 NR 的交点，则 $\overrightarrow{OM}\times\overrightarrow{OQ}=\overrightarrow{ON}\times\overrightarrow{OP}=0$，或 $(a+b)\times(d+e)=(b+c)\times(e+f)=0$．这个条件现在变换为 O, P, S 共线，它可以改写为 $(c+d)\times(f+a)=0$．

第 1 个条件是循环的，第 2 个条件若能被削弱，则希望是循环条件（这两个表达式等于 0 蕴涵第 3 个表达式等于 0）．为了使第 2 个条件是循环的，我们来求两个表达式之和．

我们有 $(a+b)\times(d+e)+(b+c)\times(c+f)+(c+d)\times(f+a)$，不能把它化为第 1 个条件，因为它包含因子 $b\times c$，那里不给出这个因子．为了消去这个因子，考虑
$$(a+b)\times(d+e)-(b+c)\times(e+f)+(c+d)\times(f+a)$$
若去括号，则得
$$(a\times d+d\times a)+(b\times e-b\times e)+(c\times f-c\times f)+$$
$$a\times e-c\times a+c\times a+b\times d-b\times f+d\times f=$$
$$(b\times d+d\times f+f\times b)-(a\times c+c\times e+e\times a)$$
我们有
$$(a+b)\times(d+e)=(b+c)\times(e+f)=0$$
于是 $(c+d)\times(f+a)=0$ 等价于
$$(a+b)\times(d+e)-(b+c)\times(e+f)+(c+d)\times(f+a)=0$$
但是正如去括号后可见，这等价于
$$a\times c+c\times e+e\times a=b\times d+d\times f+f\times b$$

我们发展了研究向量（与六边形）的一些强大技巧，现在可以大胆地研究最近十年间国际数学奥林匹克提出的最难几何学问题之一．

问题 6 在凸六边形 $ABCDEF$ 中,已知任意 2 条对边中点间的距离等于它们之长的 $\frac{\sqrt{3}}{2}$ 倍.证明:这个六边形的所有角相等.

(IMO,2003)

证 如图 3.6 所示,考虑 $\vec{AB}=a,\vec{BC}=b,\cdots,\vec{FA}=f$.若 X 是 AB 的中点,Y 是 DE 的中点,则
$$\frac{a}{2}+b+c+\frac{d}{2}=\vec{XY}=-\frac{a}{2}-f-e-\frac{d}{2} \Rightarrow \vec{XY}=\frac{b-e+c-f}{2}$$

因此,若 $a-d=x, c-f=y, e-b=z$,则 $\vec{XY}=\frac{y-z}{2}$.

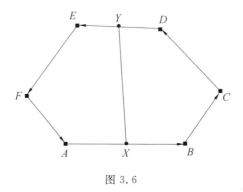

图 3.6

利用这个记号,已知性质变成
$$\left|\frac{y-z}{2}\right|=\frac{\sqrt{3}}{2}(|a|+|d|) \geqslant \frac{\sqrt{3}}{2}|a-d| \Rightarrow |x|\sqrt{3} \leqslant |y-z| \qquad ①$$

最后,$3|x|^2 \leqslant |y|^2-2yz+|z|^2$,对其他 2 对对边写出类似表达式,得出 $3|y|^2 \leqslant |x|^2-2xz+|z|^2$,$3|z|^2 \leqslant |y|^2-2yx+|x|^2$.显然这些不等式蕴涵 $|x+y+z|^2 \leqslant 0$,从而 $x+y+z=0$,我们在式 ① 中有等式,在它的类似关系式中有等式.特别地,得出已知六边形的对边平行.

此外,考虑 $\triangle UVW$,使 $\vec{UV}=x, \vec{VW}=y, \vec{WU}=z$.从式 ① 知道中线 $WM=\frac{1}{2}|y-z|$ 的长是 $\frac{\sqrt{3}}{2}\vec{UV}$(当然,类似关系式对其他中线成立).在 UV 的同侧上取点 W_1 为 W,使 $\triangle UVW_1$ 是等边的.若 $\angle UWV < 60°$,则顶点 W 在 $\triangle UVW_1$ 的外接圆外,此圆与圆心为 M,半径为 $\frac{\sqrt{3}}{2}UV$ 的圆内切.在 $\angle UWV > 60°$ 时,得出类似矛盾,于是 $\triangle UVW$ 将一定是等

边三角形.最后,这个断言蕴涵事实:六边形是等角三角形,问题得到解答.

根据这个问题的解法,容易解答其他问题.

问题 7 考虑凸六边形 $ABCDEF$,它具有 $AB=BC+EF$,$BE=CD+FA$,$CF=AB+DE$.证明

$$\frac{AB}{DE}=\frac{EF}{BC}=\frac{CD}{FA}$$

(哈萨克斯坦,2006)

证 如图 3.7 所示,同前题,令 $\overrightarrow{AB}=a,\overrightarrow{BC}=b,\cdots,\overrightarrow{FA}=f$.容易得出 $\overrightarrow{AB}=\frac{1}{2}(a+b+c-d-e-f)$.于是设 $a-d=x,c-f=y,e-b=z$,已知条件变为

(1) $\frac{|x-z+y|}{2}=|b|+|e|=|b|+|-e|\geqslant |b-e|\equiv |z|$,当 $BC \parallel EF$ 时,等式成立;

(2) $\left|\frac{y-x+z}{2}\right|\geqslant |x|$;

(3) $\frac{|z-y+x|}{2}\geqslant |y|$.

此时显然需要一些新记号.令 $x-z+y=k,y-x+z=l,z-y+x=m$,则(1)(2)(3)变为

$$|k|\geqslant |l+m|,|l|\geqslant |k+m|,|m|\geqslant |l+k|$$

把这些关系式平方并求和,得 $0\geqslant |x+y+z|^2$,蕴涵 $x+y+z=0$.因此所有以上不等式实际上是等式.最后,六边形 $ABCDEF$ 的所有对边平行.

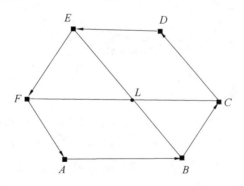

图 3.7

另外,因 $k+l+m=x+y+z$,故 $k+l+m=0$(即 $\overrightarrow{AD},\overrightarrow{CF},\overrightarrow{EB}$ 可以组成三角形).因此

$$\overrightarrow{FC}=\overrightarrow{AD}+\overrightarrow{EB}=\frac{k+m}{2}=x=a-d \Leftrightarrow AB \parallel DE \parallel CF$$

类似地可以推导出 $BC \parallel AD \parallel EF, AF \parallel BE \parallel CD$. 最后, 若 $BE \cap CF = \{L\}$, 则因 $ABLF$ 与 $CDEL$ 是平行四边形, 所以

$$\frac{AB}{DE} = \frac{FL}{LC} = \frac{EF}{BC} = \frac{EL}{LB} = \frac{CD}{AF}$$

最后我们研究 2004 年越南代表队选拔考试提出的 "难题".

问题 8 令 $ABCDEF$ 是具有周长为 P 的凸六边形. 令它的各边中点组成具有周长为 P' 的六边形 $A_1B_1C_1D_1E_1F_1$. 若六边形 $A_1B_1C_1D_1E_1F_1$ 所有的角相等, 证明

$$P' \leqslant \frac{\sqrt{3}}{2} P$$

(越南代表队选拔考试, 2004)

证 如图 3.8 所示, 可设 A_1 是 AB 的中点, B_1 是 BC 的中点, 则 $A_1B_1 \parallel AC$, $\overrightarrow{A_1B_1} = \frac{1}{2}\overrightarrow{AC}$. 类似地, $\overrightarrow{C_1D_1} = \frac{1}{2}\overrightarrow{CE}, \overrightarrow{E_1F_1} = \frac{1}{2}\overrightarrow{EA}$. 当六边形 $A_1B_1C_1$-$D_1E_1F_1$ 的各角相等时, 它们都等于 $120°$. 因此向量 $\overrightarrow{A_1B_1}, \overrightarrow{C_1D_1}, \overrightarrow{E_1F_1}$ 的支撑线组成等边三角形. 但是 $\overrightarrow{A_1B_1} + \overrightarrow{C_1D_1} + \overrightarrow{E_1F_1} = \frac{1}{2}(\overrightarrow{AC} + \overrightarrow{CE} + \overrightarrow{EA}) = \mathbf{0}$, 因此我们断定, 这 3 个向量组成等边三角形, 于是 $\triangle ACE$ 是等边的. 类似地得出 $\triangle BDF$ 也是等边的, 它的边平行于 $\triangle ACE$ 的边, 但方向相反.

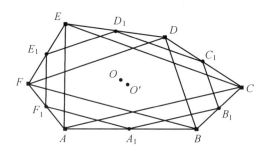

图 3.8

令 O 是 $\triangle ACE$ 的外心, O' 是 $\triangle BDF$ 的外心. 设 $\overrightarrow{OO'} = \mathbf{x}$, 我们有 $\overrightarrow{AB} = \overrightarrow{AO} + \overrightarrow{OO'} + \overrightarrow{O'B} = \mathbf{u} + \mathbf{x}$, 其中 $\mathbf{u} = \overrightarrow{AO} + \overrightarrow{O'B}$. 类似地 $\overrightarrow{CD} = \mathbf{v} + \mathbf{x}, \overrightarrow{EF} = \mathbf{w} + \mathbf{x}$, 其中 $\mathbf{v} = \overrightarrow{CO} + \overrightarrow{O'D}, \mathbf{w} = \overrightarrow{EO} + \overrightarrow{O'F}$. 显然 $\overrightarrow{CO}, \overrightarrow{O'D}$ 是 $\overrightarrow{AO}, \overrightarrow{O'B}$ 旋转 $120°$ 得到的, 于是 $\mathbf{v}$ 是 $\mathbf{u}$ 旋转 $120°$ 得到的. 相同结果对 $\mathbf{w}$ 成立. 现在来证明 $|\mathbf{u} + \mathbf{x}| + |\mathbf{v} + \mathbf{x}| + |\mathbf{w} + \mathbf{x}| \geqslant |\mathbf{u}| + |\mathbf{v}| + |\mathbf{w}|$. 实际上, 若作出点 X, Y, Z, 使 $\overrightarrow{OX} = \mathbf{u}, \overrightarrow{OY} = \mathbf{v}, \overrightarrow{OZ} = \mathbf{w}$, 则 O 是等边 $\triangle XYZ$ 的中心(因为 $\mathbf{u}, \mathbf{v}, \mathbf{w}$ 彼此旋转 $120°$). 这时不等式变为 $O'X + O'Y + O'Z \geqslant OX + OY + OZ$, 成立, 因为 O 是 $\triangle XYZ$ 的 Fermat-Toricell 之间. 令若 $\triangle ACE$ 的边长是 a, $\triangle BDF$ 的边长是 b, 则 $AO = \frac{a}{\sqrt{3}}, BO' =$

$\dfrac{b}{\sqrt{3}}$，$\overrightarrow{AO}$ 与 $\overrightarrow{BO'}$ 之间的角是 $60°$. 于是由余弦定理，$|u|=|\overrightarrow{AO}+\overrightarrow{O'B}|=\dfrac{1}{\sqrt{3}}\sqrt{a^2-ab+b^2}$

$\geqslant \dfrac{1}{2\sqrt{3}}(a+b)$. 因此 $AB+CD+EF \geqslant \dfrac{3}{2\sqrt{3}}(a+b)=\dfrac{\sqrt{3}}{2}(a+b)$. 类似地，$BC+DE+FA$

$\geqslant \dfrac{\sqrt{3}}{2}(a+b)$，于是 $P \geqslant \sqrt{3}(a+b)$. 因此 $P'=\dfrac{3}{2}(a+b)$，于是 $P \geqslant \dfrac{2}{\sqrt{3}}P'$，正是要求的结果.

参考文献

[1] Titu Andreescu, Dorin Andrica. *Complex Numbers from A to ... Z*. Birkhauser, 2 005.

[2] *A Report on the 46th International Mathematical Olympiad*. Mexico, 2 005.

[3] *44th International Mathematical Olympiad, Short - listed Problems*. Tokyo, Japan, July 2003.

[4] *The Vietnamese Mathematical Olympiad in* 2004. Hanoi, July 2004.

[5] www.mathlinks.ro

(美国) I. Boreico, L. Chiriac

3.3 K_k 与 $K_{k+1}\backslash\{e\}$ 比较

在本文中我们求图中边数，以保证 $(k+1)$-团图存在而不把边作为子图.

著名的 Turan 定理说明，在 n 个顶点上没有 k 团图的一组图 G 中，有

$$|E| \leqslant \dfrac{k-2}{k-1} \cdot \dfrac{n^2-r^2}{2}+\dfrac{(r-1)r}{2}$$

其中 $n \equiv r(\bmod\ k-1)$.

令 $f(S,n)$ 是在 n 个顶点上的图最大边数，此图中没有特殊结构 S. 由以上陈述推出，若 $n \equiv r(\bmod\ k-1)$，则

$$f(K_k,n)=\dfrac{k-2}{k-1} \cdot \dfrac{n^2-r^2}{2}+\dfrac{(r-1)r}{2}$$

由此显然，数 $f(K_k,n)+1$ 保证在图中存在 k-团图.

我们也要引入 $f(S,n)$ 的余数，函数 $g(S,n)$ 等于从 n 个顶点上的图除去的最小顶点数，以保证在它中不存在特殊结构 S. 我们有

$$g(K_k,n)=\dfrac{(n-1)n}{2}-f(K_k,n)=\dfrac{(n-r)[n+r-(k-1)]}{2(k-1)}$$

其中 $n \equiv r(\bmod\ k-1)$.

我们要求出这样的边数,以保证图中存在没有边的 $(k+1)$ -团图. 我们要求这个数与保证图中有 $k-$ 团图存在的边数相同,即
$$f(K_k,n)=f(K_{k+1}\backslash\{e\},n), n\geqslant k+1, k\geqslant 3$$
我们从简单的观察开始. 显然
$$f(K_k,n)\leqslant f(K_{k+1}\backslash\{e\},n)$$
因为 $K_k\subset K_{k+1}\backslash\{e\}$, 于是 $g(K_{k+1}\backslash\{e\},n)\leqslant g(K_k,n)$.

也很明显, $g(S,n-1)<g(S,n)$. 为证明这点, 考虑 n 个顶点的图, 其中有 $g(S,n)$ 条边被除去, 此图在其中没有 S. 删去 1 个顶点, 它有 1 条边被除去. 我们剩下 $n-1$ 个顶点, 至多有 $g(S,n)-1$ 条边被除去, 在图中没有 S.

利用数学归纳法来证明这个命题. 我们需要做的第 1 件最繁重的工作, 是对 $n\in\{k+1, k+2,\cdots,2k\}$ 证明这个命题.

第 1 种情形: $n=k-1+l, 2\leqslant l\leqslant k-1$. 利用以上公式有 $g(K_k,n)=l$. 对 l 用归纳法证明 $g(K_{k+1}\backslash\{e\},n)=g(K_k,n)=l$. 基础情形 $l=2$: $g(K_{k+1}\backslash\{e\},k+1)=g(K_k,k+1)=2$ 成立. 设命题对 $m=2,\cdots,l-1$ 成立. 由以上不等式有
$$l-1=g(K_{k+1}\backslash\{e\},n-1)<g(K_{k+1}\backslash\{e\},n)\leqslant g(K_k,n)=l$$
因此 $g(K_{k+1}\backslash\{e\},n)=g(K_k,n)=l$, 得出 $f(K_{k+1}\backslash\{e\},n)=f(K_k,n)$.

第 2 种情形: $n=2k-1$, 有 $g(K_{k+1}\backslash\{e\},2k-1)\geqslant k$. 于是若除去这些边, 则有顶点 v_0 至少有 2 条相邻边被除去. 于是不包含 $K_{k+1}\backslash\{e\}$ 的 $G\backslash\{v_0\}$ 至少有 $g(K_{k+1}\backslash\{e\},2k-2)=k-1$ 条边被除去. 由此得 $g(K_{k+1}\backslash\{e\},2k+1)$, 因此
$$k+1=g(K_k,2k-1)\geqslant g(K_{k+1}\backslash\{e\},2k-1)\geqslant$$
$$k-1+2=k+1$$
于是 $g(K_k,2k-1)=g(K_{k+1}\backslash\{e\},2k-1)$, 证毕.

第 3 种情形: $n=2k$, 于是 $g(K_{k+1}\backslash\{e\},2k-1)\geqslant k+2$. 利用相同方法得出 $g(K_{k+1}\backslash\{e\},2k-1)\geqslant k+3$. 因此
$$k+3=g(K_k,2k)\geqslant g(K_{k+1}\backslash\{e\},2k)\geqslant$$
$$k+1+2=k+3$$
得出 $g(K_k,2k)=g(K_{k+1}\backslash\{e\},2k)$, 命题证毕.

现在对 $n\in\{k+1,k+2,\cdots,2k\}$ 验证基础情形, 继续用数学归纳法. 设这个结果对小于 $n,n\geqslant 2k$ 的所有正整数成立. 我们对 n 证明这个命题.

假设相反, 在 n 个顶点上具有 $f(K_k,n)+1$ 条边的图 G 中没有子图 $K_{k+1}\backslash\{e\}$. 由 Turan 定理, 在 G 中有子图 K_k. 考虑具有 $n-k$ 个顶点的 $G\backslash K_k$. 每个顶点与 K_k 至多 $k-2$ 个顶点相连. 也用归纳假设, $G\backslash K_k$ 至多有 $f(K_k,n-k)$ 条边. 于是
$$f(K_{k+1}\backslash\{e\},n)\leqslant \frac{(k-1)k}{2}+(n-k)(k-2)+f(K_k,n-k)$$

我们要证明以下不等式

$$\frac{(k-1)k}{2}+(n-k)(k-2)+f(K_k,n-k)\leqslant f(K_k,n)$$

它给我们要求的矛盾.

第 1 种情形：$n=(k-1)t$. 于是 $n-k=(k-1)(t-2)+k-2$, 则

$$f(K_k,n)=\frac{(k-2)(k-1)t^2}{2}$$

与

$$f(K_k,n-k)=\frac{k-2}{2}\cdot[(k-1)(t-2)^2+2(k-2)(t-2)+k-3]=$$

$$\frac{(k-2)(t-1)[(k-1)t-k-1]}{2}$$

于是

$$f(K_k,n)-f(K_k,n-k)=\frac{k-2}{2}\cdot(2kt-k-1)$$

它化为

$$k-1\leqslant(k-2)t$$

显然,这个不等式对所有 $k\geqslant 3$ 与 $t\geqslant 2$ 成立.

第 2 种情形：$n=(k-1)t+r, 1\leqslant r\leqslant k-2$. 于是 $n-k=(k-1)(t-1)+r-1$, 则

$$f(K_k,n)=\frac{k-2}{k-1}\cdot\frac{n^2-r^2}{2}+\frac{(r-1)r}{2}=$$

$$\frac{(k-2)t}{2}[(k-1)t+2r]+\frac{(r-1)r}{2}$$

与

$$f(K_k,n-k)=\frac{k-2}{k-1}\cdot\frac{(n-k)^2-(r-1)^2}{2}+\frac{(r-2)(r-1)}{2}=$$

$$\frac{(k-2)(t-1)}{2}[(k-1)(t-1)+2r-2]+\frac{(r-2)(r-1)}{2}=$$

$$\frac{(k-2)(t-1)}{2}[(k-1)t+2r]-\frac{(k-2)(k+1)(t-1)}{2}+$$

$$\frac{(r-2)(r-1)}{2}$$

由此得

$$f(K_k,n)-f(K_k,n-k)=\frac{(k-2)}{2}[(k-1)t+2r]+$$

$$\frac{(k-2)(k+1)(t-1)}{2}+(r-1)=$$

$$(k-2)k(t-1)+\frac{(k-2)(k-1+2r)}{2}+(r-1)$$

于是不等式等价于

$$\frac{(k-1)k}{2}+(k-2)[(k-1)(t-1)+r-1] \leqslant$$
$$(k-2)k(t-1)+\frac{(k-2)(k-1+2r)}{2}+r-1$$

或

$$(k-1)+(k-3)(r-1) \leqslant (k-2)(t-1)+r(k-2)$$

或

$$0 \leqslant (k-2)(t-1)+r-2$$

证毕.

因此我们证明了比 Turan 定理更强的结果.

若图中的边数保证 $k-$ 团图存在,则它将保证没有边的 $(k+1)-$ 团图存在.

参考文献

[1] Martin Aigner, Gunter M. Ziegler. *Proofs from the Book*. Springer, Third Edition, 2004.

[2] Reinhard Diestel. *Graph Theory*. Springer - Verlag, Electronic Edition 2000.

(美国)I. Borsenco

3.4 分圆多项式的初等性质

分圆多项式的初等性质是奥林匹克数学中很广泛的课题.本文的目的是介绍分圆多项式理论,提出一些经典例子.

3.4.1 预备知识

定义 1 Möbius 函数 $\mu: \mathbf{Z}_+ \to \{-1,0,1\}$ 定义如下

$$\mu(n)=\begin{cases} 1 & \text{若 } n=1 \\ (-1)^k & \text{若 } n \text{ 是 } k \text{ 个不同素数之积} \\ 0 & \text{其他情形} \end{cases}$$

显然 μ 是乘性函数,即对所有互素正整数 m 与 n, $\mu(mn)=\mu(m)\mu(n)$. 以下结果可以在许多乘性函数图书中找到.

定理 1 （Möbius 反演公式）设 $F, H, f: \mathbf{Z}_+ \to \mathbf{Z}_+$ 是函数，使

$$F(n) = \sum_{d|n} f(d)$$

$$H(n) = \prod_{d|n} f(d)$$

则

$$f(n) = \sum_{d|n} \mu(d) F\left(\frac{n}{d}\right) = \prod_{d|n} H\left(\frac{n}{d}\right)^{\mu(d)}$$

定义 2 令 n 是正整数，ζ 是 n 次单位根，则满足 $\zeta^k = 1$ 的最小正整数 k 称为 ζ 的阶，表示为 $\mathrm{ord}(\zeta)$. 当 $\mathrm{ord}(\zeta) = n$ 时，ζ 也称为第 n 次单位原根.

引理 1 令 n 与 k 为正整数，ζ 是第 n 次单位原根，则为使 ζ^k 是第 n 次单位原根，当且仅当 $\gcd(k, n) = 1$.

证 令 $d = \mathrm{ord}(\zeta^k)$，则 $\zeta^{kd} = 1, n \mid kd$. 若 $\gcd(k, n) = 1$，则 $n \mid kd$ 蕴涵 $n \mid d$. 但是 d 也整除 n，于是 $d = n, \zeta^k$ 是第 n 次单位原根.

若 $\gcd(k, n) \neq 1$，则

$$\zeta^{k\frac{n}{\gcd(k,n)}} = 1$$

于是 $d < n$. 因此 ζ^k 不是单位原根.

系 1 令 n 是正整数，则恰好存在 $\varphi(n)$ 个第 n 次单位原根.

3.4.2 分圆多项式

定义 3 令 n 是正整数，则表示为 Φ_n 的第 n 个分圆多项式是恰有以第 n 个单位根为根的（首一）多项式，即

$$\Phi_n(x) = \prod_{\substack{\zeta^n = 1 \\ \mathrm{ord}(\zeta) = n}} (x - \zeta)$$

因恰有 $\varphi(n)$ 个第 n 个单位原根，故 Φ_n 的次数是 $\varphi(n)$.

其次，我们提出分圆多项式的一些初等性质，它们在各种竞赛中很有用.

定理 2 令 n 是正整数，则

$$x^n - 1 \equiv \prod_{d|n} \Phi_d(x)$$

证 $x^n - 1$ 的根恰是第 n 个单位根. 另一方面，若 ζ 是第 n 个单位根，$d = \mathrm{ord}(\zeta)$，则 ζ 是第 d 个单位原根，于是是 $\Phi_d(x)$ 的根. 但是 $d \mid n$，于是 ζ 是右边的根. 由此得出左边与右边的多项式有相同的根，因它们都是首一多项式，故它们相等.

注意，比较 2 个多项式的次数，得

$$n = \sum_{d|n} \varphi(n)$$

的另一种证明.

引理 2　设 $f(X) \equiv X^m + a_{m-1}X^{m-1} + \cdots + a_0$, $g(X) \equiv X^n + b_n X^{n-1} + \cdots + b_0$ 是有理系数多项式. 若多项式 $f \cdot g$ 的所有系数是整数, 则 f 与 g 的系数也是整数.

证　令 M 与 N 分别是最小正整数, 以致 $Mf(X)$ 与 $Nf(X)$ 的所有系数是整数(即 M 与 N 分别为 $a_0, \cdots, a_{m-1}$ 与 $b_0, \cdots, b_{n-1}$ 的分母的最小公倍数). 对 $i \in \{0, \cdots, m-1\}$, 令 $A_i = Ma_i$, 对 $j \in \{0, \cdots, n-1\}$, 令 $B_j = Nb_j$, $A_m = M$, $B_n = N$, 则
$$MNf(X)g(X) \equiv A_m B_n X^{m+n} + \cdots + A_0 B_0$$
因 $f(X)g(X) \in \mathbf{Z}[X]$, 故 $MNf(X)g(X)$ 的所有系数可被 MN 整除.

设 $MN > 1$, 令 P 是 MN 的素数因子, 则存在整数 $i \in \{0, \cdots, m\}$, 以致 $P \nmid A_i$. 实际上, 若 $P \nmid M$, 则 $P \nmid A_m$; 若 $P \mid M$, 则对所有 $i \in \{0, \cdots, m\}$, $P \mid A_i$ 将蕴涵 $A_i/P = (M/P)a_i \in \mathbf{Z}$, 得出与 M 的最小性矛盾. 类似地, 存在整数 $j \in \{0, \cdots, n\}$, 使 $P \nmid B_j$. 令 I 与 J 分别为这些数 i 与 j 中的最大整数, 则在 $MNf(X)g(X)$ 中 X^{I+J} 的系数是
$$[X^{I+J}] = \cdots + A_{I+1}B_{J-1} + A_I B_J + A_{I-1}B_{J+1} + \cdots \equiv A_I B_J + P \cdot R$$
其中 R 是整数, 特别地, 它不可被 P 整除, 这与以下事实矛盾: $MNf(X)g(X)$ 的系数可被 MN 整除.

系 2　令 n 是正整数, 则 Φ_n 的系数是整数, 即 $\Phi_n(X) \in \mathbf{Z}[X]$.

证　对 n 用归纳法证明. 因为 $\Phi_1(X) = X - 1$, 命题对 $n = 1$ 成立. 设命题对所有 $k < n$ 成立, 则由定理 2 得
$$\Phi_n(X) = \frac{X^n - 1}{\prod_{d \mid n, d \neq n} \Phi_d(X)}$$
于是 $\Phi_n(X)$ 的系数是有理数, 由引理 2 知是整数.

我们也可以用 Möbius 反演公式得出分圆多项式的直接公式.

定理 3　令 n 是正整数, 则
$$\Phi_n(X) = \prod_{d \mid n}(X^{\frac{n}{d}} - 1)^{\mu(d)} = \prod_{d \mid n}(X^d - 1)^{\mu(\frac{n}{d})}$$

证　由定理 1 与 2 直接推出这个公式.

引理 3　令 p 是素数, n 是正整数, 则
$$\Phi_{pn}(X) = \begin{cases} \Phi_n(X^p) & \text{若 } p \mid n \\ \dfrac{\Phi_n(X^p)}{\Phi_n(X)} & \text{若 } p \nmid n \end{cases}$$

证　首先设 $p \mid n$, 则
$$\Phi_{pn}(X) = \prod_{d \mid pn}(X^{\frac{pn}{d}} - 1)^{\mu(d)} =$$
$$\left(\prod_{d \mid n}(X^{\frac{pn}{d}} - 1)^{\mu(d)}\right)\left(\prod_{\substack{d \mid pn \\ d \nmid n}}(X^{\frac{pn}{d}} - 1)^{\mu(d)}\right) =$$

$$\Phi_n(X^p)\prod_{\substack{d\mid pn\\d\nmid n}}(X^{\frac{pn}{d}}-1)^{\mu(d)}$$

但是 $d\mid pn$ 与 $d\nmid n$ 蕴涵 $p^2\mid d$(因为 $p\mid n$),于是 d 是平方数,这样 $\mu(d)=0$. 因此

$$\prod_{\substack{d\mid pn\\d\nmid n}}(X^{\frac{pn}{d}}-1)^{\mu(d)}=1$$

从而 $\Phi_{pn}(X)=\Phi_n(X^p)$. 设 $p\nmid n$,则

$$\Phi_{pn}(X)=\prod_{d\mid pn}(X^{\frac{pn}{d}}-1)^{\mu(d)}=$$

$$\Big(\prod_{d\mid n}(X^{\frac{pn}{d}}-1)^{\mu(d)}\Big)\Big(\prod_{d\mid n}(X^{\frac{pn}{pd}}-1)^{\mu(pd)}\Big)=$$

$$\Big(\prod_{d\mid n}(X^{\frac{pn}{d}}-1)^{\mu(d)}\Big)\Big(\prod_{d\mid n}(X^{\frac{n}{d}}-1)^{-\mu(d)}\Big)=$$

$$\frac{\Phi_n(X^p)}{\Phi_n(X)}$$

由此得出以下的系.

系 3 令 p 是素数,n,k 是正整数,则

$$\Phi_{p^k n}(X)=\begin{cases}\Phi_n(X^{p^k}) & \text{若 } p\mid n\\ \dfrac{\Phi_n(X^{p^k})}{\Phi_n(X^{p^{k-1}})} & \text{若 } p\nmid n\end{cases}$$

证 由引理 3,知

$$\Phi_{p^k n}(X)=\Phi_{p^{k-1}n}(X^p)=\cdots=\Phi_{pn}(X^{p^{k-1}})=$$

$$\begin{cases}\Phi_n(X^{p^k}) & \text{若 } p\mid n\\ \dfrac{\Phi_n(X^{p^k})}{\Phi_n(X^{p^{k-1}})} & \text{若 } p\nmid n\end{cases}$$

引理 4 令 p 是素数. 设多项式 X^n-1 有二重根 $(\bmod\ p)$,即存在整数 a 与多项式 $f(X)\in\mathbf{Z}[X]$,使

$$X^n-1\equiv(X-a)^2 f(X)(\bmod\ p)$$

则 $p\mid n$.

证[①] 显然 $p\nmid a$,代入 $y=X-a$,得

$$(y+a)^n-1\equiv y^2 f(y+a)(\bmod\ p)$$

比较系数,可见右边 y 的系数是 0. 由二项式定理,左边 y 的系数是 na^{n-1}. 由此得 $na^{n-1}\equiv 0(\bmod\ p)$. 但是 $p\nmid a$,因此 $p\mid n$.

---

① 引入计算导数的常见法则,对模 p 计算,也可以证明引理 4(可以证明它们是相容的). 事实函数的二重根是它的导数的二重根对模 p 仍然是不变的. X^n-1 的导数是 nX^{n-1},于是 $na^{n-1}\equiv 0(\bmod\ p)$. 但是 $p\nmid a$,因此 $p\mid n$.

系 4 令 n 是正整数，$d<n$ 是 n 的因子．设 p 整除 $\Phi_n(x_0)$ 与 $\Phi_d(x_0)$，其中 $x_0 \in \mathbf{Z}_0$，则 $p \mid n$．

证 由定理 2
$$x^n - 1 = \prod_{t \mid n} \Phi_t(x)$$
于是 $x^n - 1$ 可被 $\Phi_n(x)\Phi_d(x)$ 整除．由此得，多项式 $X^n - 1$ 在 x_0 上有二重根（mod p），因此由引理 4，有 $p \mid n$．

定理 4 令 n 是正整数，x 是任一整数，则 $\Phi_n(x)$ 的所有素因子 p 满足 $p \equiv 1 \pmod{p}$ 或 $p \mid n$．

证 令 p 是 $\Phi_n(x)$ 的素因子．注意 $p \nmid x$，因为 $p \mid \Phi_n(x) \mid x^n - 1$．令 $k = \operatorname{ord}_p(x)$．因 $p \mid x^n - 1$，故有 $x^n \equiv 1 \pmod{p}$，于是 $k \mid n$．因此 $k = n$ 或 $k < n$．

情形 1 $k = n$．由 Fermat 小定理．因为 $p \mid x$，p 是素数，所以 $p \mid x^{p-1} - 1$．但这时 $k \mid (p-1)$，因为 $k = n$，故 $n \mid (p-1)$，因此 $p \equiv 1 \pmod{p}$．

情形 2 $k < n$．因
$$0 \equiv x^k - 1 = \prod_{d \mid n} \Phi_d(x) \pmod{p}$$
故存在 k 的因子 d，以致 $p \mid \Phi_d(x)$．注意 $d \leqslant k$，因为 $d \mid k$．但是 $k < n$，因此 $d < n$．此外，d 是 n 的因子，因为 $d \mid k \mid n$．现在考虑 $x^n - 1$ 分解为分圆多项式．我们有 n 的 2 个因子（它们是 d 与 n），可整除 n．于是在这种分解中有 2 个分圆多项式以 p 为因子．因此由系 4 推出 $p \mid n$．

系 5 令 p 是素数，x 是整数，则 $1 + x + \cdots + x^{p-1}$ 的所有素因子 q 满足 $q \equiv 1 \pmod{p}$ 或 $q = p$．

证 令 q 是 $1 + x + \cdots + x^{p-1}$ 的素因子．因
$$1 + x + \cdots + x^{p-1} = \frac{x^p - 1}{x - 1} = \frac{x^p - 1}{\Phi_1(x)}$$
故有 $1 + x + \cdots + x^{p-1} = \Phi_p(x)$．由定理 4 得出 $q \equiv 1 \pmod{p}$ 或 $q \mid p$，即 $q = p$．

引理 令 a 与 b 是正整数，x 是整数，则
$$\gcd(x^a - 1, x^b - 1) = |x^{\gcd(a,b)} - 1|$$

定理 5 令 a 与 b 是正整数．设 x 是整数，以致 $\gcd(\Phi_a(x), \Phi_b(x)) > 1$，则对某素数 p 与整数 k，$\dfrac{a}{b} = p^k$．

证 令 p 是 $\Phi_a(x)$ 与 $\Phi_b(x)$ 的公共素因子．我们来证明 $\dfrac{a}{b}$ 一定是 p 的幂．设 $a = p^\alpha A$，$b = p^\beta B$，其中 $\alpha, \beta \geqslant 0$ 是整数，A 与 B 是不可被 p 整除的正整数．我们来证明 $A = B$．因 $p \mid \Phi_a(x) \mid x^a - 1$，故有 $p \nmid x$．

首先证明 $p \mid \Phi_A(x)$．当 $\alpha = 0$ 时这是显然的．否则，若 $\alpha \geqslant 1$，则由系 3 推出

$$0 \equiv \Phi_a(x) = \frac{\Phi_A(x^{p^a})}{\Phi_A(x^{p^{a-1}})} \pmod{p}$$

于是 $\Phi_A(x^{p^a}) \equiv 0 \pmod{p}$. 但是 $x^{p^a} \equiv x \cdot x^{p^a-1}$，因 $p^a - 1$ 可被 $p-1$ 整除，故由 Euler 定理推出 $x^{p^a-1} \equiv 1 \pmod{p}$，于是 $x^{p^a} \equiv x \pmod{p}$. 因此

$$0 \equiv \Phi_A(x^{p^a}) \equiv \Phi_A(x) \pmod{p}$$

类似地，$p \mid \Phi_B(x)$.

设 $A > B$. 令 $t = \gcd(A, B)$，则 $t < A$. 已知 $p \mid \Phi_A(x) \mid x^A - 1$，$p \mid \Phi_B(x) \mid x^B - 1$，于是 $p \mid \gcd(x^A - 1, x^B - 1)$. 但是从引理 5 推出

$$\gcd(x^A - 1, x^B - 1) = |x^t - 1|$$

因此 $p \mid x^t - 1$. 但是

$$0 \equiv x^t - 1 = \prod_{d \mid n} \Phi_d(x) \pmod{p}$$

于是存在 t 的因子 d，使 $p \mid \Phi_d(x)$. 但是 $d \mid t \mid A, d < A, p \mid \Phi_A(x)$. 由系 4 有 $p \mid A$，矛盾，因为我们设 $p \nmid A$.

3.4.3 应用

分圆多项式的一般应用是 Dirichlet 定理特殊情形的证明.

定理 6 令 n 是正整数，则存在具有 $p \equiv 1 \pmod{n}$ 的无限多个素数 p.

证 设只存在具有 $p \equiv 1 \pmod{n}$ 的有限多个素数 p. 令 T 是这些素数的积，所有素数都整除 n，显然 $T > 1$. 令 k 是充分大的正整数，使 $\Phi_n(T^k) > 1$（因 Φ_n 是非常数首一多项式，故这样的 k 存在），令 q 是 $\Phi_n(T^k)$ 的素因子. 因 q 整除 $T^{kn} - 1$，故 q 不整除 T，因此 $q \not\equiv 1 \pmod{n}$，$q \nmid n$，与定理 4 矛盾.

另一个有趣的应用是 IMO2002 年 1 个试题的推广.

问题 1 令 $p_1, p_2, \cdots, p_n$ 是大于 3 的不同素数. 证明：$2^{p_1 p_2 \cdots p_n} + 1$ 至少有 4^n 个因子.

公认的解法是用分圆多项式，它可以证明 $2^{p_1 p_2 \cdots p_n} + 1$ 至少有 $2^{2^{n-1}}$ 个因子（当 n 大时，因子数比 4^n 多得多）. 现在来证明这个推广.

问题 2 令 $p_1, p_2, \cdots, p_n$ 是大于 3 的不同素数. 证明：$2^{p_1 p_2 \cdots p_n} + 1$ 至少有 $2^{2^{n-1}}$ 个因子.

证 只要证明 $2^{p_1 \cdots p_n} + 1$ 至少有 2^{n-1} 个两两互素的因子，从而至少有 2^{n-1} 个不同素因子. 我们有

$$(2^{p_1 \cdots p_n} - 1)(2^{p_1 \cdots p_n} + 1) = 2^{2 p_1 \cdots p_n} - 1 = \prod_{d \mid 2 p_1 \cdots p_n} \Phi_d(2) =$$

$$\Big(\prod_{d \mid p_1 \cdots p_n} \Phi_d(2)\Big) \Big(\prod_{d \mid p_1 \cdots p_n} \Phi_{2d}(2)\Big) =$$

$$(2^{p_1 \cdots p_n} - 1) \Big(\prod_{d \mid p_1 \cdots p_n} \Phi_{2d}(2)\Big)$$

因此
$$2^{p_1\cdots p_n}+1=\prod_{d\mid p_1\cdots p_n}\Phi_{2d}(2)$$

从定理 5 知道,若 $\Phi_d(2)$ 与 $\Phi_b(2)$ 不互素,则 $\dfrac{b}{a}$ 一定是素数幂. 于是我们必须证明存在 $p_1\cdots p_n$ 的 2^{n-1} 个因子的集合,以致其中没有 2 个因子恰好相差 1 个素数. 但这是显然的,因为我们可以取 $p_1\cdots p_n$ 的各因子,使它们有偶数个素因子. 由于有偶数个素因子与有奇数个素因子的个数相等,所以其中恰有 2^{n-1} 个因子.

问题 3 求以下方程的所有整数解
$$\frac{x^7-1}{x-1}=y^5-1$$

解 方程等价于
$$1+x+\cdots+x^6=(y-1)(1+y+\cdots+y^4)$$

从系 5 知道,$1+x+\cdots+x^6$ 的所有素因子 p 满足 $p=7$ 或 $p\equiv 1(\bmod 7)$. 这蕴涵 $1+x+\cdots+x^6$ 的所有因子可被 7 整除或与 1 对模 7 同余. 于是 $y-1\equiv 0(\bmod 7)$ 或 $y-1\equiv 1(\bmod 7)$,即 $y\equiv 1(\bmod 7)$ 或 $y\equiv 2(\bmod 7)$. 若 $y\equiv 1(\bmod 7)$,则 $1+y+\cdots+y^4\equiv 5\not\equiv 0,1(\bmod 7)$,矛盾. 若 $y\equiv 2(\bmod 7)$,则 $1+y+\cdots+y^4\equiv 31\equiv 3\not\equiv 0,1(\bmod 7)$,也矛盾. 因此这个方程没有整数解.

参考文献

[1] Yves Gallot. *Cyclotomic Polynomials and Prime Numbers*. http://perso.orange.fr/yves.gallot/papers/cyclotomic.pdf

[2] Titu Andreescu, Dorin Andrica, Zuming Feng. 104 *Number Theory Problems: From the Training of the USA IMO Team*. Birkhauser, 2007, pp. 36—38.

[3] Titu Andreescu, Dorin Andrica. *Complex Numbers from A to ... Z*. Birkhauser, 2006, pp. 45—51.

[4] Mathlinks, Cyclotomic Property, http://www.mathlinks.ro/Forum/viewtopic.php?t=126566

(奥地利)Y. Ge

3.5 度量关系及其应用

我们从 1 个重要结果开始.

引理 如图 3.9 所示,令 γ 是圆,A,B 是它上任意 2 个点. $\odot\rho$ 与 $\odot\gamma$ 内切于点 T.

AE,BF 分别表示 $\odot\rho$ 在 E 与 F 上的切线,则 $\dfrac{TA}{TB}=\dfrac{AE}{BF}$.

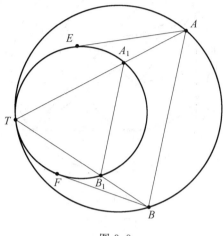

图 3.9

证 以 A_1,B_1 分别表示 TA,TB 与 $\odot\rho$ 的第 2 个交点. 我们知道 $A_1B_1 \parallel AB$,因此

$$\left(\dfrac{AE}{TA_1}\right)^2 = \dfrac{AA_1 \cdot AT}{A_1T \cdot A_1T} = \dfrac{BB_1}{B_1T} \cdot \dfrac{BT}{B_1T} = \left(\dfrac{BF}{TB_1}\right)^2$$

从而

$$\dfrac{AE}{TA_1} = \dfrac{BF}{TB_1} \Rightarrow \dfrac{AE}{BF} = \dfrac{TA_1}{TB_1} = \dfrac{TA}{TB}$$

这完成了证明.

为说明这个引理怎样使用,我们考虑一些例子. 以下问题是 N. M. Ha 在 2007 年 Vietnamese Mathematics Magazine 上发表的.

问题 1 如图 3.10 所示,令 $\odot\Omega$ 是 $\triangle ABC$ 的外接圆,D 是它的内切圆 $\odot I$ 与边 BC 的切点. 令 $\odot\omega$ 是与 $\odot\Omega$ 内切于 T 与 BC 相切于点 D 的圆. 证明:$\angle ATI = 90°$.

证 令 E 与 F 分别是 $\odot\rho(I)$ 与边 CA,AB 的切点. 按照引理有

$$\dfrac{TB}{TC} = \dfrac{BD}{CD} = \dfrac{BF}{CE}$$

因此 $\triangle TBF \backsim \triangle TCE$. 由此得 $\angle TFA = \angle TEA$,从而 A,I,E,F,T 在同一圆上,由此得 $\angle ATI = \angle AFI = 90°$,完成了证明.

问题 2 如图 3.11 所示,令 $ABCD$ 是 $\odot\Omega$ 的内接四边形. 令 $\odot\omega$ 与 $\odot\Omega$ 内切于点 T,且分别与 DB,AC 相切于点 E,F. 令 P 是 EF 与 AB 的交点. 证明:TP 是 $\angle ATB$ 的内角平分线.

证 把我们的引理应用于 $\odot\Omega$,$\odot\omega$ 与点 A,B,可断定 $\dfrac{AT}{BT} = \dfrac{AF}{BE}$,于是只要证明

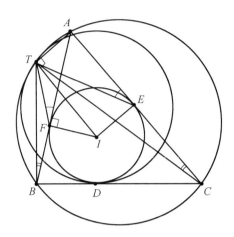

图 3.10

$$\frac{AF}{BE} = \frac{AP}{PB}$$

实际上，$\angle PEB = \angle AFP$，把正弦定理应用于 $\triangle APE, \triangle BPE$，有

$$\frac{AP}{AF} = \frac{\sin \angle AFP}{\sin \angle APF} = \frac{\sin \angle BEP}{\sin \angle BPE} = \frac{BP}{BE}.$$

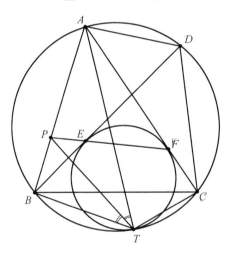

图 3.11

因此 $\dfrac{AF}{BE} = \dfrac{AP}{PB}$，完成了证明.

第 3 个问题来自莫尔多瓦国 2007 年代表队选拔考试试题，可以在[2]与[3]中找到.

问题 3 如图 3.12 所示，令 $\triangle ABC$ 的外接圆为 $\odot\Omega$. $\odot\omega$ 与 $\odot\Omega$ 内切于点 T，且分别与边 AB, AC 相切于点 P, Q. 令 S 是 AT 与 PQ 的交点. 证明：$\angle SBA = \angle SCA$.

证 利用引理，有

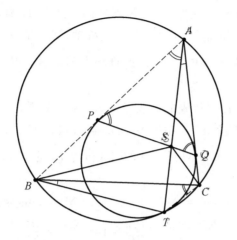

图 3.12

$$\frac{BP}{CQ} = \frac{BT}{CT} = \frac{\sin \angle BCT}{\sin \angle CBT} = \frac{\sin \angle BAT}{\sin \angle CAT} = \frac{PS}{QS}$$

这个事实蕴涵 $\triangle BPS \backsim \triangle CQS$,它又蕴涵 $\angle SBA = \angle SCA$.

问题 4 如图 3.13 所示,考虑 $\odot O$ 与弦 AB. 令 $\odot O_1, \odot O_2$ 内切于 $\odot O$ 与 AB,M 与 N 是它们的交点. 证明:MN 通过 $\overset{\frown}{AB}$ 的中点,其中 $\overset{\frown}{AB}$ 不包含点 M, N.

证 以 P 与 Q 分别表示 $\odot O_1$ 与 $\odot O$,AB 的切点. 令 R 与 S 分别是 $\odot O_2$ 与 $\odot O$,AB 的切点. 令 T 是 $\overset{\frown}{AB}$ 的中点,其中 $\overset{\frown}{AB}$ 不包含点 M, N.

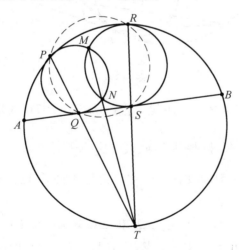

图 3.13

把以上引理应用于 $\odot O, \odot O_1$ 与点 A, B,以及它们向 $\odot O_1$ 的切线 AQ, BQ,得出 $\frac{PA}{PB} = \frac{QA}{AB}$. 这表示 PQ 通过点 T. 类似地,RS 通过点 T. $\angle PQA = \angle QTA + \angle QAT =$

$\angle PRA + \angle ART = \angle PRS$,因此点 P,Q,R,S 在同一圆上,此圆表示为 $\odot O_3$. 我们有 PQ 是 $\odot O_1$ 与 $\odot O_3$ 的根轴,RS 是 $\odot O_2$ 与 $\odot O_3$ 的根轴,MN 是 $\odot O_1$ 与 $\odot O_2$ 的根轴. 于是 MN, PQ, RS 相交在 3 个圆的根心上. 因此推导出 MN 通过点 T,T 是 $\overset{\frown}{AB}$ 的中点,$\overset{\frown}{AB}$ 不包含点 M, N.

我们继续解答莫尔多瓦国代表队选拔考试试题,2007[4].

问题 5   如图 3.14 所示,在 $\triangle ABC$ 中,$\odot \omega$ 通过点 B, C. $\odot \omega_1$ 与 $\odot \omega$ 内切,还分别与边 AB, AC 相切于点 T, P, Q. 令 M 是 $\odot \omega$ 的 $\overset{\frown}{BC}$(包含 T)的中点. 证明:直线 PQ, BC, MT 共点.

证   令 $K = PQ \cap BC$,$K' = MT \cap BC$. 应用 Menelaus 定理于 $\triangle ABC$,得
$$\frac{KB}{KB} \cdot \frac{QC}{QA} \cdot \frac{PA}{PB} = 1 \Rightarrow \frac{KB}{KC} = \frac{BP}{CQ}$$

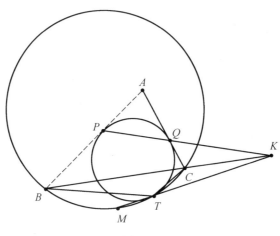

图 3.14

另一方面,M 是 $\odot \omega$ 的 $\overset{\frown}{BC}$(包含 T)的中点,于是 MT 是 $\angle BTC$ 的外角平分线,因此 $\dfrac{K'B}{K'C} = \dfrac{TB}{TC}$. 于是剩下证明 $\dfrac{BP}{CQ} = \dfrac{TB}{TC}$,按照引理,此式成立,证毕.

在[5]中给出最后 1 个问题,也在[6]中讨论与证明了. 现在我们将提出这个问题的另一种解法.

问题 6   如图 3.15 所示,$\odot O_1$ 与 $\odot O_2$ 和 $\odot O$ 分别内切于点 M, N,它们的内公切线交 $\odot O$ 于 4 个点. 令 B 与 C 是其中 2 个点,使 B 与 C 在 $O_1 O_2$ 的同侧. 证明:BC 与 $\odot O_1$,$\odot O_2$ 的外公切线平行.

证   作 $\odot O_1, \odot O_2$ 的内公切线 GH, KL,使 G 与 L 在 $\odot O_1$ 上,K 与 H 在 $\odot O_2$ 上. 令 EF 是 $\odot O_1, \odot O_2$ 的外公切线,使点 E 与点 B 在 $O_1 O_2$ 的同侧,以 P 与 Q 表示 EF 与 $\odot O$ 的交点,我们将证明 $BC \parallel PQ$. 点 A 表示 $\overset{\frown}{PQ}$ 的中点,$\overset{\frown}{PQ}$ 不包含点 M, N. 令 AX, AY 与

$\odot O_1$, $\odot O_2$ 相切于点 X, Y. 在问题 4 的解答中已证明了点 A, E, M 共线, 点 A, F, N 共线, 四边形 $MEFN$ 是联圆四边形. 因此 $AX^2 = AE \cdot AM = AF \cdot AN = AY^2$, 即 $AX = AY$.

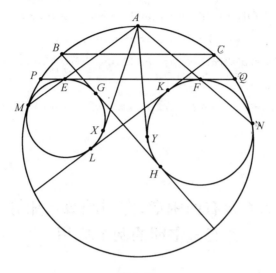

图 3.15

根据引理, $\dfrac{MA}{AX} = \dfrac{MB}{BG} = \dfrac{MC}{CL}$. 另一方面, 由 Ptolemy 定理

$$MA \cdot BC = MB \cdot AC = MC \cdot AB$$

因此

$$AX \cdot BC = BG \cdot AC = CL \cdot AB$$

类似地

$$AY \cdot BC = BH \cdot AC + CK \cdot AB$$

于是

$$AC \cdot (BH - BG) = AB \cdot (CL - CK)$$

即

$$AC \cdot GH = AB \cdot KL$$

这蕴涵 $AC = AB$. 因此 A 是 $\odot O$ 的 $\overset{\frown}{BC}$ 的中点, 这表示 $BC \parallel PQ$, 解答完成.

参考文献

[1] Mathlinks, *Nice geometry*, http://www.mathlinks.ro/viewtopic.php?t=170192

[2] Mathlinks, *A circle tangent to the circumcircle and two sides*, http://www.mathlinks.ro/viewtopic.php?t=140464

[3] Mathlinks, *Equal angle*, http://www.mathlinks.ro/Forum/viewtopic.php?t=98968

[4] 2007 Mathematical Olympiad Summer Program Tests, available at http://www.unl.edu/amc/a-activities/a6-mosp/archivemosp.shtml

[5] Shay Gueron, *Two Applications of the Generalized Ptolemy Theorem*, American Mathematical Monthly 2002.

[6] Mathlinks, *Parallel tangent*, http://www.mathlinks.ro/viewtopic.php?t=15945

(越南)S. H. Ta

3.6 右凸函数,左凹函数与相等变量定理的两个应用

在本文中,我们提出具有右凸函数与左凹函数的两个新的困难的对称不等式,作为来自[1],[2],[3]的右凸函数定理与左凹函数定理的应用. 此外,我们还指出,也可以用来自[2]与[5]的相等变量定理来证明这两个不等式.

命题 1 若 $a_1, a_2, \cdots, a_n, n \leqslant 81$,是非负实数,且
$$a_1^6 + a_2^6 + \cdots + a_n^6 = n$$
则
$$a_1^2 + a_2^2 + \cdots + a_n^2 \leqslant a_1^5 + a_2^5 + \cdots + a_n^5$$

证 令 $a_n = 1$,则对 $n-1$ 个数得出相同结果,于是只要对 $n=81$ 证明这个不等式即可. 作以下代换:对所有 $i_r, x_i = a_i^{\frac{1}{5}}$. 现在必须证明
$$x_1^{\frac{1}{3}} + x_2^{\frac{1}{3}} + \cdots + x_n^{\frac{1}{3}} \leqslant x_1^{\frac{5}{6}} + x_2^{\frac{5}{6}} + \cdots + x_n^{\frac{5}{6}}$$
其中 $x_1 + x_2 + \cdots + x_{81} = 81$. 这个不等式等价于
$$f(x_1) + f(x_2) + \cdots + f(x_{81}) \leqslant 81 \cdot f\left(\frac{x_1 + x_2 + \cdots + x_{81}}{81}\right)$$
其中 $f(u) = u^{\frac{1}{3}} - u^{\frac{5}{6}}, u \geqslant 0, f(u)$ 的二阶导数是
$$f''(u) = \frac{1}{36} u^{-\frac{5}{3}} (5u^{\frac{1}{2}} - 8)$$

由此得,当 $u \leqslant s$ 时,f 是凹的,其中 $s = \frac{x_1 + x_2 + \cdots + x_{81}}{81} = 1$. 于是由左凹函数定理,只要对
$$x_1 = x_2 = \cdots = x_{80} \leqslant 1 \leqslant x_{81}$$

证明不等式. 这要求我们对 $a_1=a_2=\cdots=a_{80}\leqslant 1\leqslant a_{81}$ 证明原不等式. 把原不等式改写为齐次形式

$$81(a_1^5+a_2^5+\cdots+a_{81}^5)^2 \geqslant (a_1^6+a_2^6+\cdots+a_{81}^6)(a_1^2+a_2^2+\cdots+a_{81}^2)^2$$

因 $a_1=a_2=\cdots=a_{80}=0$ 的情形是平凡的,故设 $a_1=a_2=\cdots=a_{80}=1$. 令 $a_{81}=1$,则不等式变为

$$81(80+x^5)^2 \geqslant (80+x^6)(80+x^2)^2$$

等价于

$$(x-1)^2(x-2)^2(x^6+6x^5+21x^4+60x^3+75x^2+60x+20) \geqslant 0$$

显然成立. 对 $a_1\leqslant a_2\leqslant\cdots\leqslant a_{81}$,当 $a_1=a_2=\cdots=a_{81}$ 或 $a_1=a_2=\cdots=\dfrac{1}{2}a_{81}$ 时,等式出现在以上齐次不等式中. 在原不等式中,等式也出现在 $a_1=a_2=\cdots=a_n=1$ 时. 此外,对 $n=81$,等式出现在 $a_1=a_2=\cdots=a_{80}=\sqrt[3]{\dfrac{3}{4}}, a_{81}=\sqrt[3]{6}$ 时.

评注 1 不等式对 $n>81$ 不成立. 为证明这一点,在齐次不等式

$$n(a_1^5+a_2^5+\cdots+a_n^5)^2 \geqslant (a_1^6+a_2^6+\cdots+a_n^6)(a_1^2+a_2^2+\cdots+a_n^2)^2$$

中令 $a_1=a_2=\cdots=a_{n-1}=1, a_n=2$,得 $(n-1)(81-n)\geqslant 0$,对 $n>81$ 显然不成立.

评注 2 我们也可以用相等变量定理([2],[5])来证明命题 1 中的不等式. 按照相等变量定理,以下命题成立:

若 $0\leqslant x_1\leqslant x_2\leqslant\cdots\leqslant x_{81}$ 使 $x_1+x_2+\cdots+x_{81}=81$,且 $x_1^{\frac{1}{3}}+x_2^{\frac{1}{3}}+\cdots+x_{81}^{\frac{1}{3}}$ 是常数,则当 $x_1=x_2=\cdots=x_{80}\leqslant x_{81}$ 时,$x_1^{\frac{5}{6}}+x_2^{\frac{5}{6}}+\cdots+x_{81}^{\frac{5}{6}}$ 是最小的.

命题 2 令 $a_1,a_2,\cdots,a_n$ 是正实数,且

$$a_1 a_2 \cdots a_n = 1$$

若 $m\geqslant n-1$,则

$$a_1^m+a_2^m+\cdots+a_n^m+n(2m-n) \geqslant (2m-n+1)\left(\dfrac{1}{a_1}+\dfrac{1}{a_2}+\cdots+\dfrac{1}{a_n}\right)$$

证 因 $n=2, m=1$ 的情形是平凡的,故可设 $m>1$. 对所有 i 令 $a_i=\mathrm{e}^{x_i}$. 我们必须证明:对 $x_1+x_2+\cdots+x_n=0$

$$\mathrm{e}^{mx_1}+\mathrm{e}^{mx_2}+\cdots+\mathrm{e}^{mx_n}+n(2m-n) \geqslant$$
$$(2m-n+1)(\mathrm{e}^{-x_1}+\mathrm{e}^{-x_2}+\cdots+\mathrm{e}^{-x_n})$$

这个不等式等价于

$$f(x_1)+f(x_2)+\cdots+f(x_n) \leqslant n\cdot f\left(\dfrac{x_1+x_2+\cdots+x_n}{n}\right)$$

其中 $f(u)=\mathrm{e}^{mu}+2m-n-(2m-n+1)\mathrm{e}^{-u}, u\in\mathbf{R}$.

我们将证明 $f(u)$ 对 $u\geqslant s$ 是右凸函数,其中当 $s=0$ 时,$s=\dfrac{x_1+x_2+\cdots+x_n}{n}$ 或当

$u \geqslant 0$ 时，$f''(u) \geqslant 0$. 求 $f(u)$ 的二阶导数，得
$$f''(u) = e^{-u}[m^2 e^{(m+1)u} - 2m + n - 1] > 0$$
变为
$$m^2 e^{(m+1)u} - 2m + n - 1 \geqslant m^2 - 2m + n - 1 = (m-1)^2 + n - 2 > 0$$

按照右凸函数定理，只要对 $x_2 = x_3 = \cdots = x_n \geqslant 0$ 证明以上不等式，或等价地，对 $a_2 = \cdots = a_n \geqslant 1$ 证明原不等式：对 $m \geqslant n-1, 0 < x \leqslant 1 \leqslant y, xy^{n-1} = 1$，有
$$x^m + (n-1)y^m + n(2m-n) \geqslant (2m-n+1)\left(\frac{1}{x} + \frac{n-1}{y}\right)$$

把这个不等式改写为 $f(y) \geqslant 0$，其中
$$f(y) = \frac{1}{y^{m(n-1)}} + (n-1)y^m + n(2m-n) -$$
$$(2m-n+1)\left(y^{n-1} + \frac{n-1}{y}\right)$$

我们有
$$f'(y) = \frac{(n-1)g(y)}{y^{mn-m+1}}$$
$$g(y) = m(y^{mn} - 1) - (2m-n+1)y^{mn-m-1}(y^n - 1)$$
与
$$g'(y) = y^{mn-m-2}h(y)$$
其中
$$h(y) = m^2 n y^{m+1} - (2m-n+1)[(m+1)(n-1)y^n - mn + m + 1]$$
$$h'(y) = (m+1)ny^{n-1}[m^2 y^{m-n+1} - (2m-n+1)(n-1)]$$

若 $m = n-1, n \geqslant 3$，则 $h(y) = n(n-1)(n-2) > 0$. 否则，若 $m > n-1, n \geqslant 2$，则
$$m^2 y^{m-n+1} - (2m-n+1)(n-1) \geqslant m^2 - (2m-n+1)(n-1) = (m-n+1)^2 > 0$$

从而对 $y \geqslant 1, h'(y) > 0$. 因此 $h(y)$ 在 $[1, \infty)$ 上严格递增，且对 $y \geqslant 1$ 有
$$h(y) \geqslant h(1) = n[(m-1)^2 + n - 2] > 0$$

因 $h(y) > 0$ 蕴涵 $g'(y) > 0$，故得 $g(y)$ 在 $[1, \infty)$ 上严格递增. 于是对 $y \geqslant 1, g(y) \geqslant g(1) = 0$. 由 $y^{mn-m+1}f'(y) = (n-1)g(y) \geqslant 0$ 推出 $f(y)$ 在 $[1, \infty)$ 上严格递增.

因此对 $y \geqslant 1, f(y) \geqslant f(1) = 0$. 对 $n = 2, m = 1$，原不等式变为等式. 否则，为使等式出现，当且仅当 $a_1 = a_2 = \cdots = a_n = 1$.

评注 3 对 $m = n - 1$，以下命题成立：

若 $a_1, a_2, \cdots, a_n$ 是正实数，使 $a_1 a_2 \cdots a_n = 1$，则

$$a_1^{n-1}+a_2^{n-1}+\cdots+a_n^{n-1}+n(n-2) \geqslant (n-1)\left(\frac{1}{a_1}+\frac{1}{a_2}+\cdots+\frac{1}{a_n}\right)$$

这个不等式由广义 Popoviciu 不等式推出:

若 f 是区间 I 上的凸函数,$a_1,a_2,\cdots,a_n \in I$,则

$$f(a_1)+\cdots+f(a_n)+n(n-2)f\left(\frac{a_1+\cdots+a_n}{n}\right) \geqslant$$
$$(n-1)(f(b_1)+\cdots+f(b_n))$$

其中对所有 i,$b_j = \frac{1}{n-1}\sum_{j \neq i}^{n} a_j$.

考虑凸函数 $f(x) = e^x$. 把 $a_1,a_2,\cdots,a_n$ 换为 $(n-1)\ln a_1, (n-1)\ln a_2, \cdots, (n-1)\ln a_n$,得出要求的结果(见[4]).

评注 4 把 $a_1,a_2,\cdots,a_n$ 换为 $\frac{1}{x_1},\frac{1}{x_2},\cdots,\frac{1}{x_n}$,命题 2 中的不等式变为

$$\frac{1}{x_1^m}+\frac{1}{x_2^m}+\cdots+\frac{1}{x_n^m}+(2m-n)n \geqslant (2m-n+1)(x_1+x_2+\cdots+x_n)$$

其中 $x_1 x_2 \cdots x_n = 1$. 我们也可以用相等变量定理证明这个不等式:

若 $0 < x_1 \leqslant x_2 \leqslant \cdots \leqslant x_n$,且

$$x_1+x_2+\cdots+x_n = 常数, x_1 x_2 \cdots x_n = 1$$

则当 $0 < x_1 = x_2 = \cdots = x_{n-1} \leqslant x_n$ 时,$\frac{1}{x_1^m}+\frac{1}{x_2^m}+\cdots+\frac{1}{x_n^m}$ 是最小的.

参考文献

[1] V. Cirtoaje. *A generalization of Jensens Inequality*. Gazeta Matematica Seria A,2 (2005),124-138.

[2] V. Cirtoaje. *Algebraic Inequalities. Old and New Method*. Gil Publishing House,2006.

[3] V. Cirtoaje. *Four Applications of RCF and LCF Theorems*,Mathematical Reflections,1 (2007). http://reflections.awesomemath.org/2007_1.html.

[4] V. Cirtoaje. *Two Generalizations of Popovicius Inequality*,Crux Math. 5 (2005),313-318.

[5] V. Cirtoaje. *The Equal Variable Method*,Journal of Inequalities in Pure and Applied Mathematics. 8 (1) (2007),Art. 15. [http://jipam.vu.edu.au/article.php?sid=828].

(罗马尼亚)V. Cartoaje

3.7 不严格的 Jensen 不等式

本文提出了 Jensen 不等式可以怎样间接应用于组合学的 4 个例子.

本文的基本方法是以下事实:若 f 是凸函数,$x_1+x_2+\cdots+x_n=s$,其中 x_i 是正整数,则
$$f(x_1)+f(x_2)+\cdots+f(x_n)\geqslant rf(k+1)+(n-r)f(k)$$
其中 $s=nk+r$,$0\leqslant r<n$. 换言之,若一组整数之和是固定的,则各个整数彼此最接近时,函数之和最小. 这不是真正的 Jensen 不等式,但是极好地论证在许多奥林匹克问题中很有用.

考虑函数 $f(x)=\binom{x}{2}=\dfrac{x^2-x}{2}$. $f(x)$ 的凹凸性是什么?不难求出它是凸函数,因为 $f''(x)=1>0$. 以下 2 个例子是这个事实与 Jensen 不等式的出色应用.

例1 1个班级中有 a 个女孩与 b 个男孩,其中 $b\geqslant 3$ 是奇数. 每个男孩认为女孩们是优秀的或聪明的. 设对至多 k 个女孩,任何 2 个男孩的能力是相同的. 证明:$\dfrac{k}{a}\geqslant\dfrac{b-1}{2b}$.

(国际数学奥林匹克,1998)

证 我们来计算能力相同的人有多少对. 因对至多 k 个女孩,任何 2 个男孩的能力相同,故能力相同的人至多总共有 $k\binom{b}{2}$ 对. 现在用不同方法计算这个数. 每个女孩被 b 个男孩评价,设其中 p 人被认为优秀的,q 人被认为聪明的,使 $p+q=b$. 对每个女孩,能力相同的人有 $\binom{p}{2}+\binom{q}{2}$ 对.

现在要利用凸性. 考虑函数 $f(x)=\binom{x}{2}=\dfrac{x^2-x}{2}$. 由 Jensen 不等式,当 $p=\dfrac{b+1}{2}$ 与 $q=\dfrac{b-1}{2}$ 时,$f(p)+f(q)$ 将最小. 这是因为 b 是奇数,使 2 个整数最接近的最好方法是使 2 个整数相差 1. 现在
$$\binom{p}{2}+\binom{q}{2}\geqslant\binom{\frac{b+1}{2}}{2}+\binom{\frac{b-1}{2}}{2}=\frac{(b-1)^2}{4}$$
于是能力相同的人总共至少有 $\dfrac{a(b-1)^2}{4}$ 对,因此 $\dfrac{a(b-1)^2}{4}\leqslant\dfrac{kb(b-1)}{2}$,这等价于 $\dfrac{b}{a}\geqslant\dfrac{b-1}{2b}$.

例 2 设在例 1 中,有 a 个女孩彼此是好朋友或普通朋友. Justin 去为 3 个女孩组成的所有集合接受 1 份奖励加分,这些女孩彼此是好朋友或普通朋友. Justin 将得到最少的奖励加分是多少?

解 本题也用两种计数方法. 若 3 个女孩彼此是好朋友或普通朋友,则可以称她们是单色三角形. 若 1 个女孩对另 2 个女孩是普通朋友或好朋友,则称这是单色角. 因每个单色三角形有 3 个单色角,所有其他三角形只有 1 个单色角,故单色角的总数是

$$3m + \binom{a}{3} - m = 2m + \binom{a}{3}$$

其中 m 是 Justin 应该得到的最小奖励加分数. 另一方面,设 1 个女孩对 p 人是普通朋友,对 q 人是好朋友,则当 $p+q=a-1$ 时,这个女孩有 $\binom{p}{2}+\binom{q}{2}$ 个单色角. 这是常见的方法吗? 是的,它恰好与例 1 的方法相同!

若 a 是偶数,则 $\binom{p}{2}+\binom{q}{2} \geqslant \binom{\frac{a}{2}}{2}+\binom{\frac{a-2}{2}}{2} = \frac{(a-2)^2}{4}$. 又因有 a 个女孩,故单色角的总数至少是 $\frac{a(a-2)^2}{4}$,因此

$$2m + \binom{a}{3} \geqslant \frac{a(a-2)^2}{4}$$

化简上式得 $m \geqslant \frac{a(a-2)(a-4)}{24}$. 注意这个下界不是整数,从而在 $a=4k+3$ 时不能达到. 为看出这一点的另一种方法是,为达到这个下界,我们需要每个女孩恰好与 $2k+1$ 个女孩是好朋友. 这将给出 $(2k+1)(4k+3)$ 有序对好朋友,但这个对的个数显然是偶数,因为每个无序对提供 2 个有序对. 我们可以做的是使 1 个女孩与 $2k$ 或 $2k+2$ 个其他女孩是好朋友,把下界增加 $\frac{1}{2}$ 以达到

$$m \geqslant \frac{a(a-1)(a-5)+12}{24} = \frac{(a+1)(a-3)(a-4)}{24}$$

若 a 是奇数,则 $\binom{p}{2}+\binom{q}{2} \geqslant 2\binom{\frac{a-1}{2}}{2}$. 类似地求

$$2m + \binom{a}{3} \geqslant 2a\binom{\frac{a-1}{2}}{2}$$

这时化简后得 $m \geqslant \frac{a(a-1)(a-5)}{24}$.

评注 我们可以进一步把这个 Ramsey 型问题推广到更有特色的问题,但是它复杂得多.

考虑另一个著名函数 $f(x)=\ln x$. $f(x)$ 的凹凸性是什么?二阶导数 $f''(x)=-\dfrac{1}{x^2}\leqslant 0$,是负的,因此这个函数是凹函数.

例 3 在 1 个班级中,1 个女孩对 a 个男孩的灵活程度指定 1 个整数值. 若 3 个男孩的灵活程度是 3 个连续整数,则称它们是三元组. 三元组的最大数是什么?

(IMO 候选题,2001)

解 实际上,我们可以求更一般问题的解:代替三元组,计算 k 个连续灵活程度的最大数. 按照灵活程度来分类男孩. 现在若在分类数列中,2 个男孩的灵活程度最多差 1,则最后 1 人的灵活程度增加 1 将只增加三元组的数. 因此可以设所有的数是连续的与递增的. 不失一般性,可以设 $x_1,x_2,\cdots,x_s$ 是具有灵活程度为 $1,2,\cdots,s$ 的男孩数.

我们要使以下数取最大值
$$x_1 x_2 \cdots x_k + x_2 x_3 \cdots x_{k+1} + \cdots + x_{s-k+1} x_{s-k+2} \cdots x_s$$
其中 $x_1+x_2+\cdots+x_s=a$. 若 $s\geqslant k+1$,则把 x_{k+1} 换为 x_1+x_{k+1},并删去 x_1,不减少这个表达式的值. 于是可以设只有 k 种灵活程度.

已知 $x_1+x_2+\cdots+x_k=a$,我们要使 $x_1 x_2 \cdots x_k$ 取最大值. 看函数 $f(x)=\ln(x)$,它是凹函数. 注意
$$\ln(x_1 x_2 \cdots x_k)=\ln x_1+\ln x_2+\cdots+\ln x_k$$
由 Jensen 不等式,我们要使数接近我们可以有的数. 令 $a=ks+r$,其中 $0\leqslant r<k$,则有 $s+1$ 的 r 个值,s 的 $k-r$ 个值,因此最大值是 $s^{k-r}(s+1)^r$.

例 4 证明:对所有整数 $n\geqslant 2$,乘积
$$\prod_{1\leqslant i<j\leqslant n}(a_j-a_i)$$
可被乘积
$$\prod_{1\leqslant i<j\leqslant n}(j-i)$$
整除.

(Rde Mop 家庭作业,2006)

证 考虑任一素数幂 p. 我们要求可被 p 整除的项数,在考虑 $a_i \pmod p$ 的剩余时,使上面项数多于下面项数. 令 $b_0,b_1,\cdots,b_{p-1}$ 是数列,使 b_j 表示 $a_i\equiv j\pmod p$ 的个数. 于是可被 p 整除的第 1 个乘积的项数是
$$\binom{b_0}{2}+\binom{b_1}{2}+\cdots+\binom{b_{p-1}}{2}$$

因 $b_0+b_1+\cdots+b_{p-1}=n$,函数 $f(x)=\begin{bmatrix}x\\2\end{bmatrix}$ 是凸函数,所以在有 r 个 $k+1$ 的值与 $p-r$ 个 $p-r$ 的值时,以上表达式是最小值,其中 $n=kp+r,0\leqslant r<p$. 这恰是乘积 $\prod_{1\leqslant i<j\leqslant n}(j-n)$ 中我们所求的值.

因此对任何素数幂,第 1 个乘积总比第 2 个乘积有更多的项,于是第 2 个乘积整除第 1 个乘积.

(美国)D. Meug

3.8 关于问题 U23 的一些评述

3.8.1 前言

在[3]中我们提出以下问题. 求以下和的值

$$\sum_{k=0}^{n-1}\frac{1}{1+8\sin^2\left(\dfrac{k\pi}{n}\right)} \qquad ①$$

在第 1 次发行的《数学反思》杂志中没有给出这个问题的解答. 这篇短文的主要目的是提出以下一般结果的 3 种证明(亦见[4]).

定理 对每个实数 $a\in \mathbf{R}\setminus\{-1,1\}$,以下等式成立

$$\sum_{k=0}^{n-1}\frac{1}{a^2-2a\cos\left(\dfrac{2k\pi}{n}\right)+1}=\frac{n(a^n+1)}{(a^2-1)(a^n-1)} \qquad ②$$

我们注意到,特殊情形 $n=7$ 与 $a\in(-1,1)$ 成为 IMO1988 初赛问题第 49 题的对象(见[5]第 217 页).

在最后 1 节中提出主要结果的 4 个应用.

3.8.2 定理的 3 种证明

证明 1 (D. Andrica, M. Piticari) 令 $P\in \mathbf{R}[X]$ 是 $n-1$ 次实系数多项式,$P=a_0+a_1X+\cdots+a_{n-1}X^{n-1}$. 若 $\alpha\in U_n$ 是 n 次单位根,则有

$$|P(\alpha)|^2=P(\alpha)\cdot\overline{P(\alpha)}=P(\alpha)\cdot P(\bar{\alpha})=P(\alpha)\cdot P\left(\frac{1}{\alpha}\right)=$$

$$(a_0+a_1\alpha+\cdots+a_{n-1}\alpha^{n-1})\left(a_0+\frac{a_1}{\alpha}+\cdots+a_{n-1}\frac{1}{\alpha^{n-1}}\right)=$$

$$a_0^2+a_1^2+\cdots+a_{n-1}^2+\sum_{k=1}^{n-1}A_k\alpha^k+\sum_{j=1}^{n-1}B_j\frac{1}{\alpha^j}$$

其中系数 A_k 与 B_j 不为 0. 从以下关系式(见[2,命题3,第46页])

$$\sum_{\alpha \in U_n} \alpha^k = \begin{cases} n & \text{若 } n \mid k \\ 0 & \text{其他情形} \end{cases}$$

得出以下公式

$$\sum_{\alpha \in U_n} |P(\alpha)|^2 = n(a_0^2 + a_1^2 + \cdots + a_{n-1}^2) \qquad ③$$

为了证明式 ②,考虑多项式

$$P = 1 + aX + \cdots + a^{n-1}X^{n-1} = \frac{a^n X^n - 1}{aX - 1}$$

应用公式 ③,由此得出

$$\sum_{\alpha \in U_n} |P(\alpha)|^2 = n(1 + a^2 + \cdots + a^{2n-2}) = n \frac{a^{2n} - 1}{a^2 - 1} \qquad ④$$

另一方面

$$|P(\alpha)|^2 = \left| \frac{a^n \alpha^n - 1}{a\alpha - 1} \right|^2 = \frac{(a^n - 1)^2}{(a\alpha - 1)(a\overline{\alpha} - 1)} =$$

$$\frac{(a^n - 1)^2}{a^2 - 2\text{Re}\alpha \cdot a + 1}$$

推出公式 ②.

证明 2 (法国 G. Dospinescu) 我们将利用所谓的 Poisson 核公式

$$\frac{1 - r^2}{1 - 2r\cos t + r^2} = \sum_{m=-\infty}^{+\infty} r^{|m|} z^m, \text{ 其中 } |r| < 1 \qquad ⑤$$

与 $z = \cos t + i\sin t$,有

$$\sum_{k=0}^{n-1} \frac{1 - a^2}{1 - 2a\cos \frac{2k\pi}{n} + a^2} = \sum_{k=0}^{n-1} \left(\sum_{m=-\infty}^{+\infty} a^{|m|} e^{im\frac{2k\pi}{n}} \right) =$$

$$\sum_{m=-\infty}^{+\infty} a^{|m|} \left(\sum_{k=0}^{n-1} (e^{\frac{2\pi i m}{n}})^k \right) = \sum_{m \in \mathbf{Z}} n a^{|m|} =$$

$$n \sum_{j \in \mathbf{Z}} a^{n|j|} = n \frac{1 - a^{2n}}{(1 - a^n)^2} = n \frac{1 + a^n}{1 - a^n}$$

推出公式 ②.

证明 3 (D. Andrica) 考虑多项式 $P \in \mathbf{C}[X]$,它有因式分解 $P = \prod_{k=1}^{n}(X^2 + a_k X + b)$,则

$$\frac{P'}{P} = \sum_{k=1}^{n} \frac{2X + a_k}{X^2 + a_k X + b} = \frac{1}{X} \sum_{k=1}^{n} \frac{2X^2 + a_k X + b - b}{X^2 + a_k X + b} =$$

$$X \sum_{k=1}^{n} \frac{1}{X^2 + a_k X + b} + \frac{n}{X} - \frac{b}{X} \sum_{k=1}^{n} \frac{1}{X^2 + a_k X + b} =$$

$$\frac{X^2-b}{X}\sum_{k=1}^{n}\frac{1}{X^2+a_kX+b}+\frac{n}{X}$$

推导出公式

$$\frac{XP'-nP}{(X^2-b)P}=\sum_{k=1}^{n}\frac{1}{X^2+a_kX+b} \qquad ⑥$$

对多项式

$$P=(X^n-1)^2=\prod_{k=0}^{n-1}\left(X^2-2X\cos\left(\frac{2k\pi}{n}\right)+1\right)$$

有 $P'=2nX^{n-1}(X^n-1)$，因此

$$\frac{XP'-nP}{(X^2-1)P}=\frac{2nX^n(X^n-1)-n(X^n-1)^2}{(X^2-1)(X^n-1)^2}=$$

$$n\frac{X^n+1}{(X^2-1)(X^n-1)}$$

由式 ⑥ 推出式 ②.

3.8.3 应用

应用 1 为了求出和 ① 的值,在恒等式 ② 中取 $a=2$,得

$$\sum_{k=0}^{n-1}\frac{1}{4-4\cos\left(\frac{2k\pi}{n}\right)+1}=\frac{n(2^n+1)}{3(2^n-1)}$$

即

$$\sum_{k=0}^{n-1}\frac{1}{1+8\sin^2\left(\frac{k\pi}{n}\right)}=\frac{n(2^n+1)}{3(2^n-1)} \qquad ⑦$$

应用 2 利用恒等式 ② 来证明等式

$$\sum_{k=1}^{n-1}\frac{1}{\sin^2\left(\frac{k\pi}{n}\right)}=\frac{(n-1)(n+1)}{3} \qquad ⑧$$

实际上,恒等式 ② 等价于

$$\sum_{k=1}^{n-1}\frac{1}{a^2-2a\cos\left(\frac{2k\pi}{n}\right)+1}=\frac{n(a^n+1)}{(a^2-1)(a^n-1)}-\frac{1}{(a-1)^2}$$

在右边对 $a \to 1$ 求极限,得

$$\lim_{a\to 1}\left[\frac{n(a^n+1)}{(a^2-1)(a^n-1)}-\frac{1}{(a-1)^2}\right]=$$

$$\frac{1}{2n}\lim_{a\to 1}\frac{(n-1)a^{n+1}-(n+1)a^n+(n+1)a-n+1}{(a-1)^3}=$$

$$\frac{1}{2n}\lim_{a\to 1}\frac{(n+1)(n-1)a^n-n(n+1)a^{n-1}+(n+1)}{3(a-1)^2}=$$

$$\frac{1}{2n}\lim_{a\to 1}\frac{(n+1)(n-1)na^{n-2}(a-1)}{6(a-1)}=$$

$$\frac{(n-1)(n+1)}{12}$$

由此推出

$$\lim_{a\to 1}\sum_{k=1}^{n-1}\frac{1}{a^2-2a\cos\left(\frac{2k\pi}{n}\right)+1}=\frac{(n-1)(n+1)}{12}$$

即

$$\sum_{k=1}^{n-1}\frac{1}{4\sin^2\left(\frac{k\pi}{n}\right)}=\frac{(n-1)(n+1)}{12}$$

评注 (1) 利用

$$\sin^2\left(\frac{k\pi}{n}\right)=\sin^2\frac{(n-k)\pi}{n}, k=1,2,\cdots,n-1$$

由恒等式 ⑧ 得出：

a) 若 n 是奇数, $n=2m+1$, 则

$$\sum_{k=1}^{m}\frac{1}{\sin^2\left(\frac{k\pi}{2m+1}\right)}=\frac{2m(2m+2)}{6}=\frac{m(2m+2)}{3}$$

等价于

$$\sum_{k=1}^{m}\cot^2\frac{k\pi}{2m+1}=\frac{m(2m-1)}{3} \qquad ⑨$$

b) 若 n 是偶数, 则

$$\sum_{k=1}^{\frac{n}{2}-1}\frac{1}{\sin^2\left(\frac{k\pi}{n}\right)}=\frac{1}{2}\left(\frac{n^2-1}{3}-1\right)=\frac{n^2-4}{6} \qquad ⑩$$

于是

$$\sum_{k=1}^{m-1}\operatorname{cosec}^2\left(\frac{k\pi}{2m}\right)=\frac{2(m^2-1)}{3}$$

(2) 在[1,第147页]中给出式⑨的不同证法. 考虑三角方程 $\sin(2m+1)x=0$, 它具有根

$$\frac{\pi}{2m+1}, \frac{2\pi}{2m+1}, \cdots, \frac{m\pi}{2m+1}$$

用 $\sin x$ 与 $\cos x$ 展开 $\sin(2m+1)x$, 得

$$\sin(2m+1)x=\binom{2m+1}{1}\cos^{2m}x\sin x-\binom{2m+1}{3}\cos^{2m-2}x\sin^3 x+\cdots=$$

$$\sin^{2m+1}x\left\{\binom{2m+1}{1}\cot^{2m}x-\binom{2m+1}{3}\cot^{2m-2}x+\cdots\right\}$$

设 $x=\dfrac{k\pi}{2m+1}, k=1,2,\cdots,m$. 因 $\sin^{2m+1}x\neq 0$, 故有

$$\binom{2m+1}{1}\cot^{2m}x-\binom{2m+1}{3}\cot^{2m-2}x+\cdots=0$$

代入 $y=\cot^2 x$ 得出代数方程

$$\binom{2m+1}{1}y^m-\binom{2m+1}{3}y^{m-1}+\cdots=0$$

有根

$$\cot^2\frac{\pi}{2m+1},\cot^2\frac{2\pi}{2m+1},\cdots,\cot^2\frac{m\pi}{2m+1}$$

利用根与系数之间的关系,得

$$\sum_{k=1}^{m}\cot^2\frac{k\pi}{2m+1}=\frac{\binom{2m+1}{3}}{\binom{2m+1}{1}}=\frac{m(2m-1)}{3}$$

应用 3 现在用定理中的结果来证明以下恒等式.

若 n 是奇数, $n\geqslant 3$, 则

$$\sum_{k=1}^{\frac{n-1}{2}}\frac{1}{\cos^2\left(\frac{k\pi}{n}\right)}=\frac{n^2-1}{2} \qquad ⑪$$

若 n 是偶数, $n\geqslant 4$, 则

$$\sum_{k=1}^{\frac{n}{2}-1}\frac{1}{\cos^2\left(\frac{k\pi}{n}\right)}=\frac{n^2-4}{6} \qquad ⑫$$

这是问题 O71,《数学反思》中提出了它的 3 种解法. 这里直接从式 ② 提出不同解法.

为了证明恒等式 ⑪, 注意, 从式 ② 有

$$\sum_{k=0}^{n-1}\frac{1}{2+2\cos\dfrac{2k\pi}{n}}=\lim_{a\to -1}\frac{n(a^n+1)}{(a^2-1)(a^n-1)}=$$

$$\frac{n}{4}\lim_{a\to -1}\frac{a^n+1}{a+1}=\frac{n^2}{4}$$

即

$$\sum_{k=0}^{n-1}\frac{1}{\cos^2\left(\dfrac{k\pi}{n}\right)}=n^2$$

因此
$$\sum_{k=1}^{n-1} \frac{1}{\cos^2\left(\frac{k\pi}{n}\right)} = n^2 - 1$$

利用
$$\cos^2\left(\frac{k\pi}{n}\right) = \cos^2\left(\frac{(n-k)\pi}{n}\right), k=1,\cdots,n-1$$

推出恒等式 ⑪.

利用相同方法来证明恒等式 ⑫ 将更加复杂. 在下面证明中,我们利用 $f(t), g(t), h(t)$ 作为只有以下重要性质的多项式:它们在 $t=0$ 时有有限值. 我们有

$$\sum_{\substack{k=0\\k\neq \frac{n}{2}}}^{n-1} \frac{1}{2+2\cos\frac{2k\pi}{n}} = \lim_{a\to -1}\left[\frac{n(a^n+1)}{(a^2-1)(a^n-1)} - \frac{1}{(a+1)^2}\right] =$$

$$\lim_{t\to 0}\left\{\frac{n[(t-1)^n+1]}{t(t-2)[(t-1)^n-1]} - \frac{1}{t^2}\right\} =$$

$$-\frac{1}{2}\lim_{t\to 0}\frac{n[(t-1)^n+1]t - (t-2)[(t-1)^n-1]}{t^2[(t-1)^n-1]} =$$

$$-\frac{1}{2}\lim_{t\to 0}\frac{nt\left[2-nt+\frac{n(n-1)}{2}t^2+t^3 f(t)\right]}{t^2\left[-nt+\frac{n(n-1)}{2}t^2+t^3 h(t)\right]} -$$

$$\frac{(t-2)\left[-nt+\frac{n(n-1)}{2}t^2-\frac{n(n-1)(n-2)}{6}+t^3+t^4 g(t)\right]}{t^2\left[-nt+\frac{n(n-1)}{2}t^2+t^3 h(t)\right]} =$$

$$-\frac{1}{2}\cdot\frac{\frac{n^2(n-1)}{2}-2\frac{n(n-1)(n-2)}{6}-\frac{n(n-1)}{2}}{-n} =$$

$$\frac{n^2-1}{12}$$

因 f, g, h 是 t 的多项式,故 $f(0), g(0), h(0)$ 是有限的,由此得

$$\sum_{\substack{k=1\\k\neq \frac{n}{2}}}^{n-1} \frac{1}{\cos^2\left(\frac{k\pi}{n}\right)} = \frac{n^2-4}{3}$$

其次再利用
$$\cos^2\left(\frac{k\pi}{n}\right) = \cos^2\left(\frac{(n-k)\pi}{n}\right), k=1,\cdots,n-1$$

得出恒等式 ⑩. 注意,在问题 U72 中提出了以上极限.

评注 利用

$$\cos^2\frac{k\pi}{n} = \sin^2\left(\frac{\pi}{2} - \frac{k\pi}{n}\right) = \sin^2\frac{(n-2k)\pi}{2n} =$$

$$\sin^2\frac{\left(\frac{n}{2}-k\right)\pi}{n}, k=1,\cdots,\frac{n}{2}$$

可以直接从式 ⑧ 推导出关系式 ⑫.

应用 4 若 $x \in \mathbf{R}, |x| > 1$, 则

$$\sum_{k=0}^{n-1}\frac{1}{x-\cos\frac{2k\pi}{n}} = \frac{2n(x+\sqrt{x^2-1})[(x+\sqrt{x^2-1})^n+1]}{[(x+\sqrt{x^2-1})^2-1][(x+\sqrt{x^2-1})^n-1]} \quad ⑬$$

实际上, 我们有

$$\sum_{k=0}^{n-1}\frac{1}{a^2-2a\cos\frac{2k\pi}{n}+1} = \frac{1}{2a}\sum_{k=0}^{n-1}\frac{1}{\frac{1}{2}\left(a+\frac{1}{a}\right)-\cos\frac{2k\pi}{n}}$$

令 $x = \frac{1}{2}\left(a+\frac{1}{a}\right)$, 则 $a = x + \sqrt{x^2-1}$, 由式 ② 得

$$\frac{1}{2a}\sum_{k=0}^{n-1}\frac{1}{x-\cos\frac{2k\pi}{n}} = \frac{n(a^n+1)}{(a^2-1)(a^n-1)}$$

这是关系式 ⑬.

在 ⑬ 中取 $x = 2$, 得

$$\sum_{k=0}^{n-1}\frac{1}{1+2\sin^2\left(\frac{k\pi}{n}\right)} = \frac{2n(2+\sqrt{3})[(2+\sqrt{3})^n+1]}{(3+3\sqrt{3})[(2+\sqrt{3})^n-1]} \quad ⑭$$

参考文献

[1] Andreescu, T., Andrica, D. 360 *Problems for Mathematical Contests*, GIL Publishing House, 2003.

[2] Andreescu, T., Andrica, D. *Complex Numbers for A to... Z*, Birkhauser Verlag, Boston-Berlin-Basel, 2005.

[3] Andrica, D., Piticari, M. *Problem U23*, Mathematical Reflections 4 (2006).

[4] Andrica, D., Piticari, M. *On Some Interesting Trigonometric Sums*, Acta Univ. Apulensis Math. Inform. No. 15(2008), 299-308.

[5] Djukic, D. *The IMO Compendium. A Collection of Problems Suggested for the International Mathematical Olympiads*: 1959-2004, Springer, 2006.

(罗马尼亚)D. Andrica

3.9 其幂具有佳性质的数

我们来研究这样的无理数存在,它们的完满幂具有佳性质:它们的幂的整数部分对模 m 的剩余是常数,可以等于任一已知数.

最近,代数学与数论完美结合的问题在数学界很受欢迎.这些问题都有初等证明,但是都很难找到,要利用数论与代数学二者的工具.在陈述与证明主要结果以前,我们将通过一些问题的解决,找到灵感.

问题 1 令 m 是正整数.证明:存在无理数 x,使得对所有正整数 k,x^k 的整数部分对模 m 总是 1.

未知来源

问题 2 求 $(3+2\sqrt{2})^{2\,005}$ 的整数部分.

做完其他问题后解答的问题.

问题 3 令 $a_1,a_2,\cdots,a_k$ 与 $b_1,b_2,\cdots,b_k$ 是整数,使已知 k 元无理数组 $x_1,x_2,\cdots,x_k$ 都大于 1,存在正整数 $n_1,n_2,\cdots,n_k$ 与 $m_1,m_2,\cdots,m_k$,使

$$a_1\lfloor x_1^{n_1} \rfloor + a_2\lfloor x_2^{n_2} \rfloor + \cdots + a_k\lfloor x_k^{n_k} \rfloor =$$
$$b_1\lfloor x_1^{m_1} \rfloor + b_2\lfloor x_2^{m_2} \rfloor + \cdots + b_k\lfloor x_k^{m_k} \rfloor$$

证明:对 $i=1,2,\cdots,k$,$a_i=b_i$.

数学竞赛题,G. Dospinescu 提供

实际上,这些问题不需要用我们的结果来解答它们,正如我们将看到,结果与用来证明它们的方法将容易解答它们,为问题提供者提出另外的解法.

定理 令 m 是整数,$0 \leqslant t < m$ 是另 1 个固定整数,则对所有正整数 k,存在无理数 α,使

$$\lfloor \alpha^k \rfloor \equiv t \pmod{m}$$

在证明这个结果前,值得注意关于这个结果的 2 种情形.

(1) 这个结果显然是问题 1 的推广,那又怎样使它更有趣呢? 对我们来说,理由似乎是比数的所有幂在 Z_m 中等于 1 更简单,因为它是乘法恒等式.实际上,若容许以整数代替无理数,则与所有情形有 $m \mid t^2 - t$ 一样,$t=1$ 时是平凡的.

(2) 这个结果提供了问题 3 的简单证明(请读者尝试,不用这个结果来解答这个难题,请试找出解答这个难题的其他方法)与解答问题 2 所用方法的推广.

没有更多意见.我们现在准备证明.证明分为两步,首先用多项式的根定义一些佳数,其次计算它们的幂的整数部分.

第 1 步:用多项式的根定义我们的数.

若 n 是偶数,则考虑多项式
$$x^n - M(n-1)^{n-2} \prod_{i=0}^{n-2}(x - \frac{i}{n-1}) + 1$$

若 n 是奇数,则考虑多项式
$$x^n - M(x-1)^{n-2} \prod_{i=0}^{n-2}(x - \frac{i}{n-1}) - 1$$

其中 M 是充分大的 m 的倍数(以后规定它). 对每个 n,令它的各自多项式为 p_n. 我们将证明:当 m 充分大时,p_n 满足以下性质.

第 1 个性质
$$p_n = x^n + a_{n-1}x^{n-1} + a_{n-2}x^{n-2} + \cdots + a_1 x + (-1)^n$$
其中 a_k 是整数,使得对 $n-1 \geqslant k \geqslant 1, m \mid a_k$.

注意到以下情形容易证明这个性质:$\prod_{i=0}^{n-2}(x - \frac{i}{n-1})$ 的分母整除 $(n-1)^l$,其中 $l \leqslant n-2$,于是当它们乘以 $M(n-1)^{n-2}$ 时,变为可被 m 整除的整数(选择 $m \mid M$).

第 2 个性质:p_n 在区间 $(0,1)$ 中有 $n-1$ 个实根,且根大于 1,也有 $p_n(1) < 0$.

这是极强的解析性质. 考虑多项式 $\prod_{i=0}^{n-2}(x - \frac{i}{n-1})$,令 $|\epsilon|$ 是它在 $[0,1]$ 中局部极小值与极大值的最小范数,包括作为临界值的它的边界值,即
$$|\epsilon| < \left| \prod_{i=0}^{n-2}(1 - \frac{i}{n-1}) \right|$$

因此只选择 $M \geqslant \frac{2}{\epsilon}$ 就够了.

在 $[0,1]$ 上的 $\prod_{i=0}^{n-2}(x - \frac{i}{n-1})$ 所有临界点上,我们一定有交错符号. 理由是对 $i = 0, 1, \cdots, n-2$,在 $\frac{i}{n-1}$ 与 $\frac{i+1}{n-1}$ 之间有临界点,多项式在这些区间中交错符号,因为它在 $\frac{i}{n-1}$ 中有根. 也因为对这些临界点 z 的每一点,有
$$|z^n - (-1)^n| < 2 < M \left| \prod_{i=0}^{n-2}(z - \frac{i}{n-1}) \right|$$

所以 p_n 的符号等于 $\prod_{i=0}^{n-2}(z - \frac{i}{n-1})$ 的符号,也求出 $p_0(0)$ 与 $p_n(1) < 0$ 的值,我们求出了,p_n 在区间 $[0,1]$ 中改变符号 n 次,因此在这个区间中有 $n-1$ 个根,另 1 个大于 1 的根是要证明的.

令 $r_1 > r_2 > \cdots > r_n$ 是 p_n 的根,有 $r_1 > 1 > r_2 > \cdots > r_n > 0$. 方法是对某个充分大的 p,计算 r_1^{2pm} 的整数部分.

第 2 步：计算数的整数部分．

我们来计算 r_1^{kn} 的整数部分．从定义 $s_k = r_1^k + r_2^k + \cdots + r_n^k$ 开始，按照牛顿公式，它满足 $s_0 = n$，对 $k = 1, 2, \cdots, n-1$，s_k 是整数．

但是关于数列 $\{s_i\}_{i=1}^{\infty}$ 可以有更多内容，注意
$$0 = r_i^k p_n(r_i) = r_i^{k+n} + a_{n-1} r_i^{k+n-1} + \cdots + a_1 r_i^{k+1} + (-1)^n r_i^k$$

对 $i = 1, 2, \cdots, n$ 求和，得
$$s_{k+n} + a_{n-1} s_{k+n-1} + a_{n-2} s_{k+n-2} + \cdots + a_1 s_{k+1} + (-1)^n s_k$$

用简单的加强归纳法，我们发现数列中的所有项是整数．对模 m 递推，回忆 $a_{n-1} \equiv a_{n-2} \equiv \cdots \equiv a_1 \equiv 0 \pmod{m}$，再由归纳法得，对所有正整数 p
$$s_{2pn} \equiv n \pmod{m}$$

我们正要到达证明的目标．首先注意，对充分大的整数 p，有
$$s_{2phn} = \lfloor (r_1^{2pn})^h \rfloor + 1$$

因为 $1 > r_2 > r_3 > \cdots > r_n > 0$，所以对充分大的 p，$1 > r_2^{2phn} + r_3^{2phn} + \cdots + r_n^{2phn} > 0$，这蕴涵 $s_{2phn} > (r_1^{2pn})^h > s_{2phn} - 1$．因 $s_{2phn} - 1$ 是整数，故它是 $(r_1^{2pn})^h$ 的整数部分．

从最后的陈述，我们得出，对所有充分大的 p
$$\lfloor (r_1^{2pn})^h \rfloor \equiv s_{2phn} - 1 \equiv n - 1 \pmod{m}$$

设 $n = t + 1$，求出 $\alpha = r_1^{2pn}$ 满足要求的性质，但是要求它是无理数．我们来证明存在 p 使 r_1^{2pn} 是无理数．

设相反，对所有充分大的 p，r_1^{2pn} 是有理数，则 r_1^{2n} 一定是有理数．但是因 r_1 是整数，故 r_1^{2n} 一定是整数．这蕴涵在 $\mathbf{Z}$ 中 r_1 的最小多项式整除 $x^{2n} - c$ 与 p_n，其中 c 是某整数．令 $\mathbf{Q}$ 是 $\mathbf{Z}$ 中 r_1 的最小整数多项式，则 $\mathbf{Q}$ 的所有根具有形式 $\sqrt[2n]{c} \cdot \zeta$，其中 ζ 是单位根．由此得出，若 q 是 c 的素因子，则 $q \mid \mathbf{Q}(0)$，但是这蕴涵 q 整除 $p_n(0) = (-1)^n$，矛盾，由此 $c = 1$，$r_1 = 1$，因为 $p_n(1) < 0$，所以不可能发生．

证明结束．但是还有许多未解决的问题：具有这个性质的有理数是什么？非代数解是什么？具有这个性质的超越数是什么？

练习题：1. 解答本文开始提出的最初 3 个问题（重复问题 1 的方法）．

2. 令 S 是集合，使得对任一 $\alpha \in \mathbf{R} - \mathbf{Q}$，有数 $n \in \mathbf{Z}_+$，使 $\lfloor \alpha^n \rfloor \in S$．证明：$S$ 包含具有任意大数字和的数．

G. Dospinescu 提供

这些问题取自 T. Andreescu, G. Dospinescu 的书 *Problems from the Book* 与 WWW. mathlinks. ro.

（哥伦比亚）P. R. Mesa

3.10 关于格五边形的定理

在本文中,我们称 Euclid 平面 $\mathbf{R}^2$ 上属于 $\mathbf{Z} \times \mathbf{Z}$ 的点为格点. 又称以格点为顶点的五边形为格五边形.

在 1980 年,Arkinstall[2] 证明了以下结果,称为格五边形定理.

定理 1 凸格五边形在它内部一定包含格点.

20 年后,这个结果的改进作为俄罗斯数学奥林匹克提出的问题出现.

定理 2 若 P 是凸五边形,其顶点在格点上,以它的对角线确定的较小五边形 $S(P)$ 在它内部或它边界上包含格点.

利用著名的 Pick 公式(例如见[3])的一些方法导致这个极好定理的证明. 按照这种精神,最常用的方法是[1]中的方法,它把 Pick 定理与极端论证结合起来. 下面我们以 Arkinstall 原来方法[2]为基础给出证明,不用 Pick 公式.

定理 2 的证明 令 A, B, C, D, E 是 P 的顶点. 因格点只能是 4 种类型之一:$(2Z+1, 2Z+1)$,$(2Z, 2Z)$,$(2Z+1, 2Z)$,$(2Z, 2Z+1)$,按照鸽笼原理,五边形 $ABCDE$ 的 2 个顶点将有相同类型,因此由这 2 点确定的线段中点 M 也是格点. 这 2 个顶点是相邻的或不产生 2 种情形:

1. 点 M 在五边形 $ABCDE$ 的 1 条对角线内部. 不失一般性,设 M 是线段 AC 的中点. 若它在 $S(ABCDE)$ 的边界上,则证毕. 若不是如此,则五边形 $ABMDE$ 或 $MBCDE$ 之一是凸的,比方说 $MBCDE$. 这个凸五边形是包含在原来五边形 $ABCDE$ 中的格五边形. 我们观察到 $S(MBCDE)$ 也包含在 $S(ABCDE)$ 中. 因此,用对包含在原来五边形 P 中的格点数作归纳法知道,$S(MBCDE)$ 将包含格点,于是 $S(ABCDE)$ 也是如此,正是要求的结果.

2. 点 M 在五边形 $ABCDE$ 的一边内部. 不失一般性,设 M 是 AB 的中点. 五边形 $MBCDE$ 是凸的. 虽然 $S(MBCDE)$ 不包含在 $S(ABCDE)$ 中,但是 $S(MBCDE)$ 包含在 $S(ABCDE)$ 与 $\triangle T$ 的并集中,$\triangle T$ 以 3 条直线 BD, BE, AC 为界. 按照相似的归纳论证,$S(MBCDE)$ 包含格点 M'. 若 M' 在 $S(ABCDE)$ 内部,则证毕. 若情况不是如此,则它在 $\triangle T$ 内部,因五边形 $AM'CDE$ 是凸的,它的小五边形 $S(AM'CDE)$ 包含在 $S(ABCDE)$ 中,故用相同的归纳法论证,我们断定,$S(AM'CDE)$ 包含 $S(ABCDE)$ 内的格点. 证明了定理 2.

参考文献

[1] T. Andreescu, Z. Feng, G. Lee. *Mathematical Olympiads*,2000-2001:

Problems and Solutions from Around the World. MAA, 2003.

[2] J. R. Arkinstall. *Minimal Requirements for Minkowskis Theorem in the Plane I*, *Bulletin of the Australian Mathematical Society*. 22(1980)259274.

[3] G. Pick. *Geometrisches zur Zahlentheorie*, *Sitzenber. Lotos*. (Prague)19,311-319, 1899.

(罗马尼亚)C. Pohoață

3.11 关于代数恒等式

我们将解答《数学反思》中的问题 U23,这个问题曾长期未被解答. 后来,解答发表在《数学反思》最初 2 年卷一书中. 我们将利用关于多项式及其导数的简单代数恒等式,来说明它们在解题中的应用.

U23 求以下和的值

$$\sum_{k=0}^{n-1} \frac{1}{1+8\sin^2\left(\frac{k\pi}{n}\right)}$$

D. Andrica, M. Piticari 提供

解 众所周知

$$\sin x = \frac{e^{ix} - e^{-ix}}{2i}$$

于是

$$1 + 8\sin^2\left(\frac{k\pi}{n}\right) = 5 - 2(e^{i\frac{2k\pi}{n}} + e^{-i\frac{2k\pi}{n}})$$

令

$$e^{i\frac{2k\pi}{n}} = \xi_k$$

则我们需要求以下和的值

$$\sum_{k=0}^{n-1} \frac{\xi_k}{-2\xi_k^2 + 5\xi_k - 2}$$

因

$$\frac{x}{-2x^2+5x-2} = \frac{-x}{(2-x)(1-2x)} = \frac{2}{3} \cdot \frac{1}{2-x} - \frac{1}{3} \cdot \frac{1}{1-2x}$$

故得

$$\sum_{k=0}^{n-1} \frac{\xi_k}{-2\xi_k^2+5\xi_k-2} = \frac{2}{3} \cdot \sum_{k=0}^{n-1} \frac{1}{2-\xi_k} - \frac{1}{6} \cdot \sum_{k=0}^{n-1} \frac{1}{\frac{1}{2}-\xi_k}$$

注意 $\xi_k, k=0,1,\cdots,n-1$ 是多项式 $P(x)=x^n-1$ 的 n 个根.

于是我们必须解答以下子问题.

令 $a_k, k=1,\cdots,n$，是 n 次多项式 $P(x)$ 的根，求 $\sum_{k=1}^{n}\dfrac{1}{x-a_k}$.

这个问题是众所周知的，是推动写这篇短文的动力. 问题的答案是

$$\sum_{k=1}^{n}\frac{1}{x-a_k}=\frac{P'(x)}{P(x)} \qquad ①$$

为什么？因为若 $P(x)=(x-a_1)\cdots(x-a_n)$，则由导数乘积法则得

$$P'(x)=(x-a_2)\cdots(x-a_n)+\cdots+(x-a_1)\cdots(x-a_{n-1})$$

证毕.

现在回到问题 U23 的解答.

在这种情形下 $P(x)=x^n-1$，于是

$$\frac{P'(x)}{P(x)}=\frac{nx^{n-1}}{x^n-1}$$

$$\sum_{k=0}^{n-1}\frac{1}{2-\xi_k}=\frac{P'(2)}{P(2)}=\frac{n2^{n-1}}{2^n-1}$$

与

$$\sum_{k=0}^{n-1}\frac{1}{\frac{1}{2}-\xi_k}=\frac{P'\left(\frac{1}{2}\right)}{P\left(\frac{1}{2}\right)}=\frac{\dfrac{n}{2^{n-1}}}{\dfrac{1}{2^n}-1}=\frac{2n}{1-2^n}$$

最后

$$\sum_{k=0}^{n-1}\frac{1}{1+8\sin^2\left(\dfrac{k\pi}{n}\right)}=\frac{2}{3}\cdot\frac{n2^{n-1}}{2^n-1}-\frac{1}{6}\cdot\frac{2n}{1-2^n}=\frac{n}{3}\cdot\frac{2^n+1}{2^n-1}$$

1. 令 $P(x)$ 是只具有实根的非常数多项式，求证：对所有 $x\in\mathbf{R}$，有
$$P'(x)^2\geqslant P(x)P''(x)$$

(M. Aigner, G. M. Ziegler，证明根据他们的书，第 3 版)

证 若 $x=a_i$ 是 $P(x)$ 的根，则无须证明. 设 x 不是根，则

$$\frac{P'(x)}{P(x)}=\sum_{k=1}^{n}\frac{1}{x-a_k}$$

再求导数，有

$$\frac{P''(x)P(x)-P'(x)^2}{P(x)^2}=-\sum_{k=1}^{n}\frac{1}{(x-a_k)^2}<0$$

2. 令 P 是 n 次代数多项式，只有实零点与实系数.

a) 证明：对所有实数 x，以下不等式成立

$$(n-1)P'(x)^2\geqslant nP(x)P''(x) \qquad ②$$

b) 研究等式的情形.

(国际数学竞赛,1998)

证 注意,当 $n=1$ 时,式 ② 的两边恒等于 0. 设 $n>1$. 令 $x_1,\cdots,x_n$ 是 P 的零点. 显然当 $x=x_i, i\in\{1,\cdots,n\}$ 时,式 ② 成立,等式只当 $P'(x_i)=0$ 时,即当 x_i 是 P 的多重零点时才有可能. 设 x 不是 P 的零点. 利用恒等式有

$$\frac{P'(x)}{P(x)}=\sum_{i=1}^{n}\frac{1}{x-x_i}$$

$$\frac{P''(x)}{P(x)}=\sum_{1\leqslant i<j\leqslant n}\frac{2}{(x-x_i)(x-x_j)}$$

求出

$$(n-1)\left(\frac{P'(x)}{P(x)}\right)^2-n\frac{P''(x)}{P(x)}=\sum_{i=1}^{n}\frac{n-1}{(x-x_i)^2}-\sum_{1\leqslant i<j\leqslant n}\frac{2}{(x-x_i)(x-x_j)}$$

但是最后这个表达式只是

$$\sum_{1\leqslant i<j\leqslant n}\left(\frac{1}{x-x_i}-\frac{1}{x-x_j}\right)^2$$

因此是正的,不等式得证. 为使式 ② 的等式对所有实数 x 成立,必须使 $x_1=x_2=\cdots=x_n$. 直接验证可以证明,实际上,若 $p(x)=c(x-x_1)^n$,则式 ② 变为恒等式.

3. 设多项式 $f(x)$ 的所有零点是单零点. 若从方程 $f(x)=0$ 的所有根减去 $f'(x)=0$ 的所有根,求这个差的倒数和.

(E.J.Barbeau. 多项式)

解 令 $f(x)$ 的零点是 r_i,$f'(x)$ 的零点是 s_j,则由 $f'(x)=f(x)\sum(x-r_i)^{-1}$,得对每个 j,有

$$0=f'(s_j)=f(s_j)\sum(s_j-r_i)^{-1}$$

因为 $f(s_j)\neq 0$,所以 $\sum(s_j-r_i)^{-1}=0$.

4. 对 $\sum_{k=1}^{n}\frac{x_k+2}{x_k-1}=n-3$,其中 $x_1,x_2,\cdots,x_n$ 是 $x^n+ax^{n-1}+a^{n-1}x+1$ 的零点,求实数 a 的值与大于 1 的正整数 n.

(E.J.Barbeau. 多项式)

解 令 $P(x)=x^n+ax^{n-1}+a^{n-1}x+1$,则 $P'(x)=nx^{n-1}+a(n-1)x^{n-2}+a^{n-1}$. 我们有

$$\frac{x_k+2}{x_k-1}=1+\frac{3}{x_k-1}$$

因此

$$\sum_{k=1}^{n}\frac{x_k+2}{x_k-1}=n-3\sum_{k=1}^{n}\frac{1}{1-x_k}=n-3\frac{P'(1)}{P(1)}$$

则
$$n-3 \cdot \frac{n+an-a+a^{n-1}}{a^{n-1}+a+2}=n-3$$

或等价于$(a+1)(n-2)=0$,于是$a=-1$或$n=2$.$a=-1$的情形给出多项式$x^n-x^{n-1}-x+1=(x-1)(x^{n-1}-1)$.但是在这种情形下,1个零点是1,已知方程的左边是不确定的,因此$a\neq-1$.$n=2$的情形给出多项式$x^2+2ax+1$,如果$a\neq-1$,可以验证它的零点满足条件.

5. 令$-1<x<1$.证明
$$\sum_{k=0}^{6}\frac{1-x^2}{1-2x\cos\left(\frac{2k\pi}{7}\right)+x^2}=7\cdot\frac{1+x^7}{1-x^7} \qquad ③$$

(入选 IMO1988)

证 我们有
$$\cos\left(\frac{2k\pi}{7}\right)=\frac{\mathrm{e}^{\mathrm{i}\frac{2k\pi}{7}}+\mathrm{e}^{-\mathrm{i}\frac{2k\pi}{7}}}{2}$$

令
$$\mathrm{e}^{\mathrm{i}\frac{2k\pi}{7}}=\xi_k$$

于是
$$\frac{1-x^2}{1-2x\cos\left(\frac{2k\pi}{7}\right)+x^2}=\frac{2(1-x^2)\xi_k}{-2x\xi_k^2+(2+2x^2)\xi_k-2x}$$

二次方程$-2x\xi_k^2+(2+2x^2)\xi_k-2x$的判别式是$D=4(1-x^2)^2$,因此$\sqrt{D}=2|1-x^2|=2(1-x^2)$,零点是$x$与$\frac{1}{x}$.我们有
$$-2x\xi_k^2+(2+2x^2)\xi_k-2x=-2x(\xi_k-x)(\xi_k-\frac{1}{x})$$

注意,若$x=0$,则得出等式 ③.

最后
$$\frac{1-x^2}{1-2x\cos\left(\frac{2k\pi}{7}\right)+x^2}=\frac{\left(x-\frac{1}{x}\right)\xi_k}{(\xi_k-x)(\xi_k-\frac{1}{x})}=\frac{\frac{1}{x}}{\frac{1}{x}-\xi_k}-\frac{x}{x-\xi_k}$$

与
$$\sum_{k=0}^{6}\frac{1-x^2}{1-2x\cos\left(\frac{2k\pi}{7}\right)+x^2}=\frac{1}{x}\sum_{k=0}^{6}\frac{1}{\frac{1}{x}-\xi_k}-x\sum_{k=0}^{6}\frac{1}{x-\xi_k}=$$

$$\frac{1}{x} \cdot \frac{p'\left(\frac{1}{x}\right)}{p\left(\frac{1}{x}\right)} - x \cdot \frac{p'(x)}{p(x)} =$$

$$7 \cdot \frac{1+x^7}{1-x^7}$$

其中 $p(x) = x^7 - 1$.

6. 令实数 $x_1, x_2, \cdots, x_n$ 满足 $0 < x_1 < \cdots < x_n < 1$,设 $x_0 = 0, x_{n+1} = 1$. 这些数满足以下方程组

$$\sum_{j=0, j \neq i}^{n+1} \frac{1}{x_i - x_j} = 0, i = 1, 2, \cdots, n$$

证明:对 $i = 1, 2, \cdots, n, x_{n+1-i} = 1 - x_i$.

(候选 IMO1986)

证 令 $P(x) = (x - x_0)(x - x_1) \cdots (x - x_n)(x - x_{n+1})$,则

$$P'(x) = \sum_{j=0}^{n+1} \frac{P(x)}{x - x_j}$$

$$P''(x) = \sum_{j=0}^{n+1} \sum_{k \neq j} \frac{P(x)}{(x - x_j)(x - x_k)}$$

因此对 $i = 0, 1, \cdots, n+1$

$$P''(x_i) = 2P'(x_i) \sum_{j \neq i} \frac{1}{x_i - x_j}$$

已知条件蕴涵,对 $i = 1, 2, \cdots, n, P''(x_i) = 0$. 从而

$$x(x-1)P''(x) = (n+2)(n+1)P(x) \qquad ④$$

容易看到有唯一的 $n+2$ 次首一多项式满足微分方程 ④. 另一方面,多项式 $Q(x) = (-1)^n \times P(1-x)$ 也满足这个方程,是首一多项式,且 $\deg Q = n+2$,因此 $(-1)^n P(1-x) = P(x)$,推出结果.

7. $P(z)$ 是 n 次复系数多项式. 它的根(在复平面上)可以被半径为 r 的圆盘覆盖. 证明:对任一复数 $k, nP(z) - kP'(z)$ 的根可以被半径为 $r + |k|$ 的圆盘覆盖.

(普特南 1957)

证 令 $P(z)$ 的根是 $a_1, a_2, \cdots, a_n$. 设它们都在圆心为 c,半径为 r 的圆盘中,则 $|c - a_n| \leqslant r$. 设 $|c - w| > r + |k|$. 我们来证明 w 不是 $nP(z) - kP'(z)$ 的根. 我们有

$$|w - a_i| \geqslant |w - c| - |c - a_i| > r + |k| - r = |k|$$

现在 $\frac{P'(z)}{P(z)} = \sum \frac{1}{(z - a_i)}$(注意,若有重根,则仍然成立),于是 $\left|\frac{P'(w)}{P(w)}\right| < \frac{n}{|k|}$,从而 $\left|k\frac{P'(w)}{P(w)}\right| < n$,于是 $\left|n - k\frac{P'(w)}{P(w)}\right| > 0$. 但是 $|P(w)| > 0$(因为 w 在圆盘外部,此圆

盘包含 $P(z)$ 的所有根),因此
$$|nP(w)-kP'(w)|=|P(w)|\cdot\left|n-k\frac{P'(w)}{P(w)}\right|>0$$

8. 令 $P(z)$ 是 n 次多项式,它的所有零点在复平面上有绝对值 1. 设 $g(z)=\dfrac{P(z)}{z^{\frac{n}{2}}}$. 证明: $g'(z)=0$ 的所有零点有绝对值 1.

(普特南 2005)

证 我们有 $z^{\frac{n}{2}}g(z)=P(z)$,因此
$$\frac{g'(z)}{g(z)}=\frac{P'(z)}{P(z)}-\frac{n}{2z}$$
$$\frac{g'(z)}{g(z)}=\sum_{j=1}^{n}\left(\frac{1}{z-r_j}-\frac{1}{2z}\right)=\frac{1}{2z}\sum_{j=1}^{n}\frac{z+r_j}{z-r_j}$$
其中 $r_1,\cdots,r_n$ 是 $P(z)$ 的零点. 今若对所有 j,$z\neq r_j$,则
$$\frac{z+r_j}{z-r_j}=\frac{(z+r_j)(\bar{z}-\bar{r_j})}{|z-r_j|^2}=\frac{|z|^2-1+2\mathrm{Im}(\bar{z}r_j)i}{|z-r_j|^2}$$
于是
$$\mathrm{Re}\left(\frac{zg'(z)}{g(z)}\right)=\frac{|z|^2-1}{2}\cdot\left(\sum_{j=1}^{n}\frac{1}{|z-r_j|^2}\right)$$
因括号中的量是正的,故仅当 $|z|=1$ 时,才可能有 $g'(z)=0$. 若在另一方面,对某 j,$z=r_j$,则无论如何有 $|z|=1$.

9. 对任一多项式 g,以 $d(g)$ 表示它的任何 2 个实零点的最小距离(当 g 至多有 1 个实零点时,$d(g)=\infty$). 设 g 与 $g+g'$ 都是 $k\geqslant 2$ 次的,有 k 个不同实零点,则 $d(g+g')\geqslant d(g)$.

(国际数学竞赛 2007)

证 令 $x_1<x_2<\cdots<x_k$ 是 g 的根. 设 a,b 是 $g+g'$ 的根,满足 $0<b-a<d(g)$,则 a,b 不能是 g 的根,且
$$\frac{g'(a)}{g(a)}=\frac{g'(b)}{g(b)}=-1 \qquad ⑤$$
因 $\dfrac{g'}{g}$ 的 g 的相继零点之间严格递减(见问题 1),故对某 j 一定有 $a<x_j<b$.

对所有 $i=1,2,\cdots,k-1$,有 $x_{i+1}-x_i>b-a$,从而 $a-x_i>b-x_{i+1}$. 若 $i<j$,则这个不等式两边是负的. 若 $i\geqslant j$,则不等式两边是正的. 在这种情形下,$\dfrac{1}{a-x_i}<\dfrac{1}{b-x_{i+1}}$,因此
$$\frac{g'(a)}{g(a)}=\sum_{i=1}^{k-1}\frac{1}{a-x_i}+\underbrace{\frac{1}{a-x_k}}_{<0}<\sum_{i=1}^{k-1}\frac{1}{b-x_{i+1}}+\underbrace{\frac{1}{b-x_1}}_{>0}=\frac{g'(b)}{g(b)}$$

与式 ⑤ 矛盾.

供独立研究的问题.

1. 从问题 5 导出:$\csc^2\left(\dfrac{\pi}{7}\right)+\csc^2\left(\dfrac{2\pi}{7}\right)+\csc^2\left(\dfrac{3\pi}{7}\right)=8$.

(入选 IMO1988)

2. 令 n 次复系数多项式 $P(z)$ 的所有根在复平面的单位圆上. 证明:多项式
$$2zP'(z)-nP(z)$$
的所有根在同一圆上.

(国际数学竞赛 1995)

3. 若多项式 $P(z)$ 的所有零点在半平面上,则导数 $P'(z)$ 的零点在相同半平面上.
(问题以严格表述告诉我们,包含 $P(z)$ 零点的最小凸多边形也包含 $P'(z)$ 的零点).

(Gauss-Lucas 定理)

感谢 M. G. Armas.

(美国)R. B. Cabrera

3.12 四面体中的角不等式

国际数学奥林匹克的选手们肯定熟悉关于三角形的角标准不等式. 关于二维图形最基本的这些标准不等式,在三维图形(即四面体)最基本不等式中也有类似不等式. 在证明这些类似不等式时,我们也将发现四面体的一些有趣性质.

从基本定理开始:

定理 1 若 A,B,C 是锐角 $\triangle ABC$ 中的角,则
$$\cos A + \cos B + \cos C \leqslant \dfrac{3}{2}$$

证 因余弦函数在区间 $\left[0,\dfrac{\pi}{2}\right]$ 上是凹的,则由关于 $f(x)=\cos x$ 的 Jensen 不等式,有
$$\cos A + \cos B + \cos C \leqslant 3\cos\dfrac{A+B+C}{3}=3\cdot\cos\dfrac{\pi}{3}=\dfrac{3}{2}$$

这将引出关于四面体的角的主要定理:

定理 2 令 $A_1A_2A_3A_4$ 是四面体,f_i 是顶点 A_i 所对的面. 此外,令 $f_{ij}=f_{ji}$ 是面 f_i 与 f_j 之间的角,则
$$\sum_{1\leqslant i<j\leqslant 4}\cos f_{ij}\leqslant 2$$

从这一点出发,我们将利用定理 2 的记号. 但是在研究定理 2 本身之前,熟悉四面体的一

些基本性质是有帮助的. 这些性质之一是观察到所有四面体都有形心.

定义 1 令 $A_1A'_1, A_2A'_2, A_3A'_3, A_4A'_4$ 是平行六面体各顶点所对的 4 对对角线, 作图以致面 $A_1A'_2A_3A'_4 \cong$ 面 $A'_3A_4A'_1A_2$. 通过它的 1 个顶点, 比方说 A_1, 作出 3 条对角线 A_1A_2, A_1A_3, A_1A_4. 我们称平行六面体 $A_1A'_2A_3A'_4A'_3A_4A'_1A_2$ 是四面体 $A_1A_2A_3A_4$ 的外接六面体.

定义 2 四面体的中线是联结 1 个顶点与对面的形心所成的线段.

引理 1 四面体的中线在四面体外接平行六面体的对角线上, 是对应对角线长的 $\frac{2}{3}$.

证 令 $A_1A_2A_3A_4$ 是四面体, 它的外接平行六面体在定义 3 中指出. 联结顶点 A_3 与 $A'_1A'_3$ 的中点 B 所成的直线 A_3B 在 $\square A_1A'_3A'_1A_3$ 平面上. 因此 A_3B 与 $A_1A'_1$ 相交于 $\triangle A_3A'_3A'_1$ 的形心, 于是 $\frac{A_3C}{CB} = 2$. 现在 B 是面 $A'_1A_2A'_3A_4$ 的对角线 $A'_1A'_3$ 与 A_2A_4 的公共点, 于是 A_3B 是四面体的面 $A_3A_2A_4$ 的中线, C 是这个面的形心. 因此四面体的中线 A_1C 也在平行六面体的对角线 $A_1CA'_1$ 上. 令 O 是对角线 $A_1A'_1$ 与 $A_3A'_3$ 的交点. 线段 A'_1C 的长等于 A'_1O 的 $\frac{2}{3}$, 于是它等于 $A_1A'_1$ 的 $\frac{1}{3}$, 因此 A_1C 等于 $A_1A'_1$ 的 $\frac{2}{3}$.

我们需要关于四面体的以下引理:

引理 2 令四面体的棱长是 $a_i, 1 \leqslant i \leqslant 6$. 若四面体外接球半径是 R, 则
$$\sum_{i=1}^{6} a_i^2 \leqslant 16R^2$$

证 令 A_i 的坐标是 $(x_i, y_i, z_i), 1 \leqslant i \leqslant 4$. 众所周知的事实是, 四面体的形心 G 是点
$$\left(\frac{x_1 + x_2 + x_3 + x_4}{4}, \frac{y_1 + y_2 + y_3 + y_4}{4}, \frac{z_1 + z_2 + z_3 + z_4}{4}\right)$$

令 W 是点 (x, y, z), 则
$$16WG^2 + \sum_{1 \leqslant i \leqslant j \leqslant 4}(A_iA_j)^2 = 16\sum_{\text{cyc}}\left[\left(x - \frac{1}{4}\sum_{i=1}^{4}x_i\right)^2 + \sum_{1 \leqslant i \leqslant j \leqslant 4}(x_i - x_j)^2\right] \quad ①$$

因为
$$\sum(x - x_i)^2 = x^2 - 2x \cdot \sum x_i + \sum x_i^2$$

与
$$\sum(x_i - x_j)^2 = 3 \cdot \sum x_i^2 - 2 \cdot \sum x_i x_j$$

所以方程 ① 化为
$$\sum_{\text{cyc}}\left[16x^2 - 8x \cdot \sum_{i=1}^{4}x_i + \left(\sum_{i=1}^{4}x_i\right)^2 + 3 \cdot \sum x_i^2 - 2 \cdot \sum_{1 \leqslant i \leqslant j \leqslant 4}x_i x_j\right] =$$
$$\sum_{\text{cyc}}\left[16x^2 - 8x \cdot \sum_{i=1}^{4}x_i + 4 \cdot \sum_{i=1}^{4}x_i^2\right] =$$

$$4 \cdot \sum_{\text{cyc}} (x-x_i)^2 = 4 \cdot \sum_{i=1}^{4} (WA_i)^2$$

令点 W 到 A_1A_2 与 A_3A_4 等距离,则对所有 i,有 $WA_i = R$. 因 $WG \geqslant 0$,故有 $\sum_{1 \leqslant i < j \leqslant 4} (A_iA_j)^2 \leqslant 16R^2$,正是要求的结果. 我们立即看到当 $WG = 0$ 时,等式成立.

众所周知的事实是:所有四面体都有外接球面(包含四面体 4 个顶点的球面)与内切球面(与四面体所有 4 个面相切的球面). 我们称外接球面球心为外心,内切球面球心为内心.

现在我们来求四面体的外心、内心与形心重合的充要条件.

引理 3 为使四面体是等腰的(它的每对相对棱相等),当且仅当它的形心,外心与内心重合.

证 首先证明,为使四面体是等腰的,当且仅当它的内心与它的形心重合. "仅当"部分是平凡的. 今设四面体的外心与形心在点 G 上重合,因 G 是形心,故四面体 $GA_1A_2A_3, GA_1A_3A_4, GA_1A_4A_2, GA_2A_3A_4$ 的体积相等. 也因 G 是内心,故对 $1 \leqslant i \leqslant 4$,$G$ 到所有的面有相等距离,因此所有 4 个面有相等面积. 又以 $f_{ij} = f_{ji}$ 表示顶点 A_i 与 A_j 所对的面之间的角. 把 $\triangle A_1A_2A_3, \triangle A_1A_3A_4, \triangle A_1A_4A_2$ 的面积投影到 $\triangle A_2A_3A_4$ 上,我们有方程

$$S_{\triangle A_1A_2A_3} \cos f_{14} + S_{\triangle A_1A_3A_4} \cos f_{12} + S_{\triangle A_1A_4A_2} \cos f_{13} = S_{\triangle A_2A_3A_4}$$

因所有的面有相等面积,故有方程组

$$\cos f_{12} + \cos f_{13} + \cos f_{14} = 1$$
$$\cos f_{21} + \cos f_{23} + \cos f_{24} = 1$$
$$\cos f_{31} + \cos f_{32} + \cos f_{34} = 1$$
$$\cos f_{41} + \cos f_{42} + \cos f_{43} = 1$$

在作多次代换后,求出

$$\cos f_{12} = \cos f_{34}$$
$$\cos f_{13} = \cos f_{24}$$

与

$$\cos f_{14} = \cos f_{23}$$

也因对 $1 \leqslant i < j \leqslant 4, 0 < f_{ij} < \pi$,故有 $f_{12} = f_{34}, f_{13} = f_{24}, f_{14} = f_{23}$. 今作面 $A_2A_3A_4$ 的垂线 A_1B,作面 $A_1A_3A_4$ 的垂线 A_2C. 此外,作棱 A_2A_3 的垂线 A_1B',作棱 A_1A_4 的垂线 A_2C'. 用 2 种方法计算四面体体积,有

$$\frac{1}{3} S_{\triangle A_2A_3A_4} A_1B = \frac{1}{3} S_{\triangle A_1A_3A_4} A_2C$$

由此求出 $A_1B = A_2C$. 注意 $BB' \perp A_2A_3, CC' \perp A_1A_4$,则由 AAS 公设 ($f_{23} = f_{14}$),有 $\triangle A_1BB' \cong \triangle A_2CC'$,因此 $A_1B' = A_2C'$. 因所有的面有相等面积,故有

$$\frac{1}{2}A_1B' \cdot A_2A_3 = \frac{1}{2}A_2C' \cdot A_1A_4$$

因此 $A_1A_4 = A_2A_3$. 类似地, 另 2 对对棱也相等, 因此我们的四面体是等腰的. 现在还需要证明, 为使四面体是等腰的, 当且仅当它的形心与外心重合. 设有等腰四面体, 易见外接平行六面体是长方体. 从而平行六面体对角线相等, 这蕴涵四面体中线相等 (由引理 5, 中线长等于相应对角线长的 $\frac{2}{3}$). 因此形心到四面体各顶点等距离, 也是外接圆面半径. 设形心到各顶点等距离, 则四面体所有中线相等, 这蕴涵外接平行六面体所有对角线相等. 因此外接平行六面体是长方体, 四面体是等腰的.

系 为使四面体是等腰的, 当且仅当它的形心、外心与内心中任何一对重合.

引理 1 对 $1 \leqslant i \leqslant 4$, 令四面体 $A_1A_2A_3A_4$ 的内心投影到面 f_i 的点 P_i 上, 则为使四面体 $A_1A_2A_3A_4$ 是等腰的, 当且仅当四面体 $P_1P_2P_3P_4$ 是等腰的.

证 ($\Rightarrow$) 令 I 表示四面体 $A_1A_2A_3A_4$ 的内心. 因 $IP_1 \perp \triangle A_2A_3A_4$, $IP_4 \perp \triangle A_1A_2A_3$, 故易见 $\angle P_1IP_4 = \pi - f_{14}$, 是面 f_1 与 f_4 之间的角的补角. 类似地, $\angle P_2IP_3 = \pi - f_{23}$. 在引理 4 中已证明了, 对所有等腰四面体, $f_{14} = f_{23}$, 于是有等价性 $\angle P_1IP_4 = \angle P_2IP_3$. 因 $IP_1 = IP_2 = IP_3 = IP_4$, 故由 SAS 公设, $\triangle P_1IP_4 \cong \triangle P_2IP_3$. 因此 $P_1P_4 = P_2P_3$, 对其相对棱作类似证明, 求出四面体 $P_1P_2P_3P_4$ 是等腰的.

($\Leftarrow$) 照例令 I 表示四面体 $A_1A_2A_3A_4$ 的内心. 通过点 I, P_1, P_4 作平面交 A_2A_3 于点 B. 也通过点 I, P_2, P_3 作平面交 A_1A_4 于点 C. 注意 $IB \perp A_2A_3$, IB 是 P_1P_4 的中垂线. 因 $IP_1 = IP_2 = IP_3 = IP_4$, 故 I 是四面体 $P_1P_2P_3P_4$ 的外心. 但是因四面体 $P_1P_2P_3P_4$ 是等腰的, 故由引理 7, I 也是内心与形心. 令 IB 与 P_1P_4 的交点是 D, IC 与 P_2P_3 的交点是 E, 则 D 与 E 分别为 P_1P_4 与 P_2P_3 的中点. 因 I 是四面体 $P_1P_2P_3A_4$ 的形心, 故

$$I = \frac{P_1 + P_2 + P_3 + P_4}{4} = \frac{1}{2}\left[\frac{P_1 + P_4}{2} + \frac{P_2 + P_3}{2}\right] = \frac{1}{2}[D + E]$$

因此点 D, I, E 共线 (特别地, B, D, I, E, C 都共线). 因 $P_1P_4 = P_2P_3$, 故有

$$\triangle IP_1P_4 \cong \triangle IP_2P_3 \Rightarrow \triangle IBP_1 \cong \triangle ICP_2 \Rightarrow I$$

于是 I 是线段 BC 的中点. 今令通过点 P_3, P_4, I 的平面交 A_1A_2 于点 M, 通过点 P_1, P_2, I 的平面交 A_3A_4 于点 N. 类似地, 求出 I 是线段 MN 的中点. 也令通过点 P_1, P_3, I 的平面交 A_2A_4 于点 P, 通过点 P_2, P_4, I 的平面交 A_1A_3 于点 Q. 同前求出 I 是线段 PQ 的中点. 不难看出, BC, MN, PQ 在点 I 上相互垂直平分. 特别地, PQ 与通过点 B, C, M, N 的平面垂直, PQ 也垂直于直线 A_1A_3 与 A_2A_4. 与 I 是 PQ 的中点一样, 点 B, C, M, N 分别是 $A_2A_3, A_1A_4, A_1A_2, A_3A_4$ 的中点. 因此 I 是四面体 $A_1A_2A_3A_4$ 的形心, 由引理 7 知, 四面体 $A_1A_2A_3A_4$ 是等腰的.

现在证明定理 2.

证 照例令 I 是四面体的内心. 令通过点 I, P_1, P_4 的平面 S 交 A_2A_3 于点 X. 现在联结 AP_1 与 AP_4, 得出 $\angle P_1XP_4 = (f_{14}) \Rightarrow \angle P_1IP_4 = \pi - f_{14}$. 若四面体的内径是 r, 则余弦定理给出

$$(P_1P_4)^2 = 2r^2 - 2r^2\cos\angle P_1IP_4 = 2r^2(1 + \cos f_{14})$$

把所有的长 P_iP_j 求和, $1 \leqslant i < j \leqslant 4$, 得

$$\sum_{1 \leqslant i < j \leqslant 4} (P_iP_j)^2 = 2r^2\left(6 + \sum_{1 \leqslant i < j \leqslant 4} \cos f_{ij}\right)$$

由引理 6, 以上方程变为

$$\sum_{1 \leqslant i < j \leqslant 4} (P_iP_j)^2 \leqslant 16r^2 \Leftrightarrow \sum_{1 \leqslant i < j \leqslant 4} \cos f_{ij} \leqslant 2$$

由引理 6, 7, 8. 我们有等式, 当且仅当四面体 $A_1A_2A_3A_4$ 是等腰的.

现在我们提出定理 2 的一些推广. $\triangle ABC$ 中不等式

$$\cos\frac{A}{2}\cos\frac{B}{2}\cos\frac{C}{2} \leqslant \frac{3\sqrt{3}}{8}$$

的类似不等式是

$$\prod_{1 \leqslant i < j \leqslant 4} \cos\frac{f_{ij}}{2} \leqslant \frac{8}{27}$$

在 $\triangle ABC$ 中不等式 $\cos A \cos B \cos C \leqslant \frac{1}{8}$ 的类似不等式是

$$\prod_{1 \leqslant i < j \leqslant 4} \cos f_{ij} \leqslant \frac{1}{36}$$

最后, 在 $\triangle ABC$ 中不等式 $\cos^2\frac{A}{2} + \cos^2\frac{B}{2} + \cos^2\frac{C}{2} \leqslant \frac{9}{4}$ 的类似不等式是

$$\sum_{1 \leqslant i < j \leqslant 4} \cos^2\frac{f_{ij}}{2} \leqslant 4$$

我们把这些简单推广的证明留给有兴趣的读者.

参考文献

[1] Altshiller-Court, Nathan. *Modern Pure Solid Geometry*. Chelsea, 1964.
[2] Wang, Hsiang-Tung. *Inequalities*, He Nan Educational Press. 1994.

M. Chen

3.13 关于向量等式

在本文中, 我们回忆向量等式, 并给出它的一些应用.

我们从介绍本文将利用的符号开始. 令 $\triangle T$ 表示 $\triangle A_1A_2A_3$. $\triangle T$ 的内切圆有圆心 I, 与顶点 A_i 的对边相切于点 B_i, $i=1,2,3$. 令 a_i 与 h_i, $i=1,2,3$, 分别表示顶点 A_i 的对边与从同一顶点作出的高线长. 令 k,p,R,r 分别表示 $\triangle T$ 的面积, 半周长, 外接圆半径, 内径. 以 k_1,p_1,r_1 分别表示 $\triangle B_1B_2B_3$ 的面积, 半周长, 内径.

定理 I 是系统 B_1,B_2,B_3 的质心, 其中 B_1,B_2,B_3 分别有质量 $\dfrac{1}{h_1},\dfrac{1}{h_2},\dfrac{1}{h_3}$, 或

$$\frac{\overrightarrow{IB_1}}{h_1}+\frac{\overrightarrow{IB_2}}{h_2}+\frac{\overrightarrow{IB_3}}{h_3}=\mathbf{0} \qquad ①$$

证 我们有
$$A_1B_2=A_1B_3=p-a_1$$
$$A_2B_3=A_2B_1=p-a_2, A_3B_1=A_3B_2=p-a_3$$

不难证明, 对在边 A_iA_j, $i\neq j$, $i,j\in\{1,2,3\}$ 上的所有点, 我们有

$$\overrightarrow{IM}=\frac{MA_j}{A_iA_j}\cdot\overrightarrow{IA_i}+\frac{MA_i}{A_iA_j}\cdot\overrightarrow{IA_j}$$

当 $M=B_1$ 时, 得

$$\overrightarrow{IB_1}=\frac{B_1A_j}{A_iA_j}\cdot\overrightarrow{IA_i}+\frac{B_1A_i}{A_iA_j}\cdot\overrightarrow{IA_j}$$

或等价地 $a_1\overrightarrow{IB_1}=(p-a_3)\overrightarrow{IA_2}+(p-a_2)\overrightarrow{IA_3}$. 类似地得出

$$a_2\overrightarrow{IB_2}=(p-a_1)\overrightarrow{IA_3}+(p-a_3)\overrightarrow{IA_1}$$

与

$$a_3\overrightarrow{IB_3}=(p-a_2)\overrightarrow{IA_1}+(p-a_1)\overrightarrow{IA_2}$$

把以上 3 个等式并排相加, 得

$$a_1\overrightarrow{IB_1}+a_2\overrightarrow{IB_2}+a_3\overrightarrow{IB_3}=(2p-a_2-a_3)\overrightarrow{IA_1}+(2p-a_3-a_1)\overrightarrow{IA_2}+(2p-a_1-a_2)\overrightarrow{IA_3}$$

注意 $2p=a_1+a_2+a_3$ 并回忆 $a_1\overrightarrow{IA_1}+a_2\overrightarrow{IA_2}+a_3\overrightarrow{IA_3}=\mathbf{0}$, 于是

$$a_1\overrightarrow{IB_1}+a_2\overrightarrow{IB_2}+a_3\overrightarrow{IB_3}=\mathbf{0}$$

利用公式 $a_i=\dfrac{2K}{h_i}$, 我们断定

$$\frac{\overrightarrow{IB_1}}{h_1}+\frac{\overrightarrow{IB_2}}{h_2}+\frac{\overrightarrow{IB_3}}{h_3}=\mathbf{0}$$

另一证法. 对 $i=1,2,3$, 我们知道 $\dfrac{\overrightarrow{IB_i}}{IB_i}$ 是与顶点 A_i 对边垂直的单位向量, 它的方向是向三角形外. 应用 "Porcupine 定理", 得

$$a_1\frac{\overrightarrow{IB_1}}{IB_1}+a_2\frac{\overrightarrow{IB_2}}{IB_2}+a_3\frac{\overrightarrow{IB_3}}{IB_3}=\mathbf{0}$$

注意 $IB_1 = IB_2 = IB_3 = r$,利用公式 $a_i = \dfrac{2k}{h_i}, i = 1, 2, 3$,推导出

$$\dfrac{\overrightarrow{IB_1}}{h_1} + \dfrac{\overrightarrow{IB_2}}{h_2} + \dfrac{\overrightarrow{IB_3}}{h_3} = \mathbf{0}$$

于是完成证明,我们准备好证明这个定理的一些结果.

问题 1 证明

$$\dfrac{B_1B_2^2}{h_1h_2} + \dfrac{B_2B_3^2}{h_2h_3} + \dfrac{B_3B_1^2}{h_3h_1} = 1 \qquad ②$$

证 把方程 ① 的两边平方,利用恒等式
$$2\overrightarrow{IB_i}\overrightarrow{IB_j} = IB_i^2 + IB_j^2 - B_iB_j^2 = 2r^2 - B_iB_j^2$$

得

$$\left[\left(\sum_{i=1}^{3}\dfrac{1}{h_i^2} + 2\cdot\sum_{i=1}^{3}\dfrac{1}{h_ih_j}\right)r^2 - \left(\dfrac{B_1B_2^2}{h_1h_2} + \dfrac{B_2B_3^2}{h_2h_3} + \dfrac{B_3B_1^2}{h_3h_1}\right)\right] = 0$$

利用事实 $\dfrac{1}{h_1} + \dfrac{1}{h_2} + \dfrac{1}{h_3} = \dfrac{1}{r}$ 推出

$$\dfrac{B_1B_2^2}{h_1h_2} + \dfrac{B_2B_3^2}{h_2h_3} + \dfrac{B_3B_1^2}{h_3h_1} = 1$$

我们现在要从问题 1 推出 4 个系.

系 1 以下不等式成立

$$a_1a_2B_1B_2 + a_2a_3B_2B_3 + a_3a_1B_3B_1 \leqslant \dfrac{4\sqrt{3}}{3}pk \qquad ③$$

证 已知 $a_i = \dfrac{2k}{h_i}$,可以把不等式改写成

$$4k^2\left(\dfrac{B_1B_2}{h_1h_2} + \dfrac{B_2B_3}{h_2h_3} + \dfrac{B_3B_1}{h_3h_1}\right) \leqslant \dfrac{4\sqrt{3}}{3}pk$$

因 $k = pr$,故以上不等式变为

$$\left(\dfrac{B_1B_2}{h_1h_2} + \dfrac{B_2B_3}{h_2h_3} + \dfrac{B_3B_1}{h_3h_1}\right) \leqslant \dfrac{\sqrt{3}}{3r}$$

现在将证明最后这个不等式成立. 实际上,应用 Cauchy-Schwarz 不等式,得

$$\left(\dfrac{B_1B_2}{h_1h_2} + \dfrac{B_2B_3}{h_2h_3} + \dfrac{B_3B_1}{h_3h_1}\right)^2 \leqslant$$

$$\left(\dfrac{1}{h_1h_2} + \dfrac{1}{h_2h_3} + \dfrac{1}{h_3h_1}\right)\left(\dfrac{B_1B_2^2}{h_1h_2} + \dfrac{B_2B_3^2}{h_2h_3} + \dfrac{B_3B_1^2}{h_3h_1}\right)$$

利用众所周知的不等式 $ab + bc + ca \leqslant \dfrac{1}{3}(a+b+c)^2$,其中 a, b, c 是所有实数,还有等式 $\dfrac{1}{h_1} + \dfrac{1}{h_2} + \dfrac{1}{h_3} = \dfrac{1}{r}$,由问题 1 推出

$$\left(\frac{B_1B_2}{h_1h_2}+\frac{B_2B_3}{h_2h_3}+\frac{B_3B_1}{h_3h_1}\right)^2\leqslant\frac{1}{3r^2}$$

或等价地

$$\frac{B_1B_2}{h_1h_2}+\frac{B_2B_3}{h_2h_3}+\frac{B_3B_1^2}{h_3h_1}\leqslant\frac{\sqrt{3}}{3r}$$

当且仅当 △T 是等边三角形时,等式成立.

系 2 若 △T 是锐角三角形,则

$$\max\{a_1,a_2,a_3\}\geqslant\sqrt{3}R \qquad ④$$

当且仅当 △T 是等边三角形时,等式成立.

证 在 △T 的三顶点上作出它外接圆的 3 条切线.设这 3 条直线相交于 3 个点 C_1,C_2,C_3,其中 C_i 是通过 A_i,$i=1,2,3$ 的边所对的顶点.△T 的外接圆是 $\triangle C_1C_2C_3$ 的内切圆,于是 R 是 $\triangle C_1C_2C_3$ 的内径长.以 l_1,l_2,l_3 表示 $\triangle C_1C_2C_3$ 的高线长.应用问题 1 的结果,得

$$\frac{A_1A_2^2}{l_1l_2}+\frac{A_2A_3^2}{l_2l_3}+\frac{A_3A_1^2}{l_3l_1}=1$$

或

$$\frac{a_3^2}{l_1l_2}+\frac{a_1^2}{l_2l_3}+\frac{a_2^2}{l_3l_1}=1$$

因此

$$1\leqslant\max\{a_1^2,a_2^2,a_3^2\}\cdot\left(\frac{1}{l_1l_2}+\frac{1}{l_2l_3}+\frac{1}{l_3l_1}\right)\leqslant$$
$$\frac{1}{3}\max\{a_1^2,a_2^2,a_3^2\}\cdot\left(\frac{1}{l_1}+\frac{1}{l_2}+\frac{1}{l_3}\right)^2$$

注意 $\frac{1}{l_1}+\frac{1}{l_2}+\frac{1}{l_3}=\frac{1}{R}$,由此得

$$\frac{1}{3R^2}\max\{a_1^2,a_2^2,a_3^2\}\geqslant 1$$

我们断定

$$\max\{a_1,a_2,a_3\}\geqslant\sqrt{3}R$$

当且仅当 $l_1=l_2=l_3$ 时等式成立,于是 $C_1C_2=C_2C_3=C_3C_1$.这蕴涵 $\triangle C_1C_2C_3$ 是等边的,这又表示 $\triangle A_1A_2A_3$ 是等边的,证毕.

系 3

$$P_1^2\leqslant\frac{pK}{2R} \qquad ⑤$$

什么时候等式成立?

证 我们对所有正实数 a,b,c 引入不等式

来证明以上不等式,当且仅当 $\dfrac{a}{x} = \dfrac{b}{y} = \dfrac{c}{z}$ 时等式成立. 利用以上不等式与问题 1 的结果,得

$$1 = \frac{B_1 B_2^2}{h_1 h_2} + \frac{B_2 B_3^2}{h_2 h_3} + \frac{B_3 B_1^2}{h_3 h_1} \geqslant \frac{(B_1 B_2 + B_2 B_3 + B_3 B_1)^2}{h_1 h_2 + h_2 h_3 + h_3 h_1}$$

注意到

$$B_1 B_2 + B_2 B_3 + B_3 B_1 = 2p_1$$

与

$$h_1 h_2 + h_2 h_3 + h_3 h_1 = 4K^2 \left(\frac{1}{a_1 a_2} + \frac{1}{a_2 a_3} + \frac{1}{a_3 a_1} \right) = \frac{8K^2 p}{a_1 a_2 a_3}$$

利用公式 $K = \dfrac{a_1 a_2 a_3}{h_1 h_2}$ 与 $h_1 h_2 + h_2 h_3 + h_3 h_1 = \dfrac{2Kp}{R}$,由此得

$$p^2 \leqslant \frac{pK}{2R}$$

为使等式成立,当且仅当

$$\frac{B_1 B_2}{h_1 h_2} = \frac{B_2 B_3}{h_2 h_3} = \frac{B_3 B_1}{h_3 h_1}$$

或

$$a_1 a_2 B_1 B_2 = a_2 a_3 B_2 B_3 = a_3 a_1 B_3 B_1$$

因 $a_1 a_2 B_1 B_2 = a_2 a_3 B_2 B_3$,故有 $a_1^2 B_1 B_2^2 = a_2 B_2 B_3^2$. 由余弦定理得

$$B_1 B_2^2 = 2(p - a_3)^2 (1 - \cos A_3) = 2(p - a_3)^2 \left(1 - \frac{a_1^2 + a_2^2 - a_3^2}{2 a_1 a_2} \right)$$

因此

$$B_1 B_3^2 = \frac{4(p - a_3)^2 (p - a_1)(p - a_2)}{a_1 a_2}$$

类似地

$$B_2 B_3^2 = \frac{4(p - a_1)^2 (p - a_2)(p - a_3)}{a_2 a_3}$$

于是等式 $a_1^2 B_1 B_2^2 = a_2 B_2 B_3^2$ 等价于 $a_1 (p - a_3) = a_3 (p - a_1)$,从而 $a_1 = a_3$. 类似地导出 $a_2 = a_3$. 因此 $a_1 = a_2 = a_3$,这证明了 $\triangle T$ 是等边的,证毕.

系 4 令 O 是 $\triangle T$ 的外心,则

$$\frac{OB_1}{h_1} + \frac{OB_2}{h_2} + \frac{OB_3}{h_3} \leqslant \frac{R}{r} - 1 \qquad ⑥$$

证 利用式 ① 与等式 $\dfrac{1}{h_1} + \dfrac{1}{h_2} + \dfrac{1}{h_3} = \dfrac{1}{r}$,得

$$\overrightarrow{OI} = r\left(\frac{\overrightarrow{OB_1}}{h_1} + \frac{\overrightarrow{OB_2}}{h_2} + \frac{\overrightarrow{OB_3}}{h_3}\right)$$

把两边平方,利用等式

$$2\overrightarrow{OB_i}\,\overrightarrow{OB_j} = OB_i^2 + OB_j^2 - B_iB_j^2, i,j = 1,2,3$$

得

$$OI^2 = r^2\left(\sum_{i=1}^{3}\frac{OB_i^2}{h_i^2} + \sum_{1\leqslant i<j\leqslant 3}\frac{OB_i^2+OB_j^2}{h_ih_j} + \sum_{1\leqslant i<j\leqslant 3}\frac{B_iB_j^2}{h_ih_j}\right)$$

利用问题 1 的结果与 Euler 定理 $OI^2 = R^2 - 2Rr$,得

$$\frac{OB_1^2}{h_1^2} + \frac{OB_2^2}{h_2^2} + \frac{OB_3^2}{h_3^2} + \frac{OB_1^2+OB_2^2}{h_1h_2} + \frac{OB_2^2+OB_3^2}{h_2h_3} + \frac{OB_3^2+OB_1^2}{h_3h_1} = \left(\frac{R}{r}-1\right)^2$$

利用

$$OB_i^2 + OB_j^2 \geqslant 2OB_iOB_j, i,j = 1,2,3$$

及恒等式

$$(a+b+c)^2 = a^2 + b^2 + c^2 + 2ab + 2bc + 2ca$$

得

$$\left(\frac{OB_1}{h_1} + \frac{OB_2}{h_2} + \frac{OB_3}{h_3}\right) \leqslant \left(\frac{R}{r}-1\right)^2$$

因 $R \geqslant 2r > r$,故得出要求的结果. 当且仅当 $\triangle T$ 是等边三角形时,等式成立.

问题 2 证明:对所有的点 M

$$\frac{MB_1}{h_1} + \frac{MB_2}{h_2} + \frac{MB_3}{h_3} \geqslant 1 \qquad ⑦$$

证 利用以下 2 个事实:$|\boldsymbol{u}|\cdot|\boldsymbol{v}| \geqslant \boldsymbol{u}\cdot\boldsymbol{v}$ 与 $\overrightarrow{MB_i} = \overrightarrow{MI} + \overrightarrow{IB_i}, i=1,2,3$,得出

$$\sum_{i=1}^{3}\frac{MB_i}{h_i} \geqslant \frac{1}{r}\sum_{i=1}^{3}\frac{\overrightarrow{MB_i}\overrightarrow{MB_i}}{h_i} = \frac{1}{r}\left(\sum_{i=1}^{3}\frac{\overrightarrow{IB_i}}{h_i}\right)\overrightarrow{MI} + r\sum_{i=1}^{3}\frac{1}{h_i}$$

若记住 $\frac{1}{h_1} + \frac{1}{h_2} + \frac{1}{h_3} = \frac{1}{r}$,则推出要求的不等式,当且仅当 $M=I$ 时,等式成立.

问题 3 对平面上的所有点 M

$$\frac{MB_1^2}{h_1} + \frac{MB_2^2}{h_2} + \frac{MB_3^2}{h_3} = \frac{MI^2}{r} + r \qquad ⑧$$

证 我们有

$$\sum_{i=1}^{3}\frac{MB_i^2}{h_i} = \sum_{i=1}^{3}\frac{(\overrightarrow{MI}+\overrightarrow{IB_i})^2}{h_i} = MI^2\sum_{i=1}^{3}\frac{1}{h_i} +$$
$$2\left(\sum_{i=1}^{3}\frac{\overrightarrow{IB_i}}{h_i}\right)\overrightarrow{MI} + \sum_{i=1}^{3}\frac{IB_i^2}{h_i}$$

于是

$$\sum_{i=1}^{3}\frac{MB_i^2}{h_i}=\frac{MI^2}{r}+r$$

证毕.

参考文献

[1] Viktor Prasolov, 2006, *Problems in plane and solid geometry* (translated and edited by Dimitry Leites).

[2] Kiran S. Kedlaya, 2006, *Geometry Unbound*.

[3] Nguyen Minh Ha, 2005, *Toan nang cao hinh hoc 10*, Education Publishing House, Hanoi, Vietnam.

[4] Euler Triangle Formula, http://mathworld.wolfram.com/Euler Triangle Formula.html.

(越南) N. T. Lam

3.14 关于对称不等式的证明方法

在本文中,我提出证明特殊种类不等式的方法.

3.14.1 引言

以下问题是在 2001 年国际数学奥林匹克中提出的.

问题 1 令 a,b,c 是正实数. 证明

$$\frac{a}{\sqrt{a^2+8bc}}+\frac{b}{\sqrt{b^2+8ca}}+\frac{c}{\sqrt{c^2+8ab}}\geqslant 1 \qquad ①$$

证 问题 1 的 1 种解法是根据不等式

$$\frac{a}{\sqrt{a^2+8bc}}\geqslant\frac{a^{\frac{4}{3}}}{a^{\frac{4}{3}}+b^{\frac{4}{3}}+c^{\frac{4}{3}}} \qquad ②$$

与它的 2 个对称变式. 不等式 ① 可以用不等式 ② 与它的 2 个对称变式求和得出.

在下文中,我将说明适用于一大类不等式证明的类似方法. 特别地,解释式 ② 中的数 $\frac{4}{3}$ 是怎样得来的.

3.14.2 预备知识

已知多项式

$$P(x) = a_n x^n + a_{n-1} x^{n-1} + \cdots + a_0$$

令 $\mu(P) = na_n + (n-1)a_{n-1} + \cdots + a_0$.

引理 1 若 $P(x) = (x-1)^2(c_n x^n + c_{n-1} x^{n-1} + \cdots + c_0)$,则 $\mu(P) = 0$.

证 去括号后由 μ 的定义直接推出引理.

引理 2 令 $P(x)$ 是实系数多项式. 设对所有 $x \geqslant 0, p(x) \geqslant 0$. 若 $a > 0$ 是 P 的根,则它至少有重数 2.

证 注意 P 在 a 上有局部最小值. 利用泰勒级数与事实 $P(a)=0, P'(a)=0$,得

$$P(x) = (x-a)^2 \left[\frac{P''(a)}{2!} + \frac{P^{(3)}(a)}{3!}(x-a) + \cdots + \frac{P^{(n)}(a)}{n!}(x-a)^{n-2} \right]$$

下 1 个引理将向我们提供有用的工具.

引理 3(主要引理) 令 $f(x) = \beta_n x^{\alpha_n} + \beta_{n-1} x^{\alpha_{n-1}} + \cdots + \beta_1 x^{\alpha_1} + \beta_0$,其中 β_i 是实数,α_i 是非负有理数. 设对所有的 $x \geqslant 0, f(x) \geqslant 0, f(1) = 0$,则

$$\beta_n \alpha_n + \beta_{n-1} \alpha_{n-1} + \cdots + \beta_1 \alpha_1 = 0$$

证 选择正整数 l,以至每个积 $l\alpha_i$ 是整数. 注意 $P(x) = f(x^l)$ 是多项式,使 $P(1)=0$,对所有 $x \geqslant 0, P(x) \geqslant 0$. 由引理 2 有 $P(x) = (x-1)^2 Q(x)$. 由引理 1 得出 $\mu(P) = 0$. 另一方面,我们有 $\mu(P) = l(\beta_n \alpha_n + \beta_{n-1} \alpha_{n-1} + \cdots + \beta_1 \alpha_1)$,完成了这个引理的证明.

3.14.3 用主要引理解题

问题 2(Nesbitt(1)) 证明:对所有正实数 a,b,c

$$\frac{a}{b+c} + \frac{b}{c+a} + \frac{c}{a+b} \geqslant \frac{3}{2}$$

证 只要求出正有理数 α,使得对所有正实数 a,b,c

$$\frac{a}{b+c} \geqslant \frac{3a^\alpha}{2(a^\alpha + b^\alpha + c^\alpha)} \qquad ①$$

求式 ① 与 2 个对称变式的和,得出要求的不等式. 把 $b=c=1$ 代入式 ①,得出关于 α 的以下条件:对所有 $a > 0, f(a) \geqslant 0$,其中 $f(a) = a^{\alpha+1} + 2a - 3a^\alpha$,注意 $f(1) = 0$. 由引理 3 有 $\alpha + 1 + 2 - 3\alpha = 0$,从而 $\alpha = \frac{3}{2}$. 今证明具有 $\alpha = \frac{3}{2}$ 的式 ① 实际上成立. 这个不等式可以改写为

$$2a^{\frac{5}{2}} + 2b^{\frac{3}{2}}a + 2c^{\frac{3}{2}}a \geqslant 3a^{\frac{3}{2}}b + 3a^{\frac{3}{2}}c$$

它是以下 2 个不等式的和

$$a^{\frac{5}{2}} + b^{\frac{3}{2}}a + b^{\frac{3}{2}}a \geqslant 3a^{\frac{3}{2}}b$$

与

$$a^{\frac{5}{2}} + c^{\frac{3}{2}}a + c^{\frac{3}{2}}a \geqslant 3a^{\frac{3}{2}}c$$

由算术平均 - 几何平均不等式知这 2 个不等式成立.

问题 1 可以类似地解答. 细节留给有兴趣的读者解答.

问题 3(奥地利 1970) 证明:对所有正实数 a,b,c

$$\frac{a+b+c}{2} \geq \frac{bc}{b+c} + \frac{ca}{c+a} + \frac{ab}{a+b} \qquad ②$$

证 只要求出正有理数 α,使得对所有正实数 a,b,c,有

$$\frac{b^\alpha + c^\alpha}{2(a^\alpha + b^\alpha + c^\alpha)} \geq \frac{2bc}{(b+c)(a+b+c)} \qquad ③$$

然后利用与问题 1 的相同解法. 在式 ③ 中令 $a=b=1$,则对所有 $c \geq 0$,得出不等式

$$c^{\alpha+2} - c^{\alpha+1} + 2c^\alpha + c^2 - 5c + 2 \geq 2$$

利用引理 3 断定 $\alpha=1$. 容易证明具有 $\alpha=1$ 的式 ③ 实际上成立. 因在这种情形下可以把式 ③ 改写为

$$(b-c)^2 \geq 0$$

问题 4 证明:对所有非负实数 a,b,c

$$a^3b + b^3c + c^3a \geq abc(a+b+c) \qquad ④$$

证 只要求出 3 个非负实数 k,l,m,使 $k+l+m=1$,且对所有非负实数 a,b,c

$$ka^3b + lb^3c + mc^3a \geq a^2bc \qquad ⑤$$

这一旦证明了,则可以产生常见方法:写出 2 个对称变式

$$ma^3b + kb^3c + lc^3a \geq b^2ac \qquad ⑥$$

与

$$la^3b + mb^3c + kc^3a \geq c^2ab \qquad ⑦$$

然后求式 ⑤⑥⑦ 的和,得出式 ④. 我们知道

$$ka^3b + lb^3c + (1-k-l)c^3a \geq a^2bc$$

把 $y=z=1, m=1-k-l$ 代入式 ⑤,对所有 $a \geq 0$,得出不等式

$$ka^3 + l + (1-k-l)a \geq a^2$$

考虑函数 $f(a) = ka^3 - a^2 + (1-k-l)a + l$. 因 $f(1)=0$,对所有 $a \geq 0$,有 $f(a) \geq 0$,故由引理 3 断定

$$2k - l = 1 \qquad ⑧$$

可以用相同方法把 $a=c=1$ 代入式 ④,断定

$$k + 3l = 1 \qquad ⑨$$

解方程组式 ⑧⑨,得 $k = \frac{4}{7}, l = \frac{1}{7}$,从而 $m = \frac{2}{7}$. 我们来证明不等式 ⑤ 对这些值成立,即

$$\frac{4}{7}a^3b + \frac{1}{7}b^3c + \frac{2}{7}c^3a \geq a^2bc \qquad ⑩$$

它可用算术平均 - 几何平均不等式来证明,因为不等式 ⑩ 可以写作

$$a^3b + a^3b + a^3b + a^3b + b^3c + c^3a + c^3a \geq a^2bc$$

3.14.4 独立研究的问题

问题 5 证明:对所有正实数 a,b,c
$$\sqrt{\frac{a}{b+c}}+\sqrt{\frac{b}{c+a}}+\sqrt{\frac{c}{a+b}} \geqslant 2$$

问题 6 在 $\triangle ABC$ 中,证明
$$\frac{\sin B \sin C}{\sin^2 \frac{A}{2}}+\frac{\sin C \sin A}{\sin^2 \frac{B}{2}}+\frac{\sin A \sin B}{\sin^2 \frac{C}{2}} \geqslant 9$$

问题 7 证明:对所有正实数 a,b,c
$$3(a^3+b^3+c^3+abc) \geqslant 4(a^2 b+b^2 c+c^2 a)$$

问题 8 证明:对所有正实数 a,b,c 与任何实数 $\lambda \geqslant 8$
$$\frac{a}{\sqrt{a^2+\lambda bc}}+\frac{b}{\sqrt{b^2+\lambda ca}}+\frac{c}{\sqrt{c^2+\lambda ab}} \geqslant \frac{3}{\sqrt{1+\lambda}}$$

参考文献

[1] A. M. Nesbitt, Problem 15114, *Educational Times*, 3(1903), 37-38.

[2] H. Lee, T. Lovering, and C. Pohoata, *Infinity*, http://www.cpohoata.com/wp-content/uploads/2 008/10/inf081019.pdf.

[3] Mathlinks, $x/(y+z)^2 + y/(z+x)^2 + z/(x+y)^2 >= 9/(4(x+y+z))$, http://www.mathlinks.ro/viewtopic.php? t=5 084.

(乌克兰)O. Dobosevych

3.15 不等式 $R \geqslant 3r$ 的证明方法

四面体外接球面的半径 R 大于或等于这个四面体内切球面半径的 3 倍,我们可以利用位似变换来证明这一点. 在本文中,我们提出证明这个不等式的另一种方法.

3.15.1 引言

令 k 表示四面体 $A_1 A_2 A_3 A_4$. 以下定理是立体几何学中的有用结果.

定理 1 对四面体 k 内部的所有点 M
$$V_1 \cdot \overrightarrow{MA_1}+V_2 \cdot \overrightarrow{MA_2}+V_3 \cdot \overrightarrow{MA_3}+V_4 \cdot \overrightarrow{MA_4} = \mathbf{0} \qquad ①$$

其中 V_1, V_2, V_3, V_4 分别为以下四面体的体积

$$MA_2A_3A_4, MA_3A_4A_1, MA_4A_1A_2, MA_1A_2A_3$$

对 $i=1,2,3,4$,Δ_i 是顶点 A_i 所对的面的面积. 令 I 表示四面体 k 内切球面的球心. 现在将考虑定理 1 的系.

系 2 I 称为分别具有质量 $\Delta_1,\Delta_2,\Delta_3,\Delta_4$ 的点系 A_1,A_2,A_3,A_4 的质心,即

$$\Delta_1 \cdot \overrightarrow{IA_1} + \Delta_2 \cdot \overrightarrow{IA_2} + \Delta_3 \cdot \overrightarrow{IA_3} + \Delta_4 \cdot \overrightarrow{IA_4} = \mathbf{0} \qquad ②$$

定理 1 与系 2 的证明可以在[1]与[2]中找到.

以 R 与 r 分别表示四面体 k 的外接球面与内切球面的半径.

定理 3

$$R \geqslant 3r \qquad ③$$

3.15.2 两个命题

对 $i=1,2,3,4$,以 h_i 表示四面体 k 从顶点 A_i 作出的高线长.

命题 4 令 O 是四面体 k 的外接球面球心,则

$$OI^2 = R^2 - r^2 - \sum_{1 \leqslant i < j \leqslant 4} \frac{A_iA_j^2}{h_ih_j} \qquad ④$$

证 对 $M \equiv I$ 利用定理 1,推导出

$$\overrightarrow{OI} = \frac{V_1 \cdot \overrightarrow{OA_1} + V_2 \cdot \overrightarrow{OA_2} + V_3 \cdot \overrightarrow{OA_3} + V_4 \cdot \overrightarrow{OA_4}}{V}$$

其中 V_1, V_2, V_3, V_4, V 分别为以下四面体的体积

$$IA_2A_3A_4, IA_3A_4A_1, IA_4A_1A_2, IA_1A_2A_3, k$$

于是

$$OI^2 = \frac{1}{V^2} \left[(V_1+V_2+V_3+V_4)^2 \cdot R^2 - \sum_{1 \leqslant i<j \leqslant 4} V_iV_j \overrightarrow{OA_i} \cdot \overrightarrow{OA_j} \right]$$

注意

$$2\overrightarrow{OA_i} \cdot \overrightarrow{OA_j} = OA_i^2 + OA_j^2 - A_iA_j^2 = 2R^2 - A_iA_j^2$$

于是

$$OI^2 = \frac{1}{V^2} \left[(V_1+V_2+V_3+V_4)^2 \cdot R^2 - \sum_{1 \leqslant i<j \leqslant 4} V_iV_jA_iA_j^2 \right]$$

易见

$$V_1 + V_2 + V_3 + V_4 = V$$

与

$$\frac{V_i}{V} = \frac{r}{h_i}$$

$$OI^2 = R^2 - r^2 \sum_{1 \leqslant i<j \leqslant 4} \frac{A_iA_j^2}{h_ih_j}$$

命题 4

$$\sum_{1\leqslant i<j\leqslant 4}\frac{A_iA_j^2}{h_ih_j}\geqslant 9 \quad ⑤$$

证 不等式 ⑤ 等价于

$$\sum_{1\leqslant i<j\leqslant 4}\Delta_i\Delta_jA_iA_j^2\geqslant 9V^2 \quad ⑥$$

把式 ② 的两边平方,得到

$$2\overrightarrow{IA_i}\cdot\overrightarrow{IA_j}=IA_i^2+IA_j^2-A_iA_j^2$$

即

$$\sum_{1\leqslant i<j\leqslant 4}\Delta_i\Delta_jA_iA_j^2=\sum_{i=1}^4\Delta_i^2IA_i^2+\sum_{1\leqslant i<j\leqslant 4}(IA_i^2+IA_j^2)$$

于是

$$\sum_{1\leqslant i<j\leqslant 4}\Delta_i\Delta_jA_iA_j^2=\Big(\sum_{i=1}^4\Delta_iIA_i\Big)^2+\sum_{1\leqslant i<j\leqslant 4}\Delta_i\Delta_j(IA_i-IA_j)^2$$

由此得出

$$\sum_{1\leqslant i<j\leqslant 4}\Delta_i\Delta_jA_iA_j^2\geqslant\Big(\sum_{i=1}^4\Delta_iIA_i\Big)^2$$

不难看出 $IA_i\geqslant h_i-r=\dfrac{3V}{\Delta_i}-r$. 因此对所有 i

$$\Delta_iIA_i\geqslant 3V-\Delta_ir=3(V-V_i)$$

由此与 $V_1+V_2+V_3+V_4=V$ 推出

$$\sum_{i=1}^4\Delta_iIA_i\geqslant 3V$$

因此

$$\sum_{1\leqslant i<j\leqslant 4}\Delta_i\Delta_jA_iA_j^2\geqslant\Big(\sum_{i=1}^4\Delta_iIA_i\Big)^2\geqslant(3V)^2=9V^2$$

证毕.

系 6

$$\max_{1\leqslant i<j\leqslant 4}\{A_iA_j\}\geqslant 2\sqrt{6}\,r \quad ⑦$$

证 利用等式 $\dfrac{1}{h_1}+\dfrac{1}{h_2}+\dfrac{1}{h_3}+\dfrac{1}{h_4}=\dfrac{1}{r}$ 与不等式

$$ab+ac+ad+bc+bd+cd\leqslant\frac{3}{8}(a+b+c+d)^2$$

其中 a,b,c,d 是所有实数,有

$$\sum_{1\leqslant i<j\leqslant 4}\frac{1}{h_ih_j}\leqslant\frac{3}{8}\Big(\sum_{i=1}^4\frac{1}{h_i}\Big)^2=\frac{3}{8r^2}$$

此外

$$\sum_{1\leqslant i<j\leqslant 4}\frac{A_iA_j^2}{h_ih_j}\leqslant \max_{1\leqslant i<j\leqslant 4}\{A_iA_j^2\}\cdot \sum_{1\leqslant i<j\leqslant 4}\frac{1}{h_ih_j}$$

因此

$$\sum_{1\leqslant i<j\leqslant 4}\frac{A_iA_j^2}{h_ih_j}\leqslant \frac{3}{8r^2}\cdot \max_{1\leqslant i<j\leqslant 4}\{A_iA_j^2\}$$

由此与命题 5,得出

$$\frac{3}{8r^2}\cdot \max_{1\leqslant i<j\leqslant 4}\{A_iA_j^2\}\geqslant 9$$

这蕴涵

$$\max_{1\leqslant i<j\leqslant 4}\{A_iA_j\}\geqslant 2\sqrt{6}\,r$$

当且仅当 k 是正四面体时,等式成立.

3.15.3 定理 3 的证明

从命题 4 与命题 5 推出

$$\left(\frac{R}{r}\right)\geqslant \sum_{1\leqslant i<j\leqslant 4}\frac{A_iA_j^2}{h_ih_j}$$

因此 $R\geqslant 3r$.

3.15.4 系与结果

系 7

$$\sum_{1\leqslant i<j\leqslant 4}\Delta_i\Delta_j A_iA_j\leqslant \frac{\sqrt{6}}{4}\Delta^2 R \qquad ⑧$$

其中 $\Delta=\Delta_1+\Delta_2+\Delta_3+\Delta_4$ 是四面体的总表面积.

证 按照 Cauchy-Schwarz 不等式

$$\left(\sum_{1\leqslant i<j\leqslant 4}\frac{A_iA_j}{h_ih_j}\right)^2\leqslant \left(\sum_{1\leqslant i<j\leqslant 4}\frac{1}{h_ih_j}\right)\left(\sum_{1\leqslant i<j\leqslant 4}\frac{A_iA_j^2}{h_ih_j}\right)$$

因为

$$\sum_{1\leqslant i<j\leqslant 4}\frac{1}{h_ih_j}\leqslant \frac{3}{8r^2}$$

与

$$\sum_{1\leqslant i<j\leqslant 4}\frac{A_iA_j^2}{h_ih_j}\leqslant \left(\frac{R}{r}\right)^2$$

所以

$$\sum_{1\leqslant i<j\leqslant 4}\frac{A_iA_j^2}{h_ih_j}\leqslant \sqrt{\frac{3}{8}}\,\frac{R}{r^2}=\frac{\sqrt{6}}{4}\frac{R}{r^2} \qquad ⑨$$

利用 $h_i = \dfrac{3V}{\Delta_i}, i=1,2,3,4$ 与 $3V = \Delta r$,式 ⑨ 蕴涵
$$\sum_{1 \leqslant i<j \leqslant 4} \Delta_i \Delta_j A_i A_j \leqslant \dfrac{\sqrt{6}}{4} \Delta^2 R$$
当且仅当 k 是正四面体时,等式成立.

命题 8　令四面体 k 的内切球面与顶点 A_i 所对的面相切于点 $B_i(i=1,2,3,4)$,则
$$\sum_{1 \leqslant i<j \leqslant 4} \dfrac{B_i B_j^2}{h_i h_j} = 1$$

证　因 $\dfrac{\overrightarrow{IB_i}}{IB_i}$ 是与顶点 A_i 所对的面垂直的单位向量,它的方向是向四面体外部,故有
$$\Delta_1 \cdot \dfrac{\overrightarrow{IB_1}}{IB_1} + \Delta_2 \cdot \dfrac{\overrightarrow{IB_2}}{IB_2} + \Delta_3 \cdot \dfrac{\overrightarrow{IB_3}}{IB_3} + \Delta_1 \cdot \dfrac{\overrightarrow{IB_i}}{4} IB_4 = \mathbf{0}$$
此外 $IB_1 = IB_2 = IB_3 = IB_4 = r$. 因此
$$\sum_{i=1}^{4} \Delta_i \cdot \overrightarrow{IB_i} = \mathbf{0}$$
把以上等式的两边平方,注意到 $\sum\limits_{i=1}^{4} \dfrac{1}{h_i} = \dfrac{1}{r}$ 与
$$2\overrightarrow{IB_i} \cdot \overrightarrow{IB_j} = IB_i^2 + IB_j^2 - B_i B_j^2 = 2r^2 - B_i B_j^2$$
我们得出
$$\left(\sum_{i=1}^{4} \dfrac{1}{h_i^2} + 2\sum_{1 \leqslant i<j \leqslant 4} \dfrac{1}{h_i h_j}\right) r^2 - \sum_{1 \leqslant i<j \leqslant 4} \dfrac{B_i B_j^2}{h_i h_j} = 0$$
因此
$$\sum_{1 \leqslant i<j \leqslant 4} \dfrac{B_i B_j^2}{h_i h_j} = \left(\sum_{i=1}^{4} \dfrac{1}{h_i}\right)^2 r^2 = 1$$

参考文献

[1] V. V. Prasolov, I. F. Sarigin,1997,*Cac bai toan hnh khong gian*, Danang Publishers(in Vietnamese).

[2] Viktor Prasolov, 2006, *Problems in plane and solid geometry* (translated and edited by Dimitry Leites).

[3] Kiran S. Kedlaya, 2006, *Geometry unbound*.

(越南)T. L. Nguyen

3.16 代数不等式的变化

我们提出一些方法,可以用来证明各种代数不等式与几何不等式.

3.16.1 主要定理

令
$$\Delta(x,y,z) = 2xy + 2yz + 2zx - x^2 - y^2 - z^2$$

引理 1 令 α, β, γ 是正实数,使 $\Delta(\alpha, \beta, \gamma) > 0$,则对所有正数 $u, v, w, u+v+w=0$,有

$$\alpha vw + \beta uw + \gamma uv \leqslant 0 \tag{A}$$

另外,当且仅当 $u=v=w=0$ 时,$\alpha vw + \beta uw + \gamma uv = 0$.

证 实际上
$$\alpha vw - \beta wu - \gamma uv = -\gamma uv + (u+v)(\alpha v + \beta u) =$$
$$-[(\alpha+\beta-\gamma)uv + \alpha v^2 + \beta u^2] =$$
$$\alpha\left[v + \frac{(\alpha+\beta-\gamma)u}{2\alpha}\right]^2 +$$
$$\frac{u^2(2\alpha\beta + 2\beta\gamma + 2\gamma\alpha - \alpha^2 - \beta^2 - \gamma^2)}{4\alpha} \geqslant 0$$

容易推出,当且仅当 $u=v=w=0$ 时,等式成立.

系 令 α, β, γ 是正实数,使 $\alpha+\beta+\gamma=1, \Delta(\alpha,\beta,\gamma) > 0$. 若 x, y, z 是实数,使 $x+y+z=1$,则

$$2\sum_{cyc} x\beta\gamma - \sum_{cyc} \alpha yz \geqslant 3\alpha\beta\gamma \tag{B}$$

证 令 $u = x-\alpha, v = y-\beta, w = z-\gamma$,则 $x = u+\alpha, y = v+\beta, z = w+\gamma, u+v+w=0$

$$2\sum_{cyc} x\beta\gamma - \sum_{cyc} \alpha yz = 2\sum_{cyc}(u+\alpha)\beta\gamma - \sum_{cyc}\alpha(v+\beta)(w+\gamma) =$$
$$6\alpha\beta\gamma + 2\sum_{cyc} u\beta\gamma - 3\alpha\beta\gamma - \sum_{cyc}\alpha vw - \sum_{cyc}(\alpha\gamma v + \alpha\beta w) =$$
$$3\alpha\beta\gamma - \sum_{cyc}\alpha vw$$

由(A)有 $\sum_{cyc}\alpha vw \leqslant 0$,因此推出(B),当且仅当 $x=\alpha, y=\beta, z=\gamma$ 时等式成立.

定理 1 (1) 令 α, β, γ 是正实数,使 $\Delta(\alpha,\beta,\gamma) > 0$,令 x, y, z 是任何实数,则

$$\alpha yz + \beta zx + \gamma xy \leqslant \frac{\alpha\beta\gamma(x+y+z)^2}{\Delta(\alpha,\beta,\gamma)} \tag{C}$$

为使等式成立,当且仅当
$$x : y : z = (\beta + \gamma - \alpha)\alpha : \beta(\gamma + \alpha - \beta) : \gamma(\alpha + \beta - \gamma)$$

(2) 不等式(C)是不等式(A)的特殊情形.

证 (1) 若 $x+y+z=0$,则(C)成立,因为由(A),$\alpha yz+\beta zx+\gamma xy \leqslant 0$. 若 $x+y+z \neq 0$,则设 $x+y+z=1$. 令 $\Delta = \Delta(\alpha,\beta,\gamma)$,则

$$u = x - \frac{\alpha(\beta+\gamma-\alpha)}{\Delta}$$

$$v = y - \frac{\beta(\gamma+\alpha-\beta)}{\Delta}$$

$$w = z - \frac{\gamma(\alpha+\beta-\gamma)}{\Delta}$$

因 $\sum_{\text{cyc}} \frac{\alpha(\beta+\gamma-\alpha)}{\Delta} = 1, x+y+z=1$,故有 $u+v+w=0$ 与引理 1

$$\sum_{\text{cyc}} cxy = \sum_{\text{cyc}} c\left(u + \frac{\alpha(\beta+\gamma-\alpha)}{\Delta}\right)\left(v + \frac{\beta(\gamma+\alpha-\beta)}{\Delta}\right) =$$

$$\sum_{\text{cyc}} cuv + \sum_{\text{cyc}} \frac{\alpha\beta\gamma(\beta+\gamma-\alpha)(\gamma+\alpha-\beta)}{\Delta^2} +$$

$$\sum_{\text{cyc}} \left(\frac{\gamma\alpha(\beta+\gamma-\alpha)v}{\Delta} + \frac{\beta\gamma(\gamma+\alpha-\beta)u}{\Delta}\right) =$$

$$\sum_{\text{cyc}} \gamma uv + \frac{\alpha\beta\gamma}{\Delta^2} \sum_{\text{cyc}} (\gamma^2 - (\alpha-\beta)^2) +$$

$$\sum_{\text{cyc}} \frac{u\beta\gamma(\gamma+\alpha-\beta+\alpha+\beta-\gamma)}{\Delta} =$$

$$\sum_{\text{cyc}} \gamma uv + \frac{\alpha\beta\gamma}{\Delta} + 2\alpha\beta\gamma(u+v+w) =$$

$$\sum_{\text{cyc}} \gamma uv + \frac{\alpha\beta\gamma}{\Delta} \leqslant \frac{\alpha\beta\gamma}{\Delta}$$

当 $x = \frac{\alpha(\beta+\gamma-\alpha)}{\Delta}, y = \frac{\beta(\gamma+\alpha-\beta)}{\Delta}, z = \frac{\gamma(\alpha+\beta-\gamma)}{\Delta}$ 时,等式成立,被(A)中 $u=v=w=0$ 所蕴涵.

为使等式成立,当且仅当
$$x : y : z = (\beta+\gamma-\alpha)\alpha : \beta(\gamma+\alpha-\beta) : \gamma(\alpha+\beta-\gamma)$$

(2) 当 $x+y+z=0$ 时,不等式(C)变为(A).

3.16.2 几何学的变化

记号

1. 令 k 是 $\triangle ABC$ 的面积.

2. 令 R, r, s 分别是 $\triangle ABC$ 的外接圆半径、内径与半周长.

3. $BC = a, CA = b, AB = c$.

4. 对 $\triangle ABC$ 内任意点 P，令从 P 到顶点 $X \in \{A, B, C\}$ 的距离是 $R_X(P)$ 或简记为 R_X.

5. 令从 P 到边 $x \in \{a, b, c\}$ 的距离是 $d_x(P)$ 或简记为 d_x.

6. 令 A_p, B_p, C_p 是从 P 向边 BC, CA, AB 作出的垂线足.

7. 称 $\triangle A_p B_p C_p$ 为与 P 相伴的垂足三角形.

8. $a_p = B_p C_p, b_p = C_p A_p, c_p = A_p B_p$.

因为 R_a, R_b, R_c 是四边形 $PC_p A B_p, PA_p B C_p, PB_p C A_p$ 的外接圆直径，所以由正弦定理，有

$$\sin \alpha = \frac{a}{2R}, \sin \beta = \frac{b}{2R}, \sin \gamma = \frac{c}{2R}$$

与

$$a_p = R_a \sin \alpha = \frac{a R_a}{2R}$$

$$b_p = R_b \sin \beta = \frac{b R_b}{2R}$$

$$c_p = R_c \sin \gamma = \frac{c R_c}{2R} \tag{F1}$$

令 $K_a = K_{CPB}, K_b = K_{APC}, K_c = K_{BPA}$，$(p_a, p_b, p_c)$ 是 P 的垂心坐标，即 $p_a + p_b + p_c = 1, p_a, p_b, p_c \geqslant 0$.

于是 $p_a : p_b : p_c = K_a : K_b : K_c$，即 $p_a = \frac{K_a}{K}, p_b = \frac{K_b}{K}, p_c = \frac{K_c}{K}$. 由 $K_a + K_b + K_c = K$ 推出

$$a d_a + b d_b + c d_c = 2F \tag{I}$$

此外，$K_x = \frac{x d_x}{2}, K = \frac{x h_x}{2}, x \in \{a, b, c\}, 4KR = abc$，因此

$$d_a = \frac{2 p_a K}{a} = \frac{p_a bc}{2R}$$

$$d_b = \frac{2 p_b K}{b} = \frac{p_b ca}{2R}$$

$$d_c = \frac{2 p_c K}{c} = \frac{p_c ab}{2R} \tag{F2}$$

注意，若 a, b, c 是三角形的边长，则

$$\Delta(a, b, c) = 0$$

与

$$\Delta(a^2,b^2,c^2)=16K^2$$

应用

问题 1 令 P 是 $\triangle ABC$ 的内点,a_p,b_p,c_p 是与 P 相伴的垂足三角形的边长. 求 $a_p^2+b_p^2+c_p^2$ 的最小值.

解 令 (p_a,p_b,p_c) 是 P 的重心坐标,即 $p_a,p_b,p_c\geqslant 0,p_a+p_b+p_c=1$. 因为 $\angle B_pPC_p=180°-A$,所以由余弦定理,得 $a_p^2=d_b^2+d_c^2+2d_bd_c\cos A,\cos A=\dfrac{b^2+c^2-a^2}{2bc}$.

由(F2)有

$$d_b=\frac{2p_bK}{b}$$

$$d_c=\frac{2p_cK}{c}$$

$$\cos A=\frac{b^2+c^2-a^2}{2bc}$$

与

$$a_p^2=\frac{4p_b^2K^2}{b^2}+\frac{4p_c^2K^2}{c^2}+\frac{4p_bp_cK^2}{bc}\cdot\frac{b^2+c^2-a^2}{bc}=$$

$$\frac{4K^2}{b^2c^2}[p_b^2c^2+p_c^2b^2+p_bp_c(b^2+c^2-a^2)]=$$

$$\frac{4K^2}{b^2c^2}[p_b(1-p_c-p_a)c^2+p_c(1-p_a-p_b)b^2+p_bp_c(b^2+c^2-a^2)]=$$

$$\frac{4K^2}{b^2c^2}(p_bc^2+p_cb^2-p_bp_ca^2-p_cp_ab^2-p_ap_bc^2)$$

于是

$$\sum_{\text{cyc}}a_p^2=\frac{4K^2}{a^2b^2c^2}\sum_{\text{cyc}}(p_bc^2a^2+p_ca^2b^2-p_bp_ca^4-p_cp_aa^2b^2-p_ap_ba^2c^2)=$$

$$\frac{4K^2}{a^2b^2c^2}\left[2\sum_{\text{cyc}}p_ab^2c^2-(a^2+b^2+c^2)\sum_{\text{cyc}}a^2p_bp_c\right]$$

令 $x=p_a,y=p_b,z=p_c,\alpha=\dfrac{a^2}{a^2+b^2+c^2},\beta=\dfrac{b^2}{a^2+b^2+c^2},\gamma=\dfrac{c^2}{a^2+b^2+c^2}$,则

$$x+y+z=\alpha+\beta+\gamma=1$$

另外

$$\Delta(\alpha,\beta,\gamma)=\frac{16K^2}{(a^2+b^2+c^2)^2}>0$$

与

$$\min_P(a_p^2+b_p^2+c_p^2)=\frac{4K^2(a^2+b^2+c^2)^2}{a^2b^2c^2}\min_{x,y,z}\left(2\sum_{\text{cyc}}x\beta\gamma-\sum_{\text{cyc}}\alpha yz\right)$$

回忆不等式(B),得出 $\min\limits_{x,y,z}(2\sum\limits_{\text{cyc}}x\beta\gamma - \sum\limits_{\text{cyc}}\alpha yz) = 3\alpha\beta\gamma$. 于是
$$\min_P(a_p^2+b_p^2+c_p^2) = \frac{4K^2(a^2+b^2+c^2)^2}{a^2b^2c^2} \cdot 3\alpha\beta\gamma = \frac{12K^2}{a^2+b^2+c^2}$$

或
$$a_p^2+b_p^2+c_p^2 \geqslant \frac{12K^2}{a^2+b^2+c^2} \tag{PT}$$

称为垂足三角形不等式. 为使等式成立,当且仅当
$$p_a = \frac{a^2}{a^2+b^2+c^2}$$
$$p_b = \frac{b^2}{a^2+b^2+c^2}$$
$$p_c = \frac{c^2}{a^2+b^2+c^2}$$

或 P 是已知三角形的 Lemoine 点.

评注 1 因 $a_p = \frac{aR_a}{2R}, b_p = \frac{bR_b}{2R}, c_p = \frac{cR_c}{2R}, aR_a+bR_b+cR_c \geqslant 4K$, 故得
$$a_p^2+b_p^2+c_p^2 \geqslant \frac{(a_p+b_p+c_p)^2}{3} = \frac{1}{3}\left(\frac{aR_a}{2R}+\frac{bR_b}{2R}+\frac{cR_c}{2R}\right)^2 =$$
$$\frac{(aR_a+bR_b+cR_c)^2}{12R^2} \geqslant \frac{4K^2}{3R^2}$$

因
$$\frac{12K^2}{a^2+b^2+c^2} \geqslant \frac{4K^2}{3R^2} \Leftrightarrow a^2+b^2+c^2 \leqslant 9R^2$$

故不等式(PT)比 $a_p^2+b_p^2+c_p^2 \geqslant \frac{4K^2}{3R^2}$ 更精确.

评注 2 若令 $a_p = \frac{aR_a}{2R}, b_p = \frac{bR_b}{2R}, c_p = \frac{cR_c}{2R}$, 则由式(PT)推出
$$\sum_{\text{cyc}} a^2R_a^2 \geqslant \frac{3a^2b^2c^2}{a^2+b^2+c^2} \tag{PR}$$

问题 2 令 a,b,c 是 $\triangle ABC$ 的边长. 求
$$d_a(P)d_b(P)+d_b(P)d_c(P)+d_c(P)d_a(P)$$
的最大值,其中 P 是 $\triangle ABC$ 的任意内点.

解 因 $ad_a+bd_b+cd_c = 2K$, 故把不等式(C)中的 (x,y,z) 与 (α,β,γ) 分别换为 (ad_a,bd_b,cd_c) 与 (a,b,c), 得
$$abc(d_bd_c+d_cd_a+d_ad_c) \leqslant \frac{abc(ad_a+bd_b+cd_c)^2}{\Delta(a,b,c)}$$

上式等价于

$$d_a d_b + d_b d_c + d_c d_a \leqslant \frac{4K^2}{\Delta(a,b,c)} \tag{DP}$$

为使等式成立,当且仅当 $p_a : p_b : p_c = a(s-a) : b(s-b) : c(s-c)$ 或 $d_a : d_b : d_c = (s-a) : (s-b) : (s-c)$. 这等价于

$$d_a = \frac{2(s-a)}{\Delta(a,b,c)}$$

$$d_b = \frac{2(s-b)}{\Delta(a,b,c)}$$

$$d_c = \frac{2(s-c)}{\Delta(a,b,c)}$$

因此

$$\min(d_a(P)d_b(P) + d_b(P)d_c(P) + d_c(P)d_a(P)) = \frac{4K^2}{\Delta(a,b,c)}$$

3.16.3 不等式(A),(B),(C)中的代数学变化

变化1 因 $\Delta(b+c, c+a, a+b) = 4(ab+bc+ca) > 0$,故把(C)中的 (α,β,γ) 换为 $(b+c, c+a, a+b)$,得出不等式

$$ax(y+z) + by(z+x) + cz(x+y) \leqslant$$
$$\frac{(x+y+z)^2}{4} \cdot \frac{(a+b)(b+c)(c+a)}{ab+bc+ca} \tag{D}$$

这对所有正实数 a,b,c 与所有实数 x,y,z 成立. 为使等式成立,当且仅当 $x:y:z = a(b+c) : b(c+a) : a(a+b)$.

因 $ax(y+z) + by(z+x) + cz(x+y) = xy(a+b) + yz(b+c) + zx(c+a)$,故不等式(D)可以改写为

$$\frac{xy}{(b+c)(c+a)} + \frac{yz}{(c+a)(a+b)} + \frac{zx}{(a+b)(b+c)} \leqslant$$
$$\frac{(x+y+z)^2}{4(ab+bc+ca)} \tag{E}$$

把(E)中的 (x,y,z) 换为 $(x(b+c), y(c+a), z(a+b))$,得出

$$xy + yz + zx \leqslant \frac{[x(b+c) + y(c+a) + z(a+b)]^2}{4(ab+bc+ca)} \tag{F}$$

变化2 把不等式(F)写成

$$[a(y+z) + b(z+x) + c(x+y)]^2 \geqslant$$
$$4(xy+yz+zx)(ab+bc+ca) \tag{F1}$$

和[4]中的不等式相同.

在[F1]中设 $x,y,z \geqslant 0$,则

$$x(b+c)+y(c+a)+z(a+b) \geqslant$$
$$2\sqrt{(ab+bc+ca)(xy+yz+zx)} \tag{F2}$$

与

$$\frac{x(b+c)}{y+z}+\frac{y(c+a)}{z+x}+\frac{z(a+b)}{x+y} \geqslant \sqrt{3(ab+bc+ca)} \tag{F3}$$

(可以把(F2)中的(x,y,z)换为$\left(\frac{x}{y+z},\frac{y}{z+x},\frac{z}{x+y}\right)$,并用以下不等式得出:

$\sum_{\text{cyc}}\frac{yz}{(z+x)(x+y)} \geqslant \frac{3}{4} \Leftrightarrow 9xyz \leqslant (x+y+z)(xy+yz+zx)$ 在[2]与[3]中作为证明一些困难不等式的强有力工具而被讨论了.

把 $ax+by+cz$ 加到(F2)的两边,得出

$$(a+b+c)(x+y+z) \geqslant ax+by+cz+$$
$$2\sqrt{(ab+bc+ca)(xy+yz+zx)} \tag{F4}$$

不等式(F4)是2001年乌克兰数学奥林匹克的不等式的齐次形式,也作为问题6发表在[1]中.

我们用以下问题来结束本文.

问题3 对正实数 x_1,x_2,x_3,x_4,x_5,x_6,证明

$$\sum_{\text{cyc}}^{6} x_1 x_2 x_3 x_4 \leqslant \frac{(x_1+x_2+x_3+x_4+x_5+x_6)^4}{6^3}$$

证 因

$$\sum_{\text{cyc}}^{6} x_1 x_2 x_3 x_4 = x_1 x_3 x_2 (x_4+x_6) + x_3 x_5 x_4 (x_6+x_2) + x_5 x_1 x_6 (x_2+x_4)$$

故对 $a=x_1 x_3, b=x_3 x_5, c=x_5 x_1$ 与 $x=x_2, y=x_4, z=x_6$ 应用(C),得

$$\sum_{\text{cyc}}^{6} x_1 x_2 x_3 x_4 \leqslant \frac{(x_2+x_4+x_6)^2}{4} \cdot \frac{(x_1 x_3+x_3 x_5)(x_3 x_5+x_5 x_1)(x_5 x_1+x_1 x_3)}{x_1 x_3 x_5 (x_1+x_3+x_5)} =$$
$$\frac{(x_2+x_4+x_6)^2}{4} \cdot \frac{(x_1+x_3)(x_3+x_5)(x_5+x_1)}{x_1+x_3+x_5}$$

由算术平均 - 几何平均不等式有

$$\frac{(x_1+x_3)(x_3+x_5)(x_5+x_1)}{(x_1+x_3+x_5)^3} \leqslant \left(\frac{\frac{x_1+x_3}{x_1+x_3+x_5}+\frac{x_3+x_5}{x_1+x_3+x_5}+\frac{x_5+x_1}{x_1+x_3+x_5}}{3}\right) =$$
$$\left(\frac{2}{3}\right)^3 = \frac{8}{27}$$

因此

$$\frac{(x_1+x_3)(x_3+x_5)(x_5+x_1)}{x_1+x_3+x_5} \leqslant \frac{8}{27}(x_1+x_3+x_5)^2$$

与

$$\sum_{cyc}^{6} x_1 x_2 x_3 x_4 \leqslant \frac{(x_2+x_4+x_6)^2}{4} \cdot \frac{8}{27}(x_1+x_3+x_5)^2 =$$

$$\frac{2}{27}(x_2+x_4+x_6)^2 \cdot (x_1+x_3+x_5)^2 \leqslant$$

$$\frac{2}{27} \cdot \left(\frac{x_1+x_2+\cdots+x_6}{2}\right)^4 =$$

$$\frac{(x_1+x_2+x_3+x_4+x_5+x_6)^4}{6^3}$$

参考文献

[1] Andreescu T, Cirtoaje V., Dospinescu G., Lascu M. *Old and New Inequalities*, GIL Publishing House, 2004.

[2] Pham Huu Duc. *An Unexpectedly Useful Inequality*, Mathematical Reflections 2008, Issue 1.

[3] Tran Quang Hung. *On Some Geometric Inequalities*, Mathematical Reflections 2008, Issue 3.

[4] Vedula N. Murty, problem 3076, Crux Mathematicorum, vol. 31, No. 8.

(美国) A. Alt

3.17 关于循环图中的 Turan 型定理

本文是关于循环图 Turan 型定理的一些结果的概述.

3.17.1 引言

对图 H, Turan 数表示为 $ex(n;H)$, 定义为在 n 个顶点上的图的最大边数, 这些顶点不包含已知图 H.

著名的 Turan 定理指出:

定理 1 令 n 与 k 是正整数, $k \geqslant 2$, 则

$$ex(n;K_k) \leqslant \frac{(k-2)n^2}{2(k-1)}$$

本文作者在[2]中证明了以下事实:

定理 2 令 n 与 k 是正整数, $k \geqslant 2$, 则

$$ex(n;K_{k+1}\backslash\{e\}) \leqslant \frac{(k-2)n^2}{2(k-1)}$$

其中 $K_{k+1}\backslash\{e\}$ 是在 $k+1$ 个顶点上的完全图,被除去 1 条边. 在本文中我们关心求 $ex(n;C_m)$ 的界,其中 C_m 是在 m 个顶点上的循环图.

3.17.2 $ex(n;C_{2m+1}), m \geqslant 1$ 的界

事实"所有二分图不包含奇图"蕴涵 $\lfloor \frac{n^2}{4} \rfloor$ 条边不保证 C_{2m+1} 圈存在. Turan 定理解决了 $m=1$ 的问题,因为 $K_3 \equiv C_3$,所以在这种情形下 $ex(n;C_3) \leqslant \lfloor \frac{n^2}{4} \rfloor$. 我们对 $m=2$ 证明相同的界.

定理 3 令 G 是在 $n \geqslant 7$ 个顶点上的图,具有多于 $\frac{n^2}{4}$ 条边,则在 G 中存在 C_5 子图.

证 我们来证明基础情形 $n=7$. 利用定理 2,在 G 中有 $K_4\backslash\{e\}$ 子图,把它表示为四边形 $ABCD$,除去边 AC. 剩余 3 个顶点表示为 X,Y,Z. 若 G 至少有 13 条边,则证明 G 包含 5 圈.

若边 AC 出现在图中,则把顶点 X,Y,Z 之一联结到顶点 $\{A,B,C,D\}$ 中某两个顶点,得出 C_5 子图. 于是在四边形 $ABCD$ 中至多总共有 6 条边,3 条边在 $\triangle XYZ$ 中,3 条边在它们之间,总共有 12 条边,矛盾.

设边 AC 不出现在图中. 注意,每个顶点 X,Y,Z 至多联结四边形的 1 个顶点,或联结两个顶点 B 与 D,否则我们得出 C_5 子图. 例如:若 X 联结 A 与 C,则 $XADBC$ 是 C_5 子图. 有 5 条边在四边形 $ABCD$ 中,至多有 3 条边在 $\triangle XYZ$ 中. 因此至少有 5 条边联结四边形 $ABCD$ 的顶点与 $\triangle XYZ$ 的顶点,于是至少有 2 个顶点. 例如:X 与 Y 联结 B 与 D. 从而当边 XY 在 G 中时,$XBADY$ 将是圈. 因此可设至少有 6 条边联结四边形 $ABCD$ 的顶点与 $\triangle XYZ$ 的顶点,得出 X,Y,Z 联结 B 与 D. 于是 $\triangle XYZ$ 不包含 G 中的边,这至多给出 $5+6=11$ 条边,矛盾. 对 $n=7$ 的基础情形被证明了,类似地,利用有关情形的检验,可以对 $n=8,9,10$ 证明这个命题.

为了证明归纳步骤,再利用定理 2:在 G 中有 $K_4\backslash\{e\}$ 子图,利用相同记号四边形 $ABCD$. 若四边形 $ABCD$ 是完全 K_4 子图,则剩余的 $n-4$ 个顶点至多联结四边形 $ABCD$ 的 1 个顶点. 由归纳假设,在剩余的 $n-4$ 个顶点中至多有 $\lfloor \frac{(n-4)^2}{4} \rfloor$ 条边. 于是边数总共至多是

$$6+(n-4)+\lfloor \frac{(n-4)^2}{4} \rfloor \leqslant \lfloor \frac{n^2}{4} \rfloor$$

设边 AC 不出现在图中. 剩余的 $n-4$ 个顶点至多联结四边形 $ABCD$ 的 1 个顶点,或联结两个顶点 B 与 D. 因此得出总共至多

$$5+2(n-4)+\lfloor \frac{(n-4)^2}{4} \rfloor -1 = \lfloor \frac{n^2}{4} \rfloor$$

条边. -1 的出现是由于以下情形不可能:若所有剩余的 $n-4$ 个顶点以两条边联结 B 与 D,则其中这些顶点不用一条边联结.最后的等式证明了归纳步骤与定理.

评注 本文作者不知道关于 $H=C_{2m+1}, m\geq 3$ 的任何结果.因在子图 C_{2m+1} 中,边的密度小于 C_3 的密度.很可能是,对所有 $n\geq N$,有 $ex(n,C_{2m+1})\leq \lfloor \frac{n^2}{4}\rfloor$.

3.17.3 $ex(n;C_{2m})$ 的界

证明偶圈 C_{2m} 存在的界更加困难.Erdös(1965)发表了以下结果,但是没有证明.Bondy 与 Simonovist(1974)发表了这个结果的证明.

定理 4 令 $m\geq 2$ 是固定整数,则对 $n\geq 10^{m^2}$,有
$$ex(n,C_{2m})\leq 10mn^{1+\frac{1}{m}}$$

这个结果的证明可以在[1]中找到.由此推出,与 $ex(n,C_{2m+1})=0(n^2)$ 相反,渐近地有 $ex(n,C_{2m})=0(n^{1+\frac{1}{m}})$.我们提出 $m=2$ 时上界的证明,这可以在[1]或[3]中找到.

定理 5 若在 n 个顶点上的图 G 不包含 C_4 子图,则
$$|E|\leq \lfloor \frac{n}{4}(1+\sqrt{4n-3})\rfloor$$

其中 E 是图 G 中的边集合.

证 以 $d(u)$ 表示顶点的次数.令 s 是对偶 $(u,\{v,w\})$ 集合,其中 u 与 v,w 相邻,$v\neq w$.我们用两种方法计算 s 的基数.对 v 求和,得 $|s|=\sum_{u\in V}\binom{d(u)}{2}$.另一方面,所有两个顶点至多有 1 个公共的相邻顶点,否则 G 包含 4 圈.因此 $|s|\leq \binom{n}{2}$,我们断定
$$\sum_{u\in V}\binom{d(u)}{2}\leq \binom{n}{2}$$
或
$$\sum_{u\in V}d(u)^2\leq n(n-1)+\sum_{u\in V}d(u)$$

利用算术平均 - 几何平均不等式,有
$$(\sum_{u\in V}d(u))^2\leq n\sum_{u\in V}d(u)^2$$

因此
$$n\sum_{u\in V}d(u)^2\leq n^2(n-1)+n\sum_{u\in V}d(u)$$

$2|E|=\sum_{u\in V}d(u)$ 蕴涵
$$4|E|^2\leq n^2(n-1)+2n|E|$$

或
$$|E|^2 - \frac{n}{2}|E| - \frac{n^2(n-1)}{4} \leqslant 0$$

解这个二次方程,得出要求的结果.

在[1]中证明了,对 $m=2,3,5$,上界有右序模. 即存在某常数 $c=c(m)>0$,使得对 $m=2,3,5, ex(n,C_{2m}) \geqslant cn^{1+\frac{1}{m}}$. 但是对 $m=4$,不知道 C_8 的上界是否有右序模.

3.17.4 C_n 子图的期望数

我们更进一步考虑另一个问题:若已知在 n 个顶点上的图有 $|E|$ 条边,则在它中 C_n 子图的期望数将是什么? 这个问题很困难,只是最近,对 $n=3$,A. Razborov 对具有边密度 p 的图中三角形最小可能密度,求出了渐近显式公式,其中 p 是固定的(见[4]). 在本文中我们提出 C_3 与 C_4 子图的期望数不严密公式. 以下结果应归于 M. Kay(1963).

定理 6 令 G 是在 n 个顶点上的图,具有边数 $|E|$. 若 $|T|$ 是 G 中的三角形个数,则
$$\frac{(4|E|-n^2)|E|}{3n} \leqslant |T| \leqslant \frac{(n-2)|E|}{3}$$

证 首先证明不等式的右边. 考虑 E 中任意一边. 剩余的 $n-2$ 个顶点至少组成包含这一边的 $(n-2)$ 个三角形,从而 G 中三角形具有的最大边数是 $(n-2)|E|$. 但是每个三角形向和提供 3 条边,因此 $3|T| \leqslant (n-2)|E|$.

对不等式的左边,考虑对偶集 $(u, \{v,w\})$,其中 u 是 v 与 w 的相邻顶点,$v \neq w$. 这个集合中的元素数是 $\sum_{i=1}^{n} \binom{d_i}{2}$,其中 $d_1, d_2, \cdots, d_n$ 是 G 中的顶点次数. 再从边集合 E 中选出任意一边 $\{v,w\}$. 剩余的 $(n-2)$ 个顶点至多组成形如 $(u, \{v,w\})$ 的 $(n-2)$ 对,那时从剩余的 $n-2$ 个顶点中的顶点 u 联结 v 或 w. 若顶点 u 联结 v,w 二者,则组成三角形,得出两对 $(u, \{v,w\})$. 在这种情形下,以上提到的和算出 1 对,但是组成的三角形算出另 1 对. 求这样的各对的个数,总共至多得出 $(n-2)|E|+3|T|$ 对,因为所有三角形向和提供 3 对,但是每对算了两次,因此
$$2\sum_{i=1}^{n} \binom{d_i}{2} \leqslant (n-2)|E|+3|T|$$

利用算术平均 - 几何平均不等式,有
$$\sum_{i=1}^{n} \binom{d_i}{2} \geqslant \frac{1}{2n}\left(\sum_{i=1}^{n} d_i\right)^2 - \frac{1}{2}\sum_{i=1}^{n} d_i = \frac{2|E|^2-n|E|}{n}$$

把这个结果代入上面的不等式,得
$$2 \cdot \frac{2|E|^2-n|E|}{n} \leqslant (n-2)|E|+3|T|$$

给出 $\frac{4|E|^2-n^2|E|}{n} \leqslant 3|T|$，正是要求的结果.

下一个定理给出在 n 个顶点上的图中 C_4 子图数的下界,此图总包含足够的边数.

定理 7 令 G 是在 n 个顶点上且具有 $|E|>\lfloor \frac{n}{4}(1+\sqrt{4n-3})\rfloor$ 条边的图,则 G 中的 C_4 子图数至少是

$$\frac{|E|(2|E|-n)[4|E|^2-2|E|n-n^2(n-1)]}{2n^3(n-1)}$$

证 令 $f_{ij}=|N_i \cap N_j|$,其中 N_i 表示顶点 v_i 的相邻顶点. 注意

$$\sum_{i=1}^{n}\binom{d_i}{2}=\sum_{1\leqslant i<j\leqslant n}f_{ij}$$

这由求偶集 $(u,\{v,w\})$ 的个数得出,其中 u 是 v 与 w 的相邻顶点, $v\neq w$. 注意, G 中 C_4 子图数 S 等于

$$\sum_{1\leqslant i<j\leqslant n}\binom{f_{ij}}{2}$$

利用算术平均 - 几何平均不等式,有

$$\sum_{1\leqslant i<j\leqslant n}\binom{f_{ij}}{2} \geqslant \frac{1}{2\binom{n}{2}}\left(\sum_{1\leqslant i<j\leqslant n}f_{ij}\right)^2-\frac{1}{2}\sum_{1\leqslant i<j\leqslant n}f_{ij}$$

类似地

$$\sum_{i=1}^{n}\binom{d_i}{2} \geqslant \frac{1}{2n}\left(\sum_{i=1}^{n}d_i\right)^2-\frac{1}{2}\sum_{i=1}^{n}d_i=\frac{2|E|^2-n|E|}{n}$$

因此

$$S \geqslant \frac{1}{\binom{n}{2}}\left(\frac{2|E|^2-n|E|}{n}\right)^2-\frac{1}{2}\left(\frac{2|E|^2-n|E|}{n}\right)$$

这等价于

$$S \geqslant \frac{|E|(2|E|-n)[4|E|^2-2|E|n-n^2(n-1)]}{2n^3(n-1)}$$

参考文献

[1] Y. Li, W. Zang (2005). Introduction to Graph Ramsey Theory.
[2] I. Borsenco (2008). K_k versus $K_{k+1}\setminus\{e\}$. *Mathematical Reflelections* 1.
[3] Martin Aigner, Gunter M. Ziegler (2004). *Proofs from the BOOK*. Springer,

Third Edition.

[4] A. Razborov (2008). *On the minimal density of triangles in graphs.* Combinatorics, Probability and Computing.

(美国) I. Borsenco

3.18 关于包含中线的几何不等式

在本文中,我们给出以下不等式的两个证明
$$m_a + m_b + m_c \leqslant 4R + r \qquad ①$$
其中 m_a, m_b, m_c 是 $\triangle ABC$ 的中线,r 与 R 分别是它的内径与外接圆半径. 我们也把不等式 ① 推广到 $\triangle ABC$ 的 Ceva 线特殊类.

3.18.1 第 1 个证明

我们利用以下已知的不等式
$$a^2 + b^2 + c^2 \leqslant 8R^2 + 4r^2 \text{(Gerretsen)} \qquad ②$$
$$\sqrt{3}s \leqslant 4R + r \text{(Mitrinovic)} \qquad ③$$
$$a^2 + b^2 + c^2 \leqslant 4\sqrt{3}K + 3\sum(a-b)^2 \text{(Finsler-Hadwiger)} \qquad ④$$

其中 a, b, c 是 $\triangle ABC$ 的边长,$s = \frac{1}{2}(a+b+c)$ 是半周长,K 是面积. 这些经典不等式的证明可以在 [2] 中找到.

众所周知,可以作出边长为 m_a, m_b, m_c 的三角形 Δ_1. 对这个新三角形的面积 K_1,有
$$K_1 = \frac{3}{4}K \qquad ⑤$$

把不等式 ④ 应用于 Δ_1,得
$$\sum m_a^2 \leqslant 4\sqrt{3}K_1 + 3\sum(m_a - m_b)^2$$

从而
$$6\sum m_a m_b \leqslant 4\sqrt{3}K_1 + 5\sum m_a^2 \qquad ⑥$$

利用中线公式 $m_a = \frac{1}{4}[2(b^2+c^2) - a^2]$,得
$$\sum m_a^2 = \frac{3}{4}\sum a^2$$

不等式 ⑤ 与 ⑥ 得
$$2\sum m_a m_b \leqslant \sqrt{3}K + \frac{5}{4}\sum a^2 \qquad ⑦$$

但是 $K = s \cdot r$,若应用 ② 与 ③,则得出
$$2\sum m_a m_b \leqslant r(4R+r) + \frac{5}{4}(8R^2+4r^2) =$$
$$10R^2 + 4Rr + 6r^2$$

因此
$$\left(\sum m_a\right)^2 = \sum m_a^2 + 2\sum m_a m_b = \frac{3}{4}\sum a^2 + 2\sum m_a m_b \leqslant$$
$$\frac{3}{4}(8R^2+4r^2) + 10R^2 + 4Rr + 6r^2 =$$
$$16R^2 + 4Rr + 9r^2 =$$
$$16R^2 + 4Rr + r^2 + 8r^2 \leqslant$$
$$16R^2 + 8Rr + r^2 = (4R+r)^2$$

(这里利用著名的 Euler 不等式 $8r^2 \leqslant 4Rr$.)

3.18.2 第 2 个证明

这是简单的几何论证.考虑两种情形:

情形 1 $\triangle ABC$ 是锐角三角形.令 O 是 $\triangle ABC$ 的外心,A_1 是边 BC 的中点.令 d_a, d_b, d_c 分别为从 O 到边 BC, CA, AB 的距离,则 $m_a \leqslant d_a + R$,如图 3.16 所示.利用 Carnot 关系式
$$d_a + d_b + d_c = R + r \qquad ⑧$$
得
$$\sum m_a \leqslant d_a + d_b + d_c + 3R = R + r + 3R = 4R + r$$
对 ⑧ 的简单证明,我们利用图 3.17.

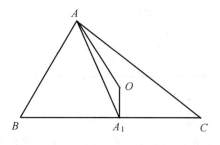

图 3.16

四边形 A_1BC_1O 内接于直径为 OB 的圆.由 Ptolemey 定理
$$d_a \frac{c}{2} + d_c \frac{a}{2} = \frac{b}{2} R$$
与两个其他类似关系式.求这 3 个关系式的和,得

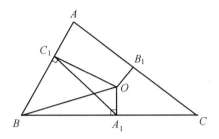

图 3.17

$$\sum d_a(b+c) = R(a+b+c) \qquad ⑨$$

另一方面

$$\sum d_a \frac{a}{2} = K = rs = r\frac{a+b+c}{2}$$

因此

$$\sum d_a a = r(a+b+c) \qquad ⑩$$

把式 ⑨ 和式 ⑩ 相加,得

$$\sum d_a(a+b+c) = (R+r)(a+b+c)$$

式 ⑧ 被证明了.

情形 2 $\triangle ABC$ 是钝角三角形. 例如设 $\angle A > 90°$,则 $m_b < \frac{a+c}{2}, m_c < \frac{a+b}{2}$. 因此

$$m_b + m_c < a + \frac{b+c}{2} \qquad ⑪$$

令 $\angle 1$ 是 $\angle BAA_1$,$\angle 2$ 是 $\angle CAA_1$,如图 3.18 所示.

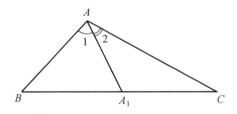

图 3.18

另外,$\angle A > 90°$ 蕴涵 $\angle A > \angle B + \angle C$,从而 $\angle 1 > \angle B$ 或 $\angle 2 > \angle C$. 不失一般性,设 $\angle 1 > \angle B$,则 $m_a < \frac{a}{2}$,利用式 ⑪,得

$$m_a + m_b + m_c < \frac{3}{2}a + \frac{b+c}{2} = 2a + \frac{b+c-a}{2} < 4R + r$$

因为 $a < 2R$，所以 $\dfrac{b+c-a}{2} = s-a < r$.

3.18.3 不等式 ① 的推广

令 AA_1, BB_1, CC_1 是 $\triangle ABC$ 中的 3 条 Ceva 线，令
$$\frac{A_1B}{A_1C} = \alpha_1, \frac{B_1C}{B_1A} = \alpha_2, \frac{C_1A}{C_1B} = \alpha_3 \qquad ⑫$$
以下定理是本节的主要结果.

定理

1. 为使线段 AA_1, BB_1, CC_1 是三角形的边，当且仅当 $\alpha_1 = \alpha_2 = \alpha_3$.

2. 令 $\alpha_1 = \alpha_2 = \alpha_3 = \alpha$，$\Delta_\alpha$ 是具有边 AA_1, BB_1, CC_1 的三角形，K_α 是 Δ_α 的面积，则
$$K_\alpha = \frac{\alpha^2 + \alpha + 1}{(\alpha+1)^2} K \qquad ⑬$$

3. 若 $\alpha_1 = \alpha_2 = \alpha_3 = \alpha$，则
$$AA_1 + BB_1 + CC_1 \leqslant \frac{2}{\alpha+1}\sqrt{\frac{\alpha^2+\alpha+1}{3}}(4R+r) \qquad ⑭$$

其中 R 与 r 分别为 $\triangle ABC$ 的外接圆半径与内径.

证 1. 我们有
$$\begin{cases} \overrightarrow{OA_1} = \dfrac{1}{\alpha_1+1}\overrightarrow{OB} + \dfrac{\alpha_1}{\alpha_1+1}\overrightarrow{OC} \\ \overrightarrow{OB_1} = \dfrac{1}{\alpha_2+1}\overrightarrow{OC} + \dfrac{\alpha_2}{\alpha_2+1}\overrightarrow{OA} \\ \overrightarrow{OC_1} = \dfrac{1}{\alpha_3+1}\overrightarrow{OA} + \dfrac{\alpha_3}{\alpha_3+1}\overrightarrow{OB} \end{cases} \qquad ⑮$$

从而
$$\sum \overrightarrow{AA_1} = \sum (\overrightarrow{OA_1} - \overrightarrow{OA}) = \sum \left(\frac{1}{\alpha_1+1}\overrightarrow{OB} + \frac{\alpha_1}{\alpha_1+1}\overrightarrow{OC} - \overrightarrow{OA}\right) =$$
$$\sum \left(\frac{1}{\alpha_3+1} + \frac{\alpha_2}{\alpha_2+1} - 1\right) \overrightarrow{OA}$$

由此推出，为使 $\sum \overrightarrow{AA_1} = \mathbf{0}$，当且仅当
$$\begin{cases} \dfrac{1}{\alpha_3+1} + \dfrac{\alpha_2}{\alpha_2+1} = 1 \\ \dfrac{1}{\alpha_1+1} + \dfrac{\alpha_3}{\alpha_3+1} = 1 \\ \dfrac{1}{\alpha_2+1} + \dfrac{\alpha_1}{\alpha_1+1} = 1 \end{cases}$$

因此 $\alpha_1 = \alpha_2 = \alpha_3$.

2. 可以写出

$$K_a = \frac{1}{2}(\overrightarrow{AA_1} \times \overrightarrow{BB_1}) = \frac{1}{2}(\overrightarrow{OA_1} - \overrightarrow{OA}) \times (\overrightarrow{OB_1} - \overrightarrow{OB}) =$$

$$\frac{1}{2}\left(\frac{1}{\alpha+1}\overrightarrow{OB} + \frac{\alpha}{\alpha+1}\overrightarrow{OC} - \overrightarrow{OA}\right) \times$$

$$\left(\frac{1}{\alpha+1}\overrightarrow{OC} + \frac{\alpha}{\alpha+1}\overrightarrow{OA} - \overrightarrow{OB}\right) =$$

$$\frac{1}{2}\left[\frac{1}{(\alpha+1)^2}\overrightarrow{OB} \times \overrightarrow{OC} + \frac{\alpha}{(\alpha+1)^2}\overrightarrow{OB} \times \right.$$

$$\left. \overrightarrow{OA} + \frac{\alpha^2}{(\alpha+1)^2}\overrightarrow{OC} \times \overrightarrow{OA} - \frac{\alpha}{\alpha+1}\overrightarrow{OC} \times \overrightarrow{OB} - \right.$$

$$\left. \frac{1}{\alpha+1}\overrightarrow{OA} \times \overrightarrow{OC} + \overrightarrow{OA} \times \overrightarrow{OB}\right] =$$

$$\frac{1}{2} \cdot \frac{\alpha^2 + \alpha + 1}{(\alpha+1)^2}(\overrightarrow{OA} \times \overrightarrow{OB} + \overrightarrow{OB} \times \overrightarrow{OC} + \overrightarrow{OC} \times \overrightarrow{OA}) =$$

$$\frac{\alpha^2 + \alpha + 1}{(\alpha+1)^2} K$$

3. 从式 ⑫ 得 $A_1B = \frac{\alpha a}{\alpha+1}$. 在 $\triangle ABA_1$ 中应用余弦定理,得

$$AA_1^2 = c^2 + \frac{\alpha^2}{(\alpha+1)^2}a^2 - \frac{\alpha}{\alpha+1}(a^2 + c^2 - b^2)$$

从而

$$\sum AA_1^2 = \frac{\alpha^2 + \alpha + 1}{(\alpha+1)^2}\sum a^2 \qquad ⑯$$

把不等式 ④ 应用于 $\triangle \alpha$,得

$$\sum AA_1^2 \leqslant 4\sqrt{3}K_a + 3\sum(AA_1 - BB_1)^2$$

从而

$$6\sum AA_1 \cdot BB_1 \leqslant 4\sqrt{3}K_a + 5\sum AA_1^2$$

由式 ⑬ 与式 ⑯ 推出

$$6\sum AA_1 \cdot BB_1 \leqslant 4\sqrt{3}\frac{\alpha^2 + \alpha + 1}{(\alpha+1)^2}K + 5\frac{\alpha^2 + \alpha + 1}{(\alpha+1)^2}\sum a^2 =$$

$$4\frac{\alpha^2 + \alpha + 1}{(\alpha+1)^2}\sqrt{3}s \cdot r + 5\frac{\alpha^2 + \alpha + 1}{(\alpha+1)^2}\sum a^2 \leqslant$$

$$4\frac{\alpha^2 + \alpha + 1}{(\alpha+1)^2}\sqrt{3}s \cdot r + 5\frac{\alpha^2 + \alpha + 1}{(\alpha+1)^2}(8R^2 + 4r^2) =$$

$$4\frac{\alpha^2 + \alpha + 1}{(\alpha+1)^2}[\sqrt{3}s \cdot r + 5(2R^2 + r^2)] \leqslant$$

$$4\frac{\alpha^2+\alpha+1}{(\alpha+1)^2}[r(4R+r)+10R^2+5r^2] =$$

$$4\frac{\alpha^2+\alpha+1}{(\alpha+1)^2}(10R^2+4Rr+6r^2)$$

可以写出

$$\sum AA_1^2 + 2\sum AA_1 \cdot BB_1 \leqslant \frac{\alpha^2+\alpha+1}{(\alpha+1)^2}\sum a^2 +$$

$$\frac{4}{3} \cdot \frac{\alpha^2+\alpha+1}{(\alpha+1)^2}(10R^2+4Rr+6r^2) \leqslant$$

$$\frac{4}{3} \cdot \frac{\alpha^2+\alpha+1}{(\alpha+1)^2}\left[\frac{3}{4}(8R^2+4r^2)+10R^2+4Rr+6r^2\right] =$$

$$\frac{4}{3} \cdot \frac{\alpha^2+\alpha+1}{(\alpha+1)^2}(4R+r)^2$$

推出结论.

评注 1. $\triangle_\alpha$ 的作法如图 3.19 所示. 令 $A_1M \parallel BB_1$ 使 BA_1MB_1 是平行四边形,则 $\triangle AA_1M$ 是要求的 $\triangle_\alpha$,因为不难证明 $AMCC_1$ 也是平行四边形.

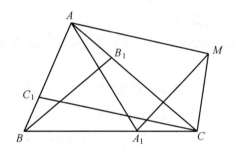

图 3.19

2. 对 $\alpha=1$,由式 ⑭ 得出不等式 ①.

3. 对任何三角形 $\triangle_\alpha$,有

$$AA_1+BB_1+CC_1 < \frac{2\sqrt{3}}{3}(4R+r)$$

实际上,可以把式 ⑭ 中的系数写出如下

$$\frac{2}{\alpha+1}\sqrt{\frac{\alpha^2+\alpha+1}{3}} = \frac{2\sqrt{3}}{3}\sqrt{\frac{\alpha^2+\alpha+1}{(\alpha+1)^2}} = \frac{2\sqrt{3}}{3}\sqrt{1-\frac{\alpha}{(\alpha+1)^2}} < \frac{2\sqrt{3}}{3}$$

参考文献

[1] Andrica, D., Varga, Cs., Văcărețu, D. *Selected Topics and Problems on*

Geometry (Romanian), PLUS, Bucharest, 2002.

[2] Mitrinovic, D. S., Pecaric, J., Volonec, V. *Recent Advances in Geometric Inequalities*, Kluwer, 1989.

(罗马尼亚)D. Andrica,(美国)Z. Feng

3.19 锐角三角形的独立参数化及其应用

我们从 1 个问题开始,这个问题是 2001 年第 40 届国际数学奥林匹克越南代表队选拔考试中提出的.

问题 1 令 $a,b,c>0, p,q,r>0$. 求 $\dfrac{p}{x}+\dfrac{q}{y}+\dfrac{r}{z}$ 的最小值,其中 x,y,z 是正实数,使 $ayz+bzx+cxy \leqslant d$(在原来的问题中 $p=1, q=2, r=3, a=2, b=8, c=21, d=12$).

随后我们将证明,可以把任何 3 个正数看作从锐角三角形外心到它的各边的距离(精确的外心三线坐标).它们将从某方法定义,正如定理 1 第 i 部分所指出.另外,我们将证明这个三角形有定理 1 第 ii 部分所陈述的不同特点,可以写作不等式 ⑤.

定理 1 令 k,l,m 是正实数,则

i. 有唯一的锐角三角形,使 3 个数是从它的外心到它的各边的距离,三角形的边长是

$$a = 2\sqrt{R^2 - k^2}, b = 2\sqrt{R^2 - l^2}, c = 2\sqrt{R^2 - m^2}$$

其中 R(外接圆半径)是以下三次方程的唯一正根

$$t^3 - t(k^2 + l^2 + m^2) - 2klm = 0$$

ii. 这个三角形的面积 F 是

$$\min_{\alpha,\beta,\gamma \in (0, \frac{\pi}{2})} (k^2 \tan \alpha + l^2 \tan \beta + m^2 \tan \gamma)$$

其中 $\alpha + \beta + \gamma = \pi, \alpha, \beta, \gamma \in (0, \dfrac{\pi}{2})$.

证 i. 必要性.在锐角 $\triangle ABC$ 中,令 k,l,m 是从外心 O 分别到边 BC, CA, AB 的距离.令 R 是 $\triangle ABC$ 的外接圆半径.因 $OA=OB=OC=R, \angle BOC=2\angle A, \angle COA=2\angle B, \angle AOB=2\angle C$,故有

$$\frac{k}{R} = \cos A, \frac{l}{R} = \cos B, \frac{m}{R} = \cos C$$

利用恒等式 $\cos^2 \alpha + \cos^2 \beta + \cos^2 \gamma + 2\cos \alpha \cos \beta \cos \gamma = 1$,它对任何 $\alpha, \beta, \gamma > 0$ 与 $\alpha + \beta + \gamma = \pi$ 成立,我们得出

$$\frac{k^2}{R^2} + \frac{l^2}{R^2} + \frac{m^2}{R^2} + \frac{2klm}{R^3} = 1$$

或等价于
$$R^3 - R(k^2 + l^2 + m^2) - 2klm = 0 \qquad ①$$
注意 R 是三次方程 ① 的唯一正根
$$t^3 - t(k^2 + l^2 + m^2) - 2klm = 0$$
因为函数 $\varphi(t) = 1 - \dfrac{2klm}{t^3} - \dfrac{k^2 + l^2 + m^2}{t^2}$ 在区间 $(0, \infty)$ 上递增.

充分性. 令 k, l, m 是正实数, 考虑 3 次方程 ①. 注意, 当 $\lim\limits_{t \to \infty} \varphi(t) = 1$ 时
$$\varphi(\sqrt{k^2 + l^2 + m^2}) < 0$$
$\varphi(t)$ 在区间 $(0, \infty)$ 上递增. 因此方程 ① 在 $(\sqrt{k^2 + l^2 + m^2}, \infty)$ 中有唯一正实根, 用 R 表示. 因为
$$R^3 - R(k^2 + l^2 + m^2) - 2klm = 0$$
$$\Leftrightarrow \dfrac{k^2}{R^2} + \dfrac{l^2}{R^2} + \dfrac{m^2}{R^2} + \dfrac{2klm}{R^3} = 1$$
与 $\dfrac{k}{R}, \dfrac{l}{R}, \dfrac{m}{R} < 1$, 对于角
$$\alpha_1 = \cos^{-1}\left(\dfrac{k}{R}\right), \beta_2 = \cos^{-1}\left(\dfrac{l}{R}\right), \gamma_1 = \cos^{-1}\left(\dfrac{m}{R}\right)$$
所以有
$$\cos^2 \alpha_1 + \cos^2 \beta_1 + \cos^2 \gamma_1 + 2\cos \alpha_1 \cos \beta_1 \cos \gamma_1 = 1 \qquad ②$$
与 $\alpha_1, \beta_1, \gamma_1 \in \left(0, \dfrac{\pi}{2}\right)$, 由此得 $\alpha_1 + \beta_1 + \gamma_1 = \pi$. 实际上, 因为
$$\cos^2 \alpha_1 + \cos^2 \beta_1 + \cos^2 \gamma_1 + 2\cos \alpha_1 \cos \beta_1 \cos \gamma_1 - 1 =$$
$$\cos^2 \gamma_1 + \dfrac{\cos 2\alpha_1 + \cos 2\beta_1}{2} +$$
$$\cos \gamma_1 [\cos(\alpha_1 + \beta_1) + \cos(\alpha_1 - \beta_1)] =$$
$$\cos^2 \gamma_1 + \cos(\alpha_1 + \beta_1)\cos(\alpha_1 - \beta_1) +$$
$$\cos \gamma_1 \cos(\alpha_1 + \beta_1) + \cos \gamma_1 \cos(\alpha_1 - \beta_1) =$$
$$[\cos \gamma_1 + \cos(\alpha_1 + \beta_1)][\cos \gamma_1 + \cos(\alpha_1 - \beta_1)] =$$
$$4\cos \varphi \cos(\varphi - \alpha_1)\cos(\varphi - \beta_1)\cos(\varphi - \gamma_1)$$
其中 $\varphi = \dfrac{\alpha_1 + \beta_1 + \gamma_1}{2}, \varphi - \alpha_1, \varphi - \beta_1, \varphi - \gamma_1 \in \left(-\dfrac{\pi}{4}, \dfrac{\pi}{2}\right), \varphi \in \left(0, \dfrac{3\pi}{4}\right)$, 所以方程 ② 等价于
$$\cos \varphi \cos(\varphi - \alpha_1)\cos(\varphi - \beta_1)\cos(\varphi - \gamma_1) = 0$$
$$\Leftrightarrow \cos \varphi = 0 \Leftrightarrow \varphi = \dfrac{\pi}{2}$$

因此可以断定 R 与 $\alpha_1, \beta_1, \gamma_1$ 确定了具有以下边长与外接圆半径 R 的锐角 $\triangle ABC$

$$BC = 2R\sin\alpha_1 = 2\sqrt{R^2 - k^2}$$
$$CA = 2R\sin\beta_1 = 2\sqrt{R^2 - l^2}$$
$$AB = 2R\sin\gamma_1 = 2\sqrt{R^2 - m^2}$$

使

$$R\cos\alpha_1 = k$$
$$R\cos\beta_1 = l$$
$$R\cos\gamma_1 = m$$

分别为从外心到边 BC, CA, AB 的距离.

ii. 首先证明,对任何 $\alpha, \beta \in \left(0, \dfrac{\pi}{2}\right)$,以下不等式

$$k^2\tan\alpha + l^2\tan\beta \geqslant \frac{2kl}{\sin(\alpha+\beta)} - (k^2 + l^2)\cot(\alpha+\beta) \qquad ③$$

成立.

因 $\cos\alpha, \cos\beta, \sin(\alpha+\beta) > 0$,故

$$③ = k^2[\tan\alpha + \cot(\alpha+\beta)] + l^2[\tan\beta + \cot(\alpha+\beta)] \geqslant \frac{2kl}{\sin(\alpha+\beta)}$$

$$\Leftrightarrow \frac{k^2\cos\beta}{\cos\alpha\sin(\alpha+\beta)} + \frac{l^2\cos\alpha}{\cos\beta\sin(\alpha+\beta)} \geqslant \frac{2kl}{\sin(\alpha+\beta)}$$

$$\Leftrightarrow (k\cos\beta - l\cos\alpha)^2 \geqslant 0$$

当 $\dfrac{k}{\cos\alpha} = \dfrac{l}{\cos\beta}$ 时等式成立. 令 $\alpha, \beta, \gamma \in \left(0, \dfrac{\pi}{2}\right)$ 与 $\alpha + \beta + \gamma = \pi$,则由不等式 ③,得

$$k^2\tan\alpha + l^2\tan\beta + m^2\tan\gamma \geqslant \frac{2kl}{\sin(\alpha+\beta)} - (k^2 + l^2)\cot(\alpha+\beta) + m^2\tan\gamma = h(\gamma)$$

其中

$$h(\gamma) = \frac{2kl}{\sin\gamma} + (k^2 + l^2)\cot\gamma + m^2\tan\gamma$$

因

$$\cos\beta = -\cos(\alpha + \lambda)$$

故以上不等式中的等式可以写作

$$\frac{k}{\cos\alpha} = \frac{l}{\cos\beta} \Leftrightarrow k\cos\beta = l\cos\alpha$$

$$\Leftrightarrow k(-\cos\lambda\cos\alpha + \sin\gamma\sin\alpha) = l\cos\alpha$$

$$\Leftrightarrow -k\cos\gamma + k\tan\alpha\sin\gamma = l$$

$$\Leftrightarrow k\tan\alpha = \frac{l}{\sin\gamma} + k\cot\gamma$$

$$\Leftrightarrow k^2 \tan^2 \alpha = \frac{l^2 + k^2 + 2kl\cos\gamma}{\sin^2\gamma} - k^2$$

$$\Leftrightarrow \frac{k^2}{\cos^2\alpha} = \frac{l^2 + k^2 + 2kl\cos\gamma}{\sin^2\gamma}$$

因此等式情形是

$$\frac{k}{\cos\alpha} = \frac{l}{\cos\beta} = \frac{\sqrt{l^2 + k^2 + 2kl\cos\gamma}}{\sin\gamma}$$

现在我们将求 $h(\gamma)$ 在区间 $\left(0, \frac{\pi}{2}\right)$ 中的最小值. 我们有

$$h'(\gamma) = \frac{2kl\cos\gamma}{\sin^2\gamma} - \frac{k^2 + l^2}{\sin^2\gamma} + \frac{m^2}{\cos^2\gamma} =$$

$$\frac{\cos\gamma}{m\sin^2\gamma} \cdot p\left(\frac{m}{\cos\gamma}\right)$$

其中 $p(t) = t^3 - t(k^2 + l^2 + m^2) - 2klm$. 方程 $p(x) = 0$ 有唯一正根 $t = R$. 此外

$$p(t) < 0 \Leftrightarrow \varphi(t) < \varphi(R) = 0, t \in (0, R)$$

与

$$p(t) > 0 \Leftrightarrow \varphi(t) > \varphi(R) = 0, t \in (R, \infty)$$

因此 $h(r)$ 在 $r = r_1 = \cos^{-1}\left(\frac{m}{R}\right)$ 上达到的局部最小值也是全局最小值. 对 $k^2 \tan\alpha + l^2 \tan\beta + m^2 \tan\gamma, h(\gamma_1)$ 的下界可以在以下情形达到: 两个不等式 $k^2 \tan\alpha + l^2 \tan\beta + m^2 \tan\gamma \geqslant h(\gamma) \geqslant h(\gamma_1)$ 事实上是等式,即当且仅当

$$\begin{cases} \dfrac{k}{\cos\alpha} = \dfrac{l}{\cos\beta} = \dfrac{\sqrt{l^2 + k^2 + 2kl\cos\gamma}}{\sin\gamma} \\ \gamma = \gamma_1 \end{cases} \qquad ④$$

因为

$$l^2 + k^2 + 2kl\cos\gamma_1 = l^2 + k^2 + \frac{2klm}{R} = \frac{R(l^2 + k^2) + 2klm}{R} =$$

$$\frac{R^3 - Rm^2}{R} = R^2 - m^2 =$$

$$R^2 \sin^2\gamma_1$$

$$\frac{\sqrt{l^2 + k^2 + 2kl\cos\gamma_1}}{\sin\gamma_1} = R$$

所以

$$④ \Leftrightarrow \begin{cases} \dfrac{k}{\cos\alpha} = \dfrac{l}{\cos\beta} = R \\ \gamma = \gamma_1 \end{cases}$$

$$\Leftrightarrow \begin{cases} \cos \alpha = \dfrac{k}{R} \\ \cos \beta = \dfrac{l}{R} \\ \gamma = \gamma_1 \end{cases}$$

$$\Leftrightarrow \begin{cases} \cos \alpha = \cos \alpha_1 \\ \cos \beta = \cos \beta_1 \\ \gamma = \gamma_1 \end{cases}$$

$$\Leftrightarrow \alpha = \alpha_1, \beta = \beta_1, \gamma = \gamma_1$$

于是

$$\min\{k^2 \tan \alpha + l^2 \tan \beta + m^2 \tan \gamma : 0 < \alpha, \beta, \gamma < \frac{\pi}{2}, \alpha + \beta + \gamma = \pi\} =$$
$$k^2 \tan \alpha_1 + l^2 \tan \beta_1 + m^2 \tan \gamma_1$$

其中

$$\alpha_1 = \cos^{-1}\left(\frac{k}{R}\right)$$

$$\beta_1 = \cos^{-1}\left(\frac{l}{R}\right)$$

$$\gamma_1 = \cos^{-1}\left(\frac{m}{R}\right)$$

$$\Leftrightarrow \tan \alpha_1 = \frac{\sqrt{R^2 - k^2}}{k}$$

$$\tan \beta_1 = \frac{\sqrt{R^2 - l^2}}{l}$$

$$\tan \gamma_1 = \frac{\sqrt{R^2 - m^2}}{m}$$

R 是方程 $t^3 - t(k^2 + l^2 + m^2) - 2klm = 0$ 的唯一正根.

因为

$$k^2 \tan \alpha_1 + l^2 \tan \beta_1 + m^2 \tan \gamma_1 =$$
$$k\sqrt{R^2 - k^2} + l\sqrt{R^2 - l^2} + m\sqrt{R^2 - m^2} = F$$

其中 F 是锐角三角形的面积, 此三角形由外接圆半径 R 与从外心到各边的距离 k, l, m 确定

$$\min\{k^2 \tan \alpha + l^2 \tan \beta + m^2 \tan \gamma : 0 < \alpha, \beta, \gamma < \frac{\pi}{2}, \alpha + \beta + \gamma = \pi\} = F$$

评注 1 定理 1 第 ii 部分的结果可以用不等式表示为

$$k^2 \tan \alpha + l^2 \tan \beta + m^2 \tan \gamma \geqslant k\sqrt{R^2 - k^2} + l\sqrt{R^2 - l^2} + m\sqrt{R^2 - m^2} \qquad ⑤$$

其中 $0 < \alpha, \beta, \gamma < \frac{\pi}{2}, \alpha + \beta + \gamma = \pi$. 为使等式成立, 当且仅当

$$\tan \alpha = \frac{\sqrt{R^2 - k^2}}{k}$$

$$\tan \beta = \frac{\sqrt{R^2 - l^2}}{l}$$

$$\tan \gamma = \frac{\sqrt{R^2 - m^2}}{m}$$

若令 $u = \cot \alpha, v = \cot \beta, w = \cot \gamma$, 则式 ⑤ 变为

$$\frac{k^2}{u} + \frac{l^2}{v} + \frac{m^2}{w} \geqslant k\sqrt{R^2 - k^2} + l\sqrt{R^2 - l^2} + m\sqrt{R^2 - m^2} \qquad ⑥$$

其中 $u, v, w > 0, uv + vw + wu = 1$. 为使等式成立, 当且仅当

$$u = \frac{k}{\sqrt{R^2 - k^2}}$$

$$v = \frac{l}{\sqrt{R^2 - l^2}}$$

$$w = \frac{m}{\sqrt{R^2 - m^2}}$$

评注 2 令 $\Delta(x, y, z) = 2xy + 2yz + 2zx - x^2 - y^2 - z^2$. 引入 $a = 2\sqrt{R^2 - k^2}, b = 2\sqrt{R^2 - l^2}, c = 2\sqrt{R^2 - m^2}, 16F^2 = \Delta(a^2, b^2, c^2)$, 则

$$F^2 = 2\sum_{\text{cyc}} (R^2 - l^2)(R^2 - m^2) - \sum_{\text{cyc}} (R^2 - k^2)^2 = $$
$$R^2(k^2 + l^2 + m^2) + 6Rklm + \Delta(k^2, l^2, m^2)$$

与

$$F = k\sqrt{R^2 - k^2} + l\sqrt{R^2 - l^2} + m\sqrt{R^2 - m^2} = $$
$$\sqrt{R^2(k^2 + l^2 + m^2) + 6Rklm + \Delta(k^2, l^2, m^2)}$$

应用 1 我们将利用以上定理来解答问题 1. 注意, $\frac{p}{x} + \frac{q}{y} + \frac{r}{z}$ 的最小值不能在 (x, y, z) 上达到, 其中 x, y, z 使 $ayz + bzx + cxy < d$.

实际上, 若 $ayz + bzx + cxy < d$, 则对 $z_1 = \frac{d - cxy}{ay + bx}$, 有

$$\frac{p}{x} + \frac{q}{y} + \frac{r}{z_1} < \frac{p}{x} + \frac{q}{y} + \frac{r}{z}$$

因为 $z < z_1$, 所以

$$\min\left\{\frac{p}{x} + \frac{q}{y} + \frac{r}{z} \mid x, y, z > 0 \text{ 与 } ayz + bzx + cxy \leqslant d\right\} = $$

$$\min\left\{\frac{p}{x}+\frac{q}{y}+\frac{r}{z} \mid x,y,z>0 \text{ 与 } ayz+bzx+cxy=d\right\}$$

令

$$u=x\sqrt{\frac{bc}{ad}}, v=y\sqrt{\frac{ca}{bd}}$$

与

$$w=z\sqrt{\frac{ab}{cd}}$$

则

$$x=u\sqrt{\frac{ad}{bc}}$$

$$y=v\sqrt{\frac{bd}{ca}}$$

$$z=w\sqrt{\frac{cd}{ab}}$$

其中 u,v,w 是任意正实数,则

$$ayz+bzx+cxy=d \Leftrightarrow \frac{a}{d}yz+\frac{b}{d}zw+\frac{c}{d}xy=1$$

$$\Leftrightarrow uv+vw+wu=1$$

与

$$\frac{p}{x}+\frac{q}{y}+\frac{r}{z}=\frac{k^2}{u}+\frac{l^2}{v}+\frac{m^2}{w}$$

其中

$$k^2=p\sqrt{\frac{bc}{ad}}, l^2=q\sqrt{\frac{ca}{bd}}, m^2=r\sqrt{\frac{ab}{cd}}$$

因此得出问题 1 的以下等价表达式:求

$$\min\left\{\frac{k^2}{u}+\frac{l^2}{v}+\frac{m^2}{w} \mid u,v,w>0 \text{ 与 } uv+vw+wu=1\right\}$$

利用定理 1 的第 ⅱ 部分,得

$$\min\left\{\frac{k^2}{u}+\frac{l^2}{v}+\frac{m^2}{w} \mid u,v,w>0 \text{ 与 } uv+vw+wu=1\right\}=$$

$$\frac{k^2}{u_1}+\frac{l^2}{v_1}+\frac{m^2}{w_1}=k\sqrt{R^2-k^2}+l\sqrt{R^2-l^2}+m\sqrt{R^2-m^2}$$

其中 $u_1=\dfrac{k}{\sqrt{R^2-k^2}}, v_1=\dfrac{l}{\sqrt{R^2-l^2}}, w_1=\dfrac{m}{\sqrt{R^2-m^2}}$. 于是对初始问题,有

$$\min\left\{\frac{p}{x}+\frac{q}{y}+\frac{r}{z} : x,y,z>0 \text{ 与 } ayz+bzx+cxy\leqslant d\right\}=$$

$$\frac{p}{x_1}+\frac{q}{y_1}+\frac{r}{z_1}=k\sqrt{R^2-k^2}+l\sqrt{R^2-l^2}+m\sqrt{R^2-m^2}$$

其中

$$k^2=p\sqrt{\frac{bc}{ad}}$$

$$l^2=q\sqrt{\frac{ca}{bd}}$$

$$m^2=r\sqrt{\frac{ab}{cd}}$$

$$x_1=\frac{p}{k\sqrt{R^2-k^2}}$$

$$y_1=\frac{q}{k\sqrt{R^2-l^2}}$$

$$z_1=\frac{r}{m\sqrt{R^2-m^2}}$$

R 是三次方程 ① 的正根.

应用 2　由众所周知的对偶性垂心 ↔ 外心,定理 1 可以用另一种等价形式表示.

定理 2　令 k,l,m 是任意正实数,则

ⅰ. 有唯一的锐角三角形,使这些数是从它的垂心到它的顶点的距离,它的边长是

$$a=\sqrt{4R^2-k^2},b=\sqrt{4R^2-l^2},c=\sqrt{4R^2-m^2}$$

其中 R(外接圆半径) 是三次方程

$$4t^3-t(k^2+l^2+m^2)-klm=0$$

的唯一正根.

ⅱ. 以下等式成立

$$\min\left\{k^2\tan\alpha+l^2\tan\beta+m^2\tan\gamma:\alpha,\beta,\gamma\in\left(0\ \frac{\pi}{2}\right)\text{与}\alpha+\beta+\gamma=\pi\right\}=4F$$

其中 F 是这个三角形的面积.

证　k,l,m 是从 $\triangle ABC$ 的垂心 H 到它的顶点的距离,同时可以看作从 $\triangle A_1B_1C_1\cong 2\triangle ABC$ 的外心 $O_1=H$ 到它的顶点的距离. 因此,若 R_1 是 $t^3-t(k^2+l^2+m^2)-2klm=0$ 的唯一正根,与

$$\alpha_1=\cos^{-1}\left(\frac{k}{R_1}\right)$$

$$\beta_1=\cos^{-1}\left(\frac{l}{R_1}\right)$$

$$\gamma_1=\cos^{-1}\left(\frac{m}{R_1}\right)$$

则对 $R = \dfrac{R_1}{2}$,有

$$\alpha_1 = \cos^{-1}\left(\dfrac{k}{2R}\right)$$

$$\beta_1 = \cos^{-1}\left(\dfrac{l}{2R}\right)$$

$$\gamma_1 = \cos^{-1}\left(\dfrac{m}{2R}\right)$$

R 是方程

$$4t^3 - t(k^2 + l^2 + m^2) - klm = 0$$

的唯一正根. 令 $\triangle A_1B_1C_1$ 是以角 $\alpha_1, \beta_1, \gamma_1$ 与 R_1 为外接圆半径确定的锐角三角形,令 $a_1 = B_1C_1, b_1 = C_1A_1, c_1 = A_1B_1$,则按照定理 1,有

$$a_1 = 2\sqrt{R_1^2 - k^2}$$
$$b_1 = 2\sqrt{R_1^2 - l^2}$$
$$c_1 = 2\sqrt{R_1^2 - m^2}$$

与

$$\min\left\{k^2\tan\alpha + l^2\tan\beta + m^2\tan\gamma : 0 < \alpha, \beta, \gamma < \dfrac{\pi}{2}, \alpha + \beta + \gamma = \pi\right\} =$$

$S_{\triangle A_1B_1C_1} = 4F$

其中 F 是 $\triangle ABC$ 的面积,此三角形由角 $\alpha_1, \beta_1, \gamma_1$ 与 $R = \dfrac{R_1}{2}$ 确定,具有边 $a = \dfrac{a_1}{2} = \sqrt{4R^2 - k^2}, b = \dfrac{b_1}{2} = \sqrt{4R^2 - l^2}, c = \dfrac{c_1}{2} = \sqrt{4R^2 - m^2}$.

参考文献

[1] CRUX, Vol. 30, No1, February, 2004, p. 17.

(美国)A. Alt

3.20 形心与铺砌问题

解答铺砌问题最常用的方法是着色. 在本文中我们提出另一种方法,它是以利用形心(质心)及其性质为基础. 这种方法只发表在问题解答参考文献中,作者在平面几何学的 Prasolov 问题中知道这种方法(本文中的问题 6). 作者认为这是它的第 1 次系统介绍.

3.20.1 方法概述

这种方法以如下定理为基础:

定理1 令 O 是质点 $X_1,\cdots,X_n$ 的质心,这些质点分别具有质量 $m_1,\cdots,m_n$,则质心是唯一的,满足

$$m_1\overrightarrow{OX_1}+\cdots+m_n\overrightarrow{OX_n}=\mathbf{0} \quad ①$$

上述定理的特殊情形蕴涵,若 $m_1=m_2=\cdots=m_n$,则质心满足以下关系式

$$\overrightarrow{OX_1}+\overrightarrow{OX_2}+\cdots+\overrightarrow{OX_n}=\mathbf{0} \quad ②$$

为了解答铺砌问题,我们要利用以下方法:第1步求出已知瓷砖(或木板)与被铺砌图形的质心.第2步把瓷砖分(或木板)为较小正方形,使它们的质心在较小正方形的1个顶点上如图3.21到图3.23所示.在"改变比例"后,被铺砌图形以相同方式分成较小正方形(图3.20显示了从 10×10 正方形变为 20×20 正方形的变换).这样安排坐标系,使它的原点在图形的质心上,如图3.20所示.坐标系的单位长度是"小"正方形的边长.在做这些变换后,利用式②,问题变为数论问题.若图形的铺砌存在,则瓷砖(或木板)质点的横坐标与纵坐标之和等于0.

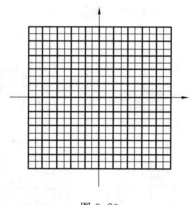

图 3.20

在以上叙述的方法中,公式 ② 是解答问题的主要工具.但是作为一般公式的关系式 ① 可以有更广泛的应用范围,鼓励读者寻找它在其他铺砌问题中的应用.

3.20.2 问题解答

问题1(Engel) 用 2×2 与 1×4 瓷砖覆盖矩形地面.1块瓷砖被打破了,有其他类型瓷砖可用.证明:地面不能用重排瓷砖来覆盖.

证 瓷砖形心位置如图 3.21 所示.

因直线型(1×4)四格拼板必须分为如图 3.21 所示的正方形,于是它的形心可以有

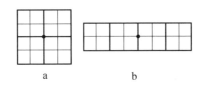

图 3.21

整数坐标,对正方形(2×2)四格拼板做相同的分割.最后对被铺砌的矩形做相同的分割.正如我们已经指出,已知坐标系中的横坐标与纵坐标之和必须为 0.注意,利用被铺砌矩形的原来正方形分割,它的尺寸可以是奇数×偶数或偶数×偶数.在第 1 种情形下,我们取奇数尺寸平行于横坐标.不难看出,在新坐标系中,原来平行型四格拼板形心横坐标是偶数,而对正方形四格拼板与横坐标平行四格拼板,它们是奇数.只有当奇数的个数是偶数时,奇数与偶数之和才可以是 0,因此正方形与横坐标平行四格拼板的个数是偶数.在涉及形心纵坐标时,相同理由蕴涵,横坐标平行四格拼板的个数是偶数,因为它们原来是奇数,因此正方形四格拼板的个数一定是偶数.但是,若把正方形四格拼板换为直线型四格拼板,则对偶性条件不满足,以致铺砌是不可能的.对第 2 种(偶数×偶数)情形,可以得出类似结论.

问题 2(Engel) 证明:10×10 棋盘不能用 25 个 T 型四格拼板覆盖.

证 木板形心位置如图 3.22 所示.

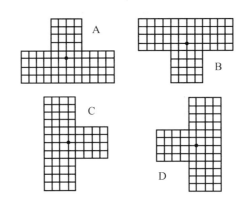

图 3.22

新的分割要求把 1 块木板分为 40×40 正方形.注意,对每个 T 型四格拼板,它的形心坐标有不同奇偶性.因 25 是奇数,故 A 与 B 木板或 C 与 D 木板的块数是奇数.因它们分别有奇数横坐标或纵坐标,故横坐标或纵坐标之和不为 0,矛盾,因此这样的覆盖不存在.

问题 3(Engel) 证明:10×10 木板不能用 25 个直线四格拼板覆盖.

证 我们的木板形心位置如图 3.21 所示.因纵坐标平行的木板的横坐标与横坐标平行的木板的纵坐标是奇数,故这样的木板的个数必须是偶数.注意,这蕴涵木板总数必须是偶数,因 25 是奇数,故我们断定这样的覆盖是不可能的.

问题 4(Engel) 证明:8×8 棋盘不能用 15 个 T 型四格拼板与 1 个正方形四格拼板覆盖.

证 利用图 3.21(a)与图 3.22,我们得出结论,正方形四格拼板不影响横坐标与纵坐标之和的奇偶性,于是四格拼板的坐标和必须是偶数.正如在问题 2 中已经证明了,对奇数个 T 型四格拼板,这些和之一恰是奇数,这种覆盖是不可能的.

问题 5(Engel) 考虑 $n\times n$ 棋盘,它的 4 个角落被除去.对 n 的什么值,你可以用 L 型四格拼板覆盖这个棋盘?

解 图 3.23(a)表示 L 型木板形心位置.注意,它的两个坐标是奇数,于是木板总数必须是偶数.参考木板具有 n^2-4 个原来的正方形,因已证明了木板总数是偶数,把正方形总数除以 4 得出偶数商,即 $8\mid n^2-4$.显然 n 是偶数,于是对 $n=2m$,有 $2\mid m^2-1$,于是 m 是奇数,即 $m=2k+1$,因此必要条件是 $n=4k+2$,图的构造表明这也是充分条件.

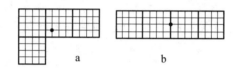

图 3.23

问题 6(Prasolov) 中心对称图形由 n 个 L 型四格拼板与大小为 1×4 的 k 个直线型四格拼板组成.证明:n 是偶数.

证 利用图 3.23(a)与 3.23(b),容易验证,L 型四格拼板的个数必须是偶数,因为 L 型四格拼板将蕴涵坐标和之一也是奇数,因此不为 0.

问题 7(Dobosevych) 考虑 $n\times n$ 木板用 T 型四格拼板覆盖.令 a,b,c,d 分别为 A,B,C,D 型四格拼板的个数.证明:$4\mid(a-b-c-d)$.

证 利用图 3.22,由以上各例子的结果帮助我们解答这个问题.首先证明 $4\mid n$.显然 n 是偶数,若设它是偶数,但是不可被 4 整除,则对 $n=4m+2$,需要 $a+b+c+d=\dfrac{(4m+2)^2}{4}=(2m+1)^2$ 个(奇数个)四格拼板.推广问题 2 中的分析,显然,$a+b$ 与 $c+d$ 必须都是偶数.因在这种情形下,$a+b+c+d$ 是奇数,故这种覆盖是不可能的.因此 $a+b+c+d$ 一定是偶数,即 $4\mid n$.

由此得出 $a+b+c+d=\dfrac{(4m)^2}{4}=4m^2$,于是 $4\mid(a+b+c+d)$.因 $a+b$ 与 $c+d$ 都是偶数,故它们的和可被 4 整除,我们断定,$4\mid(a+b-c-d)$,正是要求的结果.

3.20.3 反思

这些例题只是考虑这个方法在铺砌问题中许多可能应用的小部分.在上述问题中利

用的奇偶论证一般可以用其他整除性论证与 Diophantine 方程代替,把铺砌问题变换为数论问题. 我们还应该研究"加权板(砖)"的可能性,即给不同木板(砖)正方形以不同重量,把形心朝那移动. 当然这个方法可以有效地利用在更高维中.

参考文献

[1] V. V. Prasolov. *Problems in Plane Geometry*.
[2] A. Engel. *Problem Solving Strategies*. Springer 1998.
[3] Problem Column, Mathematical Reflections 2009, Issue 2.

(波斯尼亚 - 黑塞哥维纳) H. Šiljak

3.21 利用等价关系推广 Turan 定理

在本文中,我们证明等价关系的基本定理,利用它来证明广义 Turan 定理.

3.21.1 引言

考虑定义在非空集合 S 上的二元关系 $\sim$. 为使关系是等价关系,当且仅当 3 个条件被满足:

- 自反性:对所有 $x \in S, x \sim x$.
- 对称性:$x \sim y$ 蕴涵 $y \sim x$,其中,$x, y \in S$.
- 传递性:$x \sim y, y \sim z$ 蕴涵 $x \sim z$,其中 $x, y, z \in S$.

元素 $x \in S$ 的等价类是所有 $y \in S$ 的子集,使 y 与 x 相关. 我们将把这写作
$$[x] = \{y \in S \mid y \sim x\} = \{y \in S \mid x \sim y\}$$

以下定理证明了,对定义在 S 上的所有等价关系,有 S 的划分.

定理 1(等价关系的基本定理):

1. 已知非空集合 S 与定义在它上面的等价关系 $\sim$,可能有划分 $S = S_1 \cup S_2 \cup \cdots \cup S_m$,使相同 S_i 中任何两个元素是相关的,不同子集 S_i 中任何两个元素是不相关的.

2. 划分 $S = S_1 \cup S_2 \cup \cdots \cup S_m$ 在 S 上定义等价关系 $\sim$.

证 第 2 部分容易验证. 事实上只要考虑关系 $\sim$,使两个元素 $x, y \in S$ 是相关的 $(x \sim y)$,当且仅当它们属于相同的 S_i. 这个关系显然是自反的与对称的. 此外,由 $\sim$ 的定义:$x \sim y$ 与 $x \in S_j$ 蕴涵 $y \in S_j$. 为了证明传递性,考虑 $x, y, z \in S$,使 $x \sim y, y \sim z$,比方说 $x \in S_i$,则 $y \in S_i, z \in S_i$,再由 $\sim$ 的定义,有 $x \sim z$.

我们将利用对 $|S|$ 的数学归纳法证明第一部分. 基础情形 $|S| = 1$ 是平凡的. 为了证明归纳步骤,我们将对所有的 S,使 $|S| \leqslant n (n \geqslant 1)$,与对定义在 S 上的任一等价关系 $\sim$,

考虑上述定理的命题 1 成立.

现在对 S 上某等价关系 $\sim$ 证明这个结果,使 $|S|=n+1$. 取 S 的任一元素 a,考虑 $[a]=\{x\in S\mid x\sim a\}=\{x\in S\mid a\sim x\}$.

断言 1 任何两个元素 $b,c\in [a]$ 是相关的.

事实上,若 $a\in\{b,c\}$,则由 $[a]$ 的定义得 $b\sim c$. 若 $a\notin\{b,c\}$,则有 $b\sim a, a\sim c$,这蕴涵 $b\sim c$,因为 $\sim$ 是传递的.

断言 2 没有 $b,c\in S$ 使 $b\notin [a], c\in [a]$ 与 $c\sim b$.

由 $b\notin [a]$ 知 $a\sim b$ 不成立. 今设 $b,c\in S$ 使 $b\notin [a], c\in [a]$ 与 $c\sim b$,因此因 $\sim$ 的传递性 ($\Rightarrow\Leftarrow$),故 $a\sim c, c\sim b$ 蕴涵 $a\sim b$. 这些断言等价于

$$b,c\in [a]\Rightarrow [b]=[c]=[a]; b\notin [a], c\in [a]\Rightarrow [b]\cap [c]=\varnothing \quad ①$$

注意 $[a]\neq\varnothing (a\in [a])$ 蕴涵 $|S\setminus [a]|<|S|$. 因此可以把归纳假设应用于集合 $S\setminus [a]$ 与关系 $\sim$,断定有划分 $S\setminus [a]=S_1\cup S_2\cup\cdots\cup S_t$,使相同 S_i 中所有两个元素是相关的,在不同 S_i 中所有两个元素是不相关的. 这个结果与从 ① 得出的结果:$S=(S\setminus [a])\cup [a]=S_1\cup S_2\cdots\cup S_t\cup [a]$ 是一个划分,正是定理第一部分要求的.

3.21.2 广义 Turan 定理

定义 1 k 分图是这样的图,它的各个顶点可以划分为 k 个不相交集合,以致相同集合中没有两个顶点是相邻顶点.

定义 2 完全 k 分图是 k 分图,使不属于相同集合的所有各对顶点被边联结起来.

现在考虑具有 n 个顶点的图,这些顶点被分为 k 个集合,使任何两个集合的大小相差 0 或 1. 所得到的图称为 Turan 图 $T(n,k)$,以 $W(n,k,r)(2\leqslant r\leqslant k)$ 表示 Turan 图中的集合. 特别地,$W(n,k,2)=E(n,k)$ 是 Turan 图中的边集合.

定理 2(Turan 图定理) 令 $G=(V,E)$ 是具有任何 K_{k+1} 以外的 n 个顶点的图,则

$$|E|\leqslant |E(n,k)|$$

Turan 图是极图论中众所周知的结果,具有一些证明方法.

利用定理 1,有稍微更强的定理的证明.

定理 3 令 $G=(V,E)$ 是具有任何 K_{k+1} 以外的 n 个顶点的图,令 W 在 G 中,则

$$|W|\leqslant |W(n,k,r)|$$

证 对图 $G=(V,E)$,令 $W_r(G)$ 是 G 中 r 分图(K_r 的复制图. 对顶点 $v\in V$,令 $G-\{v\}$ 是由 G 删去 u 与 λ 射到 v 上的任何边得出的图,令 $N(v)$ 是 G 的子图,包含 v 的所有相邻顶点与联结它们的任何边. 因 G 中 K_r 的复制图包含 v 或不包含 v,故有 $W_r(G)=W_{r-1}(N(v))+W_r(G-\{v\})$.

回忆,若 $n=qk+r, 0\leqslant r<k$,则 Turan 图 $T(n,k)$ 有大小为 $q+1$ 的部分(具有 $n-q-1$ 次顶点)与大小为 q 的 $k-r$ 部分(具有 $n-q$ 次顶点). 因此顶点的最小次数是 $n-$

$\lceil\frac{n}{k}\rceil$,顶点的平均次数是 $\frac{2}{n}|E(n,k)| < n-\lceil\frac{n}{k}\rceil+1$. 若从 Turan 图 $T(n,k)$ 中删去最小次数的顶点 v,则得出 Turan 图 $T(n-1,k)$. $T(n,k)$ 中 v 的相邻顶点组成 Turan 图 $T(n-\lceil\frac{n}{k}\rceil,k-1)$ 的复制图. 因此以上结果说明

$$|w(n,k,r)|=|w(n-\lceil\frac{n}{k}\rceil,k-1,r-1)|+|w(n-1,k,r)|$$

我们对 n 用归纳法. 基础情形 $n=1$ 是平凡的. 设 G 是具有 K_{k+1} 以外的 n 个顶点的图. 由 Turan 图定理,G 的边数至多是 $|E(n,k)|$. 因此顶点的平均次数满足

$$\frac{1}{n}\sum_{v\in V}\deg(v)=\frac{2}{n}|E|\leqslant\frac{2}{n}|E(n,k)|<n-\lceil\frac{n}{k}\rceil+1$$

所以 G 的顶点次数至多是 $n-\lceil\frac{n}{k}\rceil$. 令 $v\in V$ 是具有最小次数 $\deg(v)=\delta\leqslant n-\lceil\frac{n}{k}\rceil$ 的顶点. 因 $G-\{v\}$ 与 $N(v)$ 二者顶点比 G 少,$N(v)$ 没有 K_k 顶点,归纳假设给出

$$|W|=w_r(G)=w_{r-1}(N(v))+w_r(G-\{v\})\leqslant$$
$$|W(\delta,k-1,r-1)|+|W(n-1,k,r)|\leqslant$$
$$|W(n-\lceil\frac{n}{k}\rceil,k-1,r-1)|+|W(n-1,k,r)|=$$
$$|W(n,k,r)|$$

完成了证明.

我们现在将利用定理 3 解答难题.

问题 在直径为 20 的 $\odot C$ 上有任意 63 个点. 令 S 是这样的三角形个数,使它们的顶点是 63 个点中的 3 个点,边长不小于 9. 求 s 的最大值.

2007 年中国代表队选拔考试问题 3

解 如图 3.24 所示,自然考虑这样的图,其中 63 个点是顶点,当两个顶点之间距离至少是 9 时,这 2 个点联结成一边. 若利用定理 3 证明了没有 8 分图,则可以断定 3 分图的最大个数是 $S=|w(63,7,3)|=\binom{7}{3}\cdot 9^3=25\,515$,对 Turan 图 $T(63,7)$ 达到 S 的最大值.

为了给出例子,称 O 是 $\odot C$ 的圆心. 作出以 O 为对称中心,边长为 $9+\frac{2}{3}$ 的正六边形. 考虑圆心在 7 个点上,半径为 $\frac{1}{3}$ 的各圆. 这个构形有性质:不同圆上任何两点之间的距离至少是 9. 因此没有 3 点在同一条直线上的 63 个点任何构形(每个圆上有 9 个点)达到 S 的最大值. 今设有 8 分图,称它为 H. 考虑 $\odot\Gamma$ 上长为 9 的弦,OB 上的点 C 使 $AC=AB$,有圆心 O 与半径为 OC 的 $\odot\Gamma_1$. 容易指出:$AB=2OB\cos\angle OBA$,$BC=2AB\cos\angle CBA=2AB\cos\angle OBA$. 于是

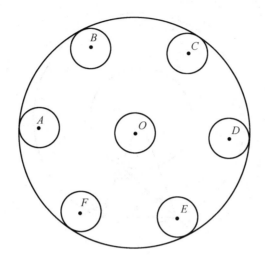

图 3.24

$$\cos\angle OBA = \frac{AB}{2OB} = \frac{BC}{2AB} \Rightarrow BC = \frac{AB^2}{OB} = \frac{9^2}{10} = \frac{81}{10} \qquad ②$$

$$OC = OB - BC = 10 - \frac{81}{10} = \frac{19}{10} \qquad ③$$

方程 ① 证明了,在 $\odot \varGamma$ 上不能有多于 1 个点,因为若有两个点,则它们之间的距离将不大于 $\odot \varGamma_1$ 的直径长,$\frac{19}{10} \cdot 2 < 9$. 矛盾.

设在属于 H 的 $\varGamma \backslash \varGamma_1$ 上有 7 个点,比方说 A 与 B 是它们的两个点. 定义 $\overrightarrow{OA} \cap \odot \varGamma_1 = A_1, \overrightarrow{OA} \cap \odot \varGamma = A_2$,类似地定义 B_1, B_2.

引理 $AB \leqslant A_2 B_2$.

证 如图 3.25 所示,称 A_3 与 B_3 分别为从点 A 到 $\overrightarrow{OB}$ 与从点 B 到 $\overrightarrow{OA}$ 的垂线足,则以下结果至少有 1 个结果成立:$A_3 \in OB, B_3 \in OA$. 不失一般性,设 $B_3 \in OA$,则 $BA \leqslant BA_2$. 情形 1:若从点 A_2 到 OB_2 的垂线足在 OB 上,则 $A_2 B \leqslant A_2 B_2$,这导致 $BA \leqslant A_2 B \leqslant A_2 B_2$. 情形 2:若从点 A_2 到 OB_2 的垂线足在 BB_2 上,则 $A_2 B \leqslant A_2 B_1$,于是 $BA \leqslant A_2 B \leqslant A_2 B_1$. 只要证明 $A_2 B_1 \leqslant A_2 B_2$ 即可. 由余弦定理,利用方程 ⑥,有

$$A_2 B_1^2 = A_2 B_2^2 + B_1 B_2^2 - 2 A_2 B_2 \cdot B_1 B_2 \cdot \cos\angle A_2 B_2 B_1 =$$
$$A_2 B_2^2 + B_1 B_2^2 - 2 A_2 B_2 \cdot B_1 B_2 \cdot \cos\angle A_2 B_2 O =$$
$$A_2 B_2^2 + B_1 B_2^2 - 2 A_2 B_2 \cdot B_1 B_2 \cdot \frac{A_2 B_2}{2 O B_2} =$$
$$A_2 B_2^2 + \left(\frac{81}{10}\right)^2 - 2 A_2 B_2 \cdot \frac{81}{10} \cdot \frac{A_2 B_2}{20} =$$
$$\frac{19}{100} \cdot A_2 B_2^2 + \frac{81^2}{100}$$

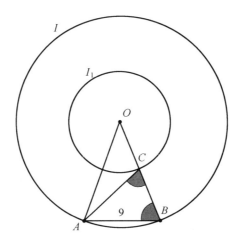

图 3.25

由 $A_2B_1 \geqslant AB \geqslant 9$ 与以上方程得 $A_2B_2 \geqslant 9$. 此外注意,利用上述方程,有关系式 $A_2B_1 \leqslant A_2B_2$ 或等价地 $A_2B_1^2 \leqslant A_2B_2^2$,因为

$$B_1B_2^2 \leqslant 2A_2B_2 \cdot B_1B_2 \cdot \frac{A_2B_2}{2OB_2}$$

或

$$B_1B_2 \cdot OB_2 \leqslant A_2B_2^2$$

但是这成立,因为 $A_2B_2 \geqslant 9, B_1B_2 = \frac{81}{10}, OB_2 = 10$.

为了完成解答问题,称 A, B, C, D, E, F, G 为 $\odot\Gamma\backslash\odot\Gamma_1$ 上 7 个点,定义 $A_1 = \overrightarrow{OA} \cap \odot\Gamma$,类似地定义点 $B_1, C_1, D_1, E_1, F_1, G_1$,使点 $A_1, B_1, C_1, D_1, E_1, F_1, G_1$ 有那样顺序. 因此有 $A_1B_1 \geqslant AB \geqslant 9$,类似地有其他 7 个关系式. 但是也有 $\overparen{AB}$ 的长大于线段 A_1B_1 的长,于是 $\overparen{A_1B_1} \geqslant A_1B_1 \geqslant 9$,求这 7 个不等式的和,得

$$63 \leqslant \overparen{A_1B_1} + \overparen{B_1C_1} + \overparen{C_1D_1} + \overparen{D_1E_1} + \overparen{E_1F_1} + \overparen{F_1G_1} + \overparen{G_1A_1} =$$
$$20\pi \approx 62.83(\Rightarrow\Leftarrow)$$

参考文献

[1] M. Aigner: *Turan's graph theorem*. Amer. Math. Monthly 102(1995), 808-816.

[2] http://mathworld.wolfram.com/

[3] http://www.mathlinks.ro/Forum/viewtopic.php?t=247842

(秘鲁)C. Cuenca

刘培杰数学工作室
已出版(即将出版)图书目录——初等数学

书 名	出版时间	定 价	编号
新编中学数学解题方法全书(高中版)上卷(第2版)	2018—08	58.00	951
新编中学数学解题方法全书(高中版)中卷(第2版)	2018—08	68.00	952
新编中学数学解题方法全书(高中版)下卷(一)(第2版)	2018—08	58.00	953
新编中学数学解题方法全书(高中版)下卷(二)(第2版)	2018—08	58.00	954
新编中学数学解题方法全书(高中版)下卷(三)(第2版)	2018—08	68.00	955
新编中学数学解题方法全书(初中版)上卷	2008—01	28.00	29
新编中学数学解题方法全书(初中版)中卷	2010—07	38.00	75
新编中学数学解题方法全书(高考复习卷)	2010—01	48.00	67
新编中学数学解题方法全书(高考真题卷)	2010—01	38.00	62
新编中学数学解题方法全书(高考精华卷)	2011—03	68.00	118
新编平面解析几何解题方法全书(专题讲座卷)	2010—01	18.00	61
新编中学数学解题方法全书(自主招生卷)	2013—08	88.00	261
数学奥林匹克与数学文化(第一辑)	2006—05	48.00	4
数学奥林匹克与数学文化(第二辑)(竞赛卷)	2008—01	48.00	19
数学奥林匹克与数学文化(第二辑)(文化卷)	2008—07	58.00	36′
数学奥林匹克与数学文化(第三辑)(竞赛卷)	2010—01	48.00	59
数学奥林匹克与数学文化(第四辑)(竞赛卷)	2011—08	58.00	87
数学奥林匹克与数学文化(第五辑)	2015—06	98.00	370
世界著名平面几何经典著作钩沉——几何作图专题卷(共3卷)	2022—01	198.00	1460
世界著名平面几何经典著作钩沉(民国平面几何老课本)	2011—03	38.00	113
世界著名平面几何经典著作钩沉(建国初期平面三角老课本)	2015—08	38.00	507
世界著名解析几何经典著作钩沉——平面解析几何卷	2014—01	38.00	264
世界著名数论经典著作钩沉(算术卷)	2012—01	28.00	125
世界著名数学经典著作钩沉——立体几何卷	2011—02	28.00	88
世界著名三角学经典著作钩沉(平面三角卷Ⅰ)	2010—06	28.00	69
世界著名三角学经典著作钩沉(平面三角卷Ⅱ)	2011—01	38.00	78
世界著名初等数论经典著作钩沉(理论和实用算术卷)	2011—07	38.00	126
世界著名几何经典著作钩沉(解析几何卷)	2022—10	68.00	1564
发展你的空间想象力(第3版)	2021—01	98.00	1464
空间想象力进阶	2019—05	68.00	1062
走向国际数学奥林匹克的平面几何试题诠释.第1卷	2019—07	88.00	1043
走向国际数学奥林匹克的平面几何试题诠释.第2卷	2019—09	78.00	1044
走向国际数学奥林匹克的平面几何试题诠释.第3卷	2019—03	78.00	1045
走向国际数学奥林匹克的平面几何试题诠释.第4卷	2019—09	98.00	1046
平面几何证明方法全书	2007—08	35.00	1
平面几何证明方法全书习题解答(第2版)	2006—12	18.00	10
平面几何天天练上卷·基础篇(直线型)	2013—01	58.00	208
平面几何天天练中卷·基础篇(涉及圆)	2013—01	28.00	234
平面几何天天练下卷·提高篇	2013—01	58.00	237
平面几何专题研究	2013—07	98.00	258
平面几何解题之道.第1卷	2022—05	38.00	1494
几何学习题集	2020—10	48.00	1217
通过解题学习代数几何	2021—04	88.00	1301
圆锥曲线的奥秘	2022—06	88.00	1541

刘培杰数学工作室
已出版(即将出版)图书目录——初等数学

书　名	出版时间	定　价	编号
最新世界各国数学奥林匹克中的平面几何试题	2007—09	38.00	14
数学竞赛平面几何典型题及新颖解	2010—07	48.00	74
初等数学复习及研究(平面几何)	2008—09	68.00	38
初等数学复习及研究(立体几何)	2010—06	38.00	71
初等数学复习及研究(平面几何)习题解答	2009—01	58.00	42
几何学教程(平面几何卷)	2011—03	68.00	90
几何学教程(立体几何卷)	2011—07	68.00	130
几何变换与几何证题	2010—06	88.00	70
计算方法与几何证题	2011—06	28.00	129
立体几何技巧与方法(第2版)	2022—10	168.00	1572
几何瑰宝——平面几何500名题暨1500条定理(上、下)	2021—07	168.00	1358
三角形的解法与应用	2012—07	18.00	183
近代的三角形几何学	2012—07	48.00	184
一般折线几何学	2015—08	48.00	503
三角形的五心	2009—06	28.00	51
三角形的六心及其应用	2015—10	68.00	542
三角形趣谈	2012—08	28.00	212
解三角形	2014—01	28.00	265
探秘三角形:一次数学旅行	2021—10	68.00	1387
三角学专门教程	2014—09	28.00	387
图天下几何新题试卷.初中(第2版)	2017—11	58.00	855
圆锥曲线习题集(上册)	2013—06	68.00	255
圆锥曲线习题集(中册)	2015—01	78.00	434
圆锥曲线习题集(下册·第1卷)	2016—10	78.00	683
圆锥曲线习题集(下册·第2卷)	2018—01	98.00	853
圆锥曲线习题集(下册·第3卷)	2019—10	128.00	1113
圆锥曲线的思想方法	2021—08	48.00	1379
圆锥曲线的八个主要问题	2021—10	48.00	1415
论九点圆	2015—05	88.00	645
近代欧氏几何学	2012—03	48.00	162
罗巴切夫斯基几何学及几何基础概要	2012—07	28.00	188
罗巴切夫斯基几何学初步	2015—06	28.00	474
用三角、解析几何、复数、向量计算解数学竞赛几何题	2015—03	48.00	455
用解析法研究圆锥曲线的几何理论	2022—05	48.00	1495
美国中学几何教程	2015—04	88.00	458
三线坐标与三角形特征点	2015—04	98.00	460
坐标几何学基础.第1卷,笛卡儿坐标	2021—08	48.00	1398
坐标几何学基础.第2卷,三线坐标	2021—09	28.00	1399
平面解析几何方法与研究(第1卷)	2015—05	18.00	471
平面解析几何方法与研究(第2卷)	2015—06	18.00	472
平面解析几何方法与研究(第3卷)	2015—07	18.00	473
解析几何研究	2015—01	38.00	425
解析几何学教程.上	2016—01	38.00	574
解析几何学教程.下	2016—01	38.00	575
几何学基础	2016—01	58.00	581
初等几何研究	2015—02	58.00	444
十九和二十世纪欧氏几何学中的片段	2017—01	58.00	696
平面几何中考.高考.奥数一本通	2017—07	28.00	820
几何学简史	2017—08	28.00	833
四面体	2018—01	48.00	880
平面几何证明方法思路	2018—12	68.00	913
折纸中的几何练习	2022—09	48.00	1559
中学新几何学(英文)	2022—10	98.00	1562

刘培杰数学工作室
已出版(即将出版)图书目录——初等数学

书　名	出版时间	定　价	编号
平面几何图形特性新析.上篇	2019—01	68.00	911
平面几何图形特性新析.下篇	2018—06	88.00	912
平面几何范例多解探究.上篇	2018—04	48.00	910
平面几何范例多解探究.下篇	2018—12	68.00	914
从分析解题过程学解题:竞赛中的几何问题研究	2018—07	68.00	946
从分析解题过程学解题:竞赛中的向量几何与不等式研究(全2册)	2019—06	138.00	1090
从分析解题过程学解题:竞赛中的不等式问题	2021—01	48.00	1249
二维、三维欧氏几何的对偶原理	2018—12	38.00	990
星形大观及闭折线论	2019—03	68.00	1020
立体几何的问题和方法	2019—11	58.00	1127
三角代换论	2021—05	58.00	1313
俄罗斯平面几何问题集	2009—08	88.00	55
俄罗斯立体几何问题集	2014—03	58.00	283
俄罗斯几何大师——沙雷金论数学及其他	2014—01	48.00	271
来自俄罗斯的5000道几何习题及解答	2011—03	58.00	89
俄罗斯初等数学问题集	2012—05	38.00	177
俄罗斯函数问题集	2011—03	38.00	103
俄罗斯组合分析问题集	2011—01	48.00	79
俄罗斯初等数学万题选——三角卷	2012—11	38.00	222
俄罗斯初等数学万题选——代数卷	2013—08	68.00	225
俄罗斯初等数学万题选——几何卷	2014—01	68.00	226
俄罗斯《量子》杂志数学征解问题100题选	2018—08	48.00	969
俄罗斯《量子》杂志数学征解问题又100题选	2018—08	48.00	970
俄罗斯《量子》杂志数学征解问题	2020—05	48.00	1138
463个俄罗斯几何老问题	2012—01	28.00	152
《量子》数学短文精粹	2018—09	38.00	972
用三角、解析几何等计算解来自俄罗斯的几何题	2019—11	88.00	1119
基谢廖夫平面几何	2022—01	48.00	1461
数学:代数、数学分析和几何(10—11年级)	2021—01	48.00	1250
立体几何.10—11年级	2022—01	58.00	1472
直观几何学:5—6年级	2022—04	58.00	1508
平面几何:9—11年级	2022—10	48.00	1571

书　名	出版时间	定　价	编号
谈谈素数	2011—03	18.00	91
平方和	2011—03	18.00	92
整数论	2011—05	38.00	120
从整数谈起	2015—10	28.00	538
数与多项式	2016—01	38.00	558
谈谈不定方程	2011—05	28.00	119
质数漫谈	2022—07	68.00	1529

书　名	出版时间	定　价	编号
解析不等式新论	2009—06	68.00	48
建立不等式的方法	2011—03	98.00	104
数学奥林匹克不等式研究(第2版)	2020—07	68.00	1181
不等式研究(第二辑)	2012—02	68.00	153
不等式的秘密(第一卷)(第2版)	2014—02	38.00	286
不等式的秘密(第二卷)	2014—01	38.00	268
初等不等式的证明方法	2010—06	38.00	123
初等不等式的证明方法(第二版)	2014—11	38.00	407
不等式·理论·方法(基础卷)	2015—07	38.00	496
不等式·理论·方法(经典不等式卷)	2015—07	38.00	497
不等式·理论·方法(特殊类型不等式卷)	2015—07	48.00	498
不等式探究	2016—03	38.00	582
不等式探秘	2017—01	88.00	689
四面体不等式	2017—01	68.00	715
数学奥林匹克中常见重要不等式	2017—09	38.00	845

刘培杰数学工作室
已出版(即将出版)图书目录——初等数学

书　名	出版时间	定　价	编号
三正弦不等式	2018—09	98.00	974
函数方程与不等式:解法与稳定性结果	2019—04	68.00	1058
数学不等式.第1卷,对称多项式不等式	2022—05	78.00	1455
数学不等式.第2卷,对称有理不等式与对称无理不等式	2022—05	88.00	1456
数学不等式.第3卷,循环不等式与非循环不等式	2022—05	88.00	1457
数学不等式.第4卷,Jensen不等式的扩展与加细	2022—05	88.00	1458
数学不等式.第5卷,创建不等式与解不等式的其他方法	2022—05	88.00	1459
同余理论	2012—05	38.00	163
[x]与{x}	2015—04	48.00	476
极值与最值.上卷	2015—06	28.00	486
极值与最值.中卷	2015—06	38.00	487
极值与最值.下卷	2015—06	28.00	488
整数的性质	2012—11	38.00	192
完全平方数及其应用	2015—08	78.00	506
多项式理论	2015—10	88.00	541
奇数、偶数、奇偶分析法	2018—01	98.00	876
不定方程及其应用.上	2018—12	58.00	992
不定方程及其应用.中	2019—01	78.00	993
不定方程及其应用.下	2019—02	98.00	994
Nesbitt不等式加强式的研究	2022—06	128.00	1527
最值定理与分析不等式	2023—02	78.00	1567
历届美国中学生数学竞赛试题及解答(第一卷)1950—1954	2014—07	18.00	277
历届美国中学生数学竞赛试题及解答(第二卷)1955—1959	2014—04	18.00	278
历届美国中学生数学竞赛试题及解答(第三卷)1960—1964	2014—06	18.00	279
历届美国中学生数学竞赛试题及解答(第四卷)1965—1969	2014—04	28.00	280
历届美国中学生数学竞赛试题及解答(第五卷)1970—1972	2014—06	18.00	281
历届美国中学生数学竞赛试题及解答(第六卷)1973—1980	2017—07	18.00	768
历届美国中学生数学竞赛试题及解答(第七卷)1981—1986	2015—01	18.00	424
历届美国中学生数学竞赛试题及解答(第八卷)1987—1990	2017—05	18.00	769
历届中国数学奥林匹克试题集(第3版)	2021—10	58.00	1440
历届加拿大数学奥林匹克试题集	2012—08	38.00	215
历届美国数学奥林匹克试题集:1972~2019	2020—04	88.00	1135
历届波兰数学竞赛试题集.第1卷,1949~1963	2015—03	18.00	453
历届波兰数学竞赛试题集.第2卷,1964~1976	2015—03	18.00	454
历届巴尔干数学奥林匹克试题集	2015—05	38.00	466
保加利亚数学奥林匹克	2014—10	38.00	393
圣彼得堡数学奥林匹克试题集	2015—01	38.00	429
匈牙利奥林匹克数学竞赛题解.第1卷	2016—05	28.00	593
匈牙利奥林匹克数学竞赛题解.第2卷	2016—05	28.00	594
历届美国数学邀请赛试题集(第2版)	2017—10	78.00	851
普林斯顿大学数学竞赛	2016—06	38.00	669
亚太地区数学奥林匹克竞赛题	2015—07	18.00	492
日本历届(初级)广中杯数学竞赛试题及解答.第1卷(2000~2007)	2016—05	28.00	641
日本历届(初级)广中杯数学竞赛试题及解答.第2卷(2008~2015)	2016—05	38.00	642
越南数学奥林匹克题选:1962—2009	2021—07	48.00	1370
360个数学竞赛问题	2016—08	58.00	677
奥数最佳实战题.上卷	2017—06	38.00	760
奥数最佳实战题.下卷	2017—05	58.00	761
哈尔滨市早期中学数学竞赛试题汇编	2016—07	28.00	672
全国高中数学联赛试题及解答:1981—2019(第4版)	2020—07	138.00	1176
2022年全国高中数学联合竞赛模拟题集	2022—06	30.00	1521
20世纪50年代全国部分城市数学竞赛试题汇编	2017—07	28.00	797

刘培杰数学工作室
已出版(即将出版)图书目录——初等数学

书　名	出版时间	定　价	编号
国内外数学竞赛题及精解:2018~2019	2020—08	45.00	1192
国内外数学竞赛题及精解:2019~2020	2021—11	58.00	1439
许康华竞赛优学精选集.第一辑	2018—08	68.00	949
天问叶班数学问题征解100题.Ⅰ,2016—2018	2019—05	88.00	1075
天问叶班数学问题征解100题.Ⅱ,2017—2019	2020—07	98.00	1177
美国初中数学竞赛:AMC8准备(共6卷)	2019—07	138.00	1089
美国高中数学竞赛:AMC10准备(共6卷)	2019—08	158.00	1105
王连笑教你怎样学数学:高考选择题解题策略与客观题实用训练	2014—01	48.00	262
王连笑教你怎样学数学:高考数学高层次讲座	2015—02	48.00	432
高考数学的理论与实践	2009—08	38.00	53
高考数学核心题型解题方法与技巧	2010—01	28.00	86
高考思维新平台	2014—03	38.00	259
高考数学压轴题解题诀窍(上)(第2版)	2018—01	58.00	874
高考数学压轴题解题诀窍(下)(第2版)	2018—01	48.00	875
北京市五区文科数学三年高考模拟题详解:2013~2015	2015—08	48.00	500
北京市五区理科数学三年高考模拟题详解:2013~2015	2015—09	68.00	505
向量法巧解数学高考题	2009—08	28.00	54
高中数学课堂教学的实践与反思	2021—11	48.00	791
数学高考参考	2016—01	78.00	589
新课程标准高考数学解答题各种题型解法指导	2020—08	78.00	1196
全国及各省市高考数学试题审题要津与解法研究	2015—02	48.00	450
高中数学章节起始课的教学研究与案例设计	2019—05	28.00	1064
新课标高考数学——五年试题分章详解(2007~2011)(上、下)	2011—10	78.00	140,141
全国中考数学压轴题审题要津与解法研究	2013—04	78.00	248
新编全国及各省市中考数学压轴题审题要津与解法研究	2014—05	58.00	342
全国及各省市5年中考数学压轴题审题要津与解法研究(2015版)	2015—04	58.00	462
中考数学专题总复习	2007—04	28.00	6
中考数学较难题常考题型解题方法与技巧	2016—09	48.00	681
中考数学难题常考题型解题方法与技巧	2016—09	48.00	682
中考数学中档题常考题型解题方法与技巧	2017—08	68.00	835
中考数学选择填空压轴好题妙解365	2017—05	38.00	759
中考数学:三类重点考题的解法例析与习题	2020—04	48.00	1140
中小学数学的历史文化	2019—11	48.00	1124
初中平面几何百题多思创新解	2020—01	58.00	1125
初中数学中考备考	2020—01	58.00	1126
高考数学之九章演义	2019—08	68.00	1044
高考数学之难题谈笑间	2022—06	68.00	1519
化学可以这样学:高中化学知识方法智慧感悟疑难辨析	2019—07	58.00	1103
如何成为学习高手	2019—09	58.00	1107
高考数学:经典真题分类解析	2020—04	78.00	1134
高考数学解答题破解策略	2020—11	58.00	1221
从分析解题过程学解题:高考压轴题与竞赛题之关系探究	2020—08	88.00	1179
教学新思考:单元整体视角下的初中数学教学设计	2021—03	58.00	1278
思维再拓展:2020年经典几何题的多解探究与思考	即将出版		1279
中考数学小压轴汇编初讲	2017—07	48.00	788
中考数学大压轴专题微言	2017—09	48.00	846
怎么解中考平面几何探索题	2019—06	48.00	1093
北京中考数学压轴题解题方法突破(第8版)	2022—11	78.00	1577
助你高考成功的数学解题智慧:知识是智慧的基础	2016—01	58.00	596
助你高考成功的数学解题智慧:错误是智慧的试金石	2016—04	58.00	643
助你高考成功的数学解题智慧:方法是智慧的推手	2016—04	68.00	657
高考数学奇思妙解	2016—04	38.00	610
高考数学解题策略	2016—05	48.00	670
数学解题泄天机(第2版)	2017—10	48.00	850

刘培杰数学工作室
已出版(即将出版)图书目录——初等数学

书　　名	出版时间	定　价	编号
高考物理压轴题全解	2017—04	58.00	746
高中物理经典问题25讲	2017—05	28.00	764
高中物理教学讲义	2018—01	48.00	871
高中物理教学讲义:全模块	2022—03	98.00	1492
高中物理答疑解惑65篇	2021—11	48.00	1462
中学物理基础问题解析	2020—08	48.00	1183
2016年高考文科数学真题研究	2017—04	58.00	754
2016年高考理科数学真题研究	2017—04	78.00	755
2017年高考理科数学真题研究	2018—01	58.00	867
2017年高考文科数学真题研究	2018—01	48.00	868
初中数学、高中数学脱节知识补缺教材	2017—06	48.00	766
高考数学小题抢分必练	2017—10	48.00	834
高考数学核心素养解读	2017—09	38.00	839
高考数学客观题解题方法和技巧	2017—10	38.00	847
十年高考数学精品试题审题要津与解法研究	2021—10	98.00	1427
中国历届高考数学试题及解答.1949—1979	2018—01	38.00	877
历届中国高考数学试题及解答.第二卷,1980—1989	2018—10	28.00	975
历届中国高考数学试题及解答.第三卷,1990—1999	2018—10	48.00	976
数学文化与高考研究	2018—03	48.00	882
跟我学解高中数学题	2018—07	58.00	926
中学数学研究的方法及案例	2018—05	58.00	869
高考数学抢分技能	2018—07	68.00	934
高一新生常用数学方法和重要数学思想提升教材	2018—06	38.00	921
2018年高考数学真题研究	2019—01	68.00	1000
2019年高考数学真题研究	2020—05	88.00	1137
高考数学全国卷六道解答题常考题型解题诀窍:理科(全2册)	2019—07	78.00	1101
高考数学全国卷16道选择、填空题常考题型解题诀窍.理科	2018—09	88.00	971
高考数学全国卷16道选择、填空题常考题型解题诀窍.文科	2020—01	88.00	1123
高中数学一题多解	2019—06	58.00	1087
历届中国高考数学试题及解答:1917—1999	2021—08	98.00	1371
2000～2003年全国及各省市高考数学试题及解答	2022—05	88.00	1499
2004年全国及各省市高考数学试题及解答	2022—07	78.00	1500
突破高原:高中数学解题思维探究	2021—08	48.00	1375
高考数学中的"取值范围"	2021—10	48.00	1429
新课程标准高中数学各种题型解法大全.必修一分册	2021—06	58.00	1315
新课程标准高中数学各种题型解法大全.必修二分册	2022—01	68.00	1471
高中数学各种题型解法大全.选择性必修一分册	2022—06	68.00	1525
新编640个世界著名数学智力趣题	2014—01	88.00	242
500个最新世界著名数学智力趣题	2008—06	48.00	3
400个最新世界著名数学最值问题	2008—09	48.00	36
500个世界著名数学征解问题	2009—06	48.00	52
400个中国最佳初等数学征解老问题	2010—01	48.00	60
500个俄罗斯数学经典老题	2011—01	28.00	81
1000个国外中学物理好题	2012—04	48.00	174
300个日本高考数学题	2012—05	38.00	142
700个早期日本高考数学试题	2017—02	88.00	752
500个前苏联早期高考数学试题及解答	2012—05	28.00	185
546个早期俄罗斯大学生数学竞赛题	2014—03	38.00	285
548个来自美苏的数学好问题	2014—11	28.00	396
20所苏联著名大学早期入学试题	2015—02	18.00	452
161道德国工科大学生必做的微分方程习题	2015—05	28.00	469
500个德国工科大学生必做的高数习题	2015—06	28.00	478
360个数学竞赛问题	2016—08	58.00	677
200个趣味数学故事	2018—02	48.00	857
470个数学奥林匹克中的最值问题	2018—10	88.00	985
德国讲义日本考题.微积分卷	2015—04	48.00	456
德国讲义日本考题.微分方程卷	2015—04	38.00	457
二十世纪中叶中、英、美、日、法、俄高考数学试题精选	2017—06	38.00	783

刘培杰数学工作室
已出版(即将出版)图书目录——初等数学

书 名	出版时间	定 价	编号
中国初等数学研究 2009卷(第1辑)	2009—05	20.00	45
中国初等数学研究 2010卷(第2辑)	2010—05	30.00	68
中国初等数学研究 2011卷(第3辑)	2011—07	60.00	127
中国初等数学研究 2012卷(第4辑)	2012—07	48.00	190
中国初等数学研究 2014卷(第5辑)	2014—02	48.00	288
中国初等数学研究 2015卷(第6辑)	2015—06	68.00	493
中国初等数学研究 2016卷(第7辑)	2016—04	68.00	609
中国初等数学研究 2017卷(第8辑)	2017—01	98.00	712
初等数学研究在中国.第1辑	2019—03	158.00	1024
初等数学研究在中国.第2辑	2019—10	158.00	1116
初等数学研究在中国.第3辑	2021—05	158.00	1306
初等数学研究在中国.第4辑	2022—06	158.00	1520
几何变换(Ⅰ)	2014—07	28.00	353
几何变换(Ⅱ)	2015—06	28.00	354
几何变换(Ⅲ)	2015—01	38.00	355
几何变换(Ⅳ)	2015—12	38.00	356
初等数论难题集(第一卷)	2009—05	68.00	44
初等数论难题集(第二卷)(上、下)	2011—02	128.00	82,83
数论概貌	2011—03	18.00	93
代数数论(第二版)	2013—08	58.00	94
代数多项式	2014—06	38.00	289
初等数论的知识与问题	2011—02	28.00	95
超越数论基础	2011—03	28.00	96
数论初等教程	2011—03	28.00	97
数论基础	2011—03	18.00	98
数论基础与维诺格拉多夫	2014—03	18.00	292
解析数论基础	2012—08	28.00	216
解析数论基础(第二版)	2014—01	48.00	287
解析数论问题集(第二版)(原版引进)	2014—05	88.00	343
解析数论问题集(第二版)(中译本)	2016—04	88.00	607
解析数论基础(潘承洞,潘承彪著)	2016—07	98.00	673
解析数论导引	2016—07	58.00	674
数论入门	2011—03	38.00	99
代数数论入门	2015—03	38.00	448
数论开篇	2012—07	28.00	194
解析数论引论	2011—03	48.00	100
Barban Davenport Halberstam均值和	2009—01	40.00	33
基础数论	2011—03	28.00	101
初等数论100例	2011—05	18.00	122
初等数论经典例题	2012—07	18.00	204
最新世界各国数学奥林匹克中的初等数论试题(上、下)	2012—01	138.00	144,145
初等数论(Ⅰ)	2012—01	18.00	156
初等数论(Ⅱ)	2012—01	18.00	157
初等数论(Ⅲ)	2012—01	28.00	158

刘培杰数学工作室
已出版(即将出版)图书目录——初等数学

书　名	出版时间	定　价	编号
平面几何与数论中未解决的新老问题	2013—01	68.00	229
代数数论简史	2014—11	28.00	408
代数数论	2015—09	88.00	532
代数、数论及分析习题集	2016—11	98.00	695
数论导引提要及习题解答	2016—01	48.00	559
素数定理的初等证明.第2版	2016—09	48.00	686
数论中的模函数与狄利克雷级数(第二版)	2017—11	78.00	837
数论:数学导引	2018—01	68.00	849
范氏大代数	2019—02	98.00	1016
解析数学讲义.第一卷,导来式及微分、积分、级数	2019—04	88.00	1021
解析数学讲义.第二卷,关于几何的应用	2019—04	68.00	1022
解析数学讲义.第三卷,解析函数论	2019—04	78.00	1023
分析・组合・数论纵横谈	2019—04	58.00	1039
Hall 代数:民国时期的中学数学课本:英文	2019—08	88.00	1106
基谢廖夫初等代数	2022—07	38.00	1531
数学精神巡礼	2019—01	58.00	731
数学眼光透视(第2版)	2017—06	78.00	732
数学思想领悟(第2版)	2018—01	68.00	733
数学方法溯源(第2版)	2018—08	68.00	734
数学解题引论	2017—05	58.00	735
数学史话览胜(第2版)	2017—01	48.00	736
数学应用展观(第2版)	2017—08	68.00	737
数学建模尝试	2018—04	48.00	738
数学竞赛采风	2018—01	68.00	739
数学测评探营	2019—05	58.00	740
数学技能操握	2018—03	48.00	741
数学欣赏拾趣	2018—02	48.00	742
从毕达哥拉斯到怀尔斯	2007—10	48.00	9
从迪利克雷到维斯卡尔迪	2008—01	48.00	21
从哥德巴赫到陈景润	2008—05	98.00	35
从庞加莱到佩雷尔曼	2011—08	138.00	136
博弈论精粹	2008—03	58.00	30
博弈论精粹.第二版(精装)	2015—01	88.00	461
数学 我爱你	2008—01	28.00	20
精神的圣徒　别样的人生——60位中国数学家成长的历程	2008—09	48.00	39
数学史概论	2009—06	78.00	50
数学史概论(精装)	2013—03	158.00	272
数学史选讲	2016—01	48.00	544
斐波那契数列	2010—02	28.00	65
数学拼盘和斐波那契魔方	2010—07	38.00	72
斐波那契数列欣赏(第2版)	2018—08	58.00	948
Fibonacci 数列中的明珠	2018—06	58.00	928
数学的创造	2011—02	48.00	85
数学美与创造力	2016—01	48.00	595
数海拾贝	2016—01	48.00	590
数学中的美(第2版)	2019—04	68.00	1057
数论中的美学	2014—12	38.00	351

— 8 —

刘培杰数学工作室
已出版(即将出版)图书目录——初等数学

书 名	出版时间	定 价	编号
数学王者　科学巨人——高斯	2015—01	28.00	428
振兴祖国数学的圆梦之旅:中国初等数学研究史话	2015—06	98.00	490
二十世纪中国数学史料研究	2015—10	48.00	536
数字谜、数阵图与棋盘覆盖	2016—01	58.00	298
时间的形状	2016—01	38.00	556
数学发现的艺术:数学探索中的合情推理	2016—07	58.00	671
活跃在数学中的参数	2016—07	48.00	675
数海趣史	2021—05	98.00	1314
数学解题——靠数学思想给力(上)	2011—07	38.00	131
数学解题——靠数学思想给力(中)	2011—07	48.00	132
数学解题——靠数学思想给力(下)	2011—07	38.00	133
我怎样解题	2013—01	48.00	227
数学解题中的物理方法	2011—06	28.00	114
数学解题的特殊方法	2011—06	48.00	115
中学数学计算技巧(第2版)	2020—10	48.00	1220
中学数学证明方法	2012—01	58.00	117
数学趣题巧解	2012—03	28.00	128
高中数学教学通鉴	2015—05	58.00	479
和高中生漫谈:数学与哲学的故事	2014—08	28.00	369
算术问题集	2017—03	38.00	789
张教授讲数学	2018—07	38.00	933
陈永明实话实说数学教学	2020—04	68.00	1132
中学数学学科知识与教学能力	2020—06	58.00	1155
怎样把课讲好:大罕数学教学随笔	2022—03	58.00	1484
中国高考评价体系下高考数学探秘	2022—03	48.00	1487
自主招生考试中的参数方程问题	2015—01	28.00	435
自主招生考试中的极坐标问题	2015—04	28.00	463
近年全国重点大学自主招生数学试题全解及研究.华约卷	2015—02	38.00	441
近年全国重点大学自主招生数学试题全解及研究.北约卷	2016—05	38.00	619
自主招生数学解证宝典	2015—09	48.00	535
中国科学技术大学创新班数学真题解析	2022—03	48.00	1488
中国科学技术大学创新班物理真题解析	2022—03	58.00	1489
格点和面积	2012—07	18.00	191
射影几何趣谈	2012—04	28.00	175
斯潘纳尔引理——从一道加拿大数学奥林匹克试题谈起	2014—01	28.00	228
李普希兹条件——从几道近年高考数学试题谈起	2012—10	18.00	221
拉格朗日中值定理——从一道北京高考试题的解法谈起	2015—10	18.00	197
闵科夫斯基定理——从一道清华大学自主招生试题谈起	2014—01	28.00	198
哈尔测度——从一道冬令营试题的背景谈起	2012—08	28.00	202
切比雪夫逼近问题——从一道中国台北数学奥林匹克试题谈起	2013—04	38.00	238
伯恩斯坦多项式与贝齐尔曲面——从一道全国高中数学联赛试题谈起	2013—03	38.00	236
卡塔兰猜想——从一道普特南竞赛试题谈起	2013—06	18.00	256
麦卡锡函数和阿克曼函数——从一道前南斯拉夫数学奥林匹克试题谈起	2012—08	18.00	201
贝蒂定理与拉姆贝克莫斯尔定理——从一个拣石子游戏谈起	2012—08	18.00	217
皮亚诺曲线和豪斯道夫分球定理——从无限集谈起	2012—08	18.00	211
平面凸图形与凸多面体	2012—10	28.00	218
斯坦因豪斯问题——从一道二十五省市自治区中学数学竞赛试题谈起	2012—07	18.00	196

— 9 —

刘培杰数学工作室
已出版(即将出版)图书目录——初等数学

书 名	出版时间	定 价	编号
纽结理论中的亚历山大多项式与琼斯多项式——从一道北京市高一数学竞赛试题谈起	2012—07	28.00	195
原则与策略——从波利亚"解题表"谈起	2013—04	38.00	244
转化与化归——从三大尺规作图不能问题谈起	2012—08	28.00	214
代数几何中的贝祖定理(第一版)——从一道IMO试题的解法谈起	2013—08	18.00	193
成功连贯理论与约当块理论——从一道比利时数学竞赛试题谈起	2012—04	18.00	180
素数判定与大数分解	2014—08	18.00	199
置换多项式及其应用	2012—10	18.00	220
椭圆函数与模函数——从一道美国加州大学洛杉矶分校(UCLA)博士资格考题谈起	2012—10	28.00	219
差分方程的拉格朗日方法——从一道2011年全国高考理科试题的解法谈起	2012—08	28.00	200
力学在几何中的一些应用	2013—01	38.00	240
从根式解到伽罗华理论	2020—01	48.00	1121
康托洛维奇不等式——从一道全国高中联赛试题谈起	2013—03	28.00	337
西格尔引理——从一道第18届IMO试题的解法谈起	即将出版		
罗斯定理——从一道前苏联数学竞赛试题谈起	即将出版		
拉克斯定理和阿廷定理——从一道IMO试题的解法谈起	2014—01	58.00	246
毕卡大定理——从一道美国大学数学竞赛试题谈起	2014—07	18.00	350
贝齐尔曲线——从一道全国高中联赛试题谈起	即将出版		
拉格朗日乘子定理——从一道2005年全国高中联赛试题的高等数学解法谈起	2015—05	28.00	480
雅可比定理——从一道日本数学奥林匹克试题谈起	2013—04	48.00	249
李天岩—约克定理——从一道波兰数学竞赛试题谈起	2014—06	28.00	349
整系数多项式因式分解的一般方法——从克朗耐克算法谈起	即将出版		
布劳维不动点定理——从一道前苏联数学奥林匹克试题谈起	2014—01	38.00	273
伯恩赛德定理——从一道英国数学奥林匹克试题谈起	即将出版		
布查特-莫斯特定理——从一道上海市初中竞赛试题谈起	即将出版		
数论中的同余数问题——从一道普特南竞赛试题谈起	即将出版		
范·德蒙行列式——从一道美国数学奥林匹克试题谈起	即将出版		
中国剩余定理:总数法构建中国历史年表	2015—01	28.00	430
牛顿程序与方程求根——从一道全国高考试题解法谈起	即将出版		
库默尔定理——从一道IMO预选试题谈起	即将出版		
卢丁定理——从一道冬令营试题的解法谈起	即将出版		
沃斯滕霍姆定理——从一道IMO预选试题谈起	即将出版		
卡尔松不等式——从一道莫斯科数学奥林匹克试题谈起	即将出版		
信息论中的香农熵——从一道近年高考压轴题谈起	即将出版		
约当不等式——从一道希望杯竞赛试题谈起	即将出版		
拉比诺维奇定理	即将出版		
刘维尔定理——从一道《美国数学月刊》征解问题的解法谈起	即将出版		
卡塔兰恒等式与级数求和——从一道IMO试题的解法谈起	即将出版		
勒让德猜想与素数分布——从一道爱尔兰竞赛试题谈起	即将出版		
天平称重与信息论——从一道基辅市数学奥林匹克试题谈起	即将出版		
哈密尔顿—凯莱定理:从一道高中数学联赛试题的解法谈起	2014—09	18.00	376
艾思特曼定理——从一道CMO试题的解法谈起	即将出版		

刘培杰数学工作室
已出版(即将出版)图书目录——初等数学

书　名	出版时间	定　价	编号
阿贝尔恒等式与经典不等式及应用	2018—06	98.00	923
迪利克雷除数问题	2018—07	48.00	930
幻方、幻立方与拉丁方	2019—08	48.00	1092
帕斯卡三角形	2014—03	18.00	294
蒲丰投针问题——从2009年清华大学的一道自主招生试题谈起	2014—01	38.00	295
斯图姆定理——从一道"华约"自主招生试题的解法谈起	2014—01	18.00	296
许瓦兹引理——从一道加利福尼亚大学伯克利分校数学系博士生试题谈起	2014—08	18.00	297
拉姆塞定理——从王诗宬院士的一个问题谈起	2016—04	48.00	299
坐标法	2013—12	28.00	332
数论三角形	2014—04	38.00	341
毕克定理	2014—07	18.00	352
数林掠影	2014—09	48.00	389
我们周围的概率	2014—10	38.00	390
凸函数最值定理:从一道华约自主招生题的解法谈起	2014—10	28.00	391
易学与数学奥林匹克	2014—10	38.00	392
生物数学趣谈	2015—01	18.00	409
反演	2015—01	28.00	420
因式分解与圆锥曲线	2015—01	18.00	426
轨迹	2015—01	28.00	427
面积原理:从常庚哲命的一道CMO试题的积分解法谈起	2015—01	48.00	431
形形色色的不动点定理:从一道28届IMO试题谈起	2015—01	38.00	439
柯西函数方程:从一道上海交大自主招生的试题谈起	2015—02	28.00	440
三角恒等式	2015—02	28.00	442
无理性判定:从一道2014年"北约"自主招生试题谈起	2015—01	38.00	443
数学归纳法	2015—03	18.00	451
极端原理与解题	2015—04	28.00	464
法雷级数	2014—08	18.00	367
摆线族	2015—01	38.00	438
函数方程及其解法	2015—05	38.00	470
含参数的方程和不等式	2012—09	28.00	213
希尔伯特第十问题	2016—01	38.00	543
无穷小量的求和	2016—01	28.00	545
切比雪夫多项式:从一道清华大学金秋营试题谈起	2016—01	38.00	583
泽肯多夫定理	2016—03	38.00	599
代数等式证题法	2016—01	28.00	600
三角等式证题法	2016—01	28.00	601
吴大任教授藏书中的一个因式分解公式:从一道美国数学邀请赛试题的解法谈起	2016—06	28.00	656
易卦——类万物的数学模型	2017—08	68.00	838
"不可思议"的数与数系可持续发展	2018—01	38.00	878
最短线	2018—01	38.00	879
数学在天文、地理、光学、机械力学中的一些应用	2023—03	88.00	1576
幻方和魔方(第一卷)	2012—05	68.00	173
尘封的经典——初等数学经典文献选读(第一卷)	2012—07	48.00	205
尘封的经典——初等数学经典文献选读(第二卷)	2012—07	38.00	206
初级方程式论	2011—03	28.00	106
初等数学研究(Ⅰ)	2008—09	68.00	37
初等数学研究(Ⅱ)(上、下)	2009—05	118.00	46,47
初等数学专题研究	2022—10	68.00	1568

— 11 —

刘培杰数学工作室
已出版(即将出版)图书目录——初等数学

书 名	出版时间	定 价	编号
趣味初等方程妙题集锦	2014—09	48.00	388
趣味初等数论选美与欣赏	2015—02	48.00	445
耕读笔记(上卷):一位农民数学爱好者的初数探索	2015—04	28.00	459
耕读笔记(中卷):一位农民数学爱好者的初数探索	2015—05	28.00	483
耕读笔记(下卷):一位农民数学爱好者的初数探索	2015—05	28.00	484
几何不等式研究与欣赏.上卷	2016—01	88.00	547
几何不等式研究与欣赏.下卷	2016—01	48.00	552
初等数列研究与欣赏·上	2016—01	48.00	570
初等数列研究与欣赏·下	2016—01	48.00	571
趣味初等函数研究与欣赏.上	2016—09	48.00	684
趣味初等函数研究与欣赏.下	2018—09	48.00	685
三角不等式研究与欣赏	2020—10	68.00	1197
新编平面解析几何解题方法研究与欣赏	2021—10	78.00	1426
火柴游戏(第2版)	2022—05	38.00	1493
智力解谜.第1卷	2017—07	38.00	613
智力解谜.第2卷	2017—07	38.00	614
故事智力	2016—07	48.00	615
名人们喜欢的智力问题	2020—01	48.00	616
数学大师的发现、创造与失误	2018—01	48.00	617
异曲同工	2018—09	48.00	618
数学的味道	2018—01	58.00	798
数学千字文	2018—10	68.00	977
数贝偶拾——高考数学题研究	2014—04	28.00	274
数贝偶拾——初等数学研究	2014—04	38.00	275
数贝偶拾——奥数题研究	2014—04	48.00	276
钱昌本教你快乐学数学(上)	2011—12	48.00	155
钱昌本教你快乐学数学(下)	2012—03	58.00	171
集合、函数与方程	2014—01	28.00	300
数列与不等式	2014—01	38.00	301
三角与平面向量	2014—01	28.00	302
平面解析几何	2014—01	38.00	303
立体几何与组合	2014—01	28.00	304
极限与导数、数学归纳法	2014—01	38.00	305
趣味数学	2014—03	28.00	306
教材教法	2014—04	68.00	307
自主招生	2014—05	58.00	308
高考压轴题(上)	2015—01	48.00	309
高考压轴题(下)	2014—10	68.00	310
从费马到怀尔斯——费马大定理的历史	2013—10	198.00	I
从庞加莱到佩雷尔曼——庞加莱猜想的历史	2013—10	298.00	II
从切比雪夫到爱尔特希(上)——素数定理的初等证明	2013—07	48.00	III
从切比雪夫到爱尔特希(下)——素数定理100年	2012—12	98.00	III
从高斯到盖尔方特——二次域的高斯猜想	2013—10	198.00	IV
从库默尔到朗兰兹——朗兰兹猜想的历史	2014—01	98.00	V
从比勃巴赫到德布朗斯——比勃巴赫猜想的历史	2014—02	298.00	VI
从麦比乌斯到陈省身——麦比乌斯变换与麦比乌斯带	2014—02	298.00	VII
从布尔到豪斯道夫——布尔方程与格论漫谈	2013—10	198.00	VIII
从开普勒到阿诺德——三体问题的历史	2014—05	298.00	IX
从华林到华罗庚——华林问题的历史	2013—10	298.00	X

刘培杰数学工作室
已出版（即将出版）图书目录——初等数学

书　　名	出版时间	定　价	编号
美国高中数学竞赛五十讲.第1卷(英文)	2014—08	28.00	357
美国高中数学竞赛五十讲.第2卷(英文)	2014—08	28.00	358
美国高中数学竞赛五十讲.第3卷(英文)	2014—09	28.00	359
美国高中数学竞赛五十讲.第4卷(英文)	2014—09	28.00	360
美国高中数学竞赛五十讲.第5卷(英文)	2014—10	28.00	361
美国高中数学竞赛五十讲.第6卷(英文)	2014—11	28.00	362
美国高中数学竞赛五十讲.第7卷(英文)	2014—12	28.00	363
美国高中数学竞赛五十讲.第8卷(英文)	2015—01	28.00	364
美国高中数学竞赛五十讲.第9卷(英文)	2015—01	28.00	365
美国高中数学竞赛五十讲.第10卷(英文)	2015—02	38.00	366
三角函数(第2版)	2017—04	38.00	626
不等式	2014—01	38.00	312
数列	2014—01	38.00	313
方程(第2版)	2017—04	38.00	624
排列和组合	2014—01	28.00	315
极限与导数(第2版)	2016—04	38.00	635
向量(第2版)	2018—08	58.00	627
复数及其应用	2014—08	28.00	318
函数	2014—01	38.00	319
集合	2020—01	48.00	320
直线与平面	2014—01	28.00	321
立体几何(第2版)	2016—04	38.00	629
解三角形	即将出版		323
直线与圆(第2版)	2016—11	38.00	631
圆锥曲线(第2版)	2016—09	48.00	632
解题通法(一)	2014—07	38.00	326
解题通法(二)	2014—07	38.00	327
解题通法(三)	2014—05	38.00	328
概率与统计	2014—01	28.00	329
信息迁移与算法	即将出版		330
IMO 50年.第1卷(1959—1963)	2014—11	28.00	377
IMO 50年.第2卷(1964—1968)	2014—11	28.00	378
IMO 50年.第3卷(1969—1973)	2014—09	28.00	379
IMO 50年.第4卷(1974—1978)	2016—04	38.00	380
IMO 50年.第5卷(1979—1984)	2015—04	38.00	381
IMO 50年.第6卷(1985—1989)	2015—04	58.00	382
IMO 50年.第7卷(1990—1994)	2016—01	48.00	383
IMO 50年.第8卷(1995—1999)	2016—06	38.00	384
IMO 50年.第9卷(2000—2004)	2015—04	58.00	385
IMO 50年.第10卷(2005—2009)	2016—01	48.00	386
IMO 50年.第11卷(2010—2015)	2017—03	48.00	646

刘培杰数学工作室
已出版(即将出版)图书目录——初等数学

书　名	出版时间	定　价	编号
数学反思(2006—2007)	2020—09	88.00	915
数学反思(2008—2009)	2019—01	68.00	917
数学反思(2010—2011)	2018—05	58.00	916
数学反思(2012—2013)	2019—01	58.00	918
数学反思(2014—2015)	2019—03	78.00	919
数学反思(2016—2017)	2021—03	58.00	1286
历届美国大学生数学竞赛试题集.第一卷(1938—1949)	2015—01	28.00	397
历届美国大学生数学竞赛试题集.第二卷(1950—1959)	2015—01	28.00	398
历届美国大学生数学竞赛试题集.第三卷(1960—1969)	2015—01	28.00	399
历届美国大学生数学竞赛试题集.第四卷(1970—1979)	2015—01	18.00	400
历届美国大学生数学竞赛试题集.第五卷(1980—1989)	2015—01	28.00	401
历届美国大学生数学竞赛试题集.第六卷(1990—1999)	2015—01	28.00	402
历届美国大学生数学竞赛试题集.第七卷(2000—2009)	2015—08	18.00	403
历届美国大学生数学竞赛试题集.第八卷(2010—2012)	2015—01	18.00	404
新课标高考数学创新题解题诀窍:总论	2014—09	28.00	372
新课标高考数学创新题解题诀窍:必修1~5分册	2014—08	38.00	373
新课标高考数学创新题解题诀窍:选修2—1,2—2,1—1,1—2分册	2014—09	38.00	374
新课标高考数学创新题解题诀窍:选修2—3,4—4,4—5分册	2014—09	18.00	375
全国重点大学自主招生英文数学试题全攻略:词汇卷	2015—07	48.00	410
全国重点大学自主招生英文数学试题全攻略:概念卷	2015—01	28.00	411
全国重点大学自主招生英文数学试题全攻略:文章选读卷(上)	2016—09	38.00	412
全国重点大学自主招生英文数学试题全攻略:文章选读卷(下)	2017—01	58.00	413
全国重点大学自主招生英文数学试题全攻略:试题卷	2015—07	38.00	414
全国重点大学自主招生英文数学试题全攻略:名著欣赏卷	2017—03	48.00	415
劳埃德数学趣题大全.题目卷.1:英文	2016—01	18.00	516
劳埃德数学趣题大全.题目卷.2:英文	2016—01	18.00	517
劳埃德数学趣题大全.题目卷.3:英文	2016—01	18.00	518
劳埃德数学趣题大全.题目卷.4:英文	2016—01	18.00	519
劳埃德数学趣题大全.题目卷.5:英文	2016—01	18.00	520
劳埃德数学趣题大全.答案卷:英文	2016—01	18.00	521
李成章教练奥数笔记.第1卷	2016—01	48.00	522
李成章教练奥数笔记.第2卷	2016—01	48.00	523
李成章教练奥数笔记.第3卷	2016—01	38.00	524
李成章教练奥数笔记.第4卷	2016—01	38.00	525
李成章教练奥数笔记.第5卷	2016—01	38.00	526
李成章教练奥数笔记.第6卷	2016—01	38.00	527
李成章教练奥数笔记.第7卷	2016—01	38.00	528
李成章教练奥数笔记.第8卷	2016—01	48.00	529
李成章教练奥数笔记.第9卷	2016—01	28.00	530

刘培杰数学工作室
已出版(即将出版)图书目录——初等数学

书　名	出版时间	定价	编号
第19～23届"希望杯"全国数学邀请赛试题审题要津详细评注(初一版)	2014—03	28.00	333
第19～23届"希望杯"全国数学邀请赛试题审题要津详细评注(初二、初三版)	2014—03	38.00	334
第19～23届"希望杯"全国数学邀请赛试题审题要津详细评注(高一版)	2014—03	28.00	335
第19～23届"希望杯"全国数学邀请赛试题审题要津详细评注(高二版)	2014—03	38.00	336
第19～25届"希望杯"全国数学邀请赛试题审题要津详细评注(初一版)	2015—01	38.00	416
第19～25届"希望杯"全国数学邀请赛试题审题要津详细评注(初二、初三版)	2015—01	58.00	417
第19～25届"希望杯"全国数学邀请赛试题审题要津详细评注(高一版)	2015—01	48.00	418
第19～25届"希望杯"全国数学邀请赛试题审题要津详细评注(高二版)	2015—01	48.00	419
物理奥林匹克竞赛大题典——力学卷	2014—11	48.00	405
物理奥林匹克竞赛大题典——热学卷	2014—04	28.00	339
物理奥林匹克竞赛大题典——电磁学卷	2015—07	48.00	406
物理奥林匹克竞赛大题典——光学与近代物理卷	2014—06	28.00	345
历届中国东南地区数学奥林匹克试题集(2004～2012)	2014—06	18.00	346
历届中国西部地区数学奥林匹克试题集(2001～2012)	2014—07	18.00	347
历届中国女子数学奥林匹克试题集(2002～2012)	2014—08	18.00	348
数学奥林匹克在中国	2014—06	98.00	344
数学奥林匹克问题集	2014—01	38.00	267
数学奥林匹克不等式散论	2010—06	38.00	124
数学奥林匹克不等式欣赏	2011—09	38.00	138
数学奥林匹克超级题库(初中卷上)	2010—01	58.00	66
数学奥林匹克不等式证明方法和技巧(上、下)	2011—08	158.00	134,135
他们学什么:原民主德国中学数学课本	2016—09	38.00	658
他们学什么:英国中学数学课本	2016—09	38.00	659
他们学什么:法国中学数学课本.1	2016—09	38.00	660
他们学什么:法国中学数学课本.2	2016—09	28.00	661
他们学什么:法国中学数学课本.3	2016—09	38.00	662
他们学什么:苏联中学数学课本	2016—09	28.00	679
高中数学题典——集合与简易逻辑·函数	2016—07	48.00	647
高中数学题典——导数	2016—07	48.00	648
高中数学题典——三角函数·平面向量	2016—07	48.00	649
高中数学题典——数列	2016—07	58.00	650
高中数学题典——不等式·推理与证明	2016—07	38.00	651
高中数学题典——立体几何	2016—07	48.00	652
高中数学题典——平面解析几何	2016—07	78.00	653
高中数学题典——计数原理·统计·概率·复数	2016—07	48.00	654
高中数学题典——算法·平面几何·初等数论·组合数学·其他	2016—07	68.00	655

刘培杰数学工作室
已出版（即将出版）图书目录——初等数学

书　名	出版时间	定　价	编号
台湾地区奥林匹克数学竞赛试题.小学一年级	2017—03	38.00	722
台湾地区奥林匹克数学竞赛试题.小学二年级	2017—03	38.00	723
台湾地区奥林匹克数学竞赛试题.小学三年级	2017—03	38.00	724
台湾地区奥林匹克数学竞赛试题.小学四年级	2017—03	38.00	725
台湾地区奥林匹克数学竞赛试题.小学五年级	2017—03	38.00	726
台湾地区奥林匹克数学竞赛试题.小学六年级	2017—03	38.00	727
台湾地区奥林匹克数学竞赛试题.初中一年级	2017—03	38.00	728
台湾地区奥林匹克数学竞赛试题.初中二年级	2017—03	38.00	729
台湾地区奥林匹克数学竞赛试题.初中三年级	2017—03	28.00	730
不等式证题法	2017—04	28.00	747
平面几何培优教程	2019—08	88.00	748
奥数鼎级培优教程.高一分册	2018—09	88.00	749
奥数鼎级培优教程.高二分册.上	2018—04	68.00	750
奥数鼎级培优教程.高二分册.下	2018—04	68.00	751
高中数学竞赛冲刺宝典	2019—04	68.00	883
初中尖子生数学超级题典.实数	2017—07	58.00	792
初中尖子生数学超级题典.式、方程与不等式	2017—08	58.00	793
初中尖子生数学超级题典.圆、面积	2017—08	38.00	794
初中尖子生数学超级题典.函数、逻辑推理	2017—08	48.00	795
初中尖子生数学超级题典.角、线段、三角形与多边形	2017—07	58.00	796
数学王子——高斯	2018—01	48.00	858
坎坷奇星——阿贝尔	2018—01	48.00	859
闪烁奇星——伽罗瓦	2018—01	58.00	860
无穷统帅——康托尔	2018—01	48.00	861
科学公主——柯瓦列夫斯卡娅	2018—01	48.00	862
抽象代数之母——埃米·诺特	2018—01	48.00	863
电脑先驱——图灵	2018—01	58.00	864
昔日神童——维纳	2018—01	48.00	865
数坛怪侠——爱尔特希	2018—01	68.00	866
传奇数学家徐利治	2019—09	88.00	1110
当代世界中的数学.数学思想与数学基础	2019—01	38.00	892
当代世界中的数学.数学问题	2019—01	38.00	893
当代世界中的数学.应用数学与数学应用	2019—01	38.00	894
当代世界中的数学.数学王国的新疆域（一）	2019—01	38.00	895
当代世界中的数学.数学王国的新疆域（二）	2019—01	38.00	896
当代世界中的数学.数林撷英（一）	2019—01	38.00	897
当代世界中的数学.数林撷英（二）	2019—01	48.00	898
当代世界中的数学.数学之路	2019—01	38.00	899

刘培杰数学工作室
已出版(即将出版)图书目录——初等数学

书 名	出版时间	定 价	编号
105个代数问题:来自 AwesomeMath 夏季课程	2019—02	58.00	956
106个几何问题:来自 AwesomeMath 夏季课程	2020—07	58.00	957
107个几何问题:来自 AwesomeMath 全年课程	2020—07	58.00	958
108个代数问题:来自 AwesomeMath 全年课程	2019—01	68.00	959
109个不等式:来自 AwesomeMath 夏季课程	2019—04	58.00	960
国际数学奥林匹克中的110个几何问题	即将出版		961
111个代数和数论问题	2019—05	58.00	962
112个组合问题:来自 AwesomeMath 夏季课程	2019—05	58.00	963
113个几何不等式:来自 AwesomeMath 夏季课程	2020—08	58.00	964
114个指数和对数问题:来自 AwesomeMath 夏季课程	2019—09	48.00	965
115个三角问题:来自 AwesomeMath 夏季课程	2019—09	58.00	966
116个代数不等式:来自 AwesomeMath 全年课程	2019—04	58.00	967
117个多项式问题:来自 AwesomeMath 夏季课程	2021—09	58.00	1409
118个数学竞赛不等式	2022—08	78.00	1526
紫色彗星国际数学竞赛试题	2019—02	58.00	999
数学竞赛中的数学:为数学爱好者、父母、教师和教练准备的丰富资源.第一部	2020—04	58.00	1141
数学竞赛中的数学:为数学爱好者、父母、教师和教练准备的丰富资源.第二部	2020—07	48.00	1142
和与积	2020—10	38.00	1219
数论:概念和问题	2020—12	68.00	1257
初等数学问题研究	2021—03	48.00	1270
数学奥林匹克中的欧几里得几何	2021—10	68.00	1413
数学奥林匹克题解新编	2022—01	58.00	1430
图论入门	2022—09	58.00	1554
澳大利亚中学数学竞赛试题及解答(初级卷)1978~1984	2019—02	28.00	1002
澳大利亚中学数学竞赛试题及解答(初级卷)1985~1991	2019—02	28.00	1003
澳大利亚中学数学竞赛试题及解答(初级卷)1992~1998	2019—02	28.00	1004
澳大利亚中学数学竞赛试题及解答(初级卷)1999~2005	2019—02	28.00	1005
澳大利亚中学数学竞赛试题及解答(中级卷)1978~1984	2019—03	28.00	1006
澳大利亚中学数学竞赛试题及解答(中级卷)1985~1991	2019—03	28.00	1007
澳大利亚中学数学竞赛试题及解答(中级卷)1992~1998	2019—03	28.00	1008
澳大利亚中学数学竞赛试题及解答(中级卷)1999~2005	2019—03	28.00	1009
澳大利亚中学数学竞赛试题及解答(高级卷)1978~1984	2019—05	28.00	1010
澳大利亚中学数学竞赛试题及解答(高级卷)1985~1991	2019—05	28.00	1011
澳大利亚中学数学竞赛试题及解答(高级卷)1992~1998	2019—05	28.00	1012
澳大利亚中学数学竞赛试题及解答(高级卷)1999~2005	2019—05	28.00	1013
天才中小学生智力测验题.第一卷	2019—03	38.00	1026
天才中小学生智力测验题.第二卷	2019—03	38.00	1027
天才中小学生智力测验题.第三卷	2019—03	38.00	1028
天才中小学生智力测验题.第四卷	2019—03	38.00	1029
天才中小学生智力测验题.第五卷	2019—03	38.00	1030
天才中小学生智力测验题.第六卷	2019—03	38.00	1031
天才中小学生智力测验题.第七卷	2019—03	38.00	1032
天才中小学生智力测验题.第八卷	2019—03	38.00	1033
天才中小学生智力测验题.第九卷	2019—03	38.00	1034
天才中小学生智力测验题.第十卷	2019—03	38.00	1035
天才中小学生智力测验题.第十一卷	2019—03	38.00	1036
天才中小学生智力测验题.第十二卷	2019—03	38.00	1037
天才中小学生智力测验题.第十三卷	2019—03	38.00	1038

刘培杰数学工作室
已出版(即将出版)图书目录——初等数学

书　　名	出版时间	定　价	编号
重点大学自主招生数学备考全书:函数	2020—05	48.00	1047
重点大学自主招生数学备考全书:导数	2020—08	48.00	1048
重点大学自主招生数学备考全书:数列与不等式	2019—10	78.00	1049
重点大学自主招生数学备考全书:三角函数与平面向量	2020—08	68.00	1050
重点大学自主招生数学备考全书:平面解析几何	2020—07	58.00	1051
重点大学自主招生数学备考全书:立体几何与平面几何	2019—08	48.00	1052
重点大学自主招生数学备考全书:排列组合·概率统计·复数	2019—09	48.00	1053
重点大学自主招生数学备考全书:初等数论与组合数学	2019—08	48.00	1054
重点大学自主招生数学备考全书:重点大学自主招生真题.上	2019—04	68.00	1055
重点大学自主招生数学备考全书:重点大学自主招生真题.下	2019—04	58.00	1056
高中数学竞赛培训教程:平面几何问题的求解方法与策略.上	2018—05	68.00	906
高中数学竞赛培训教程:平面几何问题的求解方法与策略.下	2018—06	78.00	907
高中数学竞赛培训教程:整除与同余以及不定方程	2018—01	88.00	908
高中数学竞赛培训教程:组合计数与组合极值	2018—04	48.00	909
高中数学竞赛培训教程:初等代数	2019—04	78.00	1042
高中数学讲座:数学竞赛基础教程(第一册)	2019—06	48.00	1094
高中数学讲座:数学竞赛基础教程(第二册)	即将出版		1095
高中数学讲座:数学竞赛基础教程(第三册)	即将出版		1096
高中数学讲座:数学竞赛基础教程(第四册)	即将出版		1097
新编中学数学解题方法1000招丛书.实数(初中版)	2022—05	58.00	1291
新编中学数学解题方法1000招丛书.式(初中版)	2022—05	48.00	1292
新编中学数学解题方法1000招丛书.方程与不等式(初中版)	2021—04	58.00	1293
新编中学数学解题方法1000招丛书.函数(初中版)	2022—05	38.00	1294
新编中学数学解题方法1000招丛书.角(初中版)	2022—05	48.00	1295
新编中学数学解题方法1000招丛书.线段(初中版)	2022—05	48.00	1296
新编中学数学解题方法1000招丛书.三角形与多边形(初中版)	2021—04	48.00	1297
新编中学数学解题方法1000招丛书.圆(初中版)	2022—05	48.00	1298
新编中学数学解题方法1000招丛书.面积(初中版)	2021—07	28.00	1299
新编中学数学解题方法1000招丛书.逻辑推理(初中版)	2022—06	48.00	1300
高中数学题典精编.第一辑.函数	2022—01	58.00	1444
高中数学题典精编.第一辑.导数	2022—01	68.00	1445
高中数学题典精编.第一辑.三角函数·平面向量	2022—01	68.00	1446
高中数学题典精编.第一辑.数列	2022—01	58.00	1447
高中数学题典精编.第一辑.不等式·推理与证明	2022—01	58.00	1448
高中数学题典精编.第一辑.立体几何	2022—01	58.00	1449
高中数学题典精编.第一辑.平面解析几何	2022—01	68.00	1450
高中数学题典精编.第一辑.统计·概率·平面几何	2022—01	58.00	1451
高中数学题典精编.第一辑.初等数论·组合数学·数学文化·解题方法	2022—01	58.00	1452
历届全国初中数学竞赛试题分类解析.初等代数	2022—09	98.00	1555
历届全国初中数学竞赛试题分类解析.初等数论	2022—09	48.00	1556
历届全国初中数学竞赛试题分类解析.平面几何	2022—09	38.00	1557
历届全国初中数学竞赛试题分类解析.组合	2022—09	38.00	1558

联系地址:哈尔滨市南岗区复华四道街10号　哈尔滨工业大学出版社刘培杰数学工作室
网　　址:http://lpj.hit.edu.cn/
邮　　编:150006
联系电话:0451—86281378　　13904613167
E-mail:lpj1378@163.com